U0897104

2024 CHINA Interior Design Annual

2024 中国室内设计年鉴

陈卫新　主编

北方联合出版传媒（集团）股份有限公司
辽宁科学技术出版社

二十周年 LOGO 设计者：陈卫新

Techsize by NEOLITH
西班牙德赛斯岩板

图森
TUCSON

公牛
安全用电专家

Smilan
圣米兰门窗
Let's Build Ideal Lives 共筑理想生活

TUBAO 兔宝宝

Carenessland 观兰

2005 年是《中国室内设计年鉴》的发行元年，这本被媒体评为“一本中国室内设计年鉴，半部中国室内设计史”，且具有文献意义的书籍，转眼进入 2024 年，进入它的第二十岁。它不仅见证并记录了无数优秀的空间作品，更成了无数设计师心中的精神图腾。作为空间设计师的“弹药库”，优质材料始终扮演着不可或缺的角色。众多卓越的家居建材与装修材料品牌，成为设计师们构建梦想空间的坚实基石。由此，《中国室内设计年鉴》特别策划【二十周年感恩品牌】活动，为多年来在室内设计行业的发展中做出贡献的品牌给予荣誉推广。

《中国室内设计年鉴》公众号

怀着做行业记录者和设计师同行者的初心，《中国室内设计年鉴》（后面简称《年鉴》）历经二十载春秋的沉淀，再次与您相会了。古人称二十为“廿”，读音为“念”。人是感性的，似乎总是在怀旧，怀念我们的青春，更怀念我们一路同行的时光。二十年来，我们共同见证了中国室内设计行业的成长，也见证了大家对于空间美学的思考与创新。《年鉴》的二十年，就是传统与现代交织共生的二十年。

二十年来，我们对原有的板块进行过几次优化调整。今年，我们把商业展示类拆分为商业零售和展厅两个板块，意在更为准确地反映当下商业空间日益细分化的需求。展厅类投稿项目主要是企业品牌文化和产品展示的空间设计，设计师在有限空间内通过艺术表达、多媒体技术等传递多元化信息。本次我们很高兴看到一批优秀的展厅作品，将其作为新的独立板块，也是为了更清晰地呈现其设计特色和时代价值。

《年鉴》每年都会有崭露头角的年轻设计师，他们以充分的活力和想象力推动着设计创新，推动着行业发展。行业人群年轻化的趋势越来越明显，新时代背景下的科技应用也越来越广泛。如利用智能数字化工具，将新技术转化为有情感的设计语汇；以当代视角重新解构传统文化，打造迭代的空间场景和生活方式。我们很欣喜地看到这一变化，也祝福年轻设计师们在未来不忘初心、迎难而上，创作更多更好的作品。

二十年，是一个时间阶段，也是一个新的起点。在此，致敬所有在室内设计行业砥砺前行的实践者们以及在时代浪潮中始终秉承设计热忱和信念的设计师们。让我们继续以设计为墨，以《年鉴》为纸，书写更美好的明天。

谢谢。

陈卫新

2025 年 2 月 2 日

目录

CONTENTS

CONTENTS

CONTENTS

南京牛首山希尔顿酒店

设计单位：杨邦胜设计集团
设　　计：杨邦胜、黄佳
参与设计：褚昭阳、寿星
面　　积：59800 平方米
主要材料：石材澳洲灰、白洞石、橡木实木地板、日本桧木饰面
坐落地点：江苏南京
完工时间：2023 年 12 月
摄　　影：井旭峰

南京牛首山风景区是牛头禅宗的起源地，牛首山希尔顿酒店即位于此。酒店是创新性的 X 建筑结构，大堂拥有 3220 平方米的超大空间。如何合理规划并植入佛禅文化，创造独属的度假体验，成为本次设计的重点和难点。设计上聚焦在地佛禅文化，引入牛头禅宗的“心、空、乐”理念，演绎为简洁空灵、自然质朴、静谧喜悦的东方美学禅意，打造出强调“安住”体验的避世禅境。

面对超大尺度的大堂空间，设计保留了空间高远空旷之气质，植入立体景观，营造大而不空、步移景异的感官之旅。大堂天花板如悬浮的片片袈裟，流水围合四根巨柱，青苔隆起为山，地板磨出圈圈涟漪，葱郁的植物悬挂，构建起屋檐下的森林禅庭。接待区前是以金陵折扇为灵感的艺术品，镂刻经文的磐石上下环绕，草编蒲团居中而待，邀人沉浸式体验禅坐艺韵。

除了在地佛禅文化的演绎，设计师也特别重视空间与自然的关系。大堂吧有精心布局的沙发和茶几，临窗一侧特意降低了 30 厘米，铺设苔藓和砾石小径，可直达茶室，模糊了室内外界限，打造自在休闲的社交区。全日餐厅以最少的元素呈现开阔通透的意境，悬浮的藤编艺术品、浅灰色的仿原石，一切皆朴素自然，同时以约 33 米的玻璃幕墙来邀约无边山色，入宴四时春秋。

酒店还特别设计了素食餐厅和冥想室，整体设色清雅，用材朴拙。素食餐厅包房别具一格，似一个个独立盒子，与过道 2.7 米的层高差被转换为错落有致的惊喜。客房开创性地集纳禅房、书房与茶房为一体，搭配典雅的东方家具、当代书法艺术品，平添豪迈气势。在可持续层面，大量使用了木材、石材等当地材料，以减少碳排放。餐厅墙面使用了改性无机粉复合建筑饰面片材软瓷，回收当地菩提树叶封存于亚克力中作为装饰品。

本案设计以写意手法营造高旷清逸、空灵素朴之意境，赋予传统的商务希尔顿酒店以崭新意韵。作为希尔顿全球第 600 家酒店，其开业后受到热情追捧，许多人将其列为打卡胜地，以此来开启一场疗愈身心的私享自在之旅。

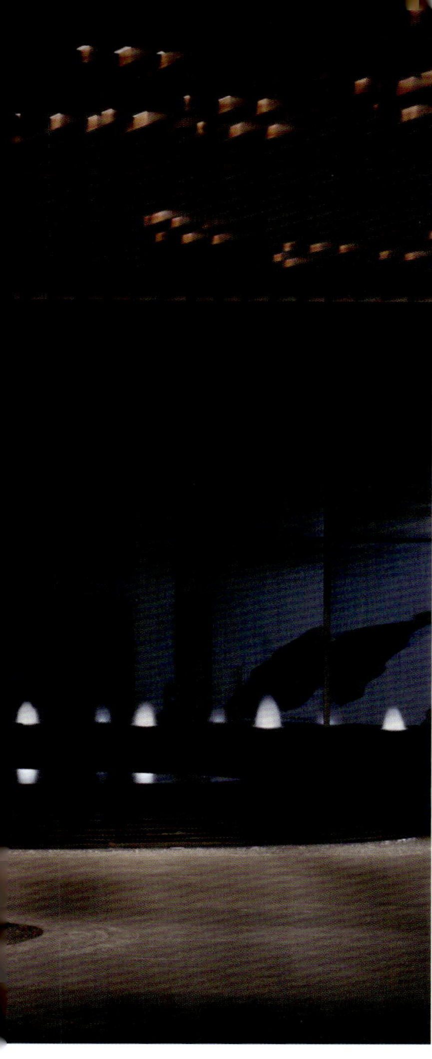

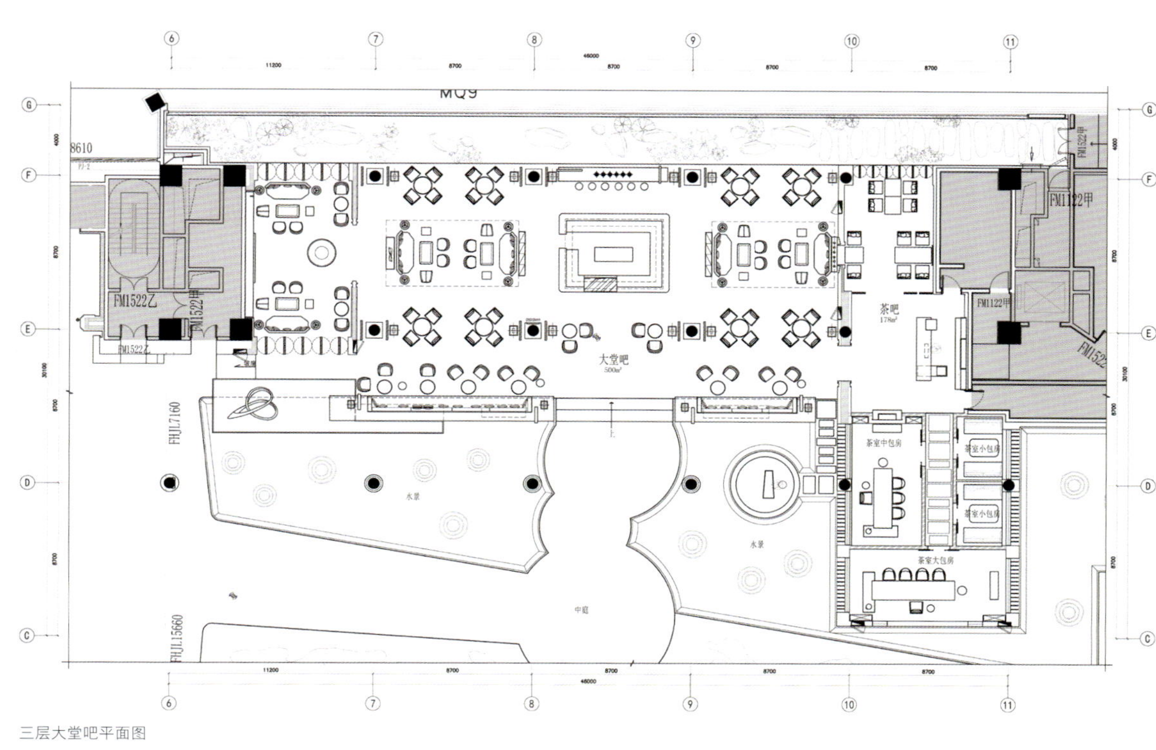

三层大堂吧平面图

1. 超大尺度的酒店大堂
2. 悬挂葱郁的绿植构建森林禅庭
3. 环绕的大小磐石镂刻经文

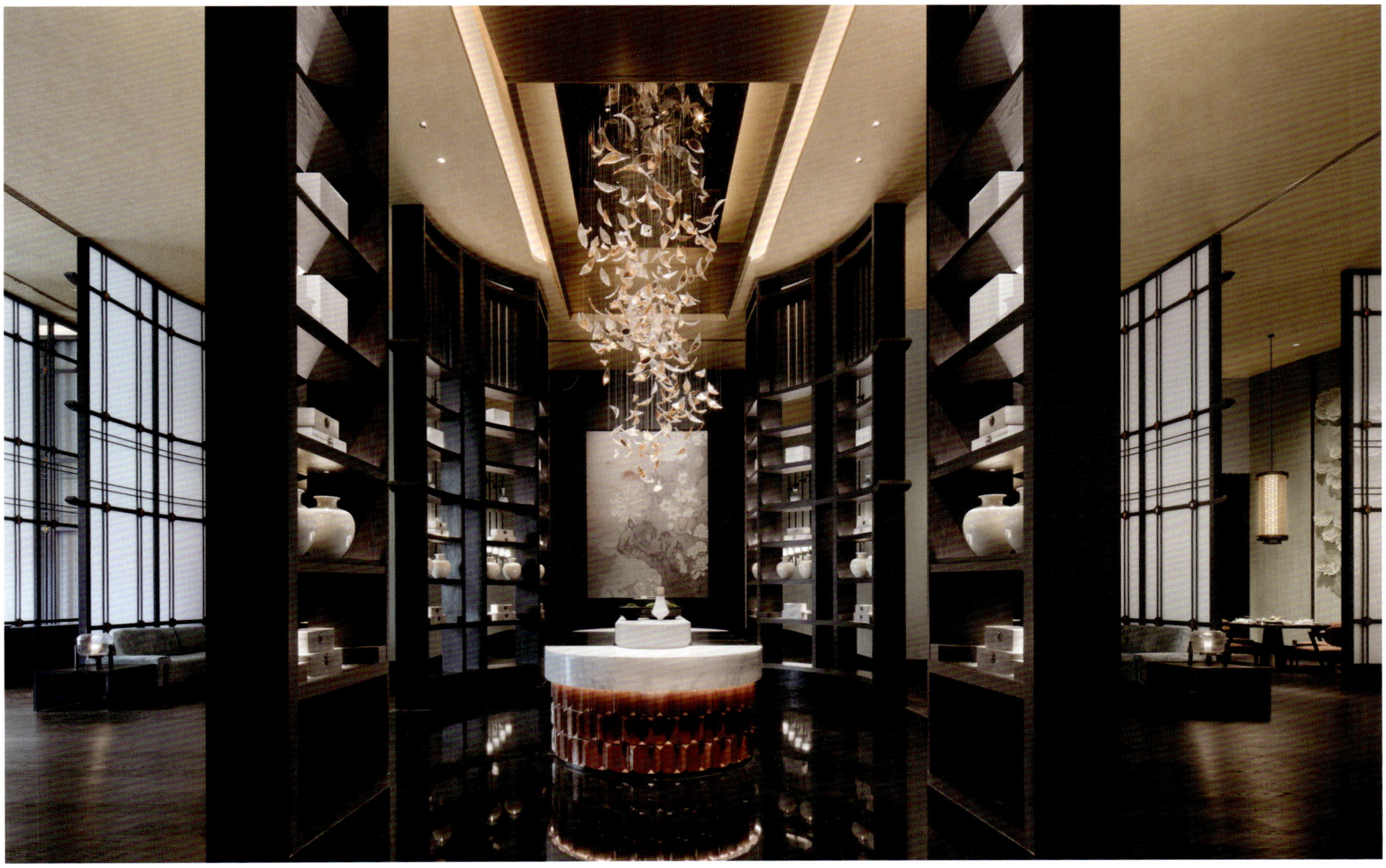

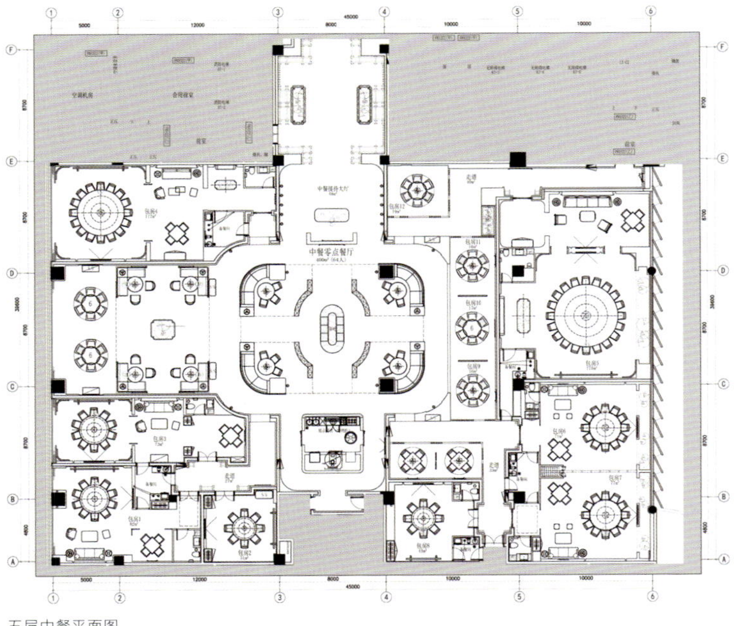

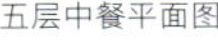

五层中餐平面图

1 | 2 | 4
3 | 5 / 6

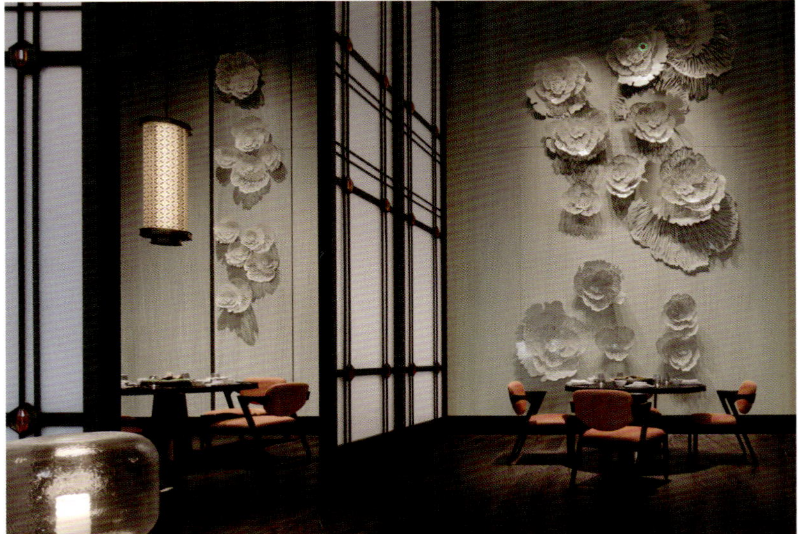

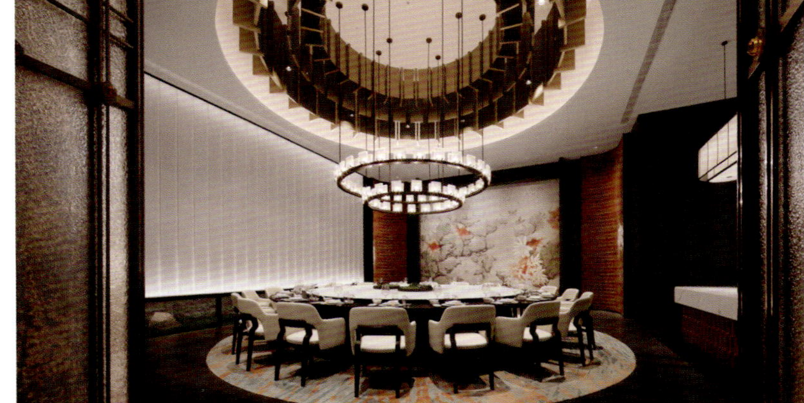

1. 天花板似悬浮的片片袈裟
2. 局部空间
3. 餐厅散座区
4. 开阔的餐厅布局
5. 墙上的艺术装置清新雅致
6. 餐厅包间

1 | 3
2 | 4

1. 会议厅公共区域
2. 典雅的总统套房
3. 高敞的宴会大厅
4. 行政客房内饰豪放的书法艺术品

春山在望酒店

设计单位：尚壹扬设计（Signyan Design）
设　　计：谢柯、支鸿鑫
参与设计：徐筱、张懿、钟清、姚绍强、杨红梅
软装设计：郑亚佳、张文娟、吴思雨、龙姣、张雨玲、何苗、窦晓雨
面　　积：6000 平方米
主要材料：木、石、钢
坐落地点：江苏宜兴
完工时间：2024 年 3 月
摄　　影：偏方摄影

宜兴，自古有“阳羡山水甲江南”之美誉，太湖岸线、宜南山区、连绵不断的竹海和茶洲，构成了吴冠中笔下的风情画境。

春山在望酒店位于宜兴市中心，坐落于陶都路，距离高铁站仅 4 千米。酒店内拥有 70 亩（1 亩 =666.67 平方米）的茶园、竹林、香樟林，颇有城市山林的特色。酒店建筑面积 6000 平方米，设有 17 间客房，此外还有餐厅、茶室、艺术展厅及主理人选品商店。

主理人将酒店命名为“春山在望”，寓意春意盎然的山栖居所；“在望”，寓意正在望，期待地望，近在眼前且即将抵达，有希望有寄托。春山在望酒店想传递给客人的气息首先是踏实和安全感，其次是设计的美感和其在地性。常忆是春山，为客人带来一处舒适的心灵之家。

主理人夫妇深耕于餐饮业二十多年，颇有作为，他们自营的餐厅也在宜兴，春生、夏长、秋收、冬藏是其一贯秉持的食物之道。本案融合了酒店、餐饮、展览、零售等多种业态，处处体现了主理人对生活细腻之处的深刻理解。以精心之态度打理经营，如一家老旅馆般隽永优雅，充满人情和温度。

1	4
2 3	5

1. 酒店被美丽的大自然所包围
2. 接待前台
3. 鲜花点亮了深色背景
4. 模拟自然的石径
5. 空间一角

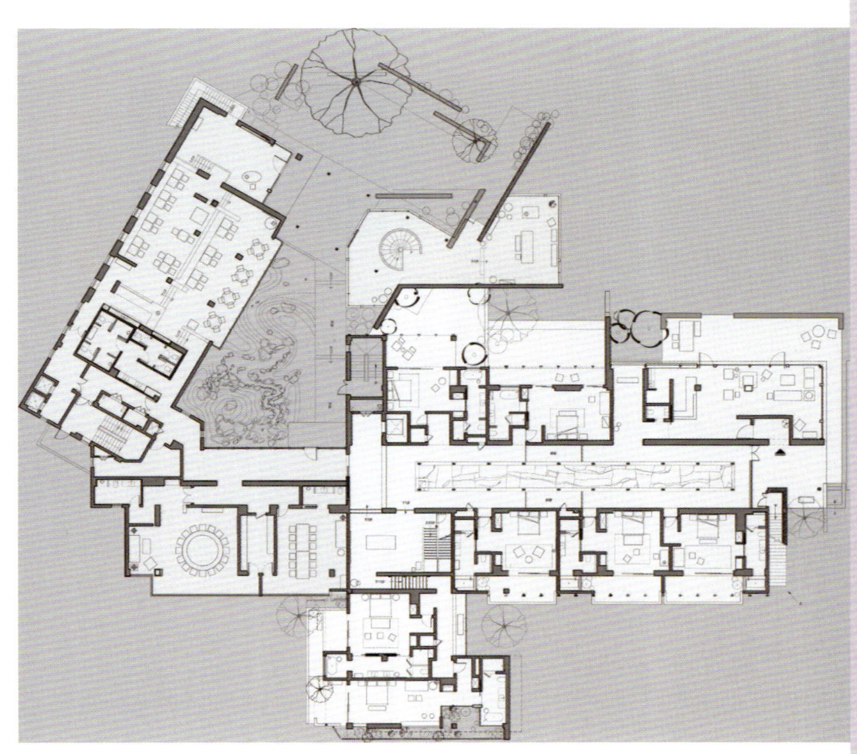

一层平面图

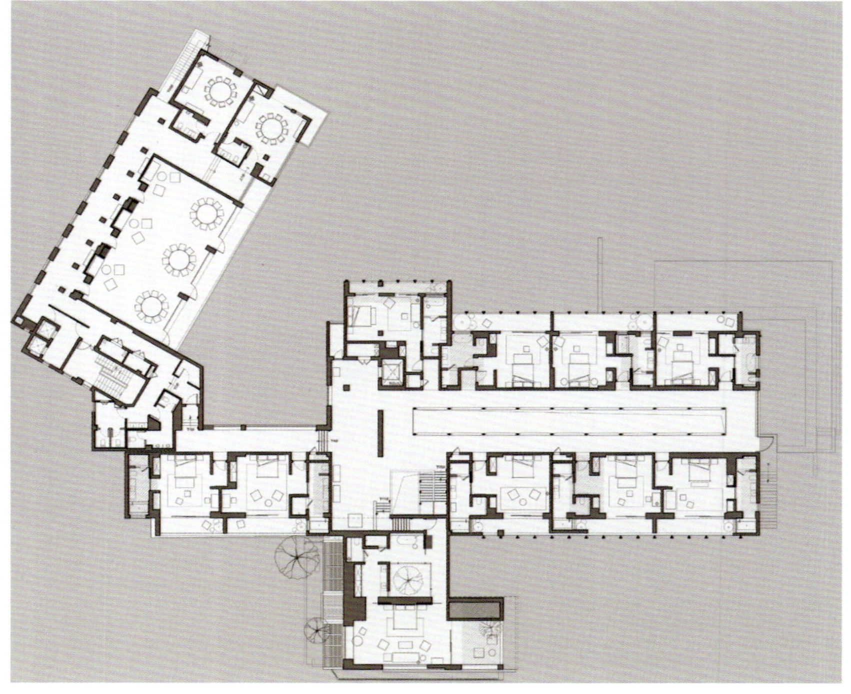

二层平面图

1 3
2 4 5

1. 朴素古拙的陈设搭配
2. 艺术品陈列
3. 静谧的餐厅氛围
4. 如同置身于绿色氧吧
5. 客房

鉴湖 · 越宴

设计单位：PXD 庞喜设计事务所
设　　计：庞喜
参与设计：薛涵、戴祖波
面　　积：室内 10000 平方米，庭院 7720 平方米
主要材料：岩板、木饰面、不锈钢、艺术漆
坐落地点：浙江绍兴
完工时间：2023 年 10 月
摄　　影：霹雳波娃摄影工作室 / 许靖

鉴湖位于绍兴市区，是一处古老而美丽的湖泊，湖水幽静清澈，四周山峦环抱，景色优美，被誉为“绍兴第一湖”。茅盾在《鉴湖》一书中以散文的形式描绘了鉴湖的秀美山水、人文风情，以及与茅盾的情感交融，给人以静谧、恬淡、温馨的美好感受。

我们在做这个项目时也秉承了传统所应有的情感、氛围、情绪去表达设计。一山一水一城一景，要展现出这里独特的风景和氛围，内外必须相互呼应，是山水相依的自然风光，还是城市景观的现代气息，都能够给观者带来不同的感受和体验。

酒店设计融入了山水元素，园林式的布局力求与周围的自然景观融为一体，让客人远离城市的喧嚣，放松身心，感受大自然的宁静与美好。

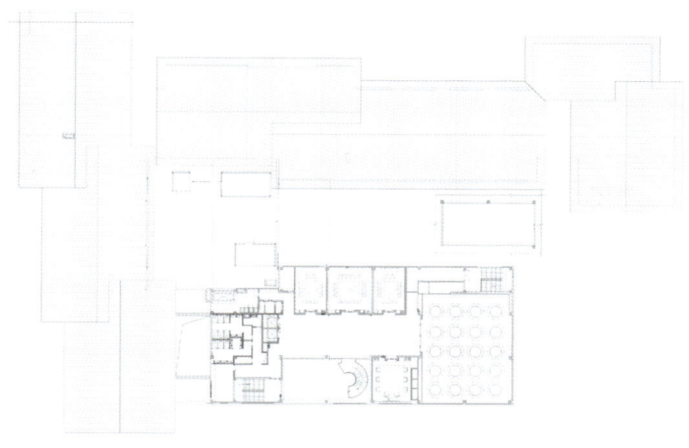

三层平面图

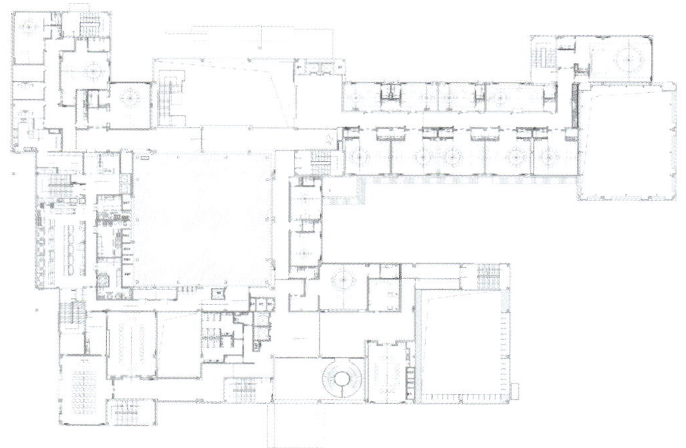

二层平面图

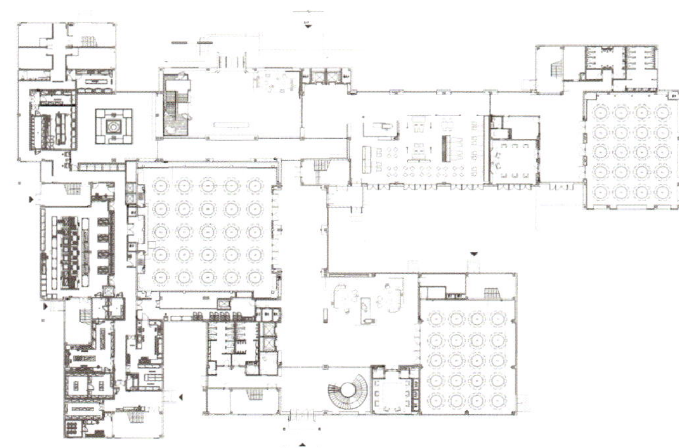

一层平面图

1. 空中俯瞰酒店
2. 接待前台
3. 大堂设计中融入了山水元素
4. 轻灵飘逸的空中装置
5. 空间细部

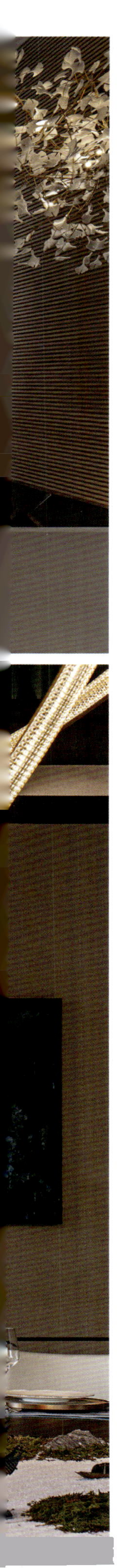

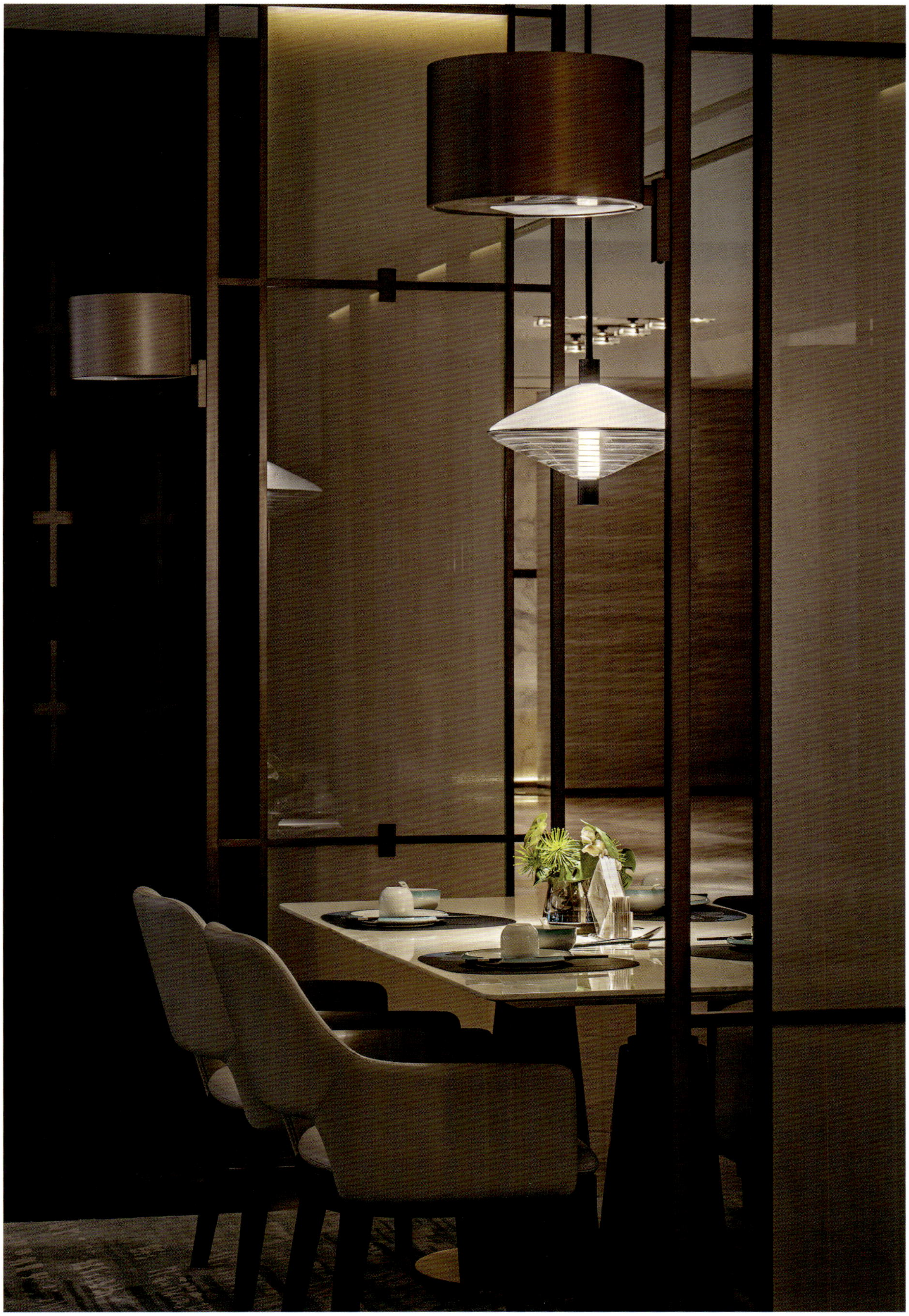

| 1 | 2 | 4 |
| 3 | | |

1. 精致的细部
2. 繁叶灯饰带来秋日般的暖意
3. 餐厅包房
4. 局部就餐区域

良智海景大酒店

设计单位：海南紫禁殿设计顾问有限公司
设　　计：吴晓波
参与设计：张清华、林泽
面　　积：9500 平方米
主要材料：石材、瓷砖、不锈钢、木饰面
坐落地点：海南海口
完工时间：2024 年 1 月
摄　　影：荟摄影

1. 接待区
2. 圆形艺术装置融进空间的肌理
3. 简约而宁静的大堂
4. 纯净的色调赋予视觉上的流动性
5. 吧台模拟航船的形态
6. 大堂局部

大海能谱写春暖花开的美好诗篇，亦能承载瞬息万变的寂寥，以及探索征服梦想的勇气。设计师用大海的包容力巧妙雕刻空间，展现时尚休闲的旅居空间，升格旅途邂逅的每一场风景。线条与光影交融，实景虚景相辅，在自由的空间中绘出海上辽阔的磅礴势态，将引人入胜的海上画卷尽收胸臆。接待区简约轻松的空间格调，使人静心享受旅途中的宁静时刻。

几何构图是 20 世纪极简主义留给后世的宝贵财富，圆方融进空间的立体肌理中，带来丰富且高级的视觉享受。安静简单的美总能穿越时间触达心底，引起情感的共鸣。天空下航船缓缓启动，闲看海面平静的波纹，航海故事缓缓开启新的篇章。细丝渔网捞起海洋中的缕缕星光，是漂浮的浪漫幻想。皮革与布艺、花与空间的重新组合，简洁的材质线条与稳定的自然木色调，为生活赋诗。

海洋的故事起源于亘古，设计则回应了这份伟大。极简艺术的精髓与之交融，对冲出空间的辽阔性，色彩与线条为空间质感而生，赋予了人们视觉上海洋的平静流动。海洋的清新气息是客房氛围的前调，将大海的蓝白色调铺满寝居，抽象意境衍生出随心随意的舒怀。灯光从空间内生长而出，温暖宁静，闲看日升月落，聆听海风吹拂的晚歌。软装静置的平衡之美形成空间的立体纹理，构象出安稳的寂静之态。

白色是云朵的颜色，也是大海与天空衔接的天际边界。在阳台上享受一杯咖啡，在窗边阅读一本好书，海的颜色成为时光的背景，去感受海洋的生生不息。这亦是对航海时代的精神演绎。

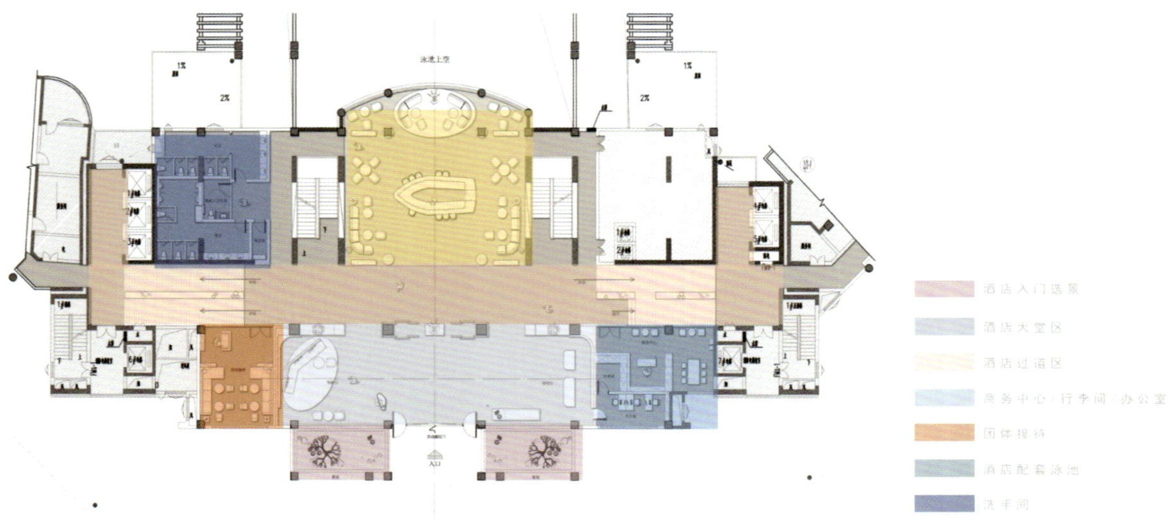

平面图

1. 灯饰细部
2. 灯光似乎从内部生长而来
3. 蓝白色系带来海洋的清新气息
4. 背景如同被吹皱的海面
5. 极简线条构建起寂静寝居

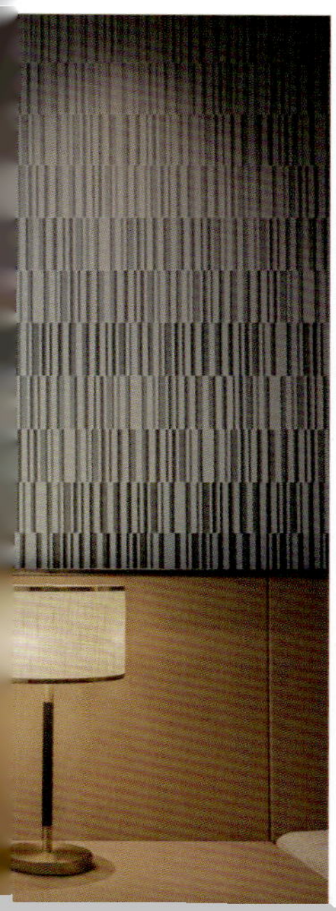

先市酱油非遗会馆

设计单位：重庆简璞装饰设计有限公司
设　　计：文超
参与设计：曾薇薇、危环
面　　积：400 平方米
坐落地点：四川泸州
完工时间：2023 年 12 月
摄　　影：边界人、文超

对于先市酱油非遗会馆而言，我们首先应清晰地进行定位分析。如果从功能业态的角度而言，其酒店的功能属性无可厚非，但在该项目中，“品牌内部接待酒店”则是其最终定义，设计思路的展开顺序也依此而成型。

品牌的基调是设计中需要首先考虑的问题。作为一家始于清朝，以传统酿造技艺为核心的酱油作坊，不仅带着浓厚的东方味觉记忆，更肩负着国家级非物质文化遗产传承的使命。加之空间设计的对象是传统的西南仿古民居，所以视觉呈现的基调顺理成章地定格在东方、醇厚、焕新的视觉符号之上。

内部接待的功能属性决定了空间功能布局的开放性，400 平方米的建筑空间并不算充裕。在保障每个房间都能得到足够优秀的空间体验的前提下，能否再配以完整舒适的公共休闲、娱乐、餐饮等空间，对其品质而言显得尤为重要。在有限的建筑空间关系里，结合非对外经营的功能属性，舍弃了在传统酒店业态里所必需的前台接待及入住办理功能，而是将原本应作为接待功能的空间区域演变成了兼顾服务、咨询在内的公共开放活动空间，并以此方式来解决酒店入住配套应有的餐食、品茗、棋牌、KTV 娱乐等附加功能。

如果说品牌基因决定了设计的基调，那么品牌内部接待的受众对象则决定了具体的呈现方式，以及板材用料的最终选择。因酿造作坊具有国家级非物质文化遗产和国家级文物保护单位殊荣的特殊原因，所以内部接待的核心人员均与技艺、历史、政要相关。传统的装饰材质以及色彩关系被大量运用，如铺地使用的黑色金砖、大面积使用的刺绣墙布，以及随处可见的原木质地。红色、绿色的撞色搭配，也通过新的方式在空间里呈现。

看似最为直白的业态形式，反而在设计的展开顺序里成了最为末端的考虑因素，但这并不影响它在整个设计中的不可替代性。归根结底，这就是一家服务属性的酒店，特别是在其客房系统里，酒店所应具备的所有功能及使用条件均不可缺。甚至因其非营利运营模式的前提加持，设计资源分配亦不再考虑经济性指标因素，反而让我们有了更多的机会，进一步放大基础设施的配置及空间尺度标准。

1 | 3
2 | 4

1. 建筑是传统的西南仿古民居
2. 品茗区
3. 天花悬吊的古朴灯饰
4. 红色和绿色的撞色搭配

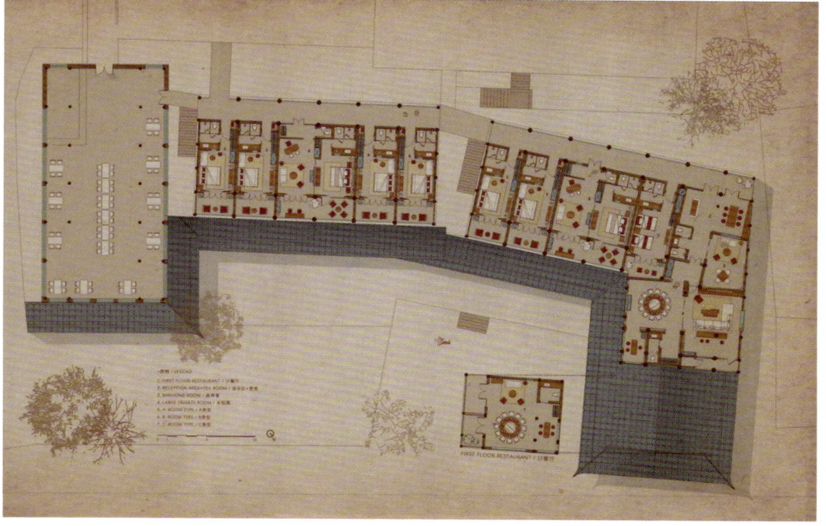

平面图

爆炸图

1	2	4	5
3		6	7

1. 传统花窗引入明暗的对比
2. 傍水而建
3. 新与旧的对话
4. 客房一隅
5. 刺绣墙布被大面积使用
6. 原木材质随处可见
7. 窗外是醇厚的东方式建筑符号

上海海鸥丽晶酒店

设计单位：CCD 香港郑中设计事务所有限公司
设　　计：郑忠、胡伟坚
参与设计：郑熙文、李夏楠、张旋
面　　积：32685 平方米
主要材料：天然石材、仿石材肌理涂料、木皮墙纸、无机涂料、山纹橡木木饰面
坐落地点：上海
完工时间：2023 年 12 月
摄　　影：王厅

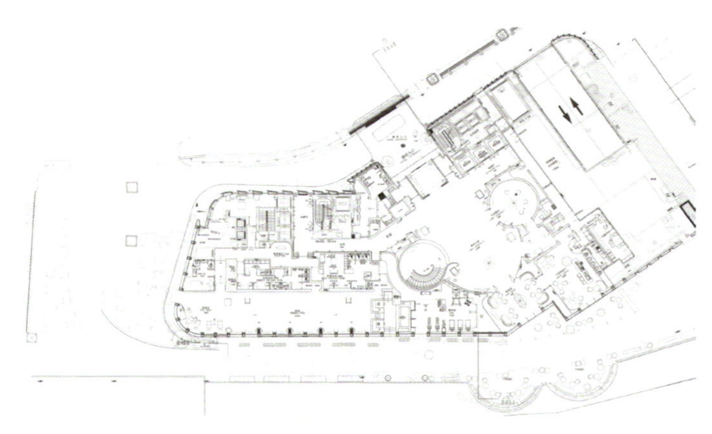

平面图

1	3	4
		5
2	6	

1. 入口有私家花园般尊贵的仪式感
2. 天花的内凹式设计
3. 高雅的白色旋转楼梯
4. 原海鸥饭店的百年钢琴被保留下来
5. 吧台
6. 电梯厅

酒店位于上海一江一河交汇处，正对外滩历史建筑群和充满未来感的陆家嘴天际线。设计从不是摒弃历史，而是在传承中创新，设计以海派格调和历史故事为纲，沁入东方视角，重新定义现代优雅。

主入口花荫绿篱，有着私家花园般尊贵的仪式感和秩序性，将熙攘的街道与酒店动静分隔开，给宾客带来归家的感觉。抵达大堂的中央动线，就像是细观一朵玉兰花慢慢绽放的过程。天花板采用了圆形内凹式，大堂中亦保留了原海鸥饭店经典的百年钢琴与旋转楼梯，整体白色石材搭配黑色序列感墙面与钻石切割式天花板，旋转向上通往宴会厅。

餐厅入口就似走进老上海的风雅长卷，整体以红色渐变金属和黑色橡木为主调，再用隔断营造层层递进的视效，象征着岁月迭代新生。廊间的花艺装置作品呼应“繁花”主题，蔓延生长的状态牵引出场域的至臻美学。从悬挂的剪纸艺术到水晶花朵吊灯，种种细节无不透露着石库门风情与法式优雅的和谐共生。

酒廊空间中泛着时间光泽的黑色做旧金属板、几何形体叠加组合出未来感。舒适简约的家具与流动感的艺术装饰，象征着柔和与硬朗、东方与西方的融会贯通。游泳空间回归自然秘境，去除繁复的色彩和装饰，犹如一片盎然的水光花园。空间柱体以花瓣的形态逐一展开，寓意生长绽放之意。

客房更是对海派风尚的延承，兼顾功能和美学，在空间表达上延续海派建筑语汇，提取特有的上海里弄人文元素、在地的生活肌理，乃至经典色彩，探寻这座城的古典与摩登意象。

1. 电梯厅
2. 正对陆家嘴天际线
3. 艳丽繁花在空间中蔓延生长
4. 酒廊泛着光泽的做旧金属板
5. 深蓝色帷幔带来就餐私密感
6. 白色的褶皱顶立面营造纵深感

1 | 4
2 | 3 | 5

1. 层层递进的视觉效果
2. 序状排列的柱体
3. 摩登餐厅
4. 临窗可赏黄浦江的璀璨夜景
5. 窗外是优雅的外滩历史建筑群

金华十二杉房开元名庭度假酒店

设计单位：禾易设计
设　　计：陆嵘、金佳明
面　　积：7000 平方米
主要材料：水磨石、实木、金属、藤编、织物、竹子、青砖、和纸
坐落地点：浙江金华
完工时间：2024 年 2 月
摄　　影：徐义稳

1|2 4/5 3

1. 墙上是质朴的手工艺作品
2. 光影带来自然的温柔
3. 大堂空间层次丰富
4. 手工布艺勾勒出的树形呼应门前的十二棵杉树
5. 质朴材质围合出简明的空间线条

金华十二杉房开元名庭度假酒店位于金华市婺城区安地镇雅傅村朱山脚，被成片的金色稻田环绕，是燕语湖区块综合开发的重要项目之一。“家何在，因君问我，归梦绕松杉”。酒店外挺立着十二棵水杉，它们见证着这片土地的变化，也守护着它的未来。结合当地的自然环境和文化特色，设计主旨是让客人能在此感受到自然的拥抱和人文的温暖。

大堂空间层次丰富，夯土、竹编、老木头、粗细麻等，这些质朴的材质围合出简明的空间线条，相互交织出古朴的自然之美。当阳光蔓延，整个室内在光影斑驳中增加了些许温柔。大堂吧墙面的手工布艺装置呼应门前的十二棵杉树，传递村落间的温馨。手工布艺勾勒的树形点缀田野小道，成为视觉焦点，平添艺术气息，唤起人们对远方、森林、河流及自然的热爱。

早餐厅的落地窗衔接室外的稻田，感知春耕与秋收。家具基调是清新温和的浅木色和豆绿色，墙面以酒店大色调为基础，做饱和度的降调，挑选不同造型的植物点缀其中，生机盎然，一个清新且生态的用餐环境跃然呈现。

多功能厅定位为自在闲适的办公会议场所，形态自然的格栅映衬户外的生态景色，一直延伸到顶面，衍变成富有活力的图案。可举行会议，也可作为书吧使用，层次高低错落的设计丰富了视觉，也规划出更多使用功能。客人可独自在窗旁凝神望远，也可三五好友围桌而坐，聊圣贤书、谈世俗事。随处可见的是朦胧绿植及植物摄影，仿佛置身于林间。

顶面的造型灯具延伸出吧台区域的聚焦感，俏皮的灯光氛围带来视觉冲击。弧形楼梯将上下两层衔接为一体，典雅的曲线与现代工业气息相结合，既提供了安全感，也富有仪式感。餐厅包厢内是体块构造的穿插，弱化了原始结构的刻板，色彩朴素温馨，半透屏风隔出高低错落的光影。

酒店客房在素色的空间基调中大胆加入清新的低饱和度色彩，艺术画在灯光映衬下显得叶影婆娑。可近赏窗外树影摇曳，远观山涧青竹。

该酒店的设计是我们对自然、文化和生活美学的一次深刻诠释。期待每一位旅人都能在这里找到属于自己的宁静角落，体验设计与自然和谐共生的美好。

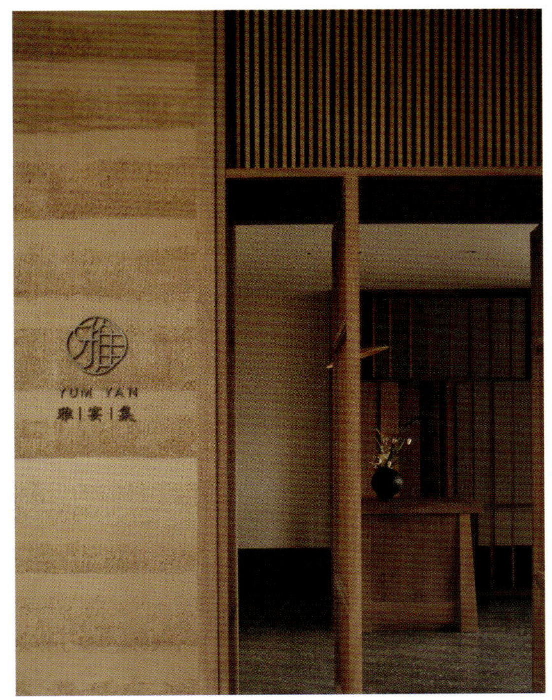

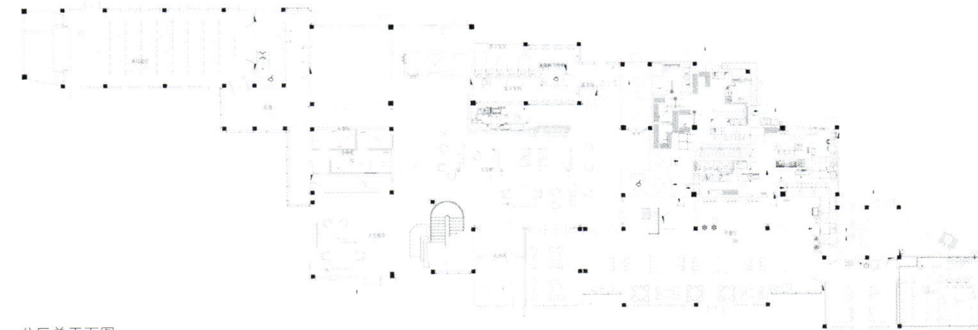

公区总平面图

1|2|3 5
4 6

1. 顶面图案由格栅衍变而来
2. 富有原始感的墙面
3. 会议室
4. 家具是清新温柔的木色和绿色系
5. 雅宴集早餐厅
6. 落地窗衔接金色稻田

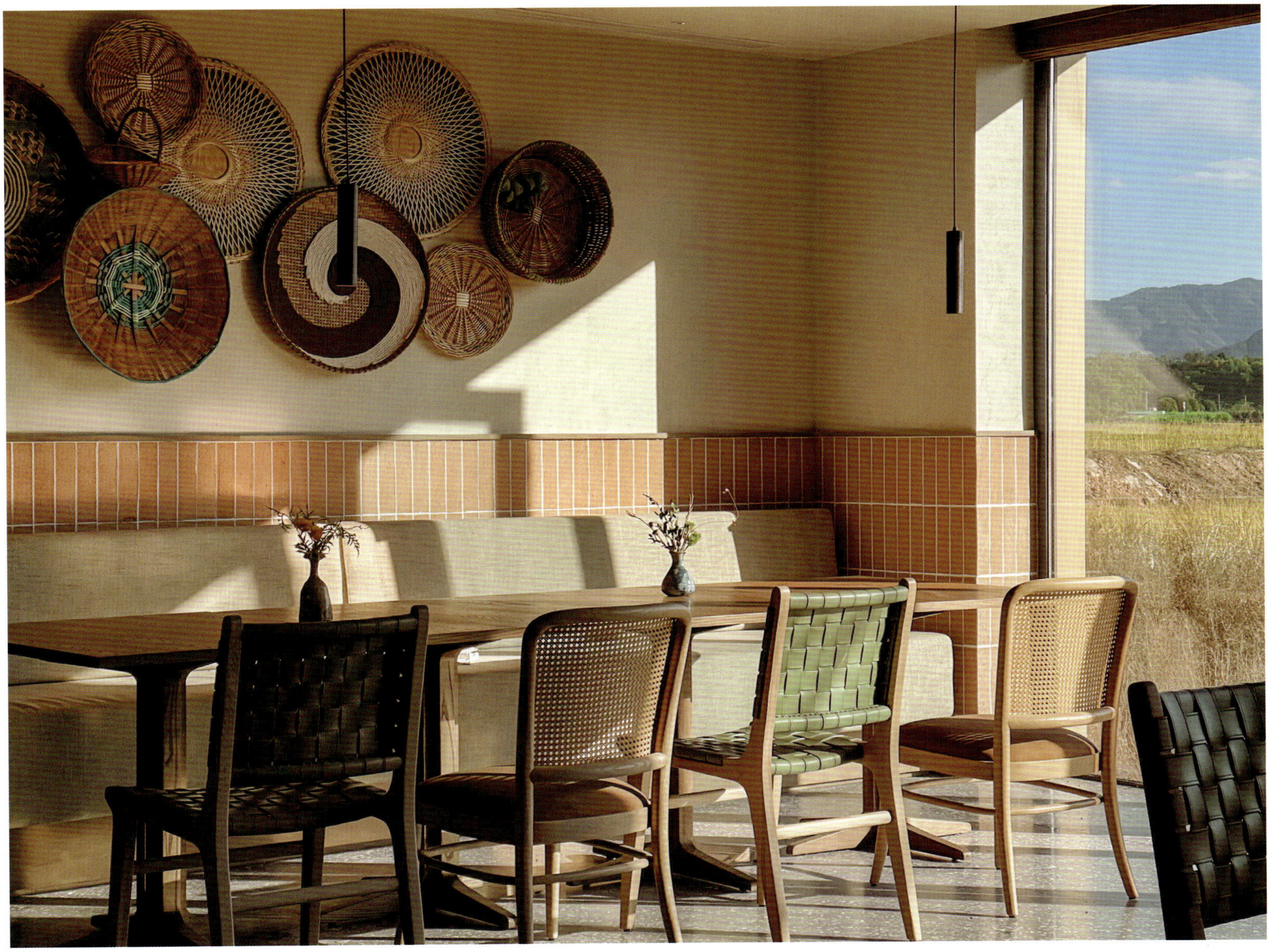

1 2 5
3 4 6

1. 餐厅包厢
2. 俏皮的圆形灯具
3. 弧形楼梯衔接上下两层
4. 酒吧台
5. 窗外是树影婆娑
6. 客房大胆加入了低饱和度的绿色

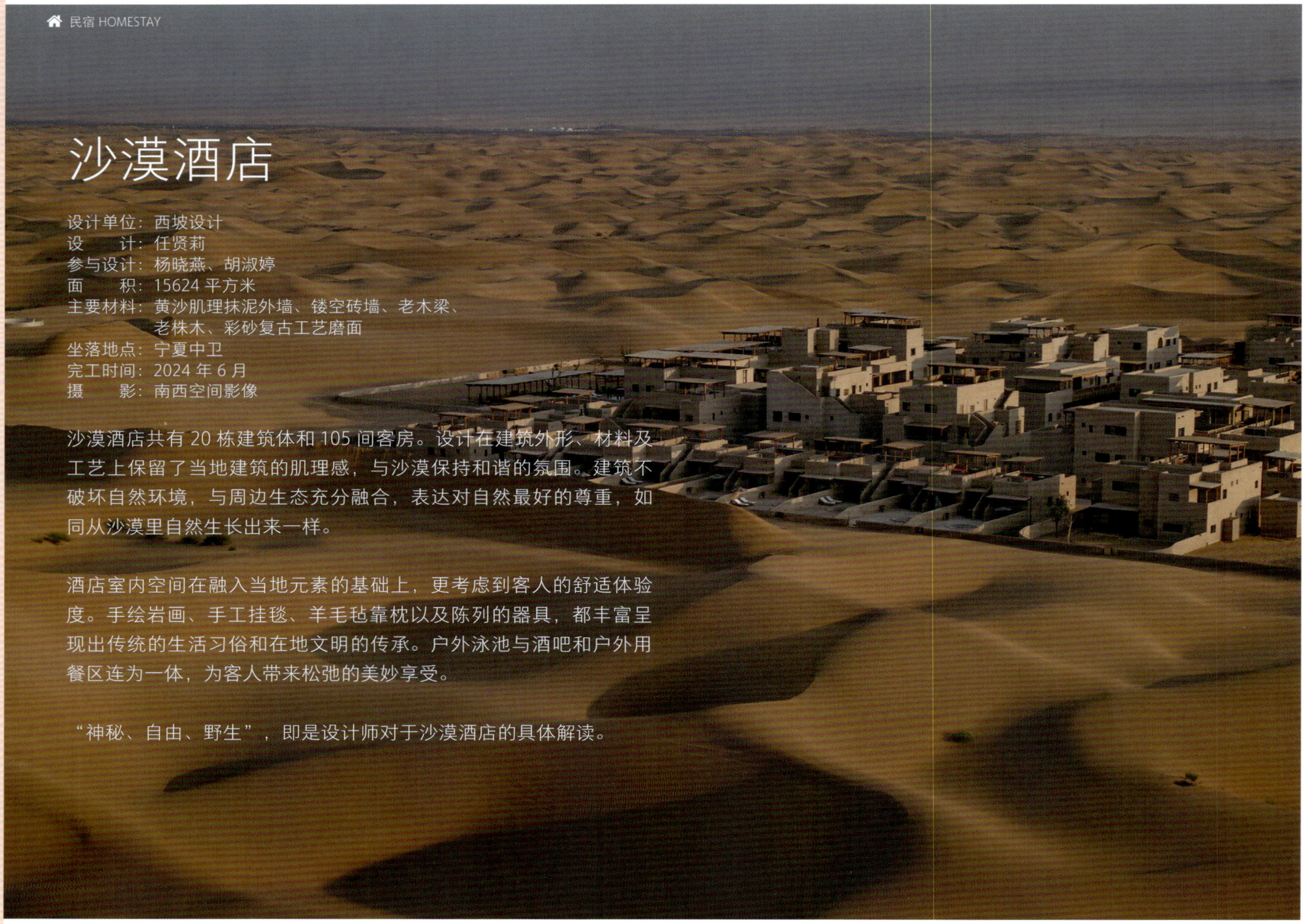

沙漠酒店

设计单位：西坡设计
设　　计：任贤莉
参与设计：杨晓燕、胡淑婷
面　　积：15624 平方米
主要材料：黄沙肌理抹泥外墙、镂空砖墙、老木梁、老株木、彩砂复古工艺磨面
坐落地点：宁夏中卫
完工时间：2024 年 6 月
摄　　影：南西空间影像

沙漠酒店共有 20 栋建筑体和 105 间客房。设计在建筑外形、材料及工艺上保留了当地建筑的肌理感，与沙漠保持和谐的氛围。建筑不破坏自然环境，与周边生态充分融合，表达对自然最好的尊重，如同从沙漠里自然生长出来一样。

酒店室内空间在融入当地元素的基础上，更考虑到客人的舒适体验度。手绘岩画、手工挂毯、羊毛毡靠枕以及陈列的器具，都丰富呈现出传统的生活习俗和在地文明的传承。户外泳池与酒吧和户外用餐区连为一体，为客人带来松弛的美妙享受。

“神秘、自由、野生”，即是设计师对于沙漠酒店的具体解读。

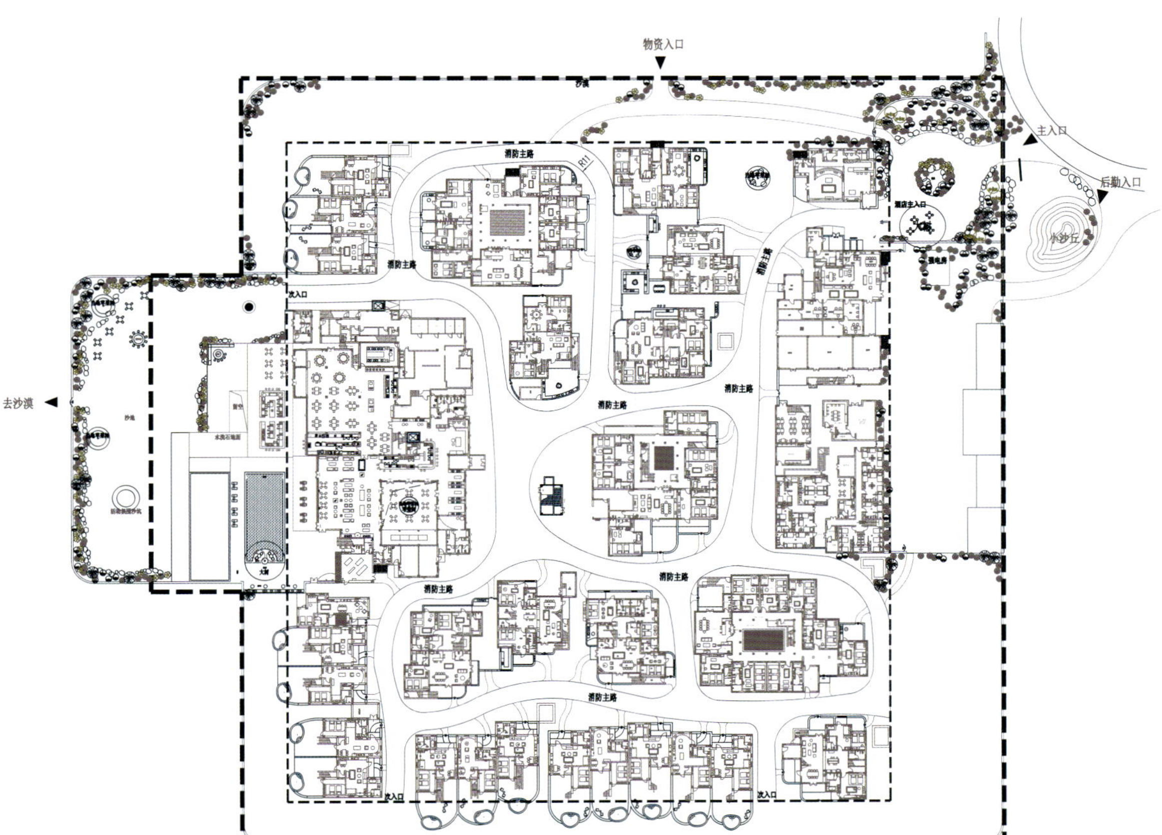

平面图

1、2. 酒店被壮丽广袤的沙漠所环绕
3. 高低错落的建筑体块
4. 享受日光的户外露台
5、6. 露天泳池与酒吧和户外餐区连为一体
7. 户外就餐区可尽享大漠风光
8. 松弛小院

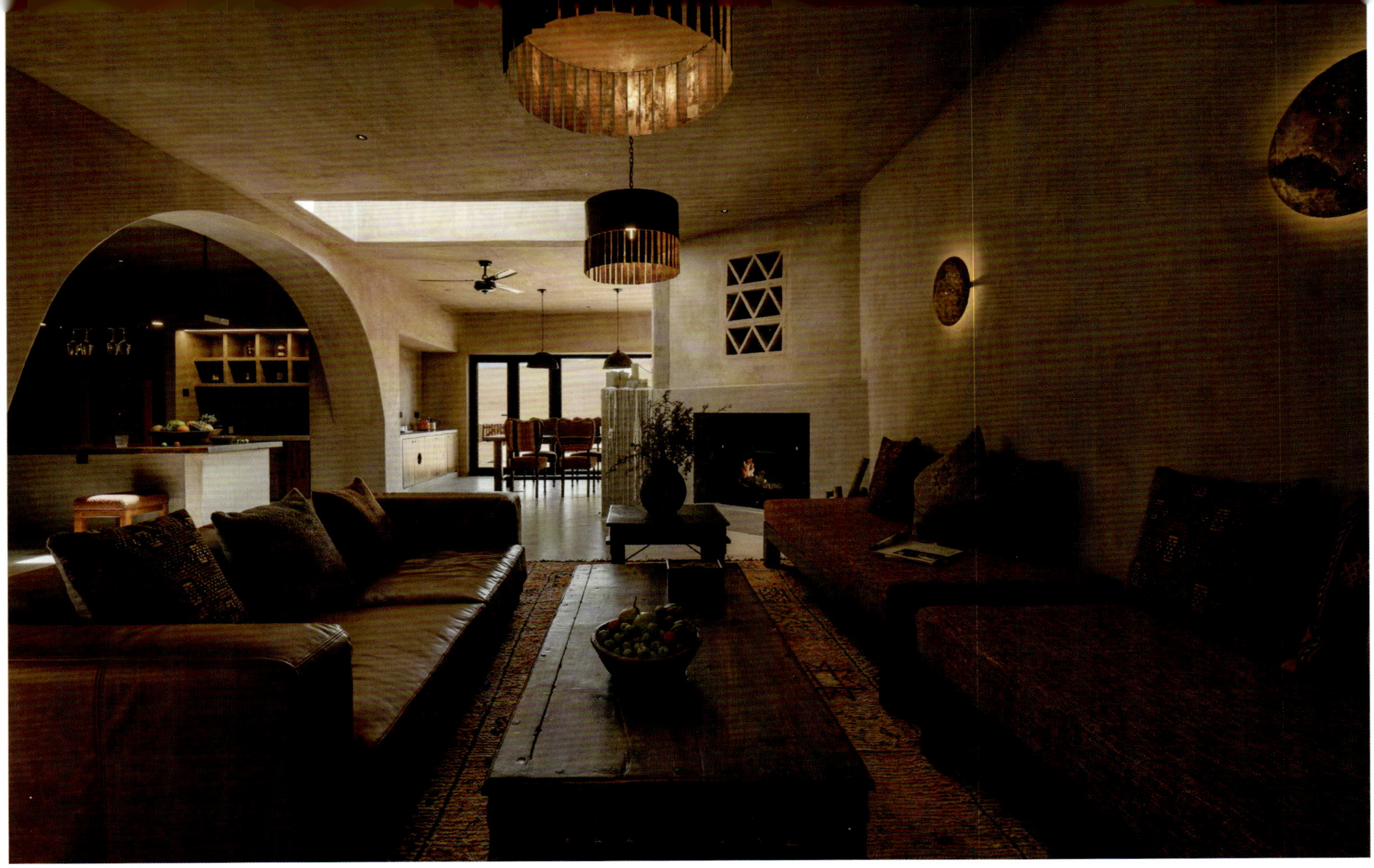

1 | 4
2 | 3 | 5 | 6/7

1. 丰富的手工软装呈现当地的风俗文化
2、3、5. 墙顶面的大地色与沙漠融为一体
4、6、7. 套房内在地元素被现代设计手法重新组合表达

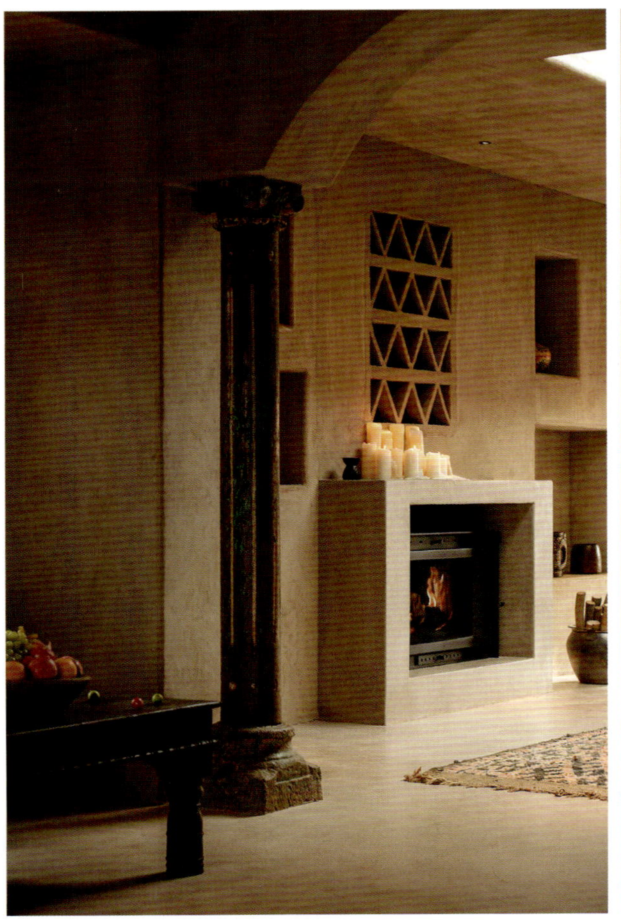

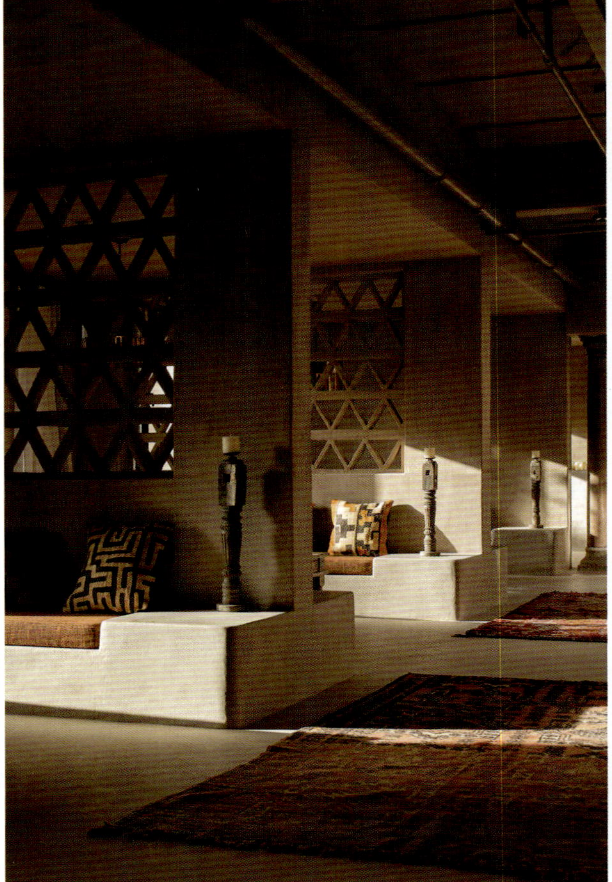

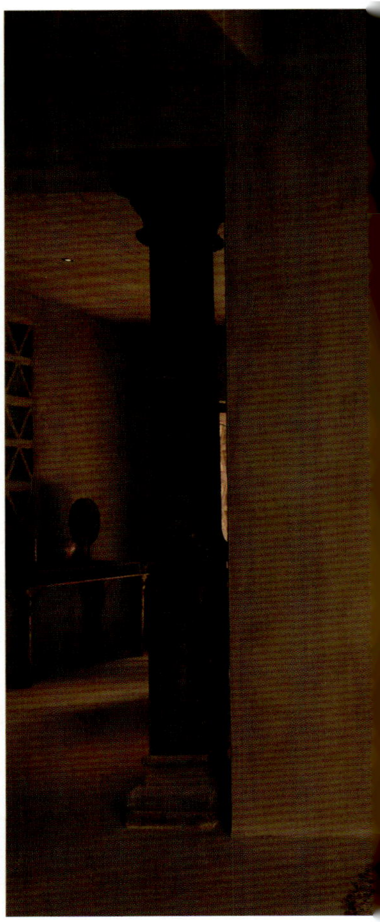

原舍濮院

设计单位：巢羽设计事务所
设　　计：王星、梁飞
参与设计：周洁、易杭飞、吴陶锴
面　　积：3106 平方米
主要材料：毛石、洞石、艺术漆、木饰面
坐落地点：浙江嘉兴
完工时间：2024 年 7 月
摄　　影：徐义稳、胡义杰

原舍濮院坐落于风景如画的濮院镇，隶属于浙江嘉兴桐乡市，这片被誉为中国书法、文学与新戏剧的沃土，历代文人以历史为经、文化为纬，精心编织出一幅幅绚烂多彩的文化织锦，让每一寸土地都浸润着浓厚的艺术气息。

设计上巧妙借鉴了南宋画家刘松年的《西园雅集图》之二（局部）的艺术精髓，运用虚实相生、遮蔽有致、对称和谐、对景成趣以及窥探之妙的设计手法，将古代文人的雅集风情与现代空间美学进行了完美的融合。步入其间，仿佛穿越时空隧道，回到了那个诗酒趁年华的春天，江南的诗意与词韵都凝聚在了这个院落中。正是依托这些良好的条件，原舍濮院成为一个理想的场所，让人们享受归园田居的宁静生活。

丝麻轻织，背景板的细腻纹理宛如古人笔下细腻的笔触，引人遐想。象牙白的接待台宛若月华初照，温润而泽，与背景板遥相呼应，古今交融，尽显深邃与雅致。不同的材质在空间中交织，石土的纹理赋予空间沉稳古朴的气息，而木质的温润则流淌出温暖与生机。置身于此，仿佛能与自然和建筑产生共鸣，建筑的硬朗与自然的柔美相融合，让人不由自主地沉醉于宁静中。

天窗巧妙地打破了室内与自然的界限，将温柔多变的日光细细编织进每一个角落。在空间的流转中，几何结构不仅承载了稳固与美感，更以一种无声的语言与光线共舞。白色的窗帘落下成为屏障，似自然的轻纱，让绿意与光影得以温柔渗透，斑驳陆离地洒落室内，让人置身于一个相对私密又不失通透的空间。包间的窗景可独享一片荷花田池，品茗赏荷间享受闲适与自在。顶部的设计巧妙地融合了现代与古典，几何形状与透光膜顶灯相得益彰，光线柔和而均匀地洒落，宛如晨曦初照，为静谧的空间披上一层温暖的光辉。

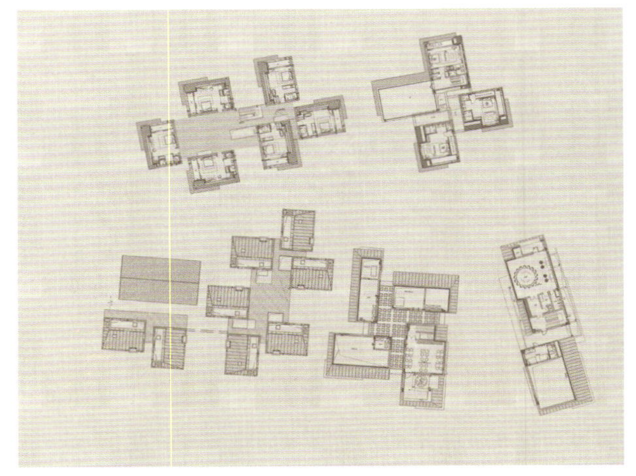

二层平面图

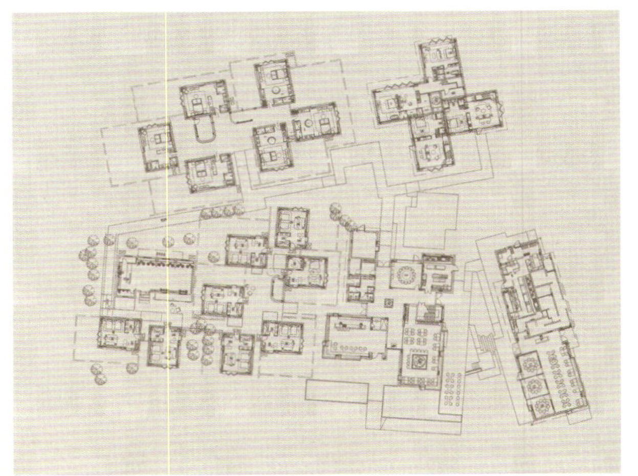

一层平面图

1 2 3 4

1. 院落周边风景如画
2. 温润如玉的象牙白接待台
3. 餐厅
4. 包间独享一片荷花蛙鸣

1. 冥想室一侧墙面以石块拼接
2. 飞鸟掠过的动态视觉
3. 建筑融入了多种几何形状
4. 绿意与清风无拘无束地进入房内
5. 套房
6. 天窗将光影渗透进室内

1. 空间回归雅致
2. 从楼梯俯视一层
3. 看尽庭院
4. 光与影的交织

锦上溪舍

设计单位：赛维雅空间设计
设　　计：王悦杉、郭赟
参与设计：窦婷婷
面　　积：1000 平方米
主要材料：微水泥、艺术漆、青石板、胡桃木、藤编、洞石、岩板
坐落地点：江苏昆山
完工时间：2023 年 10 月
摄　　影：瀚墨视觉 / 阿刁

锦上溪舍共有 4 栋独栋的建筑单体，设计尊重历史的建筑空间环境，在一片民宿群中保留当地的古镇特色，并在动线上合理链接起彼此独立的建筑体块。打通室内与室外的空间关系，室内与建筑景观进行融合表达，让人与空间、人与自然之间展开更多的对话。

锦上溪舍拥有 14 间客房，公共部分设有共享餐厅、多功能厅、亲子娱乐室、咖啡吧，以及户外农场和草坪。空间回归于中式雅致生活，一种独属于中国人的，以智慧、闲适、领悟和觉醒为主要特征的人生态度和生活方式。室内空间将江南的浪漫情怀融入其中，运用天然的木质、旧梁、青石板、天然藤编、麻布，以及有肌理感的微水泥的搭配，营造更加贴近自然的空间氛围。

设计不仅展现出宁静的诗意之美，亦让人沉浸于江南水乡的清幽神韵中。与此同时，设计注重室内与室外空间的互动，大面积落地窗和格栅的运用，使空间本身与光影展开对话，呈现动态而和谐的氛围。四季更迭，万物有时，光影在空间的流动将唤醒人们对自然的感知，进而是对生活的体悟。

1 ~ 3 栋二层平面图

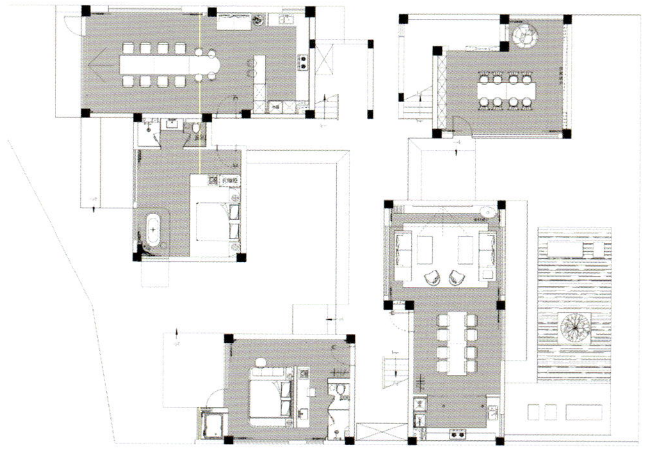
1 ~ 3 栋一层平面图

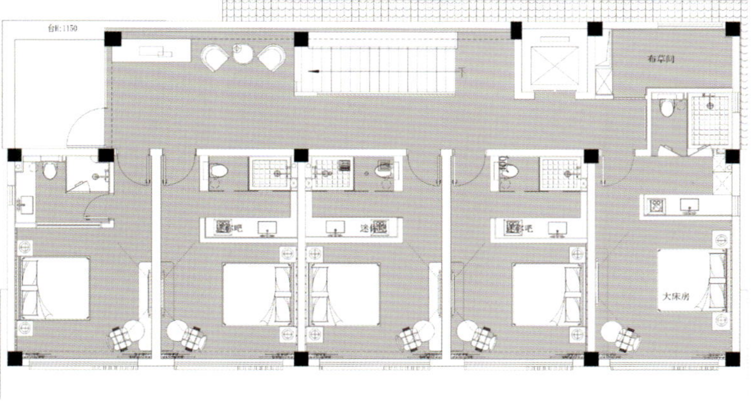

4 栋三层平面图

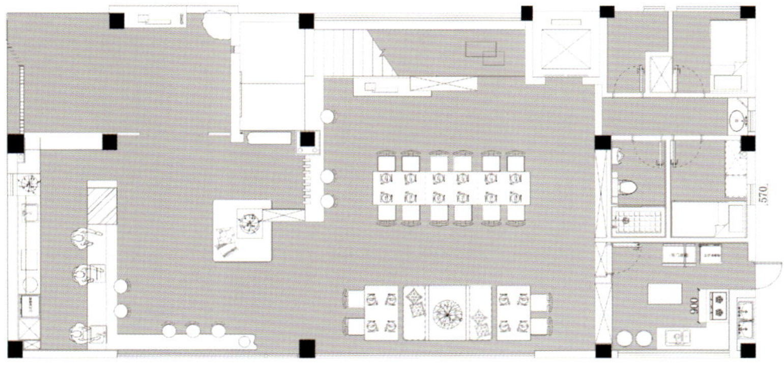

4 栋一层平面图

1 | 3
2 | 4

1. 大面积落地窗带来流动的光影
2. 天然材质更贴近自然
3. 亲子客房
4. 床头格栅使空间隔而不断

和春住

设计单位：内建筑设计事务所
面　　积：3200 平方米
主要材料：地板、老石板、石材、艺术漆、玻璃
坐落地点：广东广州
完工时间：2023 年 12 月
摄　　影：潘杰

塱头素有“科甲村”之名，和春住与塱头祠堂和书室为邻。设计之初，还是2022年的盛夏，池塘满荷、植被茂密，在乡间那一瞬间是快乐的，有时陷入泥泞也是自然的。并非每天都是晴朗的，古树下的老屋等同于岩石与苔地，被包裹着向内生长，晴朗时享受屋脊上新设的彩绘，下雨时田野的作物欢畅淋漓。任风穿过，廊庑连接起建筑的骨骼，隔绝风雨、避世归隐。用简单的方式去回忆肌理与自己，旧物活着是因为重建，唤出老旧的灵魂来释放全新的生命力。

于是便确定了文脉传承的基本设计原则。场地上是已经损毁严重、破败不堪的21座民宅，虽非文保，也谈不上所谓的典型风格，我们坚信忠实地修缮民居外观、还原街巷原始风貌是传统文化传承的前提。建筑内部空间采用现代与传统共生对话的设计手法，一方面修缮还原出遗存建筑的青砖肌理和瓦作纹样，修旧如旧。同时采用现代建筑的简洁造型，叠加在历史材料上，形成清晰的共时并置关系，避免模仿和做作。整体呈现出新旧元素在民居院落中的共生关系，体现出历史风貌下的建筑机能与时俱进、有机更新的设计理念。

平面图

21座宅院的天井虽形制相同，但随着年代、材料、壁饰、佛龛等细节的差异，呈现出迷人的多样性和细腻的感知力。宅院内每个空间都经过精心设计，确保了卧室、客厅、洗浴间、茶室等多种功能区域的私密性和独立性，彼此互不干扰。各具特色却又和谐统一，独立而不孤立，令人感到安心和舒适。这种巧妙的设计既保留了古朴的岭南建筑魅力，又满足了现代人对于私密空间的需求，一墙之隔，既是对安全的保障，也是对隐私的呵护。

院落之外，和春住拥有同样精致的公共空间：有四季如春的花房“和春野”、充满文化底蕴的阅览空间“和春览”、围炉品茗的茶室“和春坐”、会客畅聊欣赏老物件的“和春言”、欢朋满座的餐厅“和春宴”、微波湛蓝的泳池“和春嬉”，每个公共空间都各具特色。

1. 换新后的老建筑
2. 老街老巷的原始风貌被还原
3. 现代的简洁造型叠加在历史材料上

1. 古朴的装置
2. 新旧元素共融共生
3. 餐厅
4. 茶室天光带来细腻的感知
5. 多种功能区域互不干扰
6. 幽静客房可静享慢时光

大吉酒店

设计单位：八旬建筑工作室
设　　计：八旬
参与设计：福生、文超
面　　积：2068 平方米
主要材料：青石板、五花石、黄克隆
坐落地点：云南大理
完工时间：2023 年 3 月
摄　　影：雷坛坛

木易村位于大理银桥镇，以水稻等作物种植为主，农耕劳作之下特有的慢节奏生活为大吉酒店的居住体验铺上悠然底色，连绵起伏的苍山成为建筑背景，让乡野山居更显自在安闲。周边环绕着 86 亩田地，既是窗外景观又兼具实用功能，应季种植的作物待成熟时可成为供应酒店及周边食客的餐食来源。大吉与在地自然的连接从地缘开始，也终于土地的产出。

由传统材料展开的建筑叙事，经过现代空间审美与功能的再次演绎，青瓦与白墙重新构成了且新且传统的 3 层建筑。空间之内，17 间客房、书吧、餐厅、酒吧、休息区等区域各得其所，兼具生活娱乐的社交功能；建筑之外，平屋面与斜屋面互为补充，木的温润调和着砖的冷峻，不规则石块砌成的半墙界定场域的内外，却不曾也不能将大吉从整个村落的生活环境中切割出去。

我们希望酒店能呈现出一种独特的地域符号，既能兼顾到现代旅居所崇尚的舒适度，又能营造出有别于他处的度假体验。这一定不是建筑本身能达成的，应该需要将周边的场域与自然更大范围地关联进来。

先收后放成为建筑与环境对话的线索。住客进入大吉，会通过一个不大的门口，在庭院与公区通道的半围合中逐渐打开视野，穿行过名为喜塘的餐厅，意外发现一片开阔的水塘，苍山倒映其中，整个地景环境的意境尽归于内。水塘拉近了山的距离，也丰富了景观层次与生活意趣。餐厅与水塘的过渡处散落几套餐桌椅，开放式餐区的设置让食客尽享自然美好。餐厅以“塘”为名，希望借水的汇聚之意，成为远近食客的聚会之所，也为大吉打开了与当地居民产生链接的另一扇窗。

餐区上方则用来安置二层客房阳台向外延伸的花池，透过绿意盎然的植物向远方眺望，与自然的亲密感得以加深的同时，纵向尺度的视觉景观也变得丰富起来。切换视角从远处看向大吉，整个建筑也因着植物的点缀更显生机勃勃，更与其所处的自然之境相融相谐。

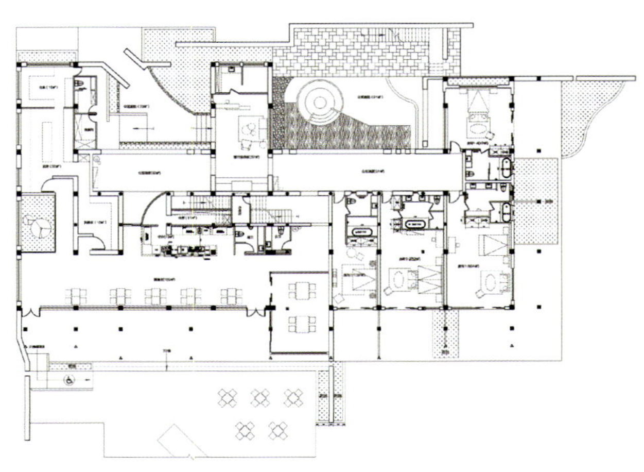

一层平面图

1 | 3
2 | 4/5

1. 绵延的苍山是建筑的背景
2. 青瓦白墙构建起新旧融合的建筑体
3. 建筑外观
4. 不大的入口处
5. 不规则石块砌成的半墙界定内外场域

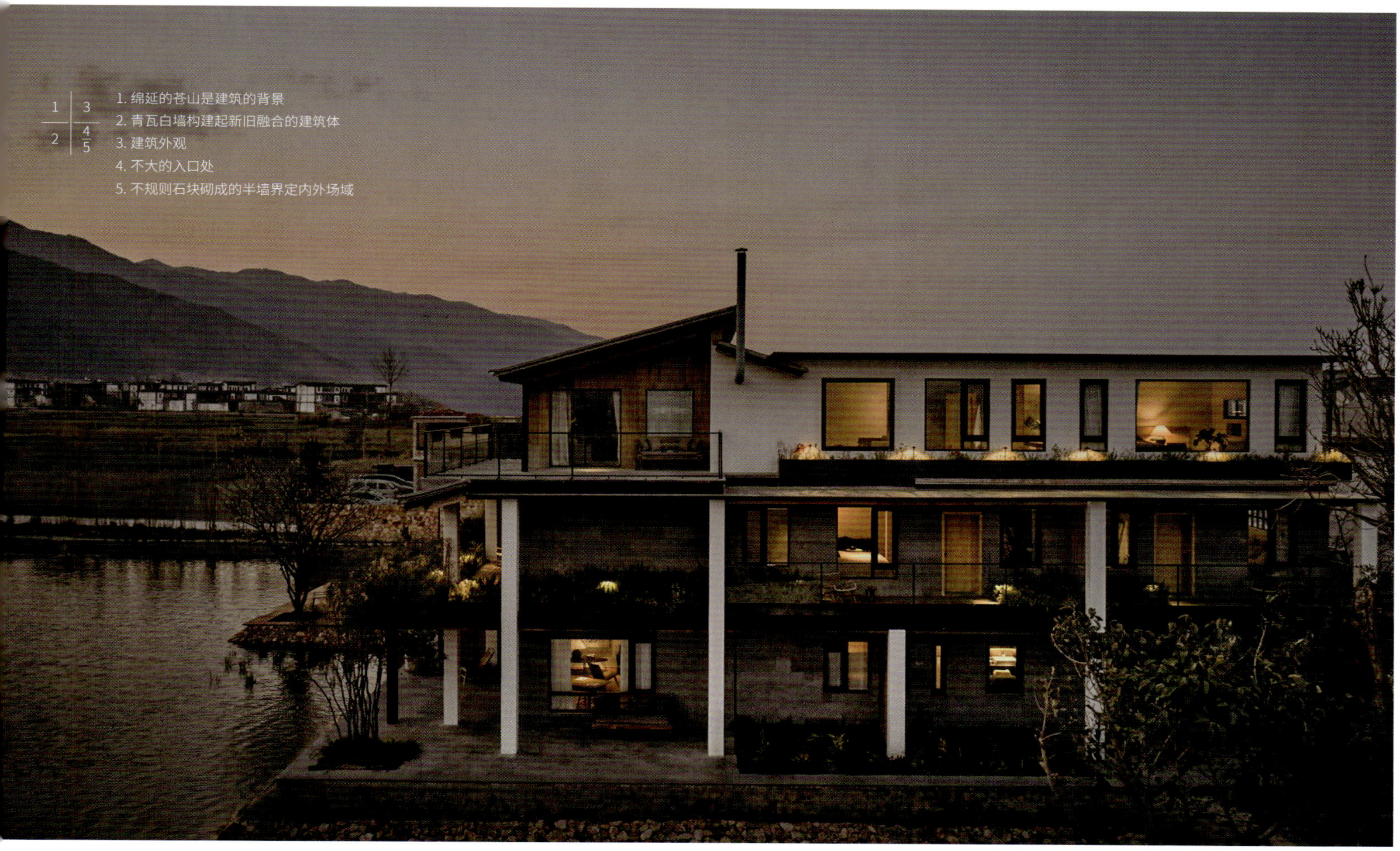

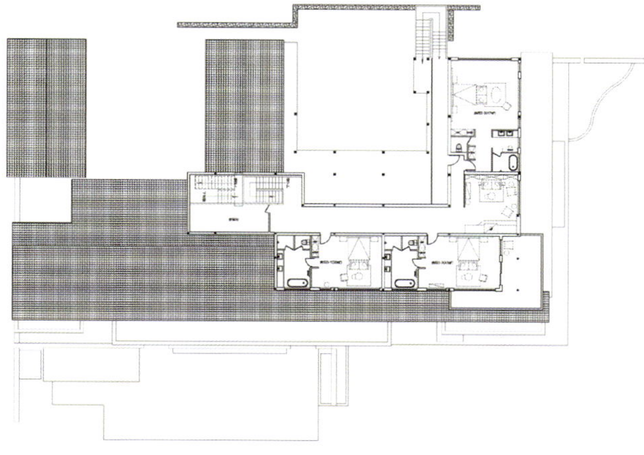

三层平面图

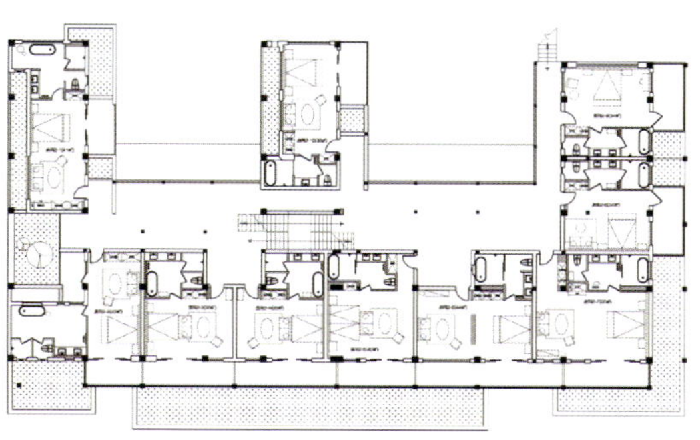

二层平面图

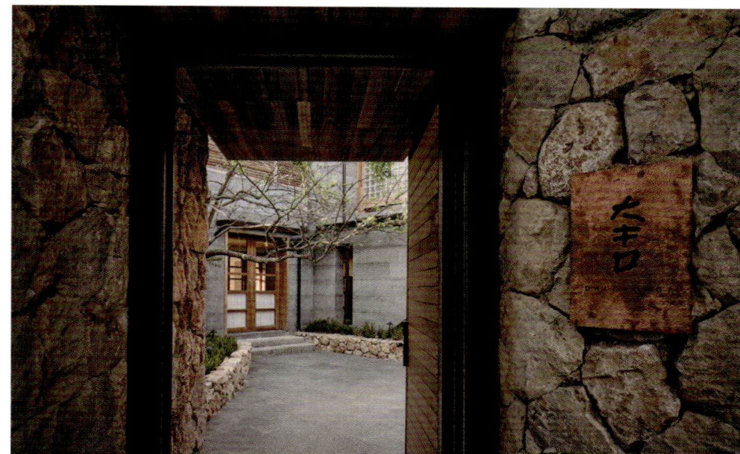

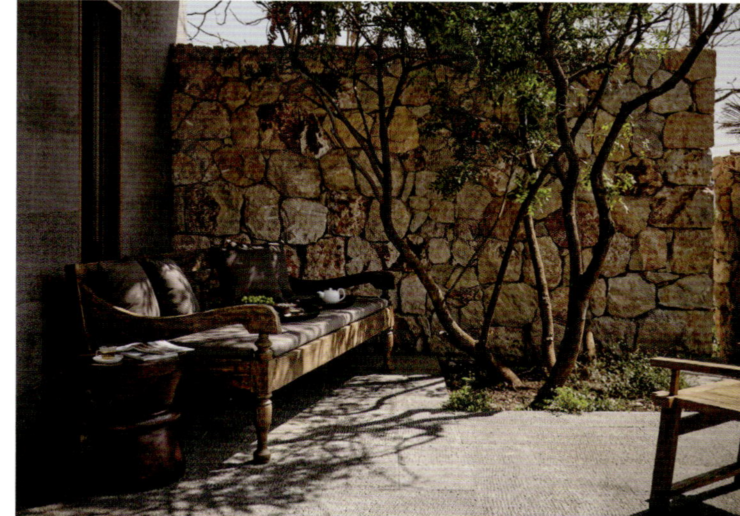

1	2	5
3	4	6/7 | 8

1. 平面屋与斜面屋互为补充
2. 开放式就餐区可尽享自然美景
3. 露台小憩
4. 天光云影共徘徊
5、6. 鲜果繁花和烛光点缀浪漫餐厅
7、8. 光与影构筑的意趣空间

1. 光与影构筑的意趣空间
2. 开阔的水塘倒映苍山翠岭
3. 各色配饰丰富了空间层次
4、5、6. 客房各具特色且与自然场域相关联

前院后院民宿

设计单位：上海横竖建筑装饰工程有限公司
设　　计：王守伟
参与设计：房磊
主要材料：室内 1500 平方米，占地 2700 平方米
坐落地点：上海
完工时间：2024 年 5 月
摄　　影：前院后院

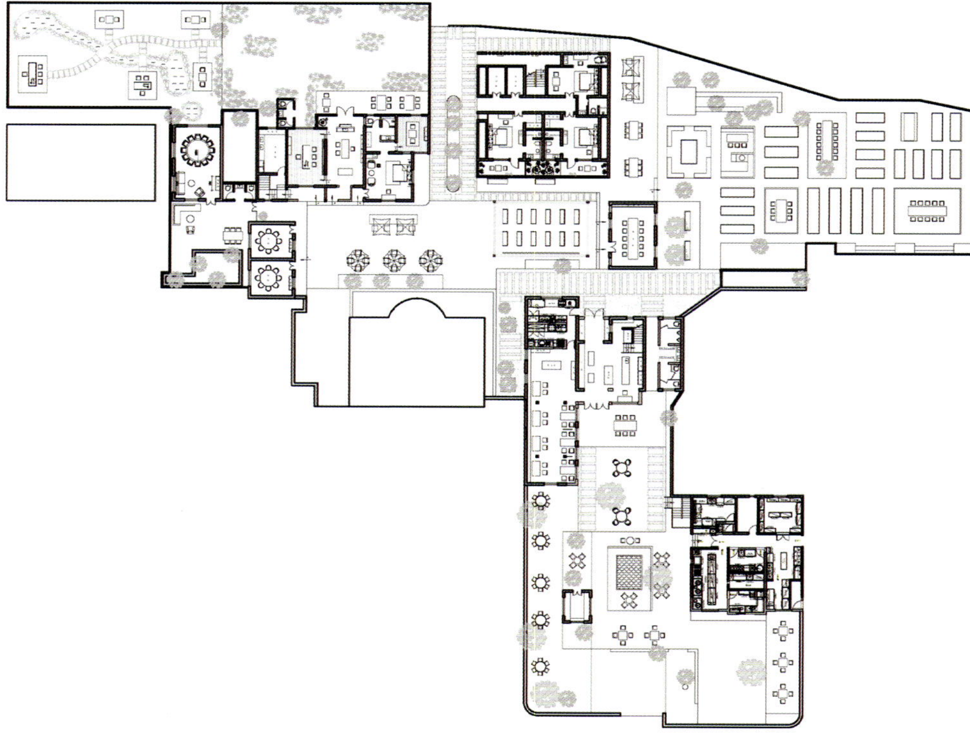

总平面图

1. 自带松弛感的院落
2. 宠物乐园
3. 绿色菜园可直接为民宿提供餐食
4. 古朴侘寂的风格

前院后院民宿的创始人王守伟先生身为室内设计师，把自己对乡村独特的理解通过设计语言和元素融入民宿中的每一个角落，期许在繁忙生活中的人们有幸保持一种自带张力的松弛感，笃定、自信、平和且感恩。

居于屋舍，一梦入古。民宿共有 25 间客房，设有书房、餐厅、茶室等休闲空间和宠物乐园、果蔬采摘园、竹林茶空间等乡村田园式的环境空间。大空间低密度的多功能经营，使游客获得住宿、茶歇、亲子娱乐及聚餐等多种体验。前院提供室外餐位，青砖黛瓦、错落有致。后院设有多人餐位的包房，宁静雅致，院中甬路相接，细石点缀。后院与菜园和竹林相伴，充满生命力的嫩绿在厚重的古老木质时光里发芽。民宿内部把古朴侘寂和简约欧式结合在一起，空间内是浓郁的木质气息，细节处动人心弦。春季赏花喝茶，夏季听风看云，享四时风光的变化有序。

食于禾野，味寻顺德。前院的禾野餐厅以顺德粤菜餐食为主，用食物感知时间，窥见过往，品清欢滋味。餐厅整体以中古美学入馔，凝精致为膳，纳南海珠江于席，共叙风雅诗酒之境。

避世竹隐，茶香襟袖。后院的竹隐茶空间将品茗区隐藏在竹林中，营造返璞归真的境界，竹子作为主题贯穿空间。静静地走入竹林，茶香沁入，风吹竹啸，风止竹静，满目苍翠，如遗世独立的谦谦君子。

一杯咖啡，一日闲暇。后院书屋旁的菜园以休闲咖啡为主题，把农田承载的传统记忆和咖啡代表的海派文化结合起来。坐在菜园细听鸟鸣，慢品咖啡，呼吸乡野的空气，享受平凡烟火里安然的时光。

前院后院坚守以精致入古的生活方式为核心，以“一座村庄的相对静止”为理念，以人为本输出沉淀，静心感受生活的方式与态度。

1. 简约空间不做多余的装饰
2、3. 白色沙发和木质家具营造遗世独立之风
4. 空间一角
5. 不规则的斜面屋顶造型
6. 厚重基调的客房
7、8. 客房窗外是满目绿意

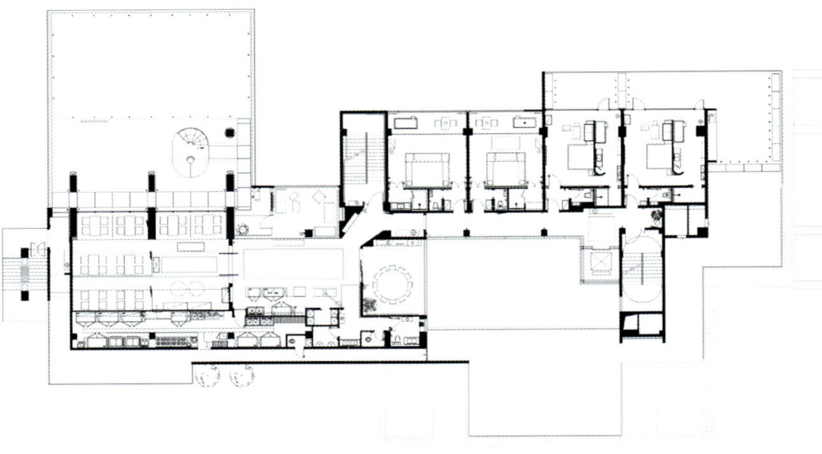

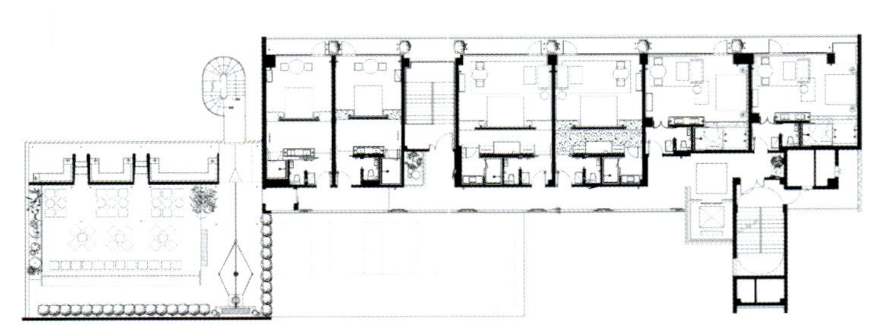

平面图

等风来

设计单位：ZDD 筑地建筑设计事务所
设　　计：任朝峰
面　　积：2000 平方米
主要材料：大理石、微水泥、艺术涂料
坐落地点：浙江宁波
完工时间：2023 年 9 月
摄　　影：朴言

我其实一直在做同一件事情，一场关于场所与人的游戏。建筑是相信者的哲学，我们认为站在打理过的芦苇岸边比潦草的原生态更能带给人启发。等风来酒店拥有东钱湖最大的湖景视野，设计是一个梳理的过程：对建筑和在地环境关系的梳理，对室内和建筑关系的梳理，对阳光、空气、景观与空间关系的梳理，最终达成的是场所与人的关系梳理。我们充分利用酒店所在地独一无二的景观资源，并挖掘空间与商业业态的多种联系方式，多方面尝试建筑空间形式与使用程序的匹配度。

首先在设计上延续建筑的肌理和材质，以统一和谐的姿态融入在地环境。通过内外部的视线融合、建筑与生态的对比、公共和私密领域之间的变换，为客人创造独特而舒适的空间体验。以极简的线条诠释现代建筑风格，大体块的白色立面错层设计，搭配干净的玻璃，兼顾美观和采光，远望犹如一颗宝石镶嵌在翠绿群山之中。

酒店室内面积不大，但拥有 3 个大面积的景观露台。我们结合每层不同的空间形态和业态，精心打造了星池露台、威士忌吧露台和楼顶沙滩露台，配合下午茶、休闲、宴会等不同商业形态，提升了酒店的商业利用效率。一眼望去，湖水波光粼粼，山峦起伏，构成一幅绝美的画卷，仿佛置身于童话世界中。用一部旋转楼梯连接起 3 层空间与室外的联系，建立舒适便捷的观景动线。这部楼梯串联起 3 个楼层和 3 种休闲方式，串联起人的视线与景观的高差与域宽，打通了内外交通环线的循环。

酒店拥有 10 间精品湖景客房，以“钱湖十景”为名，全部面湖而设。各个房间的设计都别具一格。超大的无框落地窗将湖景尽收眼底，纯白与天空、湖面、阳光形成强烈而鲜明的对比，夜枕星河，疲惫烟消云散。

“做其实，思其空”，围合空间的界，有文化、功能、美学和情感方面的考虑，最终目的都是为了“空”的部分而纯在，这个“空”就是每一个空间都应该有自己的表情、气氛与独特的品味。每个设计就是一个小的世界，一个小的宇宙，有序、有开篇、有高潮，也有起承转合，那它就是一个完美的乐章。人是根本的核心，你只有到了此地，才能理解光线的变化、云朵的变化、空气的变化，还有东钱湖的温度、湿度和风儿的气息。

1	4 5
2 | 3	6

1. 错层设计的大体块白色立面
2. 建筑以极简线条来演绎
3. 余晖下的绝美
4. 波光潋滟
5. 通透玻璃兼顾美观和采光
6. 拥有东钱湖最大的湖景视野

1 | 5 | 6
2 | 3 | 4 | 7

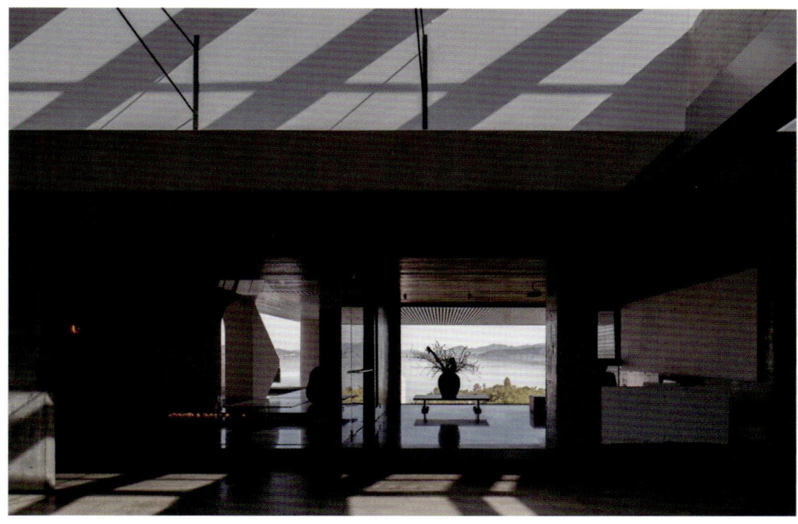

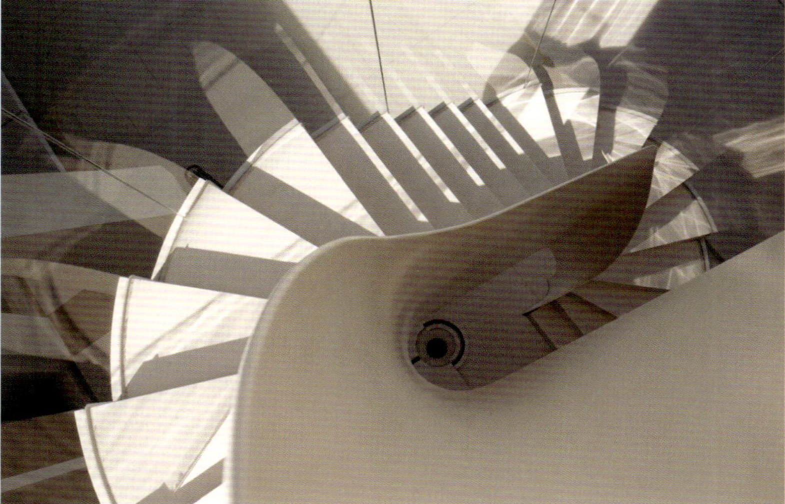

1. 景观露台搭配不同的商业形态
2. 吧台
3、4. 顶部玻璃带来丰沛的自然采光
5. 内外纵深串联起视线
6. 旋转楼梯连接起内外交通环线
7. 客房均面湖而设，拥景入怀

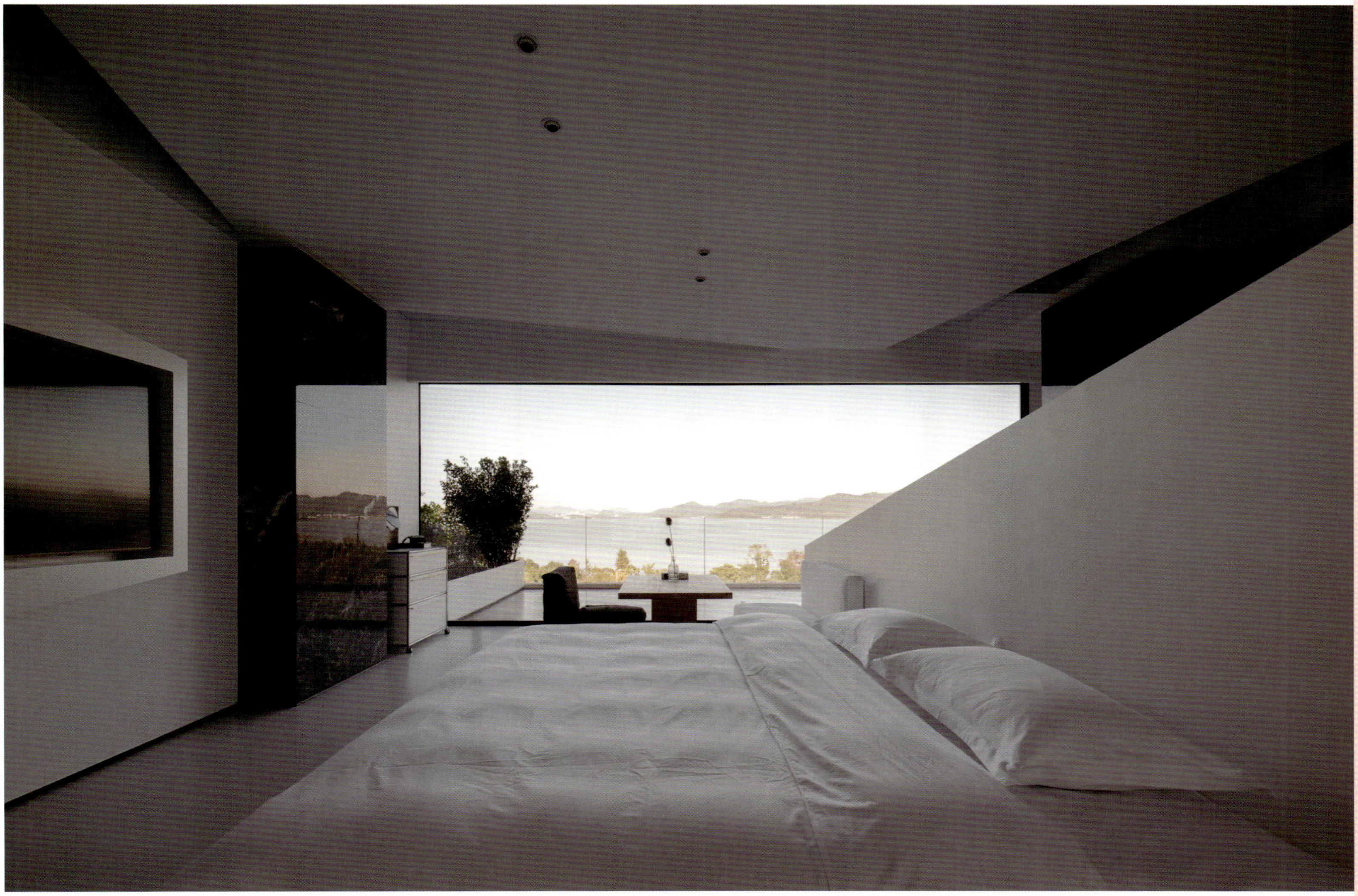

意乐岛

设计单位：大墨空间设计
设　　计：叶建权
面　　积：535 平方米
主要材料：水磨石、艺术漆、仿古瓷砖、玻璃砖
坐落地点：浙江台州
完成时间：2024 年 10 月
摄　　影：余烨、虞杨杨

意乐岛的名字取自于 La Villa En L'ile 的发音，寓意随心所欲的喜悦和欢乐，繁华世界中的宁静岛屿，这是一种生活方式，也是一种生命的态度。

项目位于浙江台州温岭素有“画中镇”之称的千年阳光镇石塘。石塘镇之所以取名石塘，源于全镇的民居都以天然块石垒筑而成，形成依山就势的石屋聚落。以现代设计来对话传统石厝，在原生地基上重构空间美学，打破了原地基不面对海的问题。我们的设计策略是“把最好的光线与景观留给最值得停留的空间”，通过精准的方位规划、动线优化和光影设计，让建筑与自然和谐共生。

项目共有 7 间房，1 间用来自住，其他均作为经营客房，同时配备有咖啡吧、厨房、餐厅、客厅等主要功能，身处每个房间都能看到美丽的海景，同时享受阳光。以石塘独特的渔村文化为底蕴，融合当代旅居美学，重新定义山海度假的生活方式。这是对石塘镇历史记忆的当代续写，更是一场关于慢生活的空间实验。晨起的咖啡，午后的慵懒，傍晚的茶叙，每一处功能都因光线与景观的优化而更具魅力，当晨光掠过石墙的纹理，当夕照漫入玻璃砖的间隙，建筑本身便成为记录时光的仪器。

在改造过程中收集并再利用当地旧房拆除的原石材料，这些承载着岁月痕迹的天然石材，不仅延续了建筑的地域基因，更赋予空间与生俱来的时光沉淀。期待伴随着每一位访客的足迹，石材表面会逐渐留下温润的使用痕迹，它不是老旧的褪色，而是故事的累积。

当时光在石墙上投下斑驳，当人们的足迹成为故事新的注脚，意乐岛便完成了它的使命，让建筑成为时光的容器，让停留成为生活的艺术。

1. 天然石材承载岁月痕迹
2. 外立面
3. 拱形落地窗融入户外景色

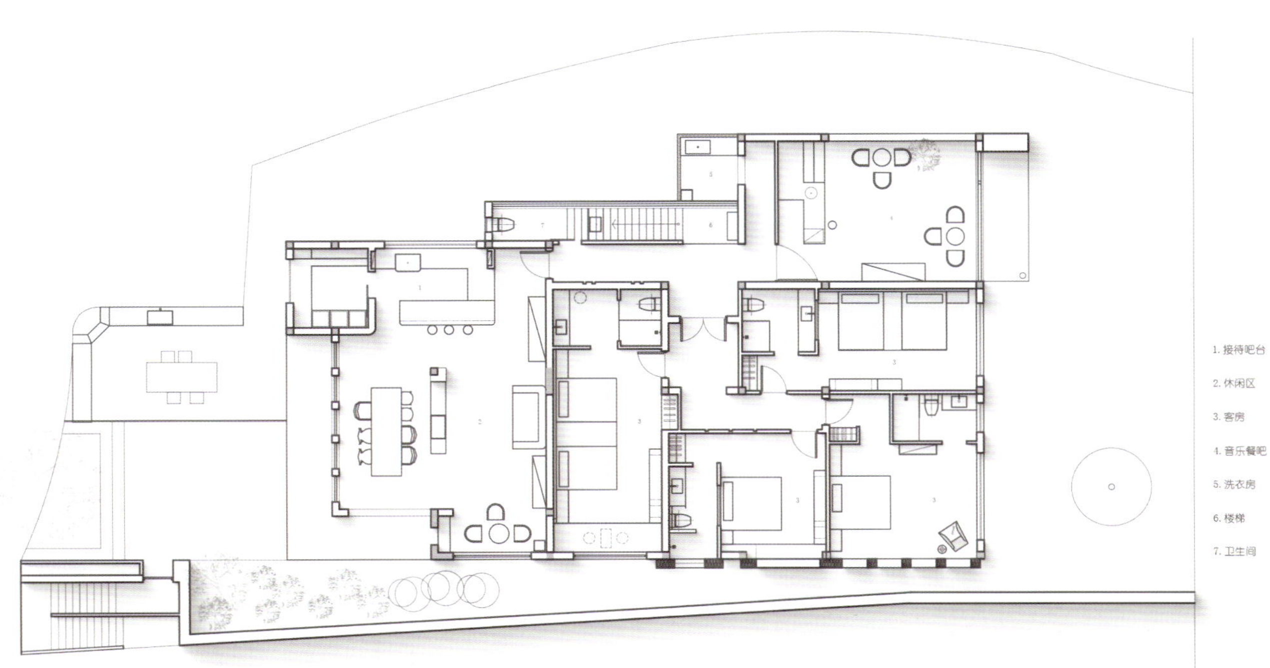

一层平面图

1 2 5 6
3 4

1. 轻松休闲区
2. 柔和的拱形廊道
3. 现代与传统的对话
4. 面朝大海
5. 阳光透过玻璃砖
6. 浴室

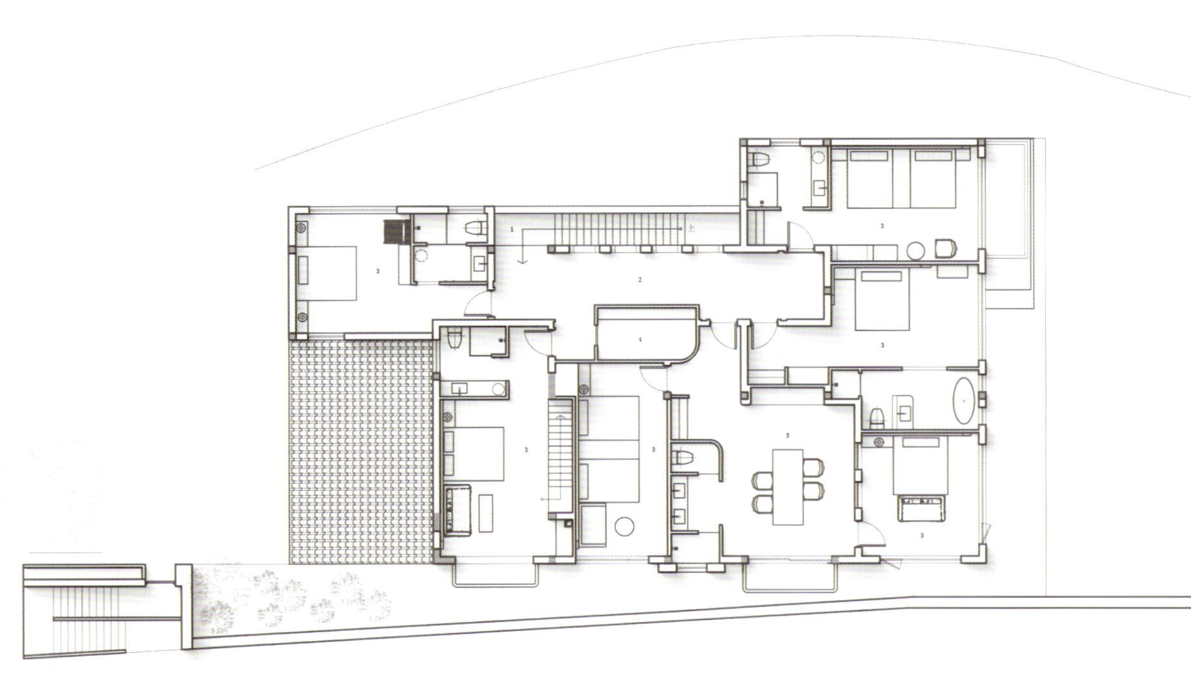

1. 楼梯
2. 过道
3. 客房
4. 布草间
5. 客房休闲区

二层平面图

四时居舍 · 水汀湖里

设计单位：汉格设计
设　　计：卓稣萍
参与设计：徐群莹、任思玥
面　　积：1000 平方米
主要材料：地板、岩板、金属
坐落地点：浙江宁波
完工时间：2023 年 9 月
摄　　影：朱海

1. 地下室休闲区，可从这里步行至户外庭院
2. 地下室入户玄关
3. 通往瑜伽室的旋转楼梯
4. 雪茄室和影音房

这栋别墅位于华茂水汀湖里，平静的谷子湖在脚下延展，依山靠水，景致如画。设计师将业主的家族生活、休闲生活、会友商务等场景有序融于其中，构成这一居所的独特场域。

别墅共有 5 层，地下 1 层加夹层，地上 3 层。设计师发挥建筑原有的结构优势，通过双动线设计贴合业主的生活脉络。一东一西之内，是男主人与女主人的独属空间；一上一下之间，则是公共与私密的生活界限。

独特的入户仪式是对回家的美好记忆，于是在一楼入户的北侧花园设计了一个透明鱼池。业主推门而入时，一道光透过鱼池仿佛从天而降，锦鲤摇着尾巴优哉游哉，惹人莞尔。拾级而上，平缓地迈入户外草坪，静静欣赏外面的风景。西侧挑高空间是专为女主人设计的瑜伽室，大玻璃窗拓展了视野，与自然亲密连接，让身与心彻底放松，独立的旋转楼梯更是方便了女主人的行动。

一楼处有一个 9 米宽的无遮挡落地玻璃窗将整个视野拉开，各空间连贯畅通、一气呵成，以玻璃框景和画卷般的形式将日常生活与自然进行融合，人仿佛居于画中，既有古代江南水乡的意境，又有当代舒适的生活方式。

原建筑南向的凹型结构，在设计师笔下成就了两处独特的空间——男主人书房和下午茶区，它们悬于湖上。两个大盒子的中间则成为外挑的户外平台，走在其上仿佛身临湖面，如凌波微步。

家族的脉络延续和亲情联系是设计的重点，二层混合了长辈套房和儿子套房。守望和守护后辈的成长，对于老人来说是最大的心愿。两个套房分列东西，通过起居室相连，都拥有朝南面湖的超宽视野。三层则是主卧套房和女儿套房，主卧用色柔和，温馨典雅，拥有美好的花园阳台，可欣赏东钱湖的日出日落、渔灯花火、四季更迭。

从归家的惊喜，到放松地坐下，再至楼上对着湖景与家人共聚时的喜悦，最后是步入卧房享受宁静。设计师所营造的场景转换，不仅关乎心情，也无声无息地传递着家的文化，那是一种爱的文化，一种传承的文化，一种充满阳光和微笑的生活状态。

1|2 4
3 5|6

1. 二楼书房坐拥湖景山色
2. 一楼书房局部
3. 起居室的斑斓背景
4. 主卧衣帽间
5. 餐厅
6. 儿童卧室一角

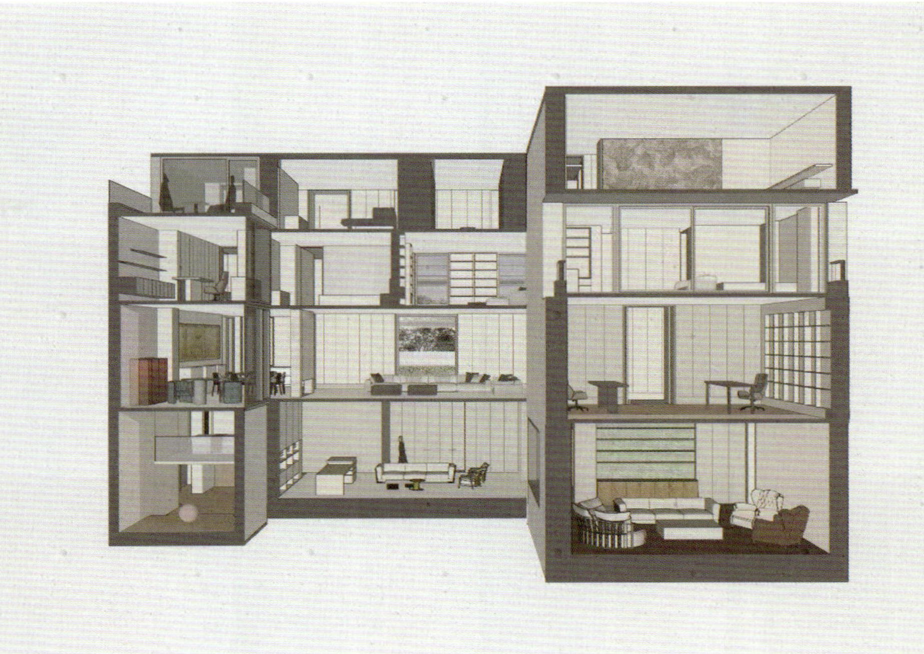

分析图

和光尘樾 · 光之盒

设计单位：寸创想建筑环境设计（北京）有限公司
设　　计：崔树
参与设计：王继周、焦云奇
面　　积：1000 平方米
主要材料：艺术漆、石材、木饰面、亚克力
坐落地点：北京
完工时间：2023 年 4 月
摄　　影：王厅

本案是市场大浪淘沙下的一个独特且优秀的项目，它用光的美学来表达对城市的关怀和对审美进步的深思。光是建筑与空间中永恒的创造主题，本案设计也将立意落笔于“光”，以对光的细腻控制，最终实现以空间为器来驾驭光，又以不同的光线来重塑不同的空间。

5 层的别墅空间从空间逻辑上被分为两个部分，一楼至三楼用来安置一家人日常起居饮食的基础需求。从大门步入，竖向空间上两层挑高的门厅空间与水平向上连绵的 L 形落地玻璃窗交汇映入眼帘，创造了第一重无限延展的感官体验。在以客餐厅为主要功能的公共区域，通过让庭院风景与室内相融合，构成一个以自然日光和生活场景相互交织的独特场域，两者互为观看与被观看的主客体关系。

将原本开阔连绵的空间“打碎”，又刻意用压缩到人性尺度的走道串联起它们，由此形成不同功能空间上的有效区隔以达到私密性效果，同时形成多种有趣的对望关系。隐私性最强的顶楼主卧空间被大刀阔斧地化零为整，一个小家庭单元的基础生活被串联其中。整个三层交通空间都被刻意压缩或拉长，走道则因为风景与光的介入而成为移步异景的园林步廊。家有了中国古画的意趣，日常活动都生动地跃然于一纸之上。

地下两层更像是主人安放自我的精神栖息地，楼梯经过动线梳理后挪至空间的中心，指引预示着转换与连接，使人随着灯光线索踏入地下的精神园林，又可循着日光回归现实。设计师以纯熟的手法在地下用室内建筑的形式制造出盒子，通过盒子之间的大小错落穿插形成多个不同的标高，营造出层级丰富的小空间组团，由此让倾斜的光有了变化，有递进、有层级、有延伸。配合挑高的中庭与多样的条形窗投出微光，某些瞬间会让人感受到如朗香教堂般的神圣感。

酒吧空间出乎意料地采用了大量圆弧形语汇组成柔软又具未来感的包裹形态，完全不同于整体的设计语言而昭示着空间的异质性。好似降临在家中的一艘飞船，坐下时仿佛畅游于静谧的太空，在失重体验中与现实的世界断联。茶室则呈现了《阴翳礼赞》中对东方暧昧空间的描述，条形窗让中庭熹微之光若隐若现，鱼缸里的金鱼则提供了一种动势，“捏造”出梦幻的风景。天井庭院里，光线从上部引入，在墙壁上打下光斑树影。玻璃砖半墙框出一处影影绰绰的窗景，为地下带来一丝明亮与生机。

设计师力图用向生活而行的方式，理解人们具体且生动的生活情景，汲取生活中的感与悟，构建与实验居所空间。本次作为盒子系列的一号作品，未来还将以一系列关于住宅的实践来探讨“家”这个私人化的概念。

1	3
2	4

1. 建筑内与外的对望关系
2. 不同光线塑造出不同空间
3. 空间色彩跳跃
4. 餐厅

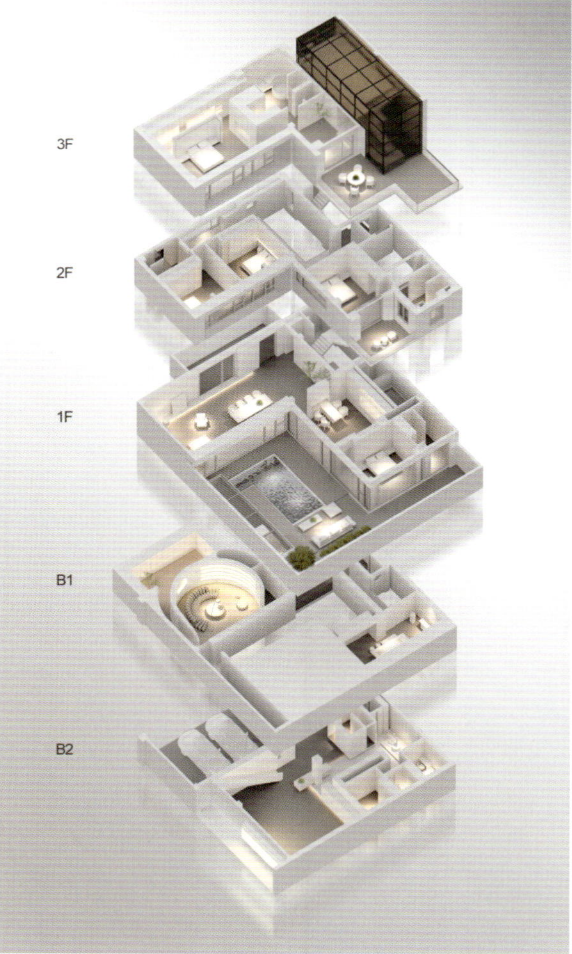

分析图

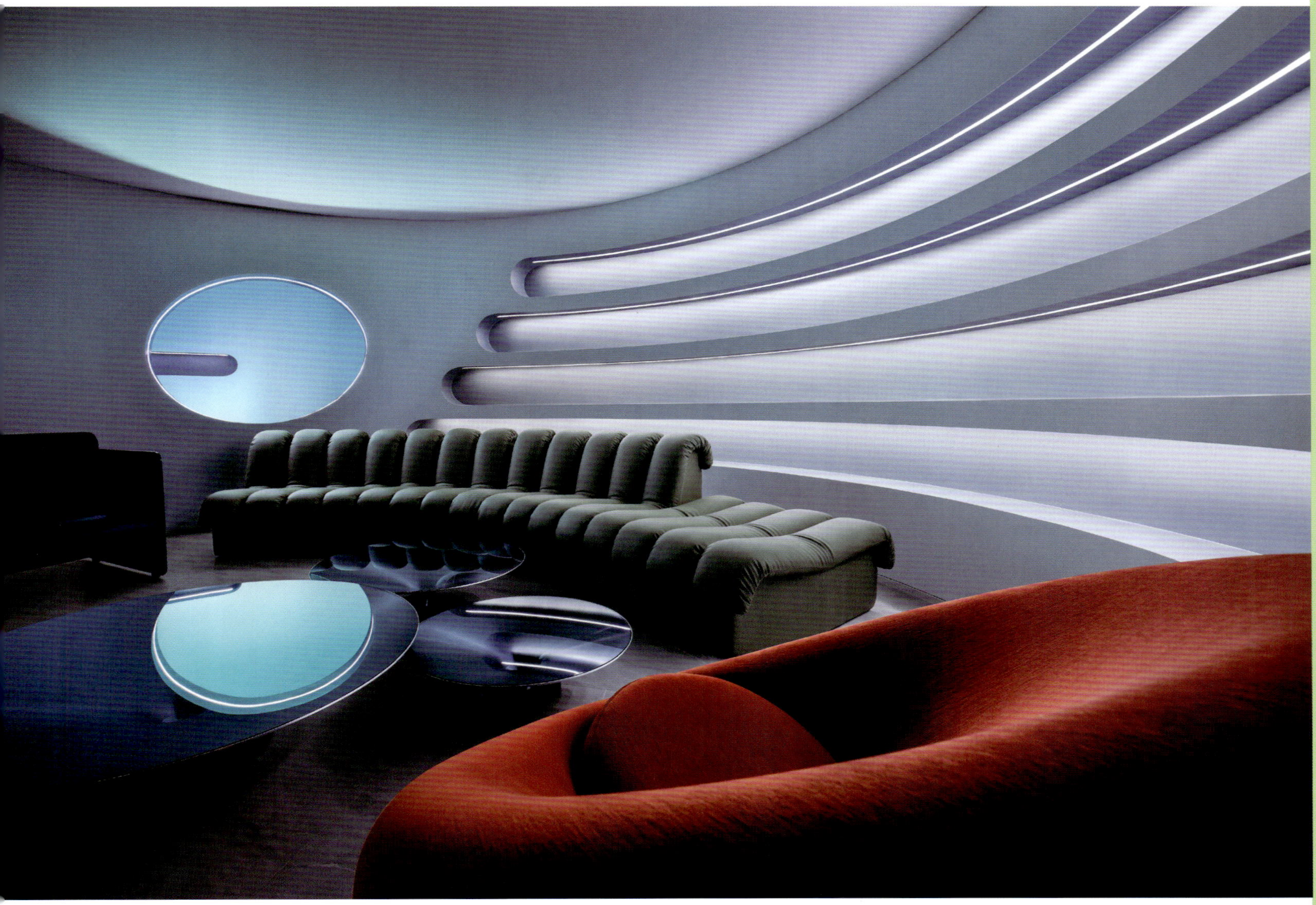

1 2 4
3 5 6

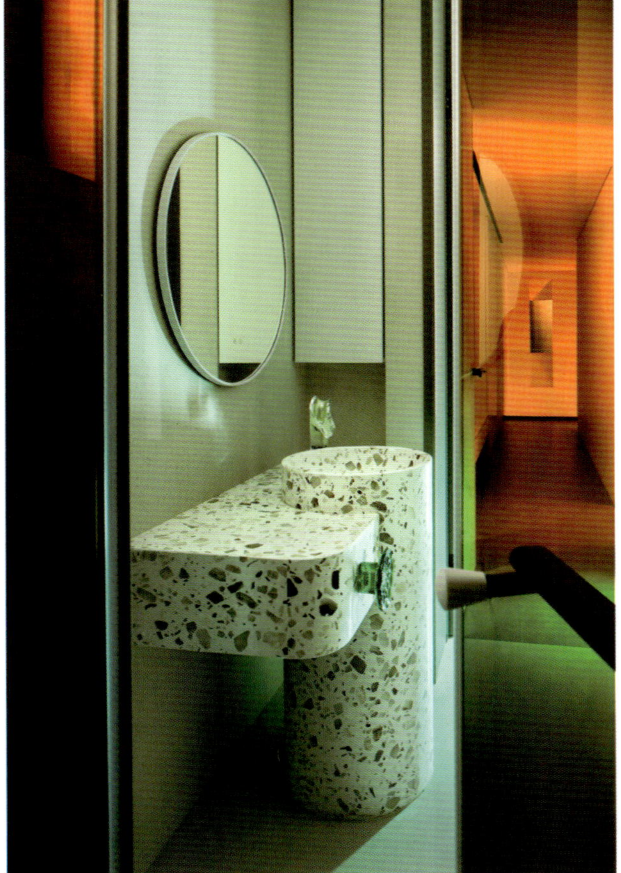

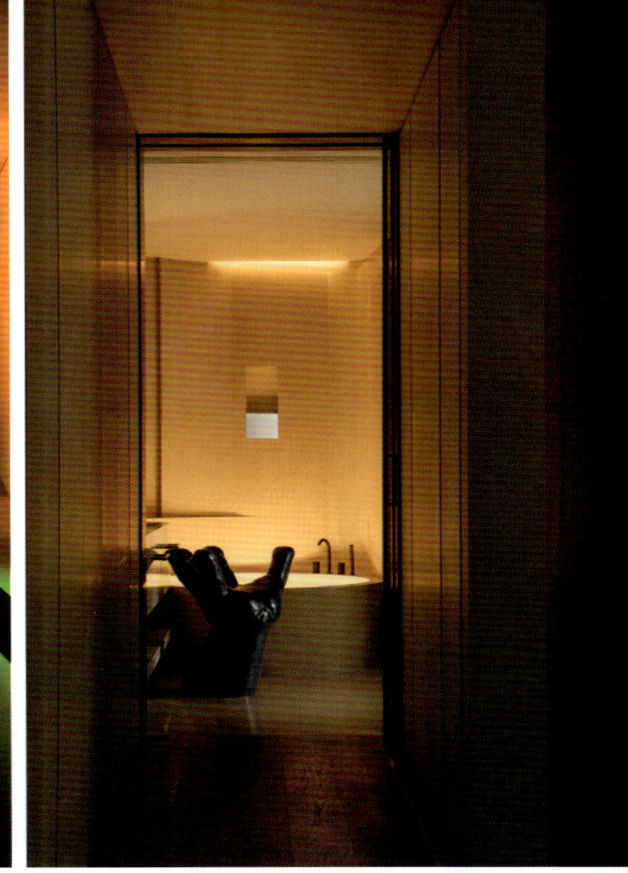

1. 走道被刻意压缩到人性化尺度
2. 金鱼提供了一种动势
3. 灯光指引向精神的园林
4. 大量的圆弧形设计语汇
5. 洗手台
6. 卫生间

秩序与构成

设计单位：张浩室内设计工作室
设　　计：张浩
面　　积：360 平方米
主要材料：木地板、油漆、木饰面
坐落地点：浙江温州
完工时间：2024 年 1 月
摄　　影：瀚墨视觉 / 阿刁

项目坐落于千年古县浙江温州乐清，承袭“乐音清扬”的音译礼赞，设计触及人最真实的需求，力图在城市的界域创建理想的生活业态。

在多体块组成的空间内，衡量好空间关系与内外部流线，方能使居者有更沉浸式的观感。将楼梯位置进行改动，重新定义客厅的延展面积。宽裕的挑高消解了空间体块的局促，亦将窗外光线充分吸纳，塑造出通透的空间感。经由建筑的曲线与棱角，光影有了线条的形状，并于室内投下淡淡的斑驳。

暗影疏晃，境随光生，相生相持的光影形态勾勒出流光溢彩的奢雅空间。见光不见灯，光斑像凭空出现的，天花板处衍射的光线漫散下来，成为柔和的氛围光。如阳光越过云层的缝隙，落于红色雕塑球体，趣味与艺术相得益彰。墙面到顶的磁吸轨道灯如十字路口的路标指向，拉伸空间纵深尺度的同时，给予来访者明确的方向感。而更深处的空间便在信步向前的过程中如卷轴般徐徐展开。以简入笔，让方寸的天地大有乾坤，设计师便是怀着如此的初衷揣摩空间的各处细节。

贝母异形灯为空间增添了时尚气质，圆的呼应让空间成为一处柔软与幸福感并存的所在。楼梯承接露台空间，化解了原始位置利用度差的劣势，提供了一个完美的空间转换场所。镂空的阶梯形成利落的线条，与玻璃扶手合成有序的视觉连续性。虚与实的借位关系贯通有无，为空间注入更多生命力。借助建筑本身的结构，设计利用原始斜顶做出吊顶造型，用自然木色装点，赋予空间更深层次的质感。

涂料的肌理，温润的木质，推窗见景的充盈视野，让卧室空间充溢自在灵动的意蕴。设计集自然、人文、情感于一体，私享家宅中亦有包罗万象的姿态。境为心之始，心为境之致，生活的节奏渐入佳境，生生万象。

1	4
2 | 3	5

1. 宽裕的挑高塑造出通透感
2. 空间由多体块构成
3. 异型灯增添时尚气质
4. 镂空的楼梯
5. 过道

1. 电梯间　5. 厨房　9. 父母房
2. 玄关　6. 品茶区　10. 内卫
3. 会客厅　7. 保姆房　11. 生活阳台
4. 餐厅　8. 外卫

一层平面图

1 2 4
3 5

1. 境随光生
2. 红色球体带来趣味性
3. 书房木质的细腻纹理诉说家的温暖
4. 延伸到顶面的磁吸轨道灯如路标指向
5. 卧室斜顶面以木色装点

1. 电梯间
2. 玄关
3. 会客厅
4. 餐厅
5. 厨房
6. 品茶区
7. 保姆房
8. 外卫
9. 父母房
10. 内卫
11. 生活阳台

二层平面图

重庆电建西永泷悦长安合院别墅

设计单位：深圳市盘石室内设计有限公司
设　　计：吴文粒、陆伟英
面　　积：420 平方米
主要材料：透光灯膜、定制刺绣墙布、定制发光度雕、石材
坐落地点：重庆
完工时间：2023 年 11 月
摄　　影：一千度视觉摄影

1. 暖色调客厅尽显古典美学
2. 中式灯笼形态的吊灯传递团圆的美好
3. 家居组合典雅大气

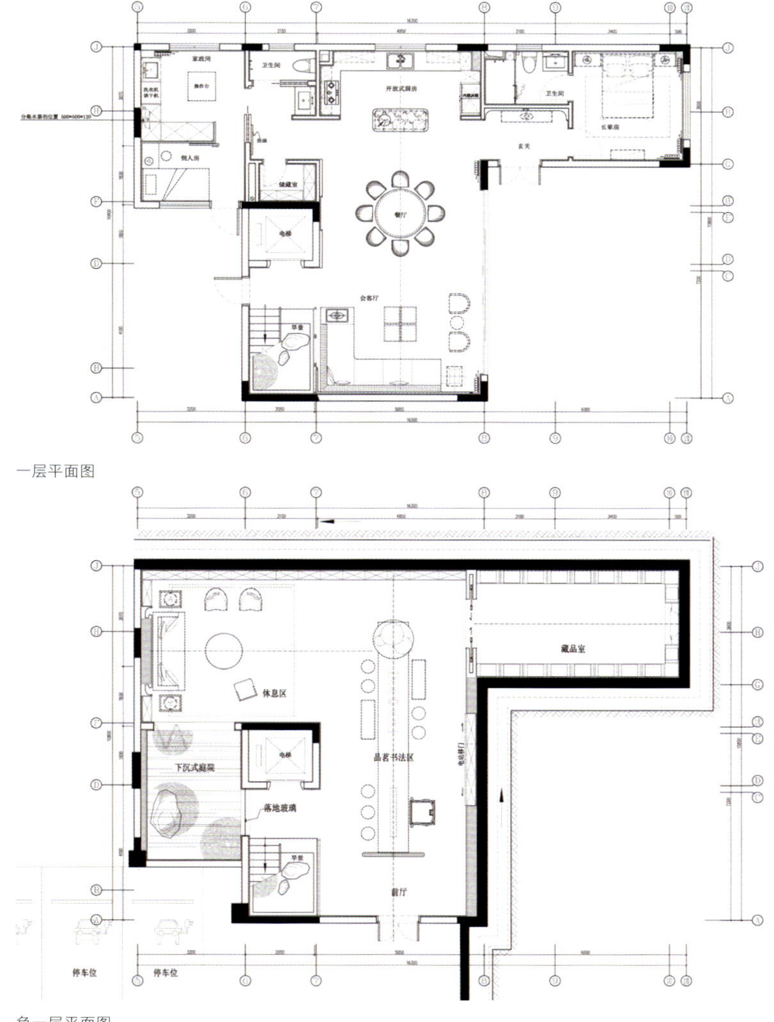

一层平面图

负一层平面图

山色如黛映琼楼，竹韵清雅绕华庭。本案蕴含了中国人骨子里的风雅与高致，完美融合了传统东方美学与当下人居理想，尽显巴渝雅居的诗意风华。

在琉璃黄及故宫红的点缀下，暖色空间浸透着东方特有的庄重典雅，呈现无尽的精致与奢华，中式灯笼形态的吊灯则传递出“万家灯火，总有一盏灯为你而留”的温度与美好。远离尘世喧嚣，抹去世俗浮华，细品香茗，挥毫泼墨，感受一番墨香与茶韵交织的闲趣。

木色的温润如同晨曦中的光影，为每一件装饰品披上柔和的光辉，宁静而内敛。典雅大气的家具组合搭配，不经意间裁剪而出的是一抹绿意，营造出空间独有的气度与格调。一室一隅，一琴一筝，恬淡间尽显风雅，演绎诗意生活。主卧延续清逸的空间基调，巧妙融入竹元素，引自然景致入室，酣眠间仿若徜徉竹林深处，心旷神怡。精心定制的配饰呈现出雕塑般的美感，岁月在器物上烙下痕迹，让空间充满了生命力和故事感。一枝香梅，几缕花香，东方情韵与窗外美景自然相融，宛如置身园中，与山水做伴，枕清意入梦。

女孩房仿佛是从国漫《大鱼海棠》中走出的梦幻空间，以橘红基调铺陈出一片温暖浪漫的天地，每一处细节都充满了童真的想象。男孩房将电建 IP 宋小悦的形象巧妙融入，以其阳光可爱的形象引领孩子进入充满智慧和趣味的世界，执扇主题的诗词点缀其间。

宋韵流转，风雅悠长，于竹影摇曳中，于梅香馥郁间，缓缓铺展，如古琴之音悠扬而深远。

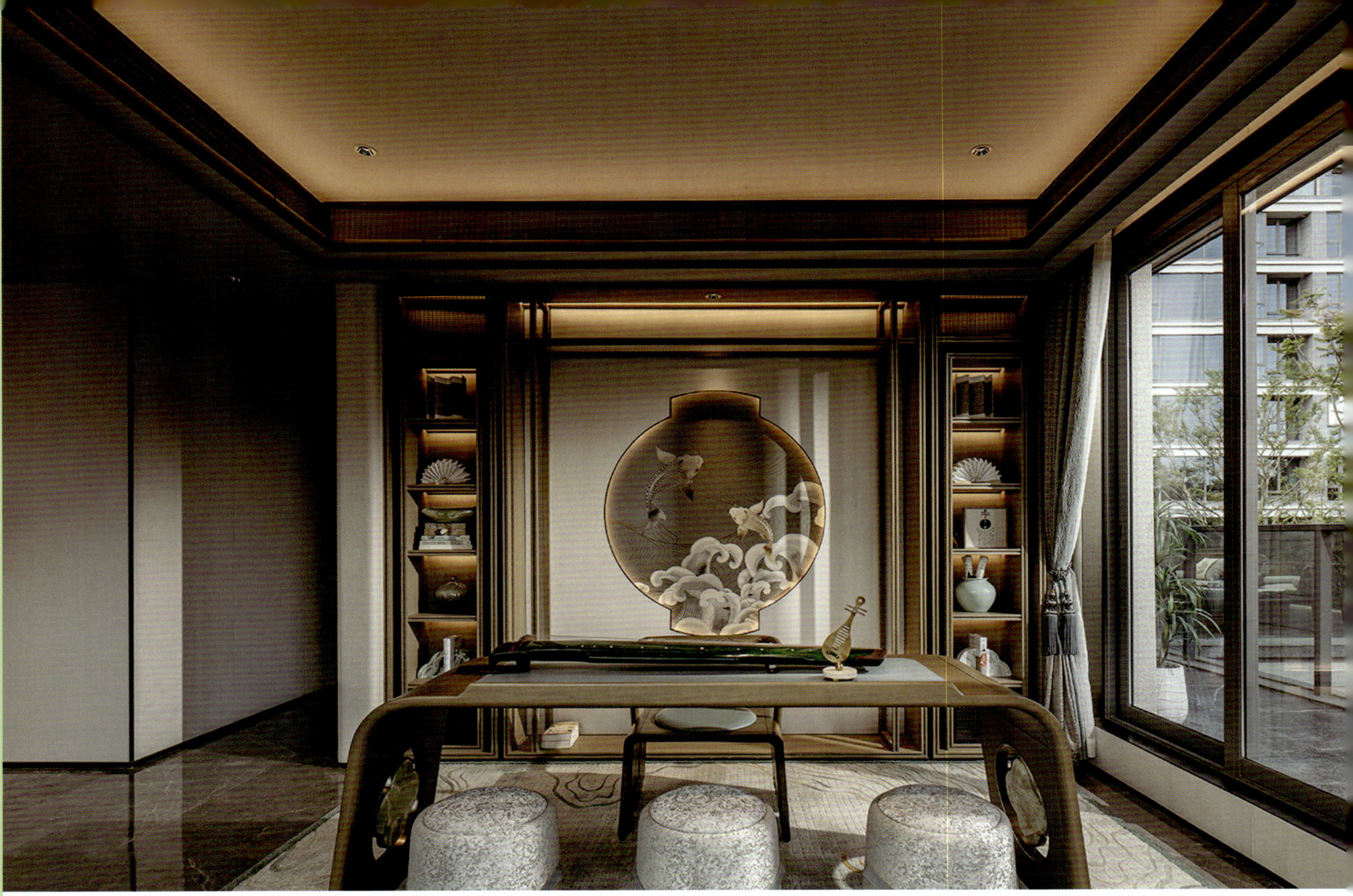

1	
2 | 3	4

1. 琴筝一曲尽显古韵风雅
2. 橘红基调的浪漫女孩房
3. 墨香与茶韵交织
4. 与山水相伴可酣眠入梦

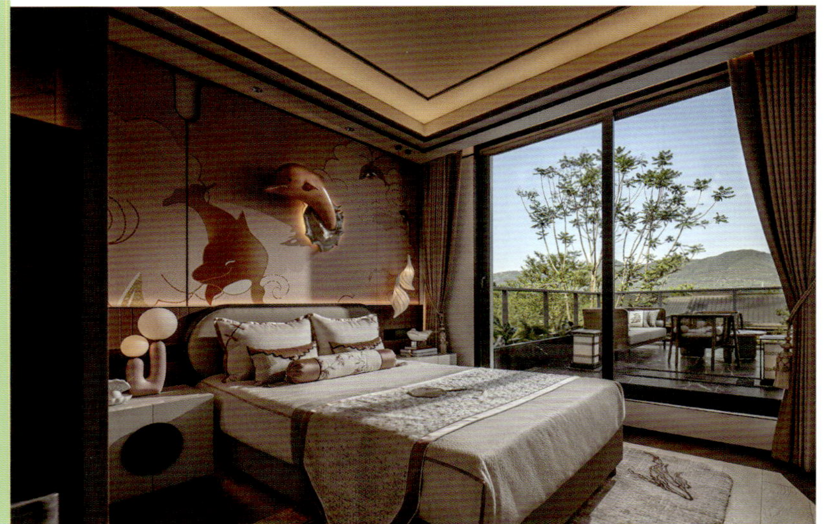

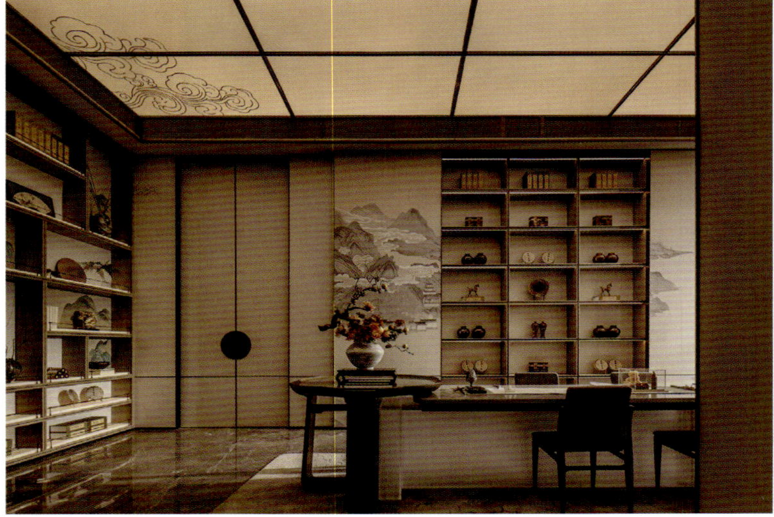

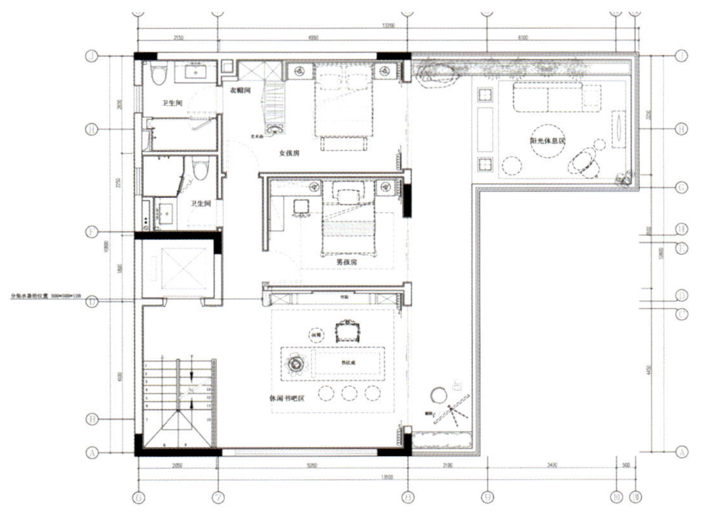

二层平面图

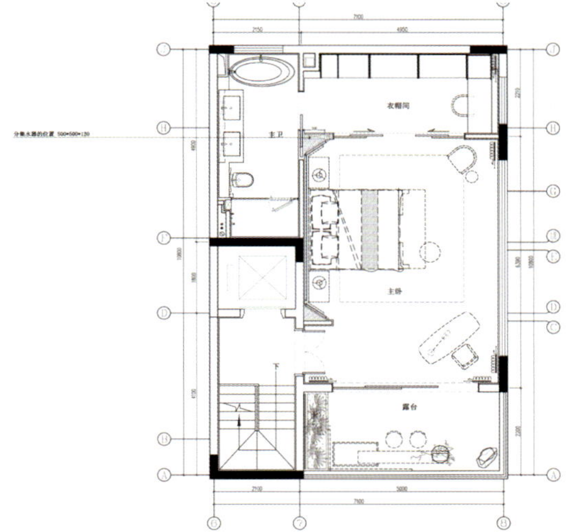

三层平面图

天麓府

设计单位：仓仲筑造
设　　计：蔡成斌
面　　积：230 平方米
主要材料：海洋板、艺术涂料
坐落地点：浙江宁波
完工时间：2024 年 1 月
摄　　影：朴言

无论何时何地，家始终是我们的心灵港湾和精神远方，温暖如初，疗愈一生。山居生活是自由的，不求刻意的动线，而是融入峰回路转的变化，不经意间已然归家。本案坐落于宁波 5A 级风景区东钱湖，屋主希望拥有闲适宁静的生活，让自然的生命力肆意生长。设计师通过细腻的设计语言，借自然与光影，打造出这座充满疗愈的美宅。

空间地下一层，地上两层，带有一个庭院。整体建筑进深较长，为了获取足够的开间宽度，设计师将餐厨空间挪至地下空间。得益于房子依山而建的优势，楼层之间呈现阶梯式递进的效果，地下空间与户外庭院相通，实现了居内与外在的同频呼吸。一层纯粹给予日常起居会客使用，让自然环境为家构建出第一秩序，二层则是主人的休息区。

负一层的公共区域廊道狭长，设计师对空间进行了重置，融入茶室，升高的通风井也获得更佳的采光，整体空间更为通透。绿植恰当出现在框景之内，实现空间内外的形态变化。中间柱体用磨光机将原有的水泥墙面裸露出来并做了防尘处理，原始质感透露天然的质朴。屋主职业与咖啡相关，所以负一层被赋予更多的生活乐趣。材质简单清新的纹理和色泽，表达浓郁的日式自然风。格栅状百叶窗帘让阳光倾泻入里，美存在于物与物产生的阴翳的波纹和明暗之中。庭院的搭建也非常随性，选择了本地苔藓，除了容易养活之外，也希望看到更多自然的本质。风竹松烟将繁华掩去，和心爱的宠物朝朝暮暮。

设计是对生活的一次梳理，一楼进户换鞋区的地台高低转换，承袭日系居家风的同时也更贴合屋主的生活习惯。对原先的楼梯位置进行了改动，避免进户即看到楼梯的弊端，让空间动线更为规整合理。洗手台上方的小窗，在屋主归家的时候有光射入，表达细致入微的生活感知。一楼北侧设置了家政间，并巧妙嵌入鞋帽收纳柜体，大面积浅黄色海洋板的温润质感将空间铺陈开来。

客厅放置了许多中古家具和屋主收藏的单品，随意间创造出丰富的艺术雕塑形态，这些有温度和故事的家具，在阳光照耀下安静而动人。为了跟大自然充分交互而保留了所有的露台，在不同楼层都可以沐浴阳光。主卧套间连着书房，浅色调演绎极简日式，浴缸竖向摆放，最大限度地引入自然光线，宁静与惬意。二层设置了瑜伽房，伴随窗外美景，让人感到内心的闲适和自足，这正是美好家庭的气韵所在。

极简至极，亦是高贵。

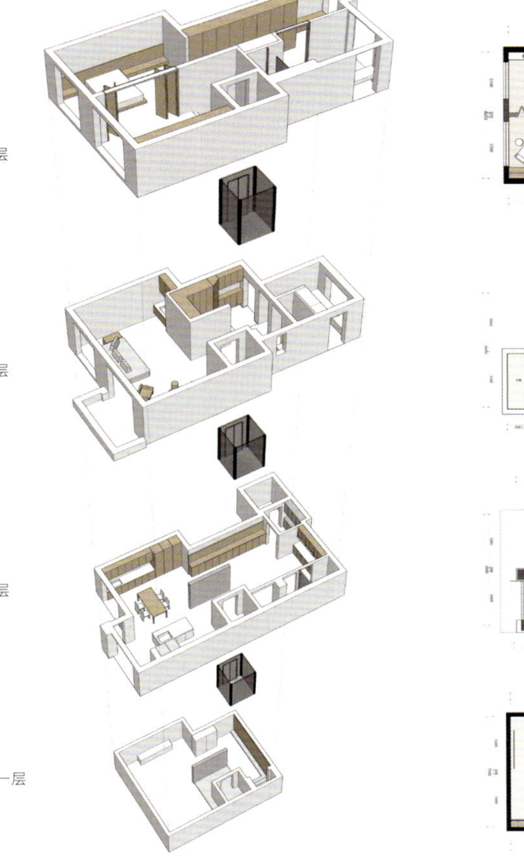

轴测图

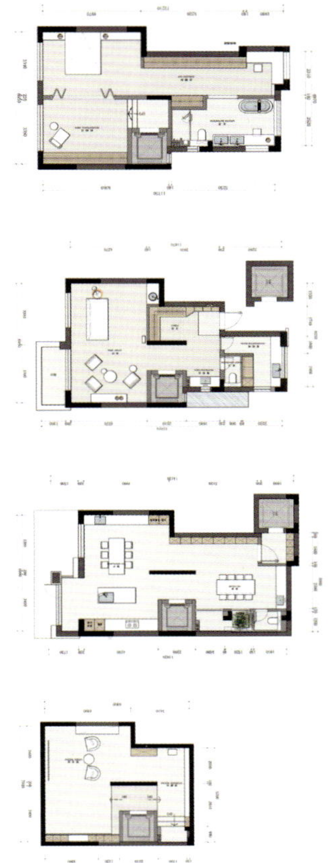

平面图

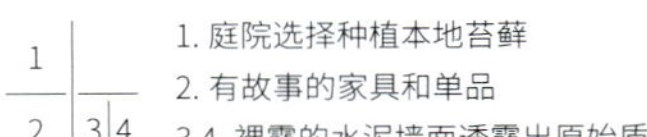

1. 庭院选择种植本地苔藓
2. 有故事的家具和单品
3.4. 裸露的水泥墙面透露出原始质感

1/2 3 | 6
4 5 | 7 8

1、2. 与可爱宠物相伴朝夕
3. 室内与庭院绿植同频呼吸
4、5. 丰富的艺术雕塑带来愉悦动人的美感
6. 卧室的可折叠门灵活机动
7. 浅色调演绎极简日式
8. 阳光从百叶窗尽情倾泻

平衡的自然艺术

设计单位：S.D 空间设计
设　　计：眭书铭
参与设计：颛宏和美、陈智毅
面　　积：650 平方米
主要材料：大理石、深色铝板、艺术漆、水曲柳木皮、木地板
坐落地点：上海
完工时间：2023 年 12 月
摄　　影：骏尔天钦 / 阿骏

我们在群体的社会中社交与生存，通过常规的配置与法则去探究生活的真谛与本质，而又在有限的方寸之间创造对日常的态度与审美的表达。设计师重新思索外结构的表现形态，通过解构、重塑、非对称的设计手法，让建筑外立面以一种平和自然、与世无争的姿态屹立眼前。米白石材外加塑木搭配深色铝板，反差的色彩感制造出饱满的层次性，天然触感更显温厚。

本案是对一栋 20 世纪 90 年代的旧体别墅进行整体建筑改造，在充分了解居住者过往居住体验的不足以及与对未来居住的需求之后，进行了新的拆解再塑。外部线条利落，联动自然景致，浑然天成地塑造出艺术美感。内部通过天窗及落地窗引入大量的阳光，告别潮湿阴暗，充分绽放灵动开阔之感，让这对 95 后小夫妻与一双儿女的居家生活充满恣意阳光。

内与外的整体性从一而终，进入玄关是扑面而来的平衡力与疗愈感。以宁静淡雅为基底，水曲柳木饰面自然温润，肌理在大面积的包裹下厚积薄发，向每一处输送着愉悦，并在流畅的线条里拉宽尺度，蓬勃张力。金属、玻璃、木材、布艺、植物，这些不同性格与状态的元素充分融合，迸发出新的视觉反应，以平易近人的姿态充盈生活。曲线的优美装点着 L 形空间，悬空的台阶每一步都似踩在云端，旋梯而上，不同角度感受光影的流动。留白赋予空间轻盈与呼吸感，释放平衡的力量，在挑空的纵横尺度间更具律动感。

空间走向深具引导性，连贯中达到循序渐进的力量，简单几种色彩的拼接组合碰撞出极致的宁静与纯粹。层层递进的色彩在视觉上制造出流动的美，搭配块状元素、大理石茶几、布艺抱枕以及墙体上的块状结构，线条呼应相得益彰。在楼梯旁边的玄关区，柜体采用不规则几何图案线条和抽象艺术元素形状，做出不同木皮材质的拼贴，既有原始感又有时尚感。在原木饰面上放置一面古铜色金属装置，和深色柜体搭配带来视觉上的平衡。

主卧室造型简洁，用色克制，运用亮白色和沙色为主色调，加入了百灵鸟色的柜体点缀，似与大地相伴。次卧将月光色融入，在朦胧的月光下营造轻柔意境，床背景的壁布描绘着复古的园林盛景。

三层平面图

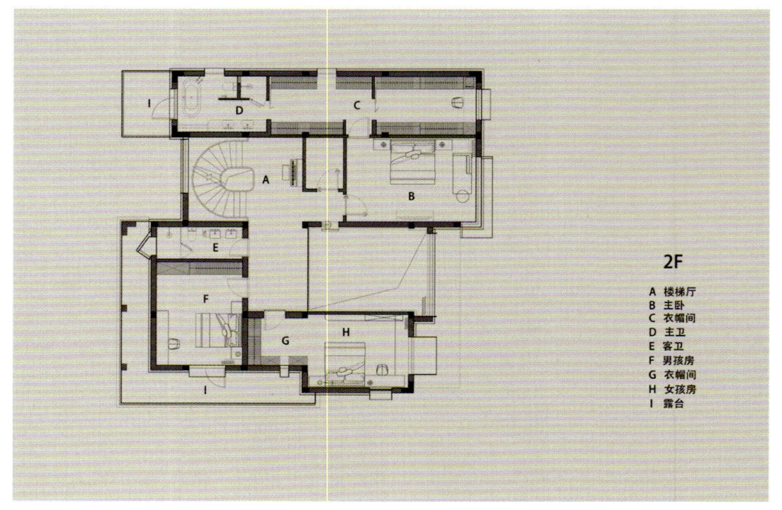

二层平面图

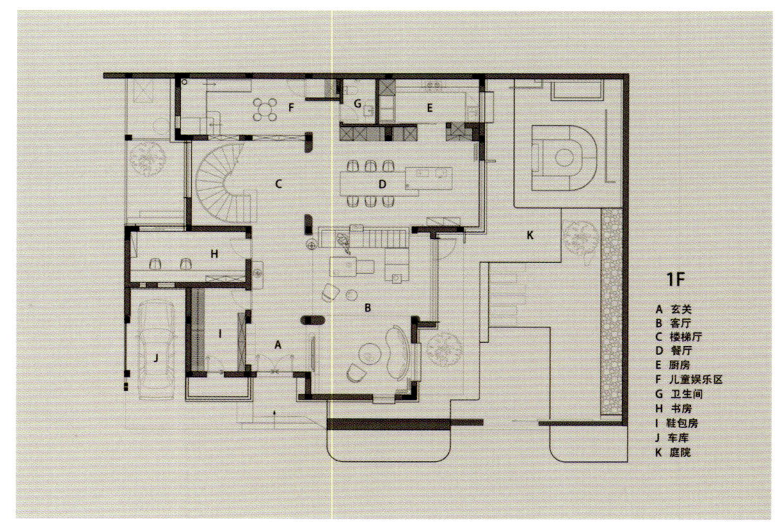

一层平面图

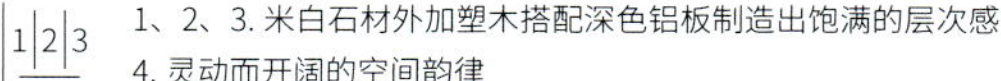

1、2、3. 米白石材外加塑木搭配深色铝板制造出饱满的层次感
4. 灵动而开阔的空间韵律

1 | 4
2 | 3 | 5

1. 大面积水曲柳饰面温润而亲切
2. 简单色彩带来极致的纯粹
3. 时尚玄关柜以不同木皮材质来拼接
4. 简洁主卧用色克制
5. 床背景壁布描绘着园林盛景

武汉中国院子半山

设计单位：细细设计咨询有限公司
设　　计：洪苍蔚
面　　积：650 平方米
主要材料：水泥、木材、钢材、玻璃
坐落地点：湖北武汉
完工时间：2023 年 8 月

1. 建筑外观
2. 楼梯顺应房屋结构而设
3. 露台设有水池寓意湖和海

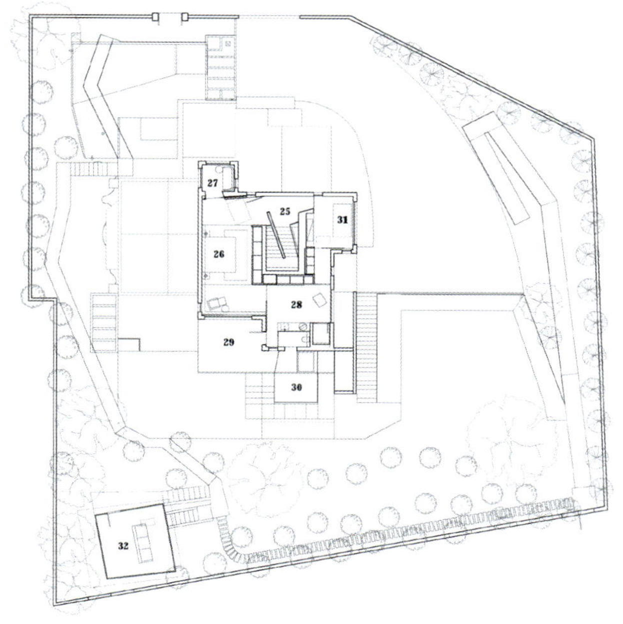

25. 楼梯间
26. 卧室
27. 书房
28. 卫生间
29. 露台
30. 玻璃房
31. 禅房
32. 树屋

三层平面图

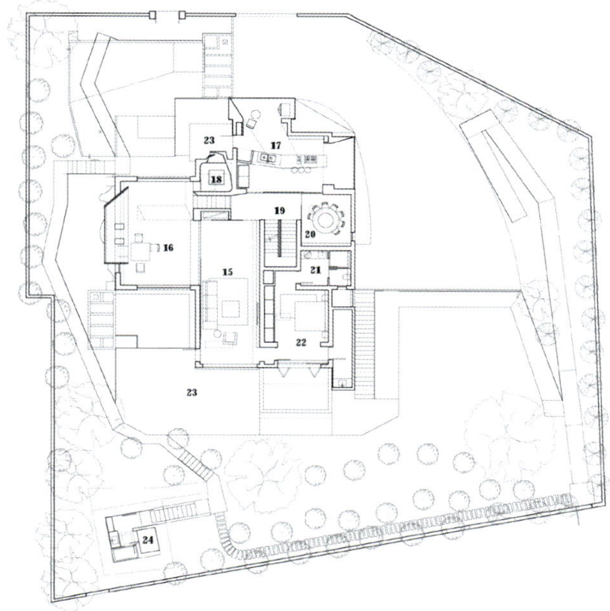

15. 客厅
16. 书房
17. 厨房
18. 佛堂
19. 楼梯间
20. 餐厅
21. 卫生间
22. 卧室
23. 阳台
24. 桑拿房

二层平面图

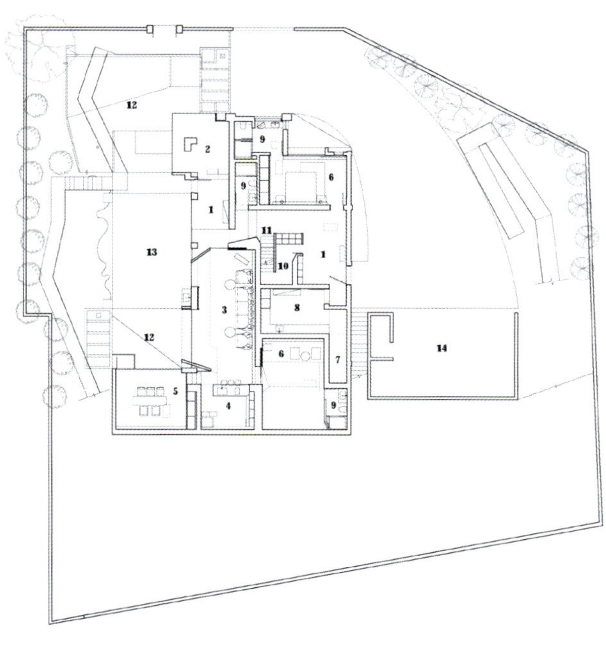

1. 玄关
2. 和室
3. 起居室
4. 水吧台
5. 茶室
6. 卧室
7. 设备间
8. 洗衣房
9. 卫生间
10. 置物间
11. 楼梯间
12. 水池
13. 露台
14. 车库

一层平面图

本案坐落于武汉盘龙城古文化遗址边上，依山而建，自然山水视野极佳。基地南高北低，原建筑由地下一层和地上两层组成，受到物业规定的影响，使再定义空间关系受到局限，因而让建筑差异化且与空间功能再协调是突破的起点。基地具有多面性，以建筑中心为轴向外扩散发展，结合周边优渥的环境定义各个分散空间的功能。

我们打通了地下层并定义为一层，扩大环境视野，使建筑成为 3 层的半山别墅。进入宅院的通道有车库门、家族门与后门，业主主要从车库门进出，于是便设定车库旁一侧门为别墅的主门，院内设置桥道连接起后门和家族门，意在方便客人到访，同时给予主人招待路径的选择以及避免进入私人空间的不便。

一层的主要空间为中心的起居室并沿至露台，露台前后设水池，赋予“湖”与“海”的意义，为空间增添生命力。和室整体使用黑色系来营造暗空间，似进入“山洞”般，与西南面茶室关联，如阴阳两极般和谐。起居室为长条形空间，靠外一侧墙做了折面处理形成空间的高低落差，同时保证室内的隐蔽性。斜开口的水池，光打到水面使水光折射，形成一道道绚丽的波纹。

吧台左右以滑门分隔茶室、起居室与卧室，相互间作为可联系的整体，也作为另外定义的个体。卧室与二层相通，光线透过二层玻璃窗照射到屋内，形成丁达尔效应，营造出静谧美好的意境。玄关一侧的卧室开设大片落地窗正对院落，设百叶帘滤光而产生不同的光影效果。二层以两扇大滑门垂直划分楼道、厨房与餐厅，形成可开可合的中介空间，可单一隔开的餐厅保证了会餐空间焦点的集中。书房一面向外延伸做成榻榻米平台，扩宽了视野，开口一侧以斜切面作为空间拼接的缓冲，百叶帘带来如画影像。

佛堂设置在二层到三层的楼梯旁，关上拉门则保证了静态空间的神圣与严谨。在通至三层的楼梯设计上打破局限规则，中墙以 45° 斜立，形成“万花筒”的视野效果，顺应房屋结构，以主面和折面拼接成不同形态的几何，使天花与墙体间更好的衔接，主张顺势而为。三层围绕卧室延伸出小型书房和禅房，卫生间向西设置露台，可览遍宅院南侧的全景。透亮玻璃房与周边绿植相衬，以全覆盖的拉折帘处理室内与外界的联系。

我们在多个空间中运用了玻璃窗、光照、折面，让自然介质的影响力在空间中凸显。多折面设计不仅是为了空间的差异化，彰显建筑特征，更是为了服务于各空间的功能需要。硕白的墙体，错落有致的空间造型，结合光影，使得建筑美感再升华。

1 | 2 | 4 | 5
3 | 6 | 7 | 8

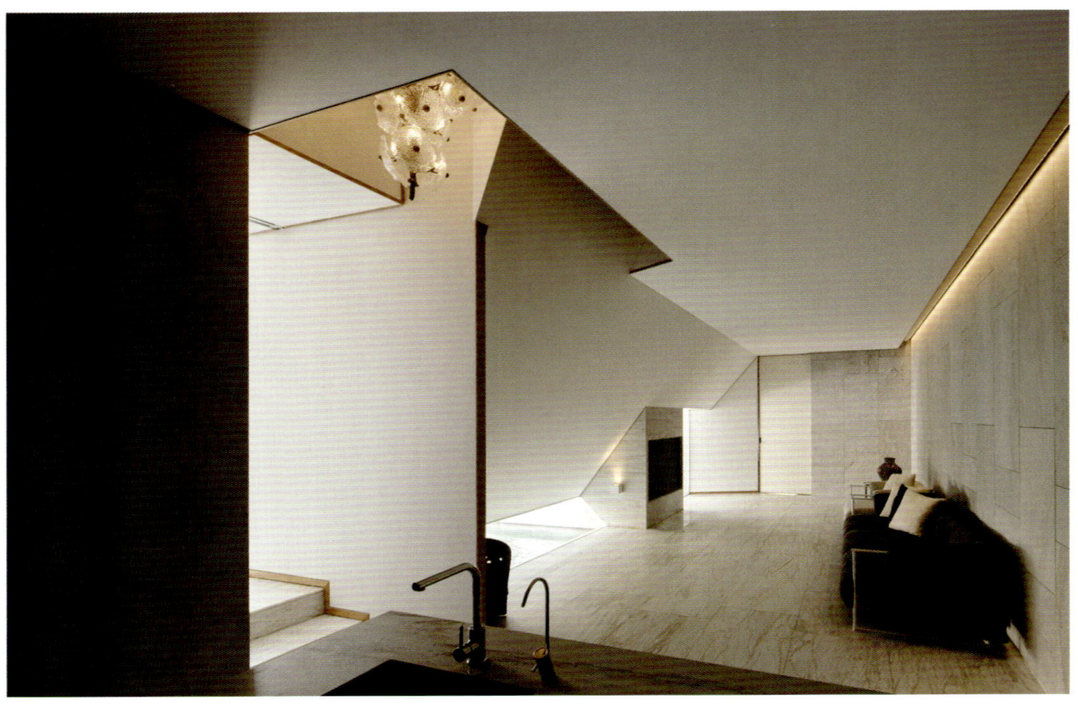

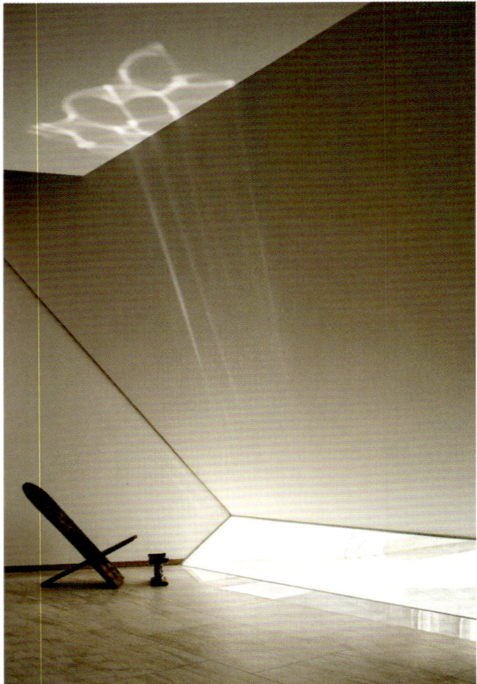

1、2. 水池的斜开口可使水光进行折射
3. 滑门垂直划分空间
4. 餐厅
5. 百叶帘带来如影如画的场景
6. 书房一侧延伸做成榻榻米平台
7. 暗红色装饰提亮空间
8. 休憩空间的视觉落差

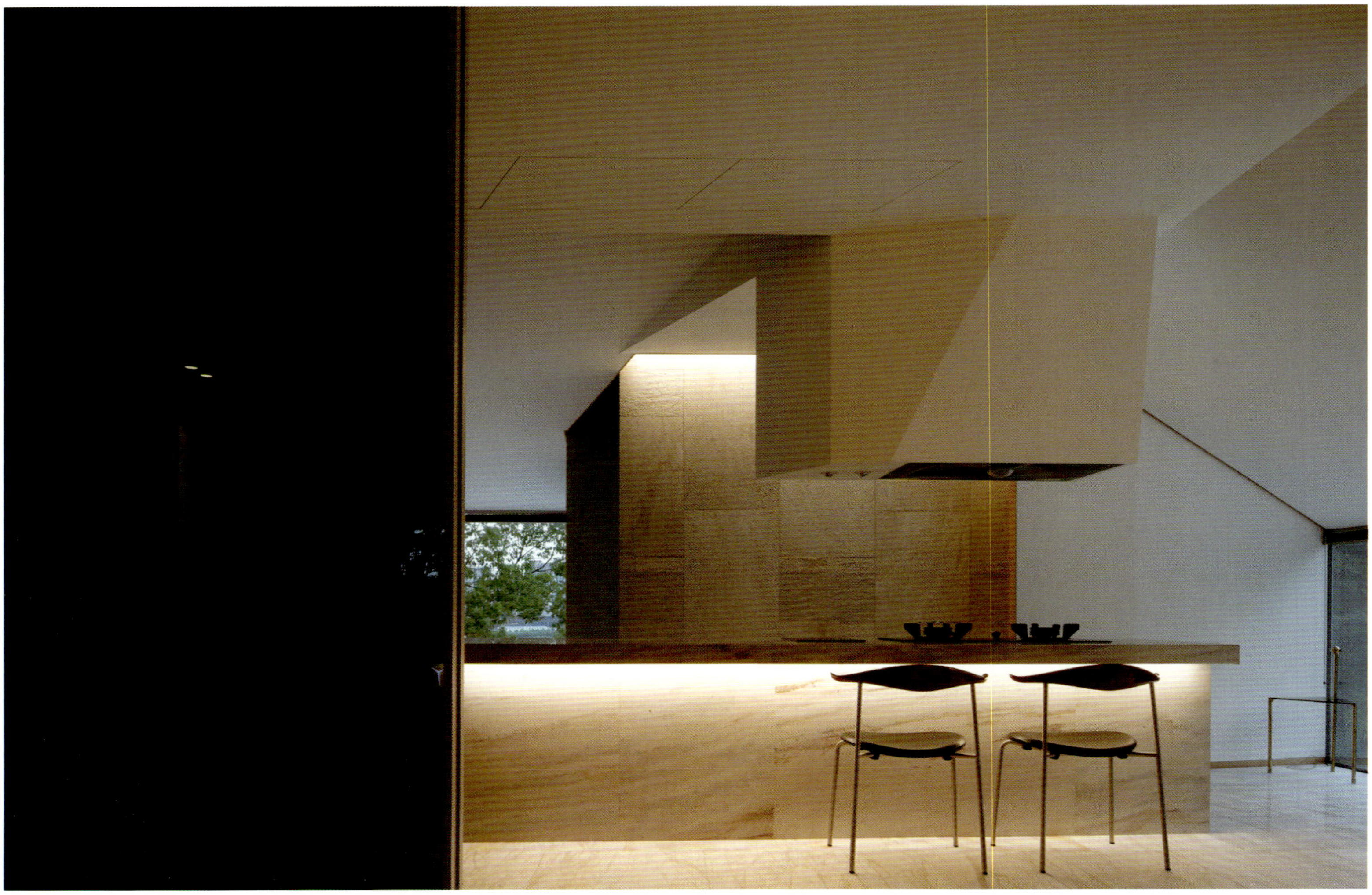

一直在设计的家

设计单位：杭州刘爱欣创意设计有限公司
设　　计：刘爱欣
面　　积：400 平方米
坐落地点：浙江杭州
完工时间：2024 年 1 月
摄　　影：陈铭

1. 典雅静美的法式庭院
2. 餐厅圆形吊顶承载团圆之意
3.PU 线条拉高了空间视觉
4. 地下室位于微光中

屋主喜欢旅游，是一个浪漫而自由的人，家对于其而言，象征着一个盛放性格和热爱的容器。于是设计师撰写了开头，以法式基调奠定浓浓的慵懒氛围，容纳屋主所有的小情绪，而把故事的结尾留给了主人，任其与空间进行对话，这是一个用一生一直在设计的家。

庭院是生活与诗意衔接的部分，有居家的泰然自若，也有避世的岁月静好。采用规整的几何元素在一派现代主义风格的社区群中，构筑了一座典雅的法式小庭院。不趋于明艳浓丽的色彩，而是以精细的对称和繁复的细节为美，晨光破晓之际将思绪拉回中世纪的庄园。

客厅在原始基础上一分为二，靠近户外的一侧保留原有的层高，尽揽自然光入户。墙体的 PU 线条借此拉高视线，造型华丽的水晶顶灯点缀其中，巧妙地弥补了上层的空旷之感。格栅门模糊了客厅与庭院的界限，足不出户就能见证四季流转，每一个行为都可以是慵懒的。通铺的木地板为全屋主基调，赋予温润之意，延伸的尽头是温暖的壁炉，上方是肆意生长的花卉油画。光线静静流淌，刻意设计的格栅窗轻轻一折，在素朴的墙面留下温柔的光斑。

“圆”在中国文化中寓意团聚、美满，相聚于此便是人间小团圆。圆形吊顶大气开敞，承载团圆之意的圆桌复古奢华。厨房也是治愈人心的，大面积开窗引入光影，为平凡的柴米油盐注入感性的意味。窗外绿意环绕，一餐一饭与四时风物共同完成，也是人生幸事。

黑色雕塑打破白色空间的静谧，也与公共空间形成一条无形的界线。旋转楼梯进行了拆改扩大，流线型扶手恰好稀释了空间的紧缩感，木质阶梯居中而置如牛奶咖啡般丝滑，隐秘的角落正徐徐展开。

在结构改造时增加了自然采光，地下室的刻板印象被打破，蜷缩于微光中，一些流逝的事物在凝固。私人领域往往需要更为细腻的表达，以灰白为基调，绵和的视觉抚慰居者的疲惫。另一边则以暖黄烘托出温馨柔和，两间卧室风格各异。浴室是最为私密的空间，一切棱角和脆弱都被隐藏，入口处素雅的金丝白牡丹地垫象征着内心的宁静与净化，流沙金元素糅合出高级感。视线向前，一黑一白有序排列，保持区域的相对独立，又调和出水墨交融的美感，无形中的秩序定义才是空间该有的包容。

一些情绪、一些记忆、一些创作，所有的痕迹都会成为居所设计的一部分，直到人与空间的关系愈发紧密。

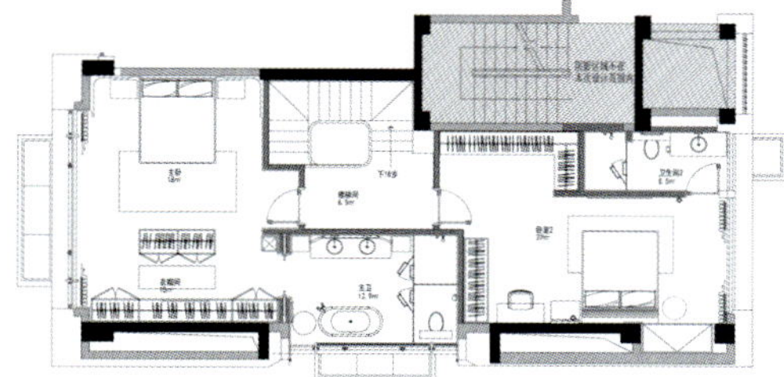

三层平面图

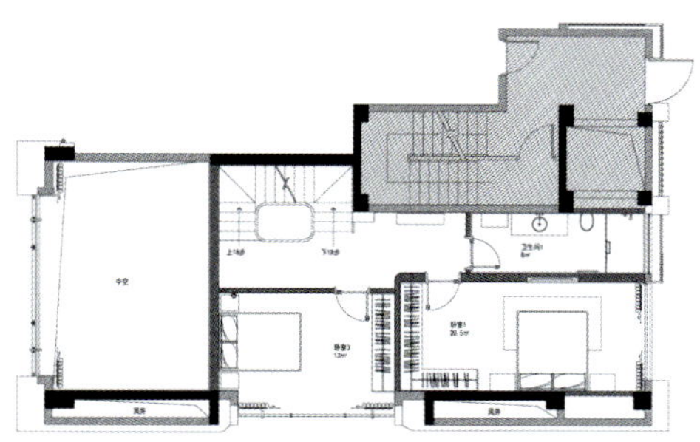

二层平面图

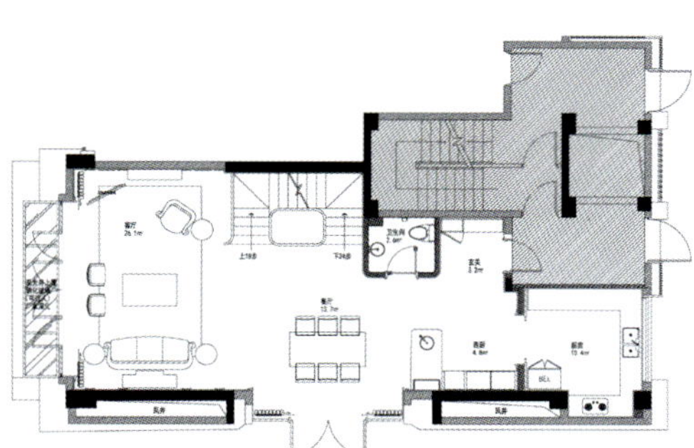

一层平面图

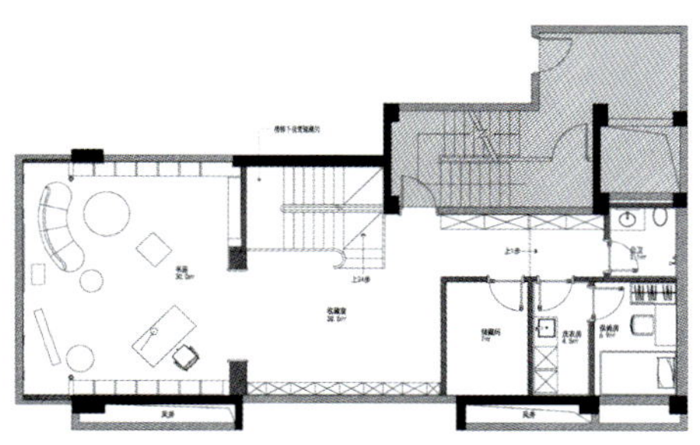

负一层平面图

1 | 2 | 3 | 5 | 6
4 | 7

1. 清新的花卉油画
2. 黑色雕塑打破白色空间
3. 丝滑楼梯
4. 细腻的私人空间可静享时光
5. 卧室一角
6. 浴室入口是素雅的白牡丹地垫
7. 金色线条糅合出高级感

清山慧谷

设计单位：苏州自在构造建筑设计有限公司
设　　计：展小宁
面　　积：980 平方米
主要材料：荒料石材、黄泥、岩板、清水混凝土
坐落地点：江苏苏州
完工时间：2023 年 9 月
摄　　影：邓春

这是一个参与"让时间参与设计"这一理念的实践作品，在设计之初我们就放弃了过多的设计造型和装饰语言，力求创造出更加简洁、放松和持久耐用的空间。力求达到经济、低碳、环保的良好结果。希望甲方使用二十年后，也不会因为审美过时或者使用功能出现问题而被淘汰或重新装修。

一个好的设计可以经受住时间的考验，而不是随着流行趋势的更迭而过时。因此，我们致力于创作那些能够历久弥新的作品，让时间成为空间设计的一部分。正如玉石随着时间的流逝而愈发温润光泽，好的空间也正应如此。

我将更多的精力花在对建筑格局的改造上，力求达到空间分区大小得体，路线动静相宜。造型不花哨奇怪，追求安静质朴。改造后的每处空间都有阳光照进，空气流通，身处其中使人心安。使用的材质构成也相对简单质朴，旧木、荒料石材、取自后山泥土制作的土墙，可以很好地吸收消化地下室的潮气，使之成为可以呼吸的材料。

做能够经受住时间考验的作品，随着时间的推移不断展现出新的魅力。时间是最公正的裁判，也是最严苛的考验，真正优秀的设计不仅仅是为了满足当下的需求，更要经得起时间的洗礼，从而成为经典。

1 | 2 / 3

1. 通透的空间
2. 使用简单质朴的材质
3. 从餐厅望向电梯

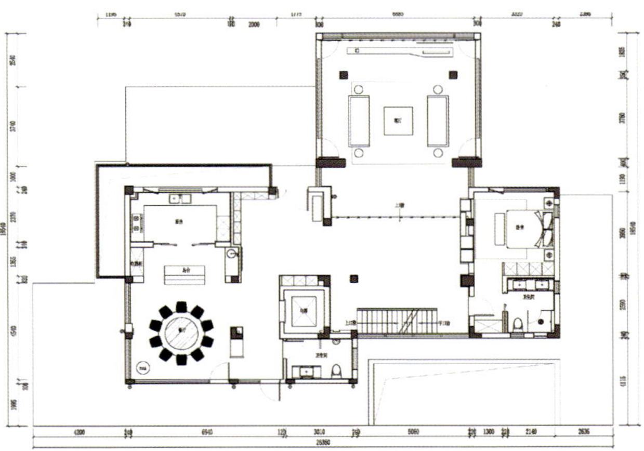

一层平面图

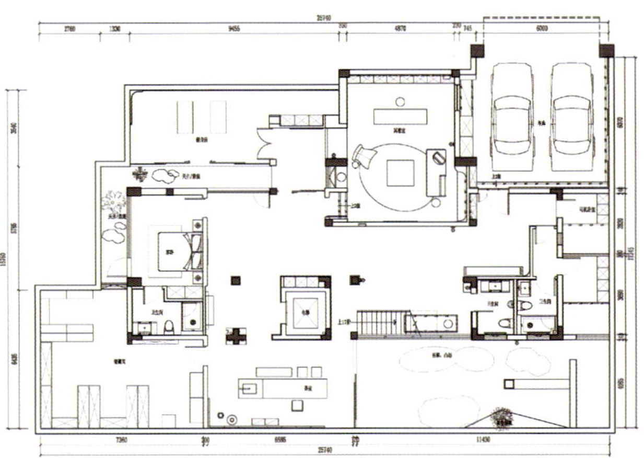

负一层平面图

1 2 4 5
3 6

1. 室内外融为一体
2. 顶部纵横的木质造型演绎空间趣味
3. 茶室连接户外庭院
4. 取自后山泥土制作的土墙可吸收湿气
5. 空间动线动静相宜
6. 小小佛龛成为墙面焦点

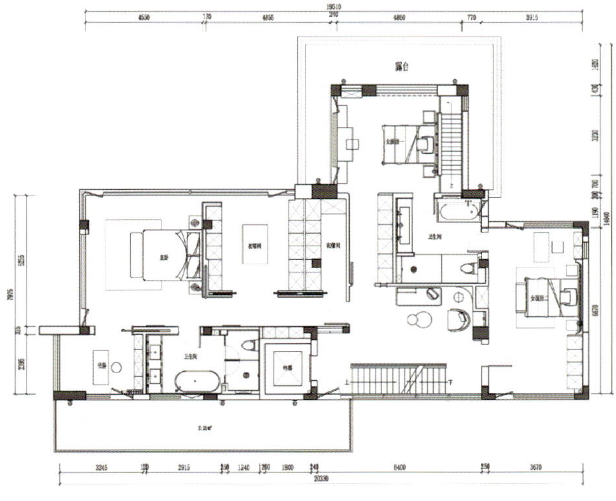

二层平面图

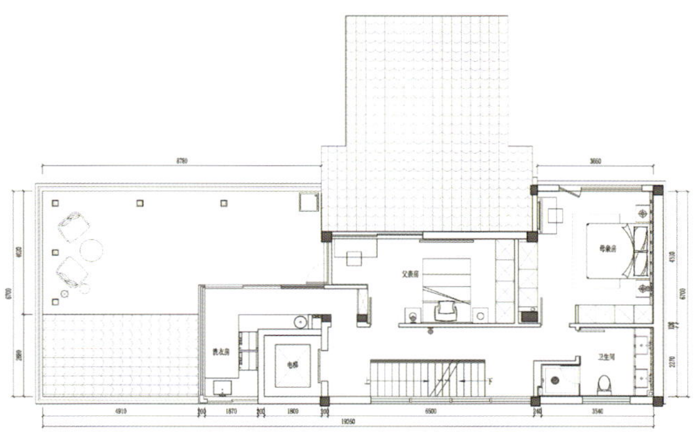

三层平面图

枫林松涧

设计单位：上海亚邑室内设计有限公司
设　　计：孙建亚
参与设计：吴煜旻
面　　积：600 平方米
主要材料：水磨石、胡桃木、清水磨混凝土
坐落地点：上海
完工时间：2024 年 7 月
摄　　影：朱海

这是个如同度假酒店般的别墅，设计者将生活方式、景观、建筑和室内串联在一起并相得益彰。

走进景观里，能发现与自然亲近的态度，细致到每种植物的生长位置、位于建筑的角度都要充分考量。设计了坡度，那些低矮的灌丛、水杉林下面的蕨类和苔藓，当它们被抬升之后便有了顺势融入室内的感觉，就像长在雨披的下面。房子周边有四栋建筑物相贴，又在下面种上高大的水杉和落羽杉，并利用了建筑的四堵墙面去做视野的遮挡。

庭院依靠科学的手段构建了一个更平衡的生态。大部分植物都是自然放养，土里配置了浇灌系统，尽可能减少人为干预。雨披之下有喷雾灭蚊系统，同时在所有植物下面有同样配置，为了活化水源还放养了上千条鱼苗。打开户外木地板，下面则建立了一个更为庞大的专业生态系统。设备和材料来自日本，它就像自来水厂的过滤系统一样，小鱼吃蚊子幼虫，同时通过有益菌来控制鱼的粪便和溶在水里的氧化物。

步入室内后，可以感受到室内与户外的材质、质感和颜色是始终贯穿和渗透的，在家中只要把窗户打开，是没有严格的室内与户外的界限之分的。室内布局完全围绕着庭院的外观，在很多独立的生活场景、应景的地理中，都放上了合适场景的生活状态。

室内空间里还运用了设计心理学的暗示，比如造型上常用到哑光材料，搭配天然质朴的木头，安静而放松，又可以和艺术品相融。看似没什么设计的场景，但会让人内心感受到此刻的画面是宁静的。哑光可以减少很多反射及冰冷感，加上户外的绿植，使人的身心放松，如同在享受度假。

本案设计从自然景观入手，以人的需求为出发点，自然景观和室内的融合浑然天成，连同自我的生活方式也一一投射在此。

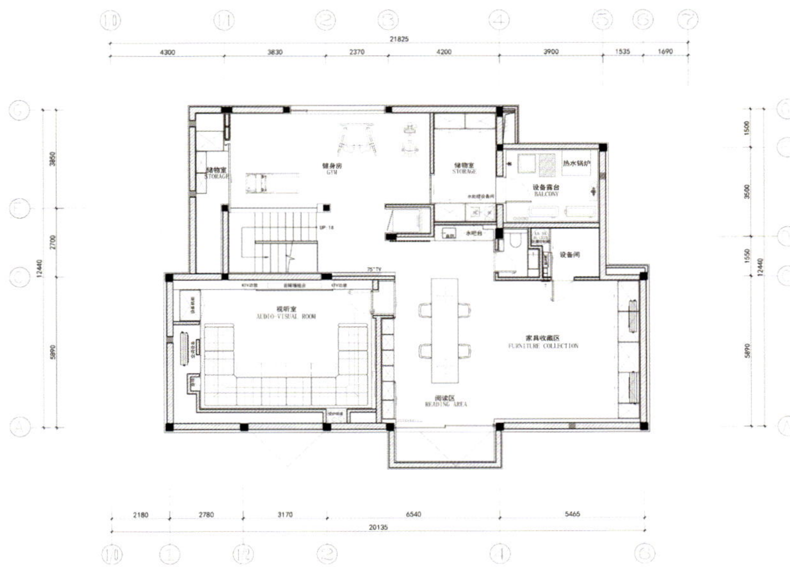

三层平面图

1	3
2	4

1. 别墅如置身于绿色森林
2. 户外休闲区
3. 高大植物可做视野的遮挡
4. 内外景观的相互渗透

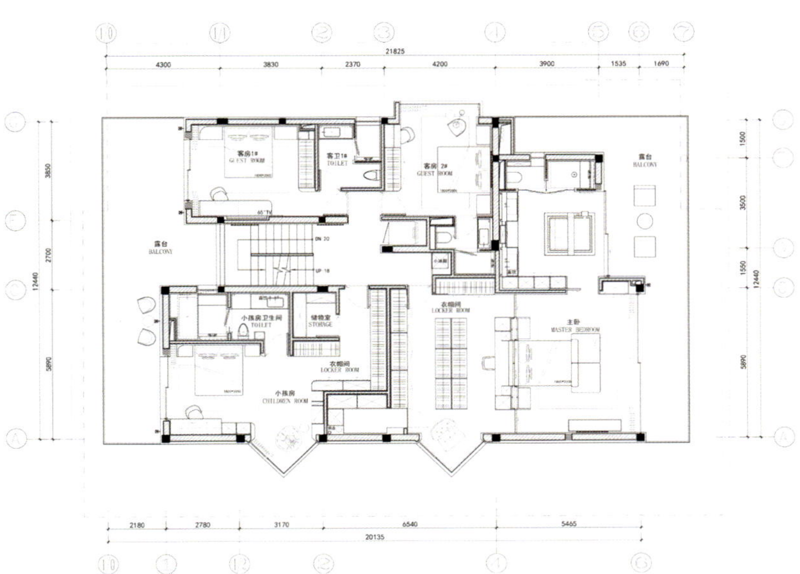

二层平面图

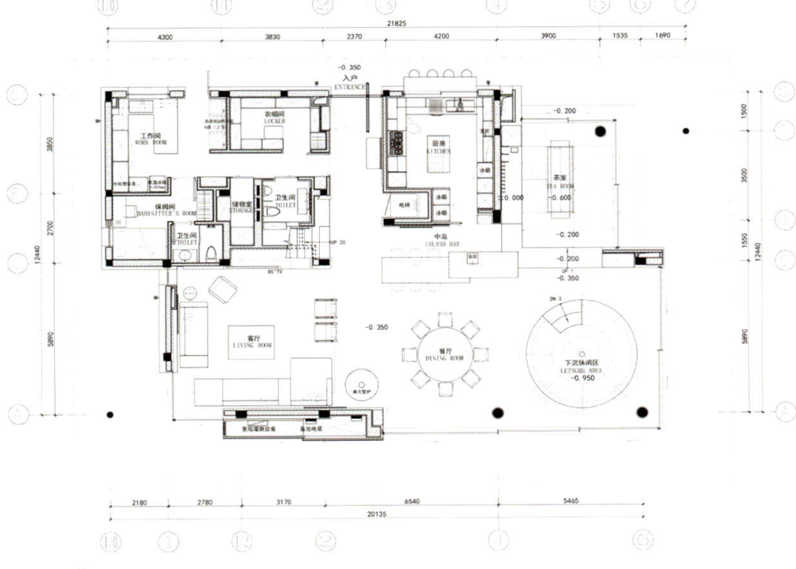

一层平面图

1|2
3 4|5

1、2. 庭院景观顺势融入室内
3. 室内围绕着庭院景观而进行布局
4. 空间局部
5. 简约色调营造宁静氛围

常德 · 誉景湾叠墅

设计单位：合创方黄（深圳）建筑师事务所集团有限公司
设　　计：方峻
面　　积：376 平方米
主要材料：大理石、砖
坐落地点：湖南常德
完工时间：2023 年 1 月
摄　　影：冯建、田腾飞

桃花源是一种精神符号，一种能让人从烦琐中抽离的无忧生活方式。

当我们谈论桃花源，我们追求的究竟是什么？当然不是非要隐居于一处与世隔绝之地，而是追寻一种能让自己从琐碎的现实生活当中抽离，可以拥有足够的时间和空间，并与自己交心对话的清净之所。正如《桃花源记》中徐徐展开的一个美好闲静、质朴安宁的画面：土地平旷，屋舍俨然，有良田美池桑竹之属。

本案设计就是以一种寄情山水田园的生活方式，创造出一个精神世界的“桃花源”。

1. 室内空间大气开阔
2. 轻盈灵动的枝形吊灯
3. 就餐区
4. 过道

1、2. 素雅的配饰
3. 静心一隅
4. 茶座
5. 主人卧房
6. 孩子卧房

自然之栖

设计单位：今古凤凰设计机构
设　　计：叶晖
参与设计：陈坚、陈雪贤、蔡继坤
面　　积：600 平方米
主要材料：石板、艺术漆、免漆板、肌理实木
坐落地点：广东汕头
完工时间：2023 年 10 月
摄　　影：林灿宇

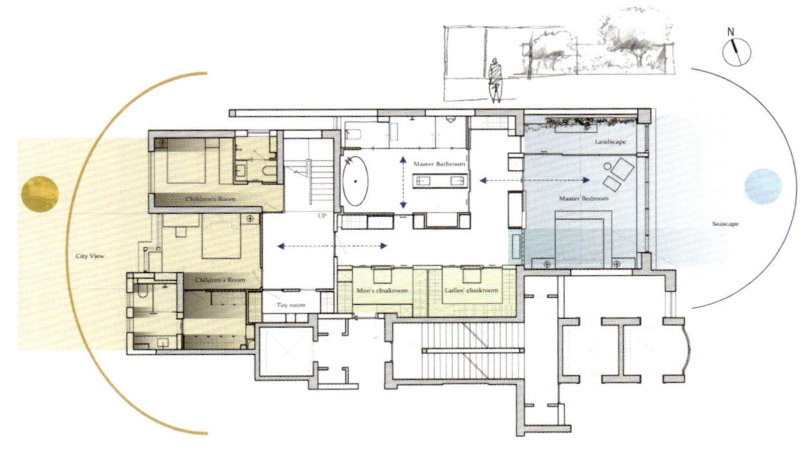

三十一层平面图

在光的聚合散落中感受生活，艺术家应炜的雕塑作品《时空大卫》与绿色植物墙互为点睛，天窗引入的光束与原木色调家具营造出舒适和谐的居住格调。生命的活力与冥想，感官与时间的变化是空间的隐性功能之一，阳光与绿植的变化为空间赋予了人与自然精神上的连接。

神秘且奇妙的植物，不仅吸引着人类踏上自然探索的旅程，还影响到设计师对空间的塑造。在这片奇妙的森林中，盆栽、藤蔓、净化的空气，都吐散着清新的氛围，宛如漫步于森林诗庭，与植物哲学与自然能量对话。

空间与自然无不以参与其中的人为主要沟通媒介，之间存在着某种巧妙的内在联系。高度现代化使人们重新审视空间存在的意义，催生与自然并存的朴素观。设计师有意将空间尺度横纵向延展，使得家居的排列更显休闲之态。

三层直通的天窗轻柔地注入每一缕阳光，仿佛是大自然之吻，使室内明亮而温暖。透过天窗，四季的变幻为空间奉上一幅流动的画卷。餐厅区域延续了原木基调，喇叭状的铜吊灯，声与色的交织，触动感官。色彩是空间的音符，深邃的蓝色、宁静的绿色、灵动的金色，还有幻化的火焰，它们在墙面、装饰和家具上跳跃，充满浪漫的情调。

空间功能规划在一定程度上打破了既有的思维边界，使得想象与现实、功能与形式以及背后的精神文化，成为诠释设计的核心方式之一。白色空间的幕布与金属漆层柜背景形成舞台互动，以简约的线条材质勾勒场景，旨在提供一个放松心灵的场所。郁郁葱葱的自然绿植背景延伸至卧室中，通过开放性的形式与场地环境相呼应，借以捕捉灵动的自然景观，也是业主活力的表达。

在这个自然原木的居家环境中，宛如穿越入童话世界，贴近大自然的呼吸。

1. 自然葱郁的绿色植物墙
2. 空间在横纵向的尺度均得到延伸
3. 绿植营造森林诗意和自然能量

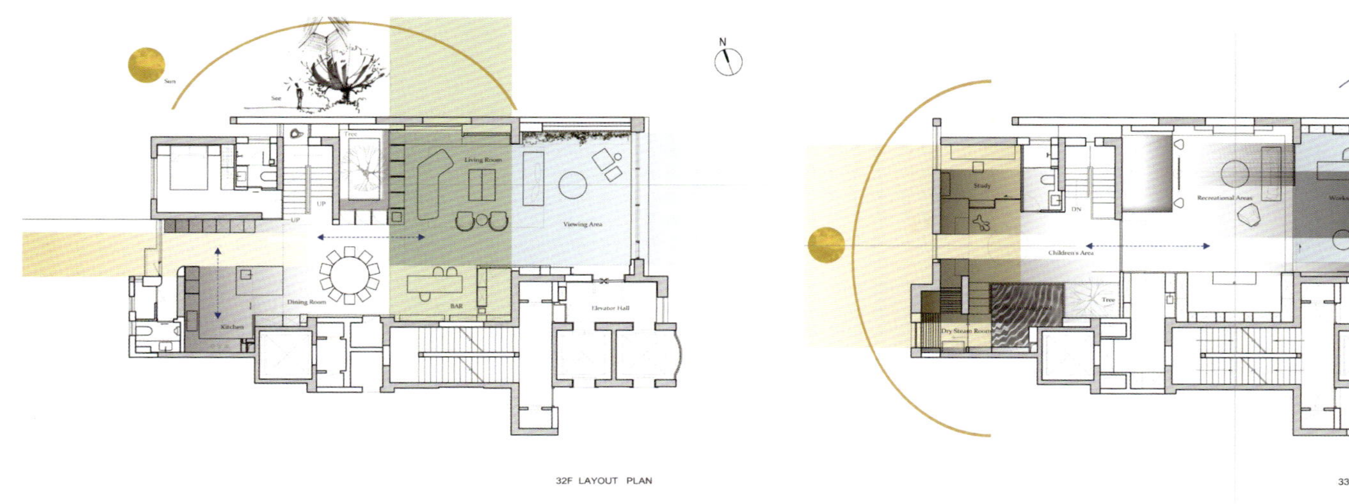

三十二层平面图

三十三层平面图

1. 金属色背景和白色空间形成互动
2. 简约线条勾勒出生活场景
3. 喇叭状铜吊灯别具一格
4. 天窗轻柔地注入暖阳

蒋友柏宅邸

设计单位：常橙文化创意（宁波奉化）有限公司
上海世尊设计
设　　计：蒋友柏
参与设计：张凯杰
面　　积：260 平方米
主要材料：预铸水泥砖、竹编琥珀板、幻彩绚光膜、铝制蜂巢系统柜、雾面玻璃、三分钢筋网、水磨石瓷砖、不锈钢板、百年风化老木
坐落地点：台湾台北
完工时间：2024 年 5 月
摄　　影：王韦尧

AI 的发展开启了新可能，让居住环境的落地方式有更多实验空间。新的制程使模块化产品（包含设计）成为可能，降低成本，简化工法，实现个性化选择。这些反思促成了一次实验：探索新的居住方式。家是长时间相处的空间，设计需领先时间才能耐久；预算需轻松负担，避免成为压力来源。本次设计以“废墟”为核心，延伸出为不同使用者定制的空间，再结合五行整合成有脉络的整体。

大门口挂有京都街头艺术家的“年终全休”门板，配上传统黄铜风铃，题字“安，自在”，象征宅邸的内部态度。一进门即是象征开门见山的中式意境屏风，由知名设计师吴滨设计，用火在金属上创造山势，以大理石台面凸显自然的存在，火生金、金生土，隐性呈现。

屏风分割出客厅与厨房，客厅内设有用工地鹰架制作的陈列架，象征 5 棵银松树，呈现中式庭园意境。挑高的天井让光与影交织，形成舒适的休憩环境。拆除的墙面未修复，而是焊上钢筋网成为垂直画廊，承载新的记忆。客厅与厨房以“水带”分隔，蓝色柱体连接透明玻璃，形成立体护城河。玻璃下保留原始地面，让玻璃与水泥隔开不同空间，构成身心分离但互为倚重的核心交流空间。从核心空间又伸出两个私人生活区块，分别用竹子和阔叶植物来引导。

廊道以竹林为概念，墙上镶竹编板，模仿古代文人在竹林中饮酒作诗的喜悦。竹与客厅的松对应，象征中国传统的君子精神，以祝福成年的孩子。男孩房采用了蓝色炫彩门，内部收藏武士刀、枪等物品转为门把、衣柜把手。书桌嵌于斑驳墙面，前方大片玻璃引入城市旧景，书桌高度分割床上与桌前的风景，形成不同视角。女孩房用粉红色装饰墙面，内部如霍尔的移动城堡，从梦幻到现实，温暖来自“满”，充满梦想、收藏和时间。书桌墙上的挂画如同打开一扇通往漫画世界的窗户，充满想象，床侧设有配土耳其灯的室内花园，营造梦游氛围。

客卫运用水帘洞概念，大面积明镜环绕空间，让使用者面对自己，从而注意身材，避免文明病。客厅后方是一棵大天使盆栽，绑着各种御守，象征记忆的延伸。主卧入口以真实植物作转场，呈现“山”的意象。主卧内部是开放空间，东边是床西边是卫生间，上方有天窗，可感受地球运转。床头用阿尔卑斯山野花压制成植物板，床置于山坡上。后方用白膜玻璃覆盖，创造光盒，让晨光温柔地漫步进来。视觉上使用圆形、三角形联结起卧室与卫生间，卫生间使用大面积彩色水磨石搭配玻璃和镜子，如在山坡上眺望繁华。

家是一个随时间变化的空间，承载回忆，因不完美而完美，这是沉淀与思考后的答案。

1. 大门口挂着年终全休的门板
2. 中式意境的屏风
3. 未拆除墙面焊上钢筋网成为画廊
4. 俯视客厅区域
5. 客厅局部
6. 挑高天井让日光充溢

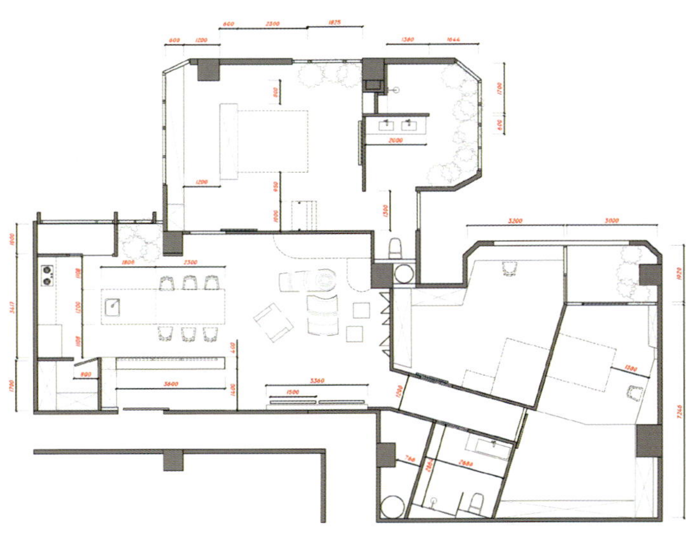

平面图

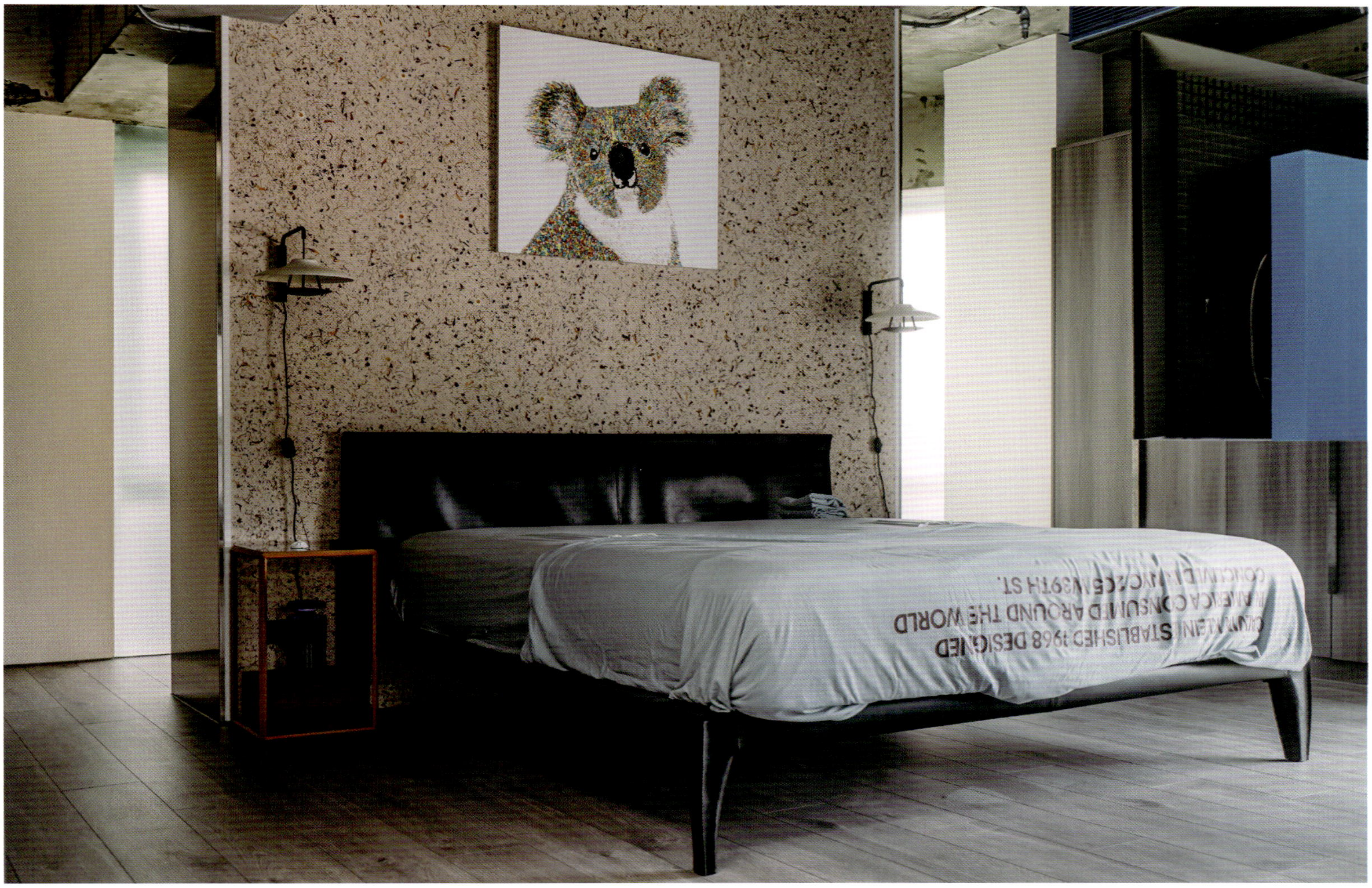

1 | 4
2 |
3 | 5 | 6

1. 客厅和餐厅以透明玻璃形成的“水带”进行分割
2. 上方是裸露管道的顶面
3. 大面积明镜环绕客卫
4. 主卧室的开放式布局
5. 主卧卫生间
6. 暖光源照亮走廊

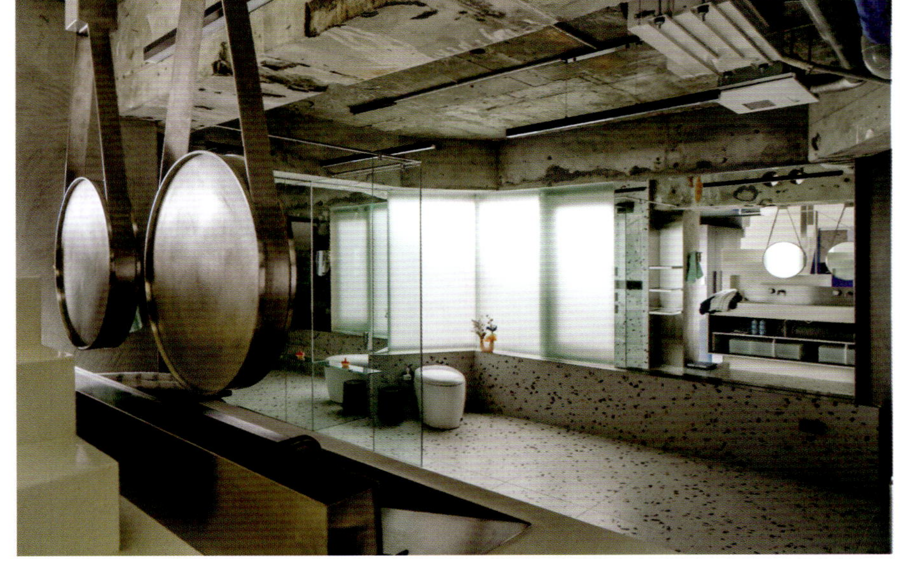

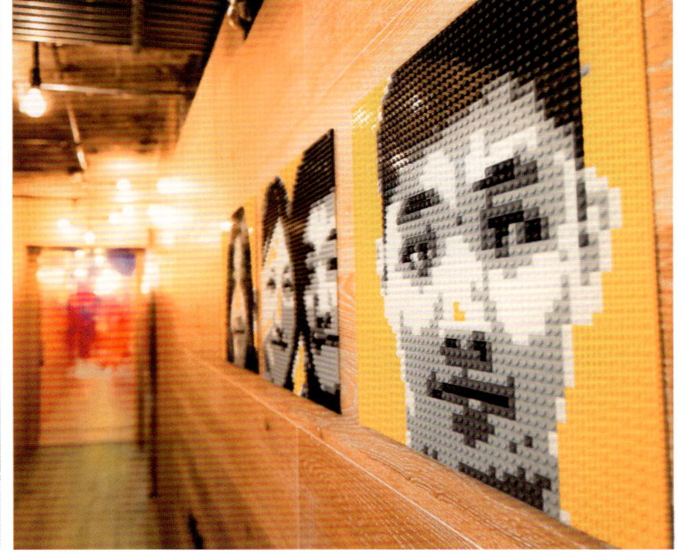

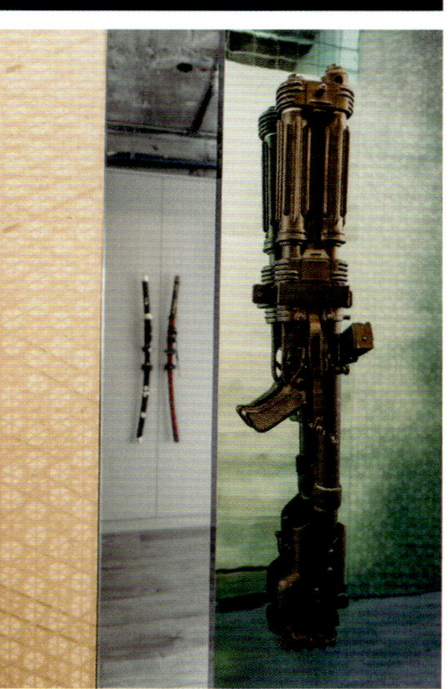

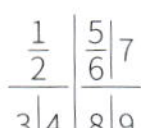

1. 男孩房
2. 窗外是城市街景
3. 斑驳墙面映衬独特饰品
4. 将刀枪转化为把手形态
5. 盆栽上挂着各种御守
6. 木块拼接体
7. 温柔粉色系和原始顶面形成巨大反差
8. 各色玩具手办
9. 霍尔的窗打开一面幻想世界

归来重生的家

设计单位：上海午逸宸建筑设计顾问有限公司
设　　计：巫俊逸、张灿
参与设计：呙星熠、姜鹏冲
面　　积：200 平方米
主要材料：清水混凝土、木饰面、艺术漆
坐落地点：江苏扬州
完工时间：2023 年 10 月

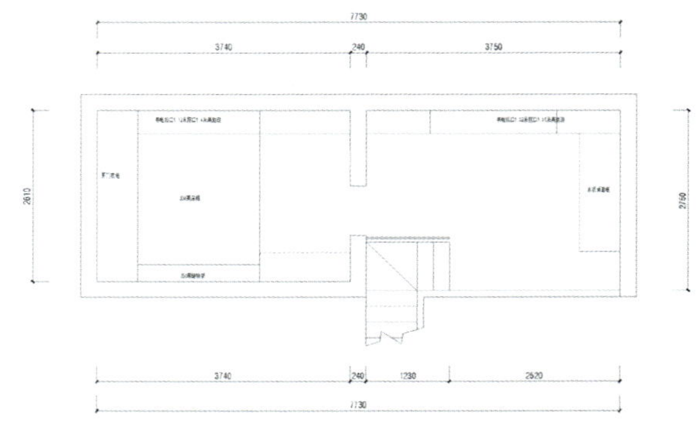

阁楼平面图

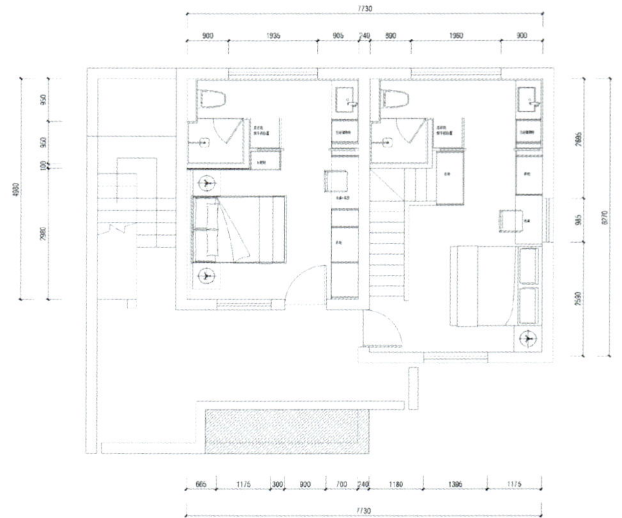

二层平面图

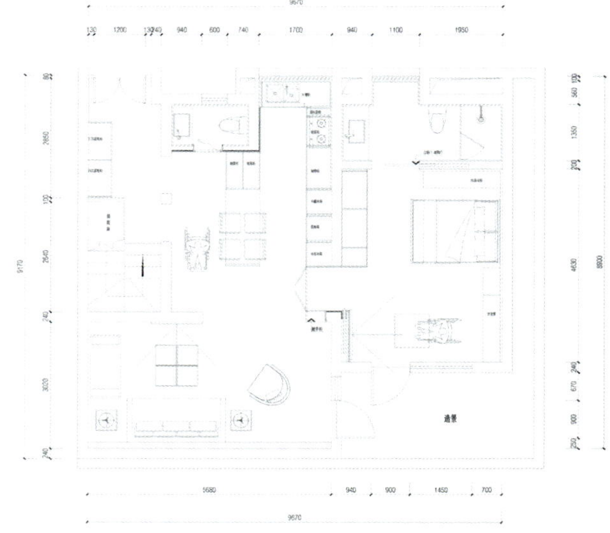

一层平面图

这座老房子是业主奶奶年轻时建造的，承载了业主儿时的回忆。如今业主已成立自己的小家，但他平日工作繁忙，还要承担照顾年迈父母的重任，有诸多不便。四口人生活习惯差异较大，对于房屋改造的需求也不相同，所以希望能将老房子进行全方位改造，提高父母生活质量，也能开心地去迎接下一代。

设计的首要目标是保留老房子所承载的珍贵记忆和情感纽带，通过保留一些原有的建筑元素，如奶奶留下的老式家具，并将这些记忆与现代设计巧妙融合，让业主在新房中依旧能感受到往日的温馨。

为了满足年迈父母的特殊需求，引入无障碍设计和便利设施。对房屋的入口、走廊和浴室进行无障碍改造，安装防滑地板、扶手和特殊设计的家具，这样能够方便父亲移动，母亲也能安全使用各种设施。智能家居系统的引入，也极大提升了生活的便利性。

针对四口人的不同生活习惯，设计中注重功能分区的合理布局。为父母设计了安静舒适的休息区，配备符合其需求的家具和设备；为业主夫妻设置了独立的办公和休闲空间，确保他们能够高效工作和放松身心。公共区域注重家庭成员之间的互动，宽敞明亮的客厅和开放式厨房为家庭聚会和交流提供了理想场所。

设计中充分考虑环境心理学的原理，通过优化光线、通风和色彩搭配，营造温馨舒适的环境。大量使用自然材料和环保建材，结合绿植的点缀，营造与自然和谐共生的氛围，有助于提升家庭成员的心理健康和生活品质。

设计不仅关注当下需求，更展望未来的生活。为即将到来的新生命预留了充足空间，设置了灵活多变的儿童活动区域，为未来的孩子提供一个安全的、可探索的成长环境，可以激发其好奇心和创造力。

通过细致入微的设计，将老房子转变为一个既承载着过去美好回忆，又可以满足现代生活需求的温暖之家。在这里，家人们共同追忆过去，享受当下，迎接未来的新生活。

1	3
2	4 5

1. 园林景观
2. 建筑外立面新旧结合
3. 一楼入户门通道
4. 特别设计的猫爬架
5. 餐厨区的合理动线提高舒适度

1	3	4
2	5	6

1. 中式意境
2. 将原来的父亲房更改为更宜居的套间
3. 挑空阁楼
4、6. 阁楼兼有茶室和书房
5. 楼梯下空间被充分利用

给你一个童话

设计单位：温馨设计工作室
设　　计：温馨
面　　积：200 平方米
主要材料：艺术漆、木质、金属
坐落地点：广东深圳
完工时间：2023 年 11 月
摄　　影：覃昭量

繁华都市的一隅隐藏着一个充满浪漫与温馨的小屋，它是一对母女用心筑造的梦幻乐园，充满对生活的热爱与追求。随着时光流逝，旧有的装修风格已无法满足其生活需求。于是她们决定重新装修，打造一个简约又充满现代法式风情的童话之家。

设计师将原有的纯美式风格进行改造，消除压抑感，让空间更显明亮通透，同时也巧妙融入了法式古典元素。针对房屋层高较低、空间使用浪费的问题，重新进行了空间布局。通过调整吊顶高度、优化家具摆放等方式，最大限度地提升了空间利用率。设计师利用墙面和角落等空间，打造出实用的储物空间和美丽的装饰区，让整个家看起来整洁宽敞。

在家具和软装的选择上，追求优雅与舒适并存，选择的品牌家具线条流畅、设计精美。同时还精心挑选了各种面料和色彩多样的软装，丰富了空间层次和视觉感官。

除了物质层面的追求外，这对母女更注重精神层面的满足。她们是基督信徒，信仰使她们热爱生活更珍惜彼此。因此设计师特意在家中设置了一个祈祷区，摆放着由教堂画师绘制的油画。这个区域不仅是她们信仰的寄托，也是一道独特的风景线。

如今这个现代法式童话之家已然成为母女俩生活中的一片乐土，她们分享快乐、传递爱意、践行信仰，小屋见证着她们的成长与变化。

1. 色彩多样的沙发丰富了空间层次
2. 雕花拱柱散发法式风情
3. 客厅通透而明亮
4. 统一格调的餐厨区域

平面图

1. 两侧墙面打造了实用的储物空间
2. 墙顶面的细腻线条诉说着法式优雅
3. 美丽风景为室内注入更多浪漫和惬意
4. 浴室
5. 精美家具

望 · 日月

设计单位：温馨设计工作室
设　　计：温馨
面　　积：500 平方米
主要材料：金属、岩板、木质烤漆
坐落地点：广东珠海
完工时间：2024 年 4 月
摄　　影：覃昭量

1. 客厅内新增加了楼梯
2. 一整面固定玻璃纳入城市风光
3.4. 超级可爱的熊猫玩偶正仰望星空

在珠海这座璀璨的海滨之城，一幢临江而立的摩天大楼里，三十九层的一户住宅正经历着一场跨越时空的华丽蜕变。原本岁月痕迹斑驳的室内空间，在设计师的妙笔之下焕发出后现代装饰艺术的独特魅力，既保留了家的温馨，又彰显出现代设计的精髓。设计师在传统与现代之间寻找平衡点，让空间既有历史的厚重感，又不失前卫的时尚气息，赋予空间全新的生命。

走进这处高空宅邸，首先映入眼帘的是开阔明亮的客餐厅，通过拆除部分非承重墙，让空间变得更加通透与流畅。一整面固定玻璃的外门窗设计，将三十九层的高空视野发挥到极致，将江景与城市风光交织成的壮丽画卷尽收眼底。

在家具选择上充分尊重客户的意愿，保留部分原有的家具以延续家的记忆，而通过更换主沙发和单椅的面料，让旧家具焕发出新的生机。此外，还巧妙地将业主的众多藏品——12 幅珍贵的齐白石画作以及各式玉石装饰品融入新的空间中，充满艺术的气息。原本的空间布局中并没有楼梯，设计师利用房子的高空优势以及挑空层客厅的特点，在客厅内增加了一圈楼梯，可直通二楼。不仅增强了空间的层次感，更使得二楼成为一个绝佳的观景位置，仿佛置身于云端之上，城市风光一览无余。在色彩搭配和灯光设计上我们同样下足了功夫，运用中性色调，以局部的鲜艳色彩来点缀，使整个空间既有沉稳的基调又不失活泼的氛围。灯光则采用隐藏式照明和局部重点照明相结合的方式，既保证了空间的明亮与舒适，又营造出温馨浪漫的氛围。值得一提的是，这已经是客户选择设计团队进行设计的第三套房子，此次旧房改造项目的成功，更是进一步巩固了我们与客户之间的信任与合作关系。

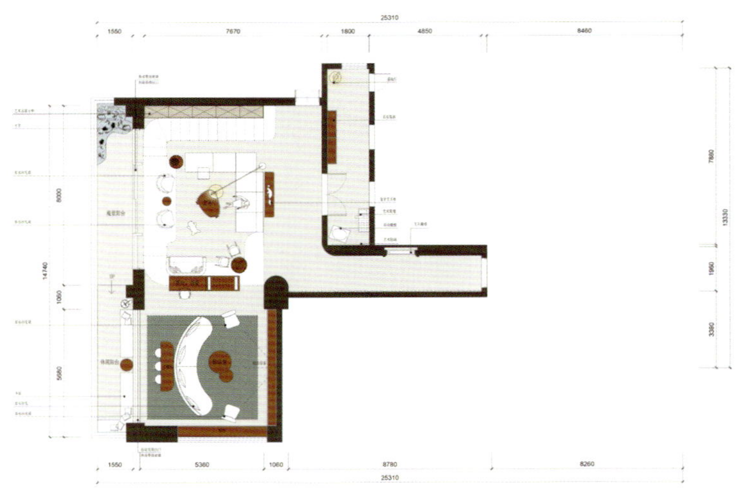
平面图

1	2	5
3	4	6	7

1.2. 三十九层拥有极致的高空视野
3、4. 热烈的蓝红撞色点亮白色空间
5. 玉石装饰品和齐白石画作赋予空间浓厚的艺术气息
6、7. 凭栏处城市风光尽收眼底

华灯初上

设计单位：集辰创意空间有限公司
设　　计：曹瑜
参与设计：叶韬
面　　积：390 平方米
坐落地点：四川成都
完工时间：2023 年 10 月
摄　　影：李阳

1 | 3
2 | 4

1. 星环造型吊灯散发清幽白光
2. 餐厅以其沉稳的暗色调与客厅区分开
3. 无主灯设计让客厅更显明亮
4. 悬浮的电视柜台

现代轻奢风格在本案客厅体现得淋漓尽致，大面积的低饱和色调和简洁规整的空间布局简约而合理。墙上和地面的大理石岩板纹路连通整个空间，不同的纹路质感堆叠也间接提升了层次感，无主灯的设计让整体光线更为明亮柔和，无论白天还是夜晚都能有良好的光线氛围。

绚丽繁华的霓虹灯光，好似傍晚落日大道的光线般温暖而纯粹，在空间中流动着前行。电视柜台采用悬浮设计，搭配大理石的自然纹理，下置的氛围灯带让客厅更具温度，简奢质感在不经意间流露。软装去繁从简，浅棕色沙发和大理石茶几的结合轻盈淡雅，阳光洒下，低调中尽显灵动与高级。

玻璃柜台透出的暖黄光线和天花板 LED 灯带发出的明亮光线，让客厅白天纯净而素朴，夜晚则温暖而绚烂。厨房灯带的暖光在玻璃砖墙面的反射下，使空间光辉相映，与门外淡淡的蓝色光影相对比，有着赛博朋克时代的摩登质感。餐厅与客厅连通，暗黑沉稳的色调与其分隔开，利用暖色光源的温度来中和深色调带来的严肃感。微光在黑暗中闪烁，仿佛推开神秘空间的大门，极致的黑与白碰撞出素雅与神秘。

星环造型的简约吊灯散发出白色光芒洒向餐桌，普鲁士蓝的透明玻璃碗闪耀着光芒，圆润的曲线如一件精美的工艺品。橙色与蓝色的光线交织辉映，赋予空间油画般的高级感，沉稳的暗色调艺术气息萦绕餐厅。

清晨，靠在吧台旁迎接朝阳；午后，独自享受安闲时光；傍晚，可揽最美的环球中心夜景。

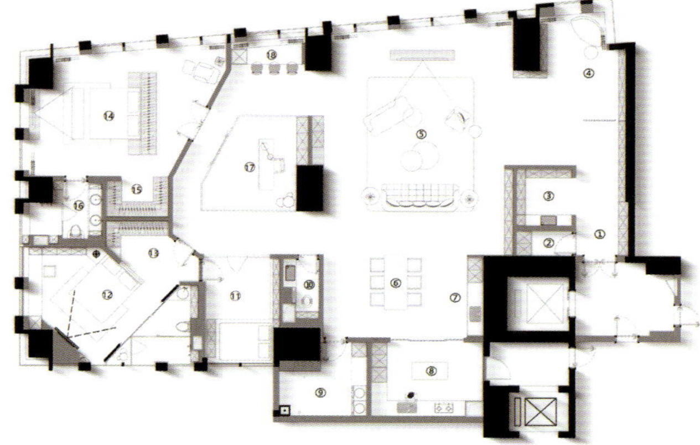

①入户玄关
②储物间
③鞋帽间
④休闲区
⑤客厅
⑥餐厅
⑦西厨
⑧中厨
⑨洗衣房
⑩客卫
⑪儿童休闲区
⑫儿童房
⑬儿童衣帽区
⑭主卧
⑮主卧衣帽间
⑯主卫
⑰书房
⑱吧台

平面图

1 2	4
3	5

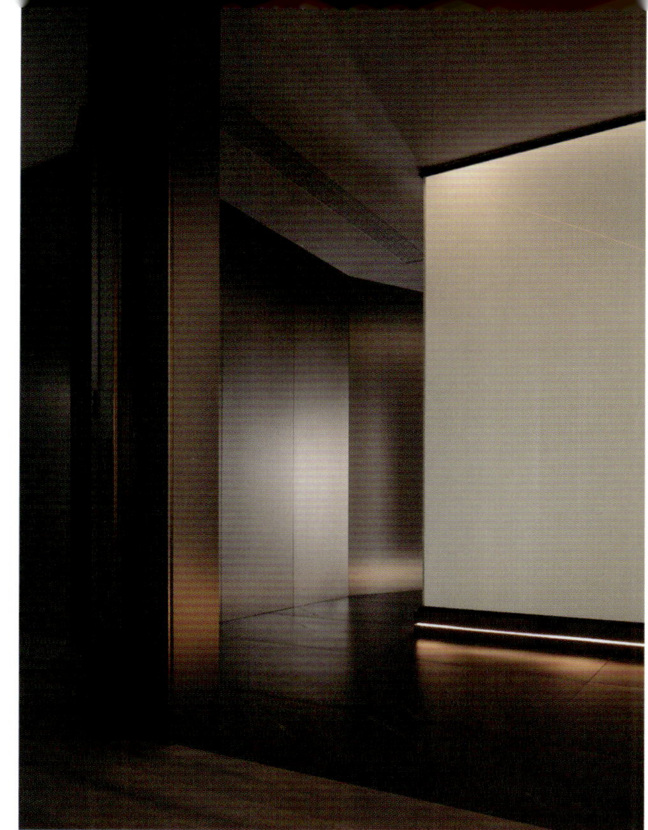

1. 墙地面的大理石岩板纹路连通整个空间
2. 温暖的橙色光线
3. 书房
4. 过道
5. 卧室

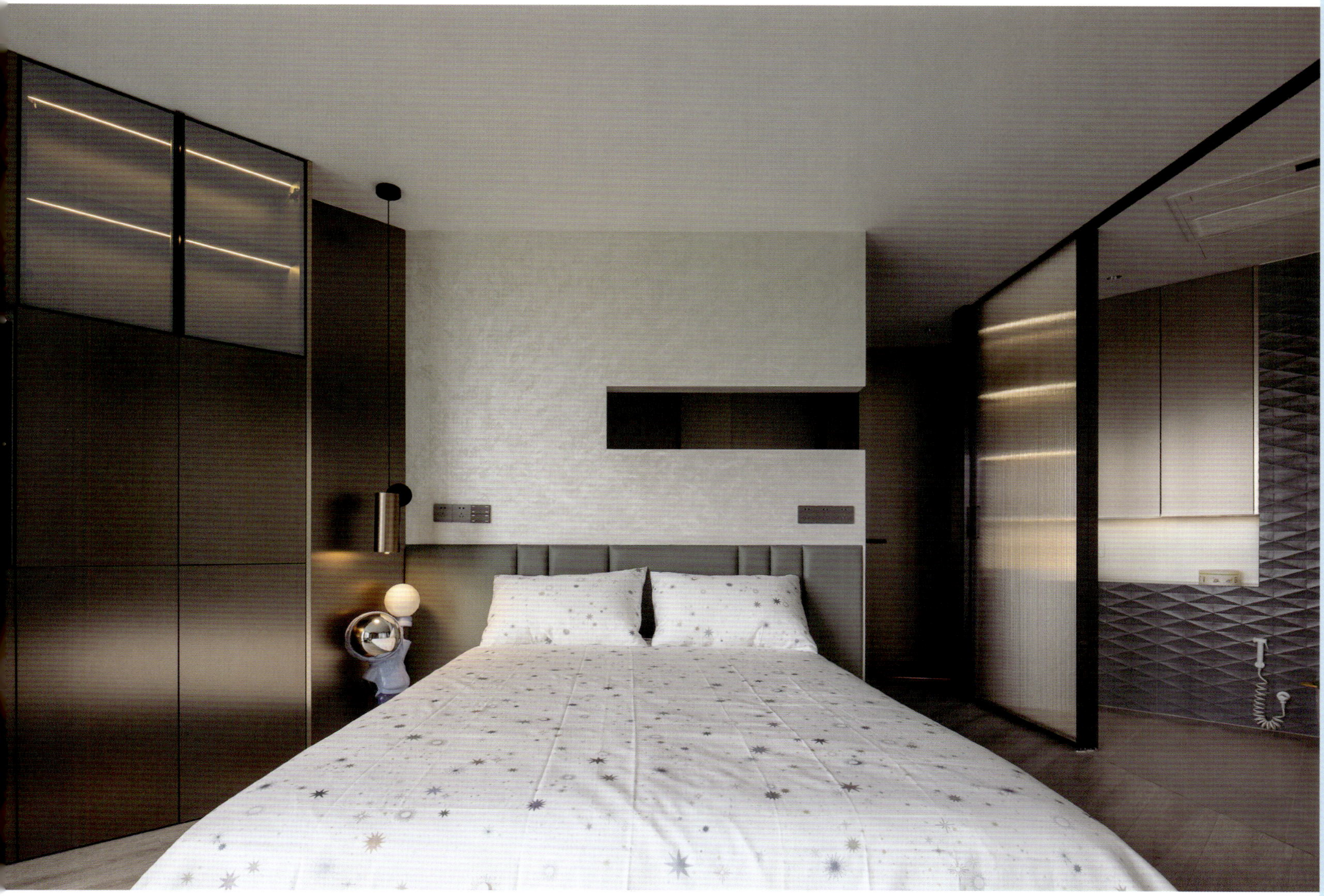

上海外滩壹号院知名导演之家

设计单位：壹舍设计
设　　计：方磊
参与设计：樊钱中、赵冰洁、李文婷、李美萱
面　　积：300 平方米
主要材料：艺术漆、不锈钢、液态金属、洞石、大花白石材、水磨石
坐落地点：上海
完工时间：2024 年 6 月
摄　　影：朱海

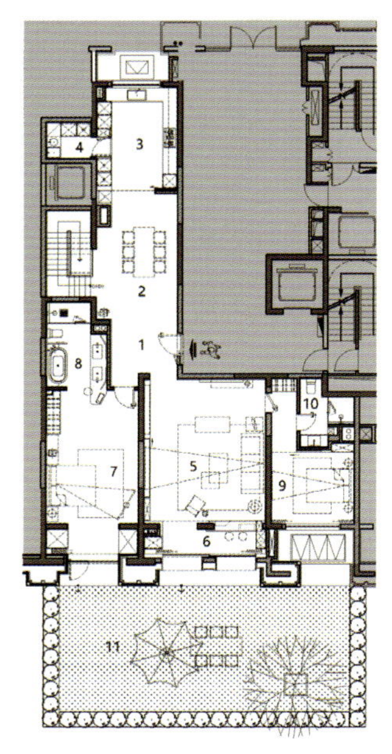

一层平面图

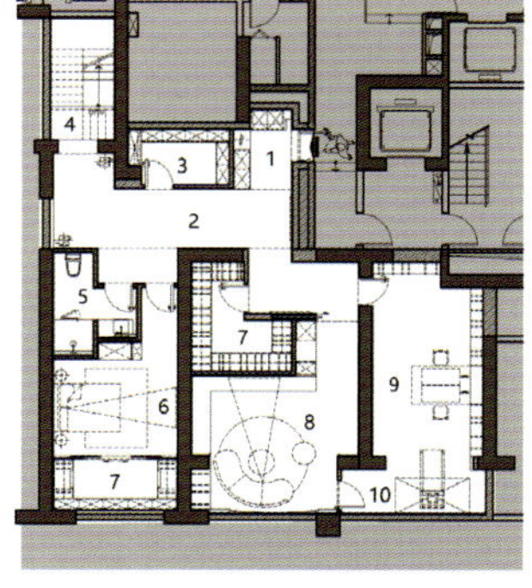

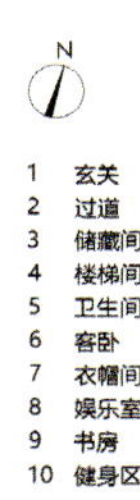

负一层平面图

考虑到自身的职业习性、家庭结构的变动可能以及新房现状即原精装从各个方面来看匹配度都不高，L 先生毅然选择个性化定制，只为拥有更适合自己的家。L 先生是一位知名导演，这不是设计师方磊和他的第一次合作，再度携手更显默契。

空间分为上下两层，首先对建筑架构、长向布局、动线关系、楼层关联等方面进行了细致梳理与分析。改造亟需解决一楼的采光问题，一改原始布局的封闭状态，将各空间打开，强调互通共融。玄关原本窄小紧凑，由于左侧墙体结构限制不可变动，于是从立面视觉来缓解，将入户主背景进行凹凸层次处理，主卧室的门也做了内退调动，在物理和感官上更显松弛宽余。落地门窗的引入有效实现南向朝阳面的采光最大化，顶部灯膜营造的光源也提升了光照效果。家是业主自我表达的画布，基于其职业属性展开了一系列衍生，让家兼容了轻奢、赛博、未来等元素，本质又不脱离舒适与情调。电视背景墙以洞石打造灵活柜体，随着艺术画作的因需而移动，巧妙实现电视和物品的秀与藏，让功能和形式在互动中各显其美。

光线随时间流转明暗交替，色彩以不同方式细微调整，立面上的金属波纹板和肌理漆，局部跳色的点缀打破了呆板。阳台的原始立柱也是设计障碍点之一，最终对其加以利用，构筑起吧台场域兼具过渡属性，可随玻璃移门的变动与庭院联为一体，多元转换间自如应对。对餐厅与厨房的面积配比也进行了因地制宜的调整，从实用主义出发优化餐厅动线便于多向穿梭，加大厨房进深提供充足的存储和操作空间。

主卧套间以开放式设计兼顾风格与舒适度，柔和的中性色调营造出质朴宁静的氛围。主卫配备多个交叠映射的镜面，造就空间的无限延伸，一个可旋转的美妆柜为女主人日常生活提供便捷。次卧同样有着简洁的色调、温润的基底，舒适随性是其最优注解。

楼梯贯穿上下两层，设计师以造型、材质、灯光来凸显其穿透性与轻盈度，在光线和视觉上建构起有趣的关系。地下一层也可入户，归家动线及仪式感同样必不可少。以一条廊道来铺展更多的功能分区，在不同角落精选人体器官雕塑、个性摆件与艺术画作，进行组合创作与致敬表达，如在展馆闲行间邂逅更多趣味瞬间。

楼下影音室远离楼梯通道，尽量减少对生活区的干扰，音响的布局与声学设计、视听表现也都有着专业级的思考与处理。书房内摆满了书籍典藏，为其阅读或创作提供了安静的场所。借助天井采光将跑步机安放其下，酣畅运动之际与自然也近在咫尺。

女主人感叹道：“回想起我们决定重塑这个家的那刻，眼前的一切证明了当初的选择是多么正确和值得！”这一瞬，家的情感与幸福仿佛被赋予了实体形态，而这也正是我们的设计愿景。

1　1. 电视背景墙以洞石打造灵活柜体
2　2. 客厅的局部跳色打破呆板

1	4	5
2 3	6	7

1. 餐厅动线被优化
2. 楼梯细部耐人寻味
3. 主人收藏的潮鞋而定制的柜体
4. 人体器官雕塑出现在不同角落
5. 影音室是主人职业的外在表现
6. 柔和中性色调的主卧室
7. 卫生间

阿布和木易的家

设计单位：桐话空间
设　　计：张通
参与设计：廖占佳、廖孔钏
面　　积：250 平方米
主要材料：水泥漆、定制不锈钢、铁艺、实木
坐落地点：上海
完工时间：2024 年 6 月
摄　　影：左小北

1. 素雅的室内配色
2. 拱形元素随处可见
3. 室内外绿意相交
4. 落地的复古式门窗引来室外明媚

该项目是一层带地下室的复式结构，业主是一对拥有百万粉丝的潮流博主夫妇，他们平时在家有大量的拍摄需求，希望自己的家既有特色又好拍。在户型改造中，设计师将入户门迁移至户外花园，大胆地将楼梯空间从公区中心位置移动到原始厨房的位置，从而作为上下两层空间的交通核。将一层空间定位为生活区，将地下室定位为工作及娱乐空间。用“一体三面”来形容这个家最合适不过，末世元素、自然雅致和露营野趣这 3 种风格共同构成了这个承载着业主进行拍摄工作与生活日常的理想空间。

一层空间宛若一幅生动的生活美学画卷，落地复古门窗将室外绿意引入屋内，业主喜欢的拱形元素随处可见，处处散发着清新与浪漫。地面一层与地下室仿佛是被时空之门隔开的两个世界。地下室整体空间以暗调水泥原色为主，融合了街头、废墟及未来主义元素。大块面的空间分割点缀金属细节，结合点、线、面不同的灯光设计，一股强烈的机能废土风扑面而来。设计师将“城市地下铁”的概念融入地下空间，营造出“末日地下铁”的故事感。正对门口位置的中央圆形区域是“车站中转站”，墙上绘有夫妇二人的名字涂鸦，地面不同方向的人行横道线通往不同的功能区域，实用性与艺术趣味融为一体。

时尚博主最大的空间需求当属衣帽间，设计师从功能出发，为夫妇打造了两个衣帽间。其中一间是以“地铁车厢”为灵感，扶手变身为衣架，实现了衣物储存空间的最大化。斑驳的艺术漆肌理、水泥地坪漆配以金属、拉丝不锈钢等元素，新与旧的碰撞达到共存的平衡。在这里无论挑选衣物还是搭配造型都能轻松自如，还能在广角镜中检查自己的整体造型。另一间则是融合废土风格和异世界元素的空间，红色顶面艺术漆配以发光软膜天花板营造出末日废墟的氛围感。中间设计了一个专门用来盛放配饰的柜子，其表面覆盖 PU 石皮，仿佛末日里坠落的一颗大陨石。

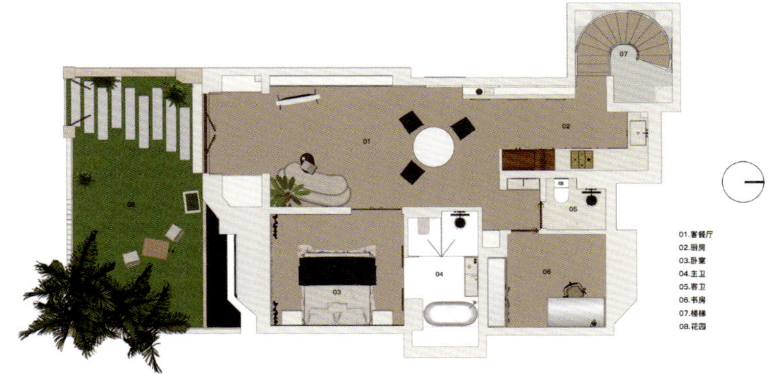

一层平面图

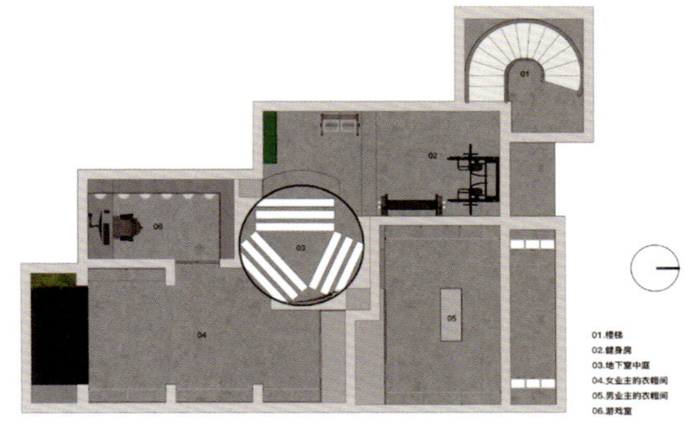

负一层平面图

1	3	4
2	5	

1. 地下室以灰暗水泥色调为主
2. 地铁扶手变化为衣架
3. 将城市地下铁概念融入地下空间
4. 游戏室
5. 红色顶面搭配发光软膜营造末日废墟感

夕阳下的法式浪漫梦

设计单位：上海本墨设计
设　　计：史宁
参与设计：徐雨倩
面　　积：117 平方米
主要材料：瓷砖、橡木、绒布
坐落地点：上海
完工时间：2023 年 6 月

本案的原始户型除客餐厅有较为舒适的空间外，主卧套房空间被分割成若干份后显得局促。通往主卧的走道窄而狭长，转折的弯道有种走迷宫的感觉。

业主夫妇是留学回国的创业者，在国外住惯了宽敞的住宅，总感觉这个房子有些局促。接到业主的委托我们重新梳理了室内空间关系，将主卧的所有空间打通并重新规划。缩短走道空间避让出儿童房及主卧的收纳空间，短短的走道形成室内的第二玄关。进入主卧将原有的衣帽间横向布置，除了满足收纳的需求外，额外增加了宽敞的过渡转换空间。由过渡空间进入卧室，在照顾到隐私的情况下又增加了仪式感，过渡空间墙面两侧设置了可通行洞口，形成环形动线以方便业主夜间盥洗。

设计改变了厨房的进出动线，敞开对外的吧台满足了社交属性，提供家人之间的交流互动。客厅设置了可拆除的墙面壁炉，其左右两侧开门，既满足了通向两个不同功能的通道，也使客厅看上去具有仪式感。和壁炉对称摆放的柚木色家具营造出浓烈的复古气息，在夕阳余晖的映照下更显法式优雅浪漫的氛围。

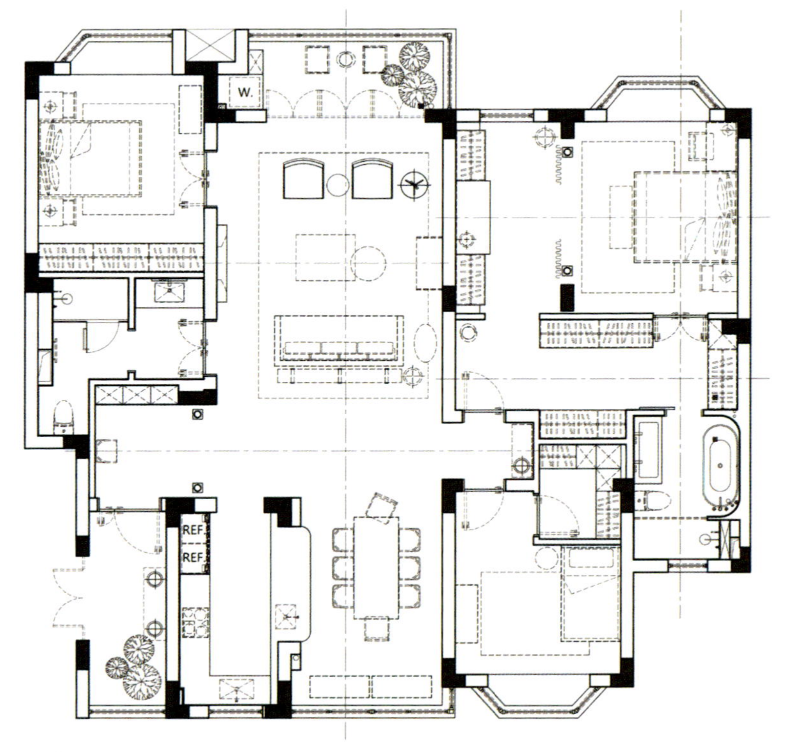

平面图

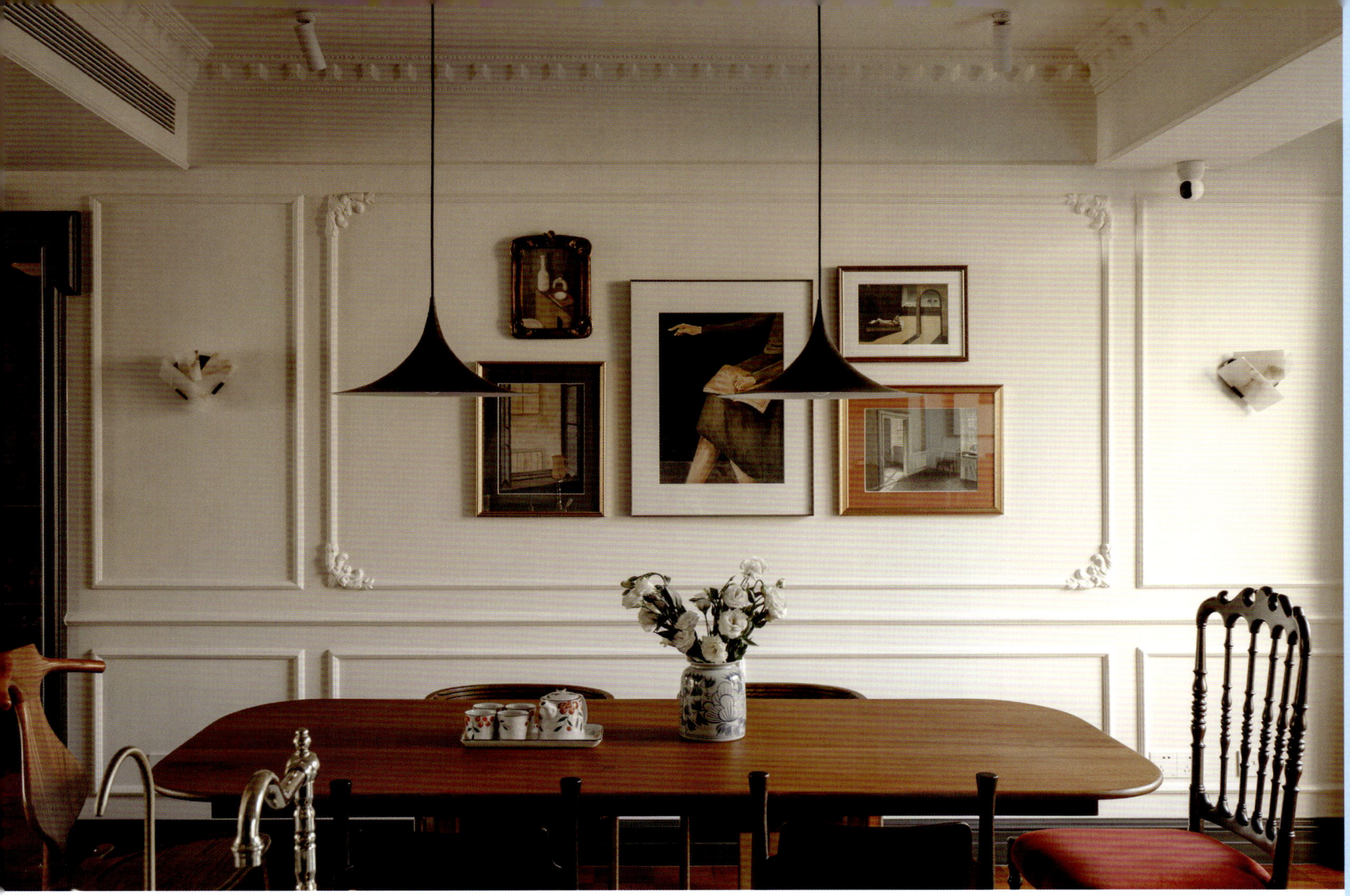

1 | 2
3|4

1. 柚木色家具和墨绿色沙发营造复古气息
2. 优雅餐厅
3. 吧台敞开对外便于家庭成员的日常交流
4. 端景

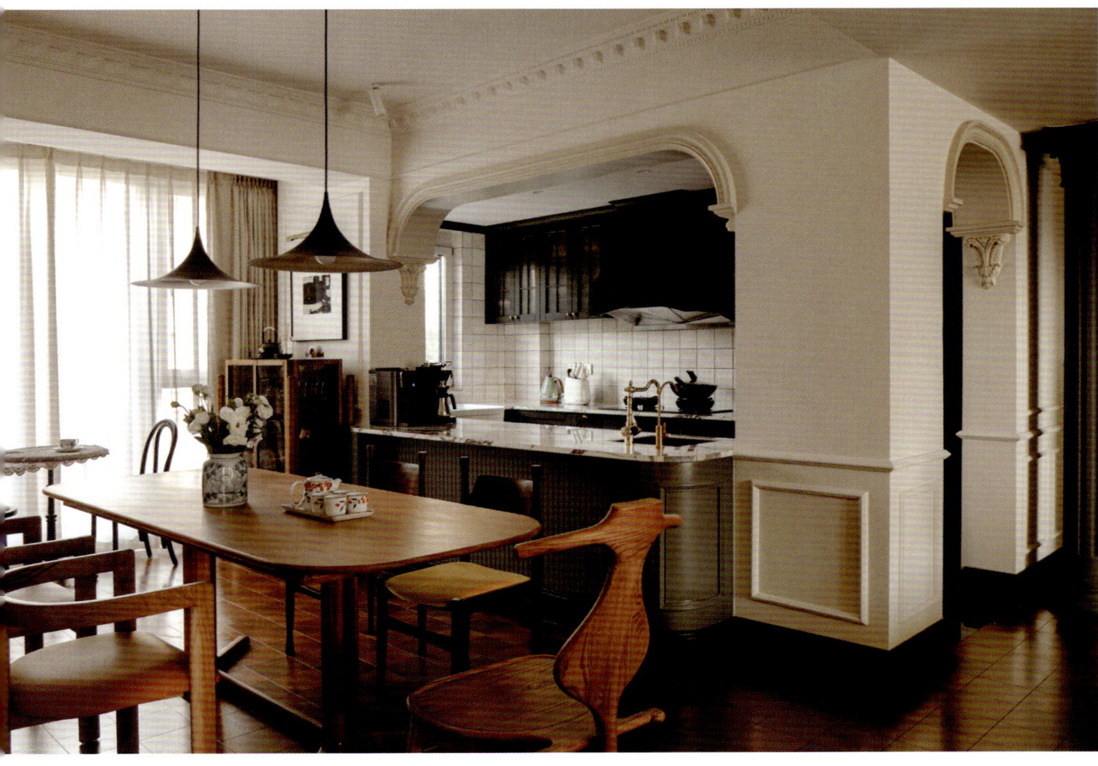

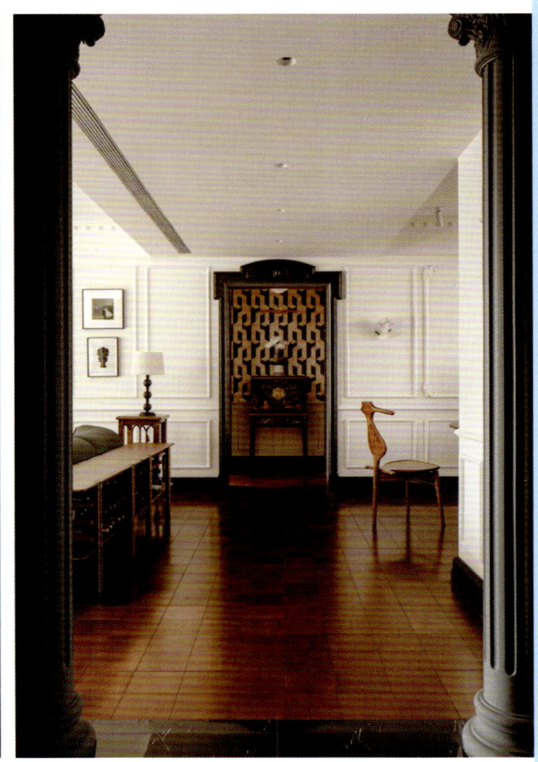

1	4	5
2 3	6	7

1、2. 进入主卧室需经过过渡空间
3. 环形动线
4. 壁炉
5. 独特的床头背景
6、7. 绿色和黑白格子瓷砖带来复古腔调

栖于自然

设计单位：壹境筑造
设　　计：冯传虎
参与设计：翟娇萍
面　　积：180 平方米
主要材料：天然橡木、清水砼
坐落地点：安徽合肥
完工时间：2024 年 8 月
摄　　影：HOWI

项目位于合肥市，背面公园环绕，南面水景开阔，好的窗景不仅为室内带来宁静开阔的视觉关系，同时也提供了无可比拟的自然照明。这也让我们有了更灵活的发挥，可以加入更大胆的元素并改变空间结构。业主是一对热爱生活、热爱运动的中年夫妻，希望能在家空间中融入对生命蓬勃的热爱与对大自然的敬畏。结合建筑本身的环境优势，强调空间的结构感，我们自此入手规划出具有张力的能量空间。

我们对场景的切入并没有拘泥于寻常的设计思维，沟通梳理了行为需求后，将原本位于北卧室内的露台打开，同时调整客厅的位置以及客餐厅的动线，得到南北宽阔的同时具有多功能使用空间的公区。赖于窗外明亮的自然光线，空间大胆使用大面积清水砼，压暗了内部场景，不同材质的纹理则赋予空间结构美，居住其间的人与建筑得以共同沉淀。

厨房与餐厅是融合且打开的，岛台的延伸既有功能分区的作用，又增加了台面操作空间。业主非常喜欢享受烹饪食物的过程，有时候安静地看着窗外就很愉悦。空间除却外向的展露以外，同时应当承载内向的身体感知，空间的构造不止于静态场景下的美学构造，动态的生活体验也同样应被纳入考量。

在卧室南边规划出一个起居空间，通过材质的转换形成空间分割，更注重日常的使用。天然木皮的木饰面纹理，自然慵懒的浅色窗纱，与空间交相呼应，又在细节处回应着对整体感的认知。衣帽间在空间处理上，衣柜没有做到顶及墙边，借由体块的穿插动静相隔，保留两边空间的视觉延伸感。梳妆区上方可随手挂放贴身衣物，透过衣柜与台面的空隙，增加空间的延伸感和趣味性。

我们时常会思考空间的本质，探讨手法的尺度，然而关系的连接以及如何去影响人的感受，往往是最应思考的部分，构造的简洁使设计得到一定程度的自由。

①客厅
②餐厅
③厨房
④茶室
⑤主卧室
⑥次卧室1
⑦次卧室2
⑧主卫
⑨外卫
⑩休闲露台

平面图

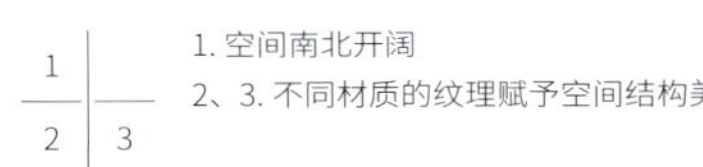

1. 空间南北开阔
2、3. 不同材质的纹理赋予空间结构美

1|2 5
3|4 6

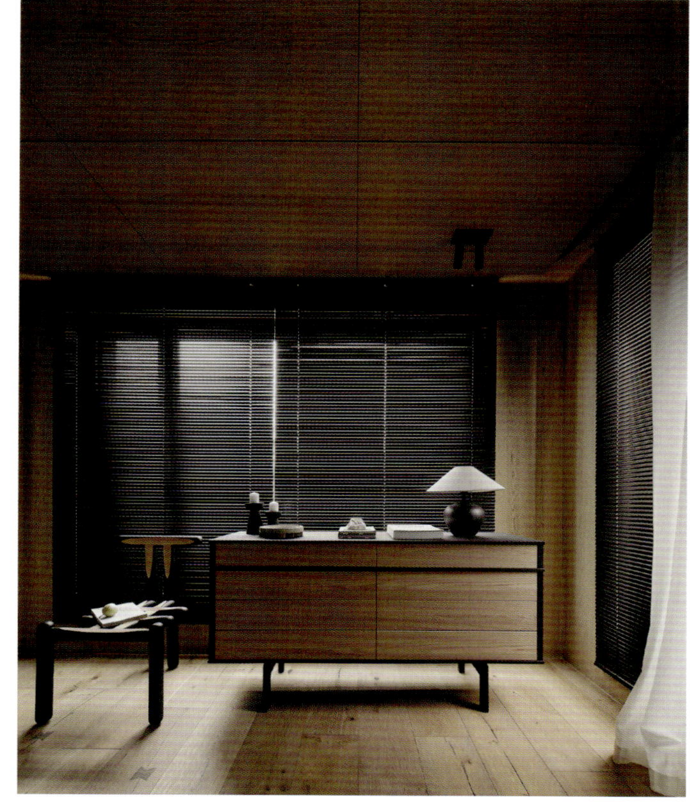

1、2. 餐厅
3. 大面积清水砼压暗了内部场景
4. 延伸岛台增加了台面操作面积
5. 温润木质营造温馨自然的氛围
6. 浅色窗纱和浅灰木质打造慵懒寝居

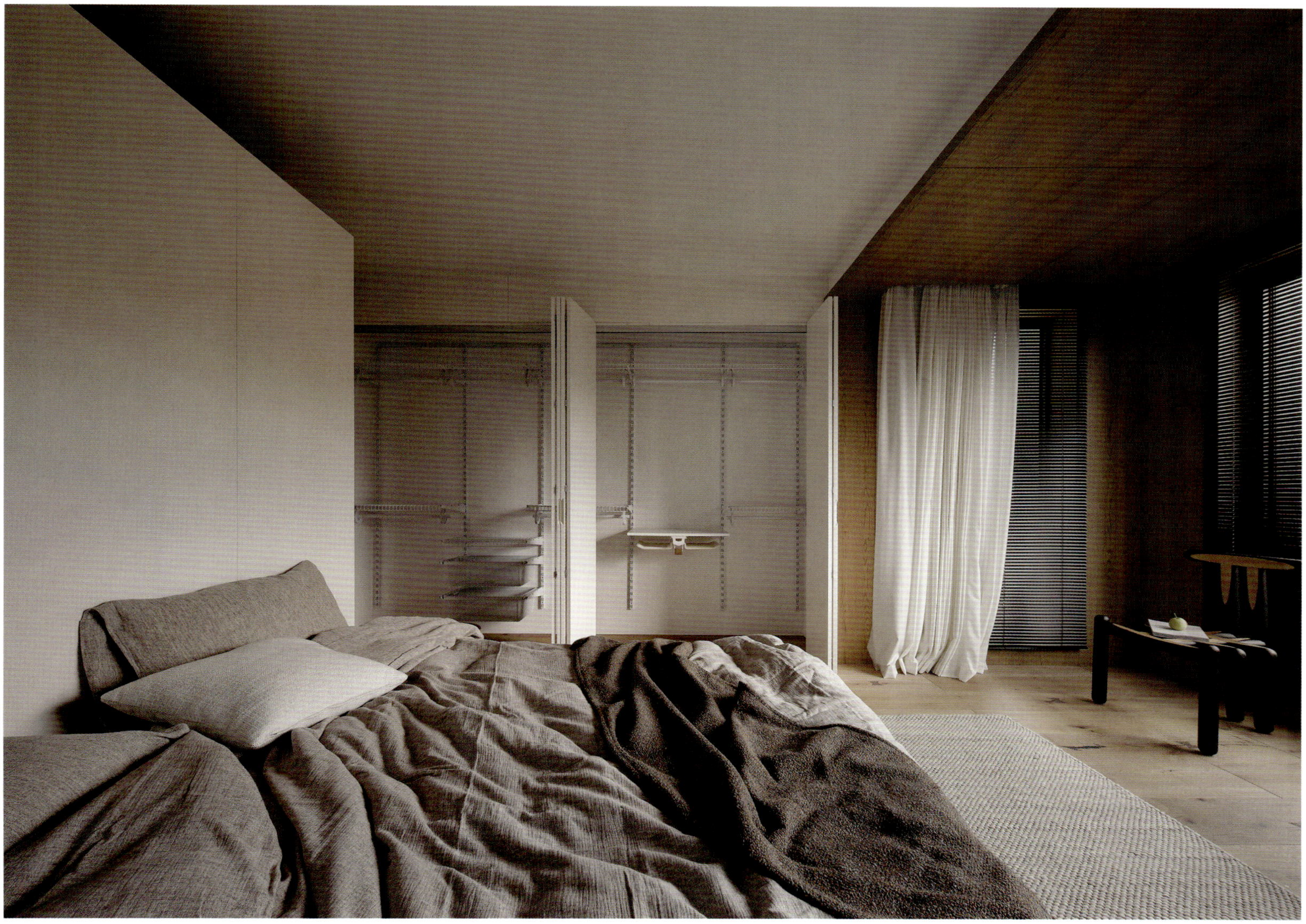

拂风诉语

设计单位：容象空间
设　　计：李加佳
参与设计：陈敏、高丽伟
面　　积：320 平方米
主要材料：艺术涂料、地板、金属
坐落地点：浙江杭州
完工时间：2023 年 10 月
摄　　影：瀚墨视觉

1. 流畅自然的客餐厅
2. 金色屏风熠熠生辉
3. 简洁的枝形吊灯
4. 面对窗外灵动的江畔画卷
5. 艺术画作

将业主的爱好及生活的点滴植入空间，不可被定义，夸张却温和，冲突且协调。每件物品都承载着业主收藏时的独特故事，在独特元素的相互映衬里，构建出缤纷多彩的家居风格。杭州观云钱塘大平层由全球五大建筑事务所之一的 Aedas 设计，灵感来源于“扬帆起航，乘风破浪”的理念，将钱塘江地域标签作为起点，帆应江而生。我们精心策划并实施了部分硬装改造，摒弃了原有的空间布局，转而以一种更为流畅自然的视角重新定义场域，旨在为女主人打造一处灵魂的栖息地，包裹住专属她的浪漫时光。

改造后的空间引入丰富的自然光线，中古家具、弧形地毯、柔软沙发、盎然绿植的置入，营造出宁静宜人的感受。客厅画作《POMPEI-Fail Until》是法国画家 Cheramy 的作品，它以斑斓的色彩和跃动的线条，述说一段被时间吞噬的过往，同时又孕育着熠熠生辉的新生之光。餐桌选用温和自然的原木，带来沉稳淡然的韵味，与枝形几何吊灯相互映衬，展现出自然与现代交融的美感。造型独特的中古风扇背椅，灵感源自大自然的山形纹理。椅背的线条流畅，深邃黑与金色图案搭配，这是一件用心雕琢的细节完美的家居艺术品。

一扇璀璨夺目的古董金屏熠熠生辉，其前点缀一株灵动鲜活的绿植。知名艺术家墨痕以放达而克制的笔触绘出山间青松与矫健萌虎。圆几桌旁摆放着充满古希腊风情的中古椅，其制作工艺采用了数百年前的角质品镶嵌技术，彰显历史的厚重与工艺的精湛。椅子主体采用珍贵的桃心花木，座面则选用柔软细腻的天鹅丝绒材质，两者相互映衬，典雅而高贵。中古风琉璃瓶的外形犹如一只独立的老鹰，翡翠绿深邃而有层次，琉璃中的气泡轻盈而透明，如春湖里透着的氧气，让人感受到生命的呼吸与律动。书房中弥漫着达观又内省的静谧气息，木质温润，微光柔漫，那盏历经十余载的吊灯，从旧日的空间流转至此刻的新境，仍旧能以其独特韵味演绎时光的魅力。卧室融合深色调与大胆的艺术画作《SERIE XXI.1》，摒弃传统平衡理念，运用矛盾美学激发对生命真实精神的深刻反思。

一处精心设计的住所应成为主人精神世界的延伸，每一处细节都展示着主人的生活态度与个性，让空间因主人的到来而焕发出多面且专属的魅力。

4150
2400
3660
2940
4950
儿子房阳台
9.8m²
休闲区
17.6m²
次卫
厨房
餐厅
客厅
54.2m²
儿子房
衣帽间
书房
玄关
水吧台
公卫
主卫
客卧
衣帽间
主卧
4090
1200
3250
3400
2900
2500
3700
21040

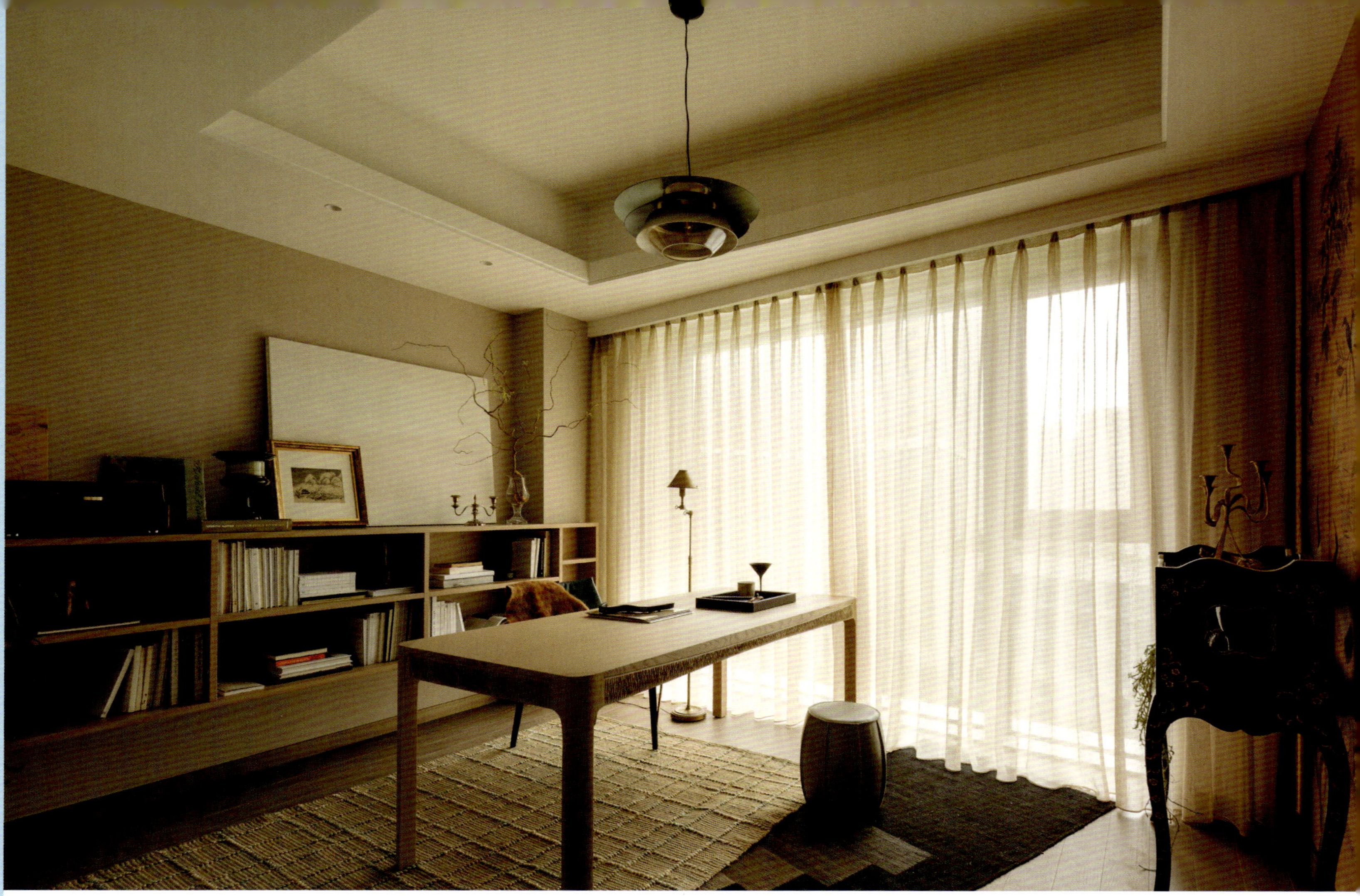

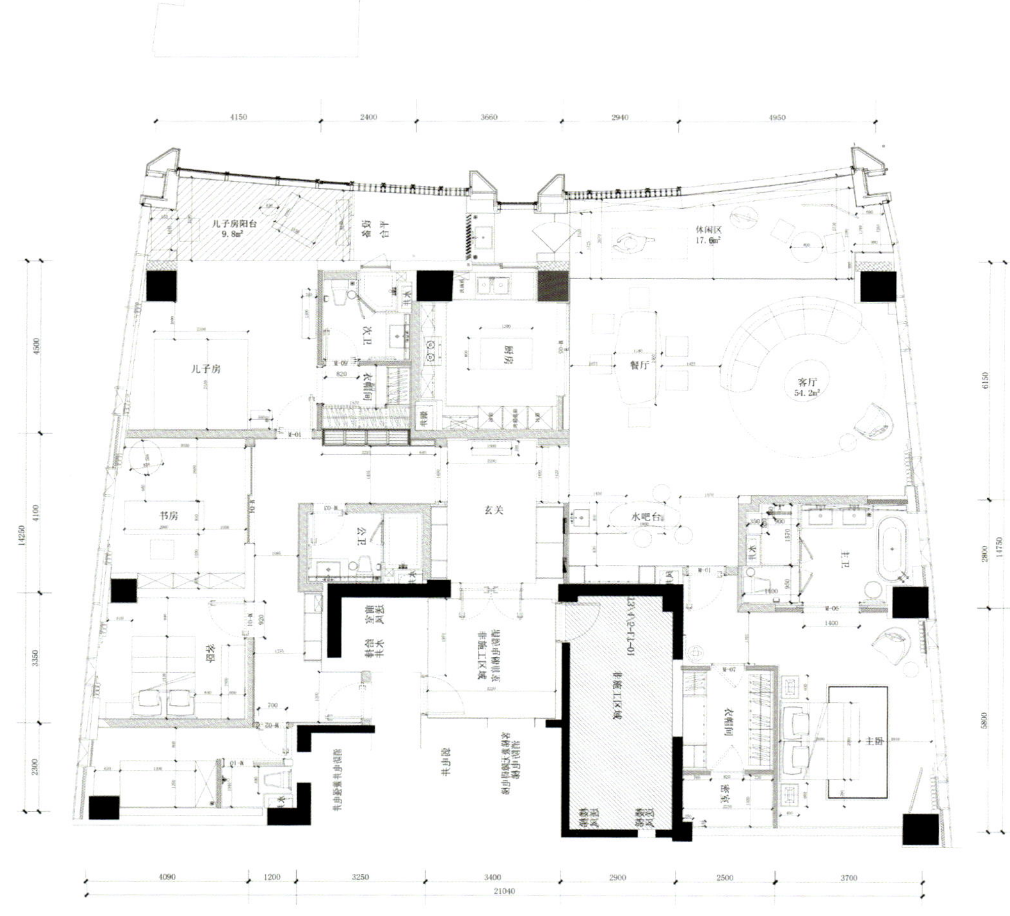

平面图

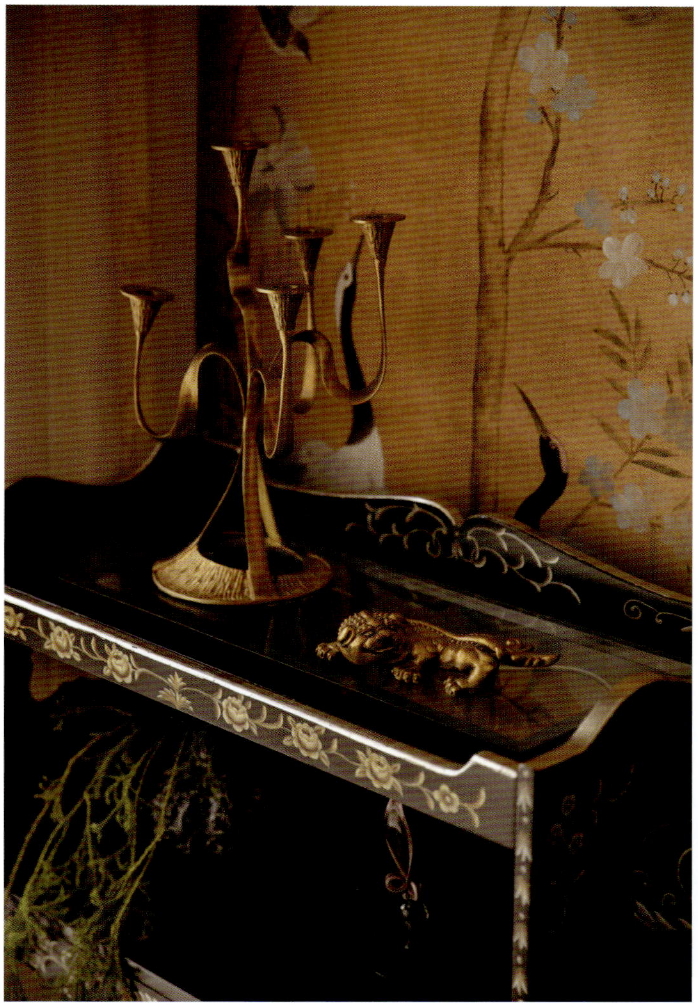

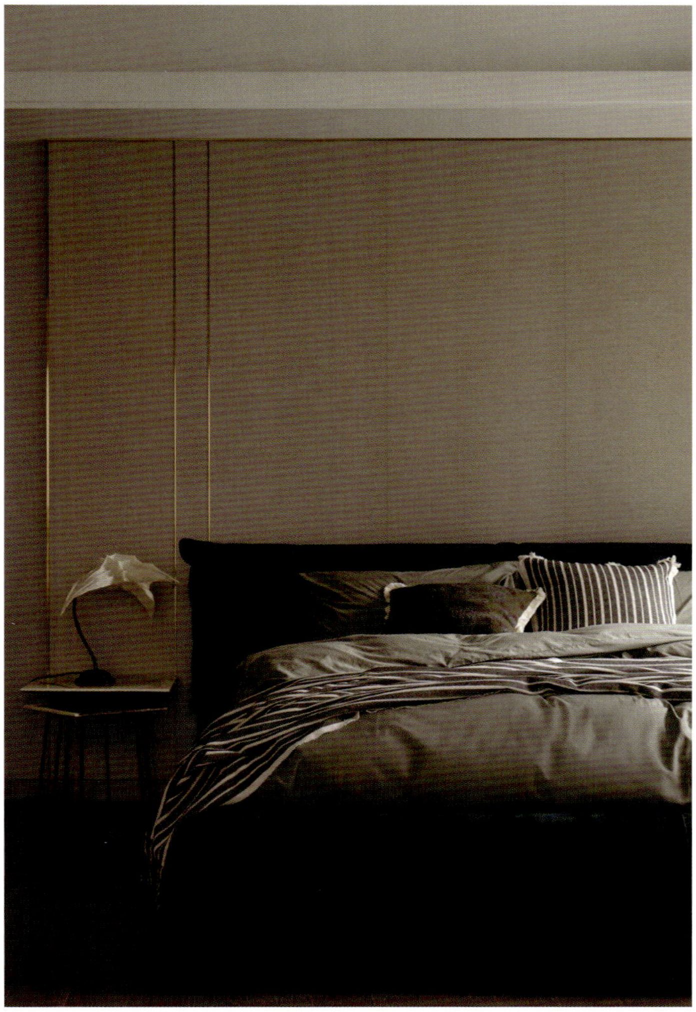

1. 书房的老吊灯继续演绎着新时光
2. 局部小景
3. 扇背椅灵感源于大自然的山形纹理
4. 暗色主卧室
5. 走廊装饰

赏风

设计单位：STUDIO.Y 室内设计事务所
设　　计：余颢凌
参与设计：卢江北、王宏成、鲍韫仪
面　　积：680 平方米
坐落地点：四川成都
完工时间：2024 年 3 月
摄　　影：张骑麟

该项目是位于成都的顶跃户型。设计师在高耸的挑高空间下，合理优化原有空间格局，赋予其开阔的尺度，营造通透动线，以贯穿始终的曲线勾勒优雅灵动之姿。空间在白色纯粹的背景下，打造能够自由呼吸、与自然友好的生态住宅。

回环往复的曲线，形拟自然中的波浪与山丘，向四方荡漾开来，巧妙勾连起各个空间，增加其层次与深度。与此同时饰以细腻纹理，做工精巧考究，匠心独具。在视觉上，曲线带来的对自由延展的渴望扩宽了空间，让空间恢宏的尺度得以伸展，温婉柔雅且具包容之美，给居住者带来心理上的松弛愉悦感。

客餐厅贯通一体，形成吞吐自如的大气格局。纵向贯通的大面积落地玻璃窗，带来了优渥的采光与通风，与自然的云生日落相望相接。设计师重新梳理并丰富了客厅功能，将原有狭窄的楼梯从客厅后方位移至玄关背后，拓宽了楼梯面积，以螺旋形态展现其轻盈婉约之美。二层将原有阁楼打开，对原有狭窄的室内过道和杂乱空间进行重组，实现空间的最大化释放。最终为孩子们打造出一个挑高的多功能活动厅，集阶梯图书馆、钢琴厅、手工区于一体，给孩子们提供了一个可以安心学习与快乐玩耍的自在天地。

将楼梯和走廊设计成弧形，对尺度关系进行重新梳理，把原本的直边改为外扩的弧线，将原有狭窄的过道拓宽，让整个空间看上去更为开阔。在延续曲线元素的同时，走廊采用大面积轻盈通透的玻璃材质，以自然流畅的线条呈现虚实相生之境，让整个空间显得轻巧灵动又意蕴十足。

二层平面图

一层平面图

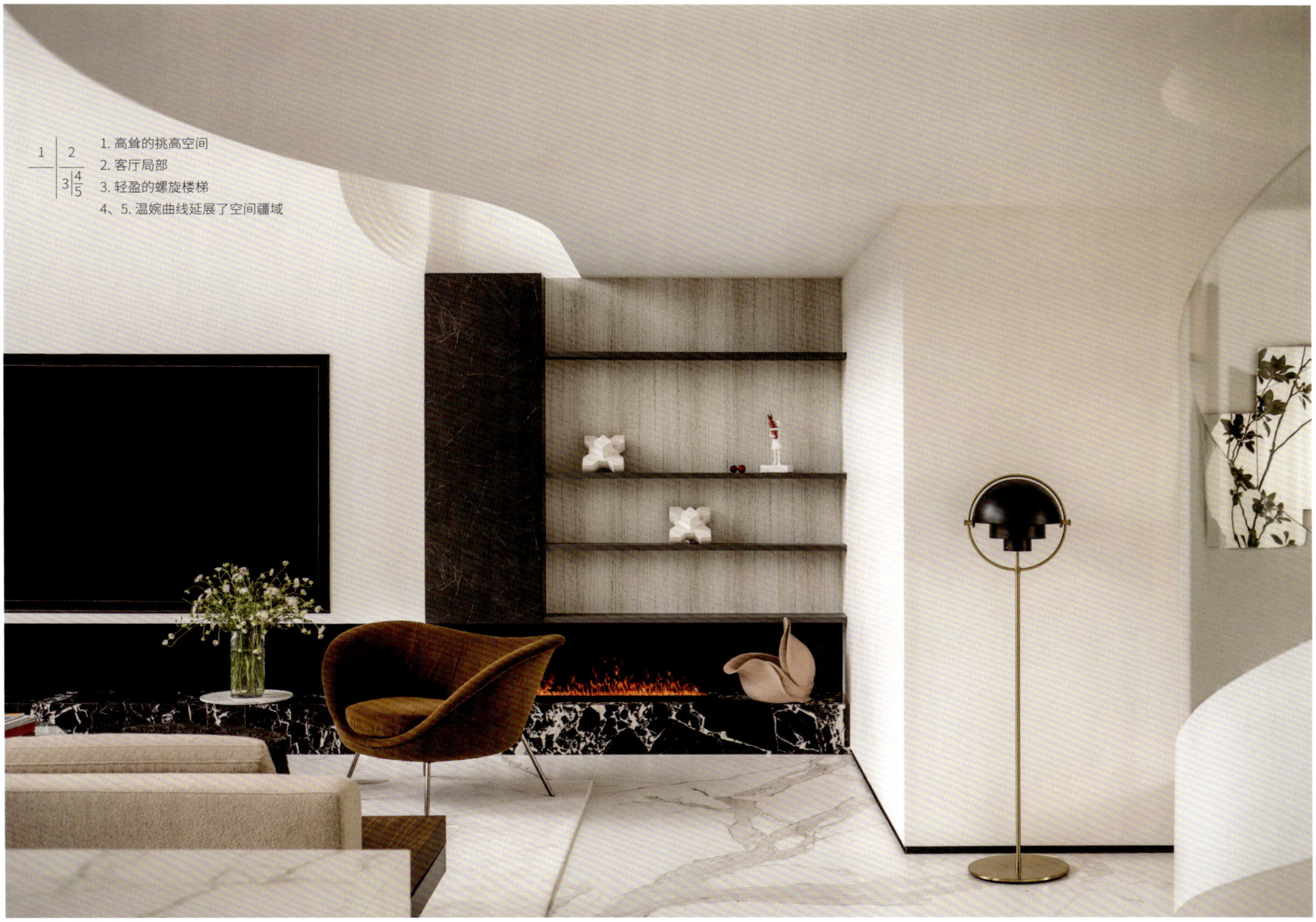

1 | 2 / 3 | 4 / 5

1. 高耸的挑高空间
2. 客厅局部
3. 轻盈的螺旋楼梯
4、5. 温婉曲线延展了空间疆域

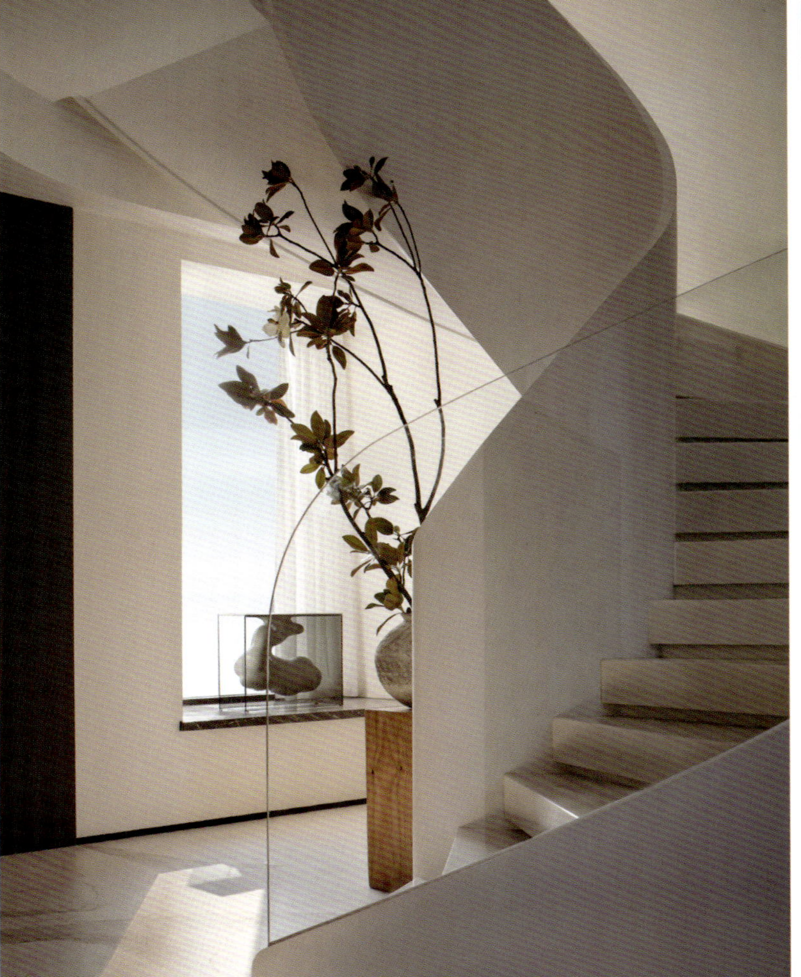

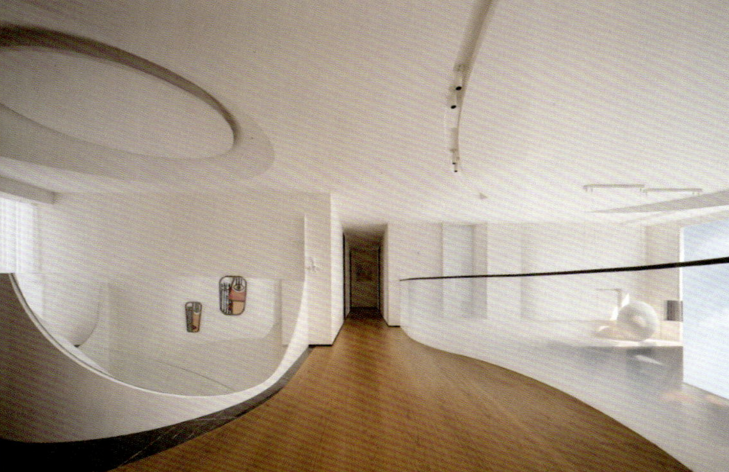

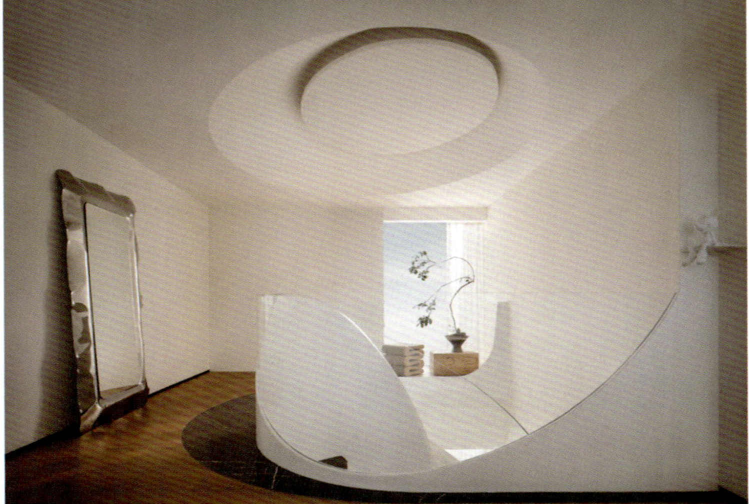

1 2 5
3 4 6

1. 快乐的儿童多功能活动区
2. 大面积窗户带来优渥采光
3. 挂画的线条如钢琴曲般轻舞飞扬
4. 有趣的不规则镜面装饰
5. 主卧室
6. 女儿卧室

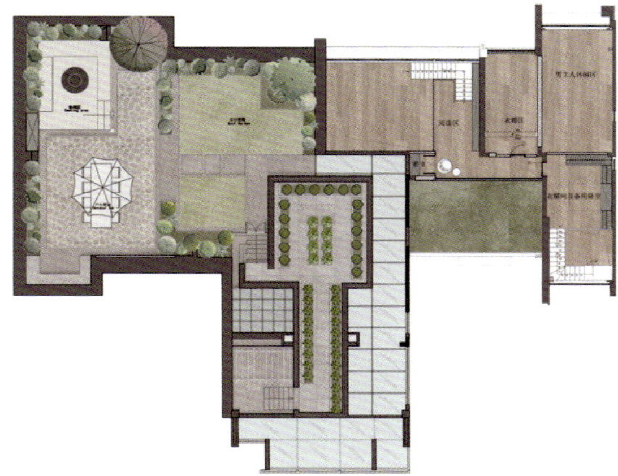

三层平面图

学区房改造

设计单位：拓新设计
设　　计：李敢
参与设计：刘鹏
面　　积：50 平方米
主要材料：莱姆石、艺术漆、木地板
坐落地点：江苏南京
完工时间：2024 年 4 月
摄　　影：黑曜石空间摄影

1 | 2 | 3 | 4

1. 移门设计使孩子可随时调整空间私密度
2. 入口处的收纳空间
3. 好设计使得居者幸福感倍增
4. 明亮的一体化餐厨

房子原始条件是 50 平方米的一房一厅，业主为一家三口，孩子刚上初一，业主平时爱好喝咖啡、烘焙、露营、骑行等。他们对未来的家充满期待，希望在这个位于优质学区的房子里，陪伴可爱的孩子度过宝贵的 6 年中学时光。他们特别强调，希望孩子能够拥有一个属于自己的学习和休息空间。

然而，现实的挑战摆在眼前，原房屋面积显得捉襟见肘，仅有一间卧室，厨房和卫生间也显得非常局促，无法满足一家人的生活需求。因此，业主迫切希望这次改造能够彻底提升厨房和卫生间的使用体验，让生活变得更加舒适和便捷。

为了实现业主的愿景，我们进行了深入的思考和精心的规划。他们决定将原先进门的客厅位置进行彻底改造，将其转变为一个既实用又美观的入户收纳空间，同时这里也将成为主卧室，一个私密而温馨的休息场所。为了给孩子创造一个既安静又灵活的私人空间，我们巧妙运用了可分可合的移门设计，孩子可以根据自己的需要随时调整空间的私密性。此外我们还拆除了原有的卧室和厨房，通过重新布局形成宽敞明亮的餐厨一体化空间，不仅满足了日常饮食需求，也成为家人交流互动的理想场所。

为了给女主人一个特别的惊喜，我们特意为她设置了一个面向窗外的咖啡吧台区域，让她在忙碌之余，边享受香浓咖啡边欣赏窗外的风景。卫生间采用干湿分离的布局，不仅提升了空间的使用效率，也使得日常的清洁和维护变得轻松便捷。

通过所有细致入微的设计，我们希望业主一家能够在这个经过精心改造的家中，享受到舒适、便捷和愉悦的生活体验。

淋浴间
换衣区
卫生间
客餐厅
次卧
主卧
玄关
±0.000
+0.240
顶面暗藏热水器
花洒
定制洗手台
上方收纳柜
纸巾盒
床头柜
冰箱
定制床架
成品书桌
折叠车
定制橱柜
洗衣机+烘干机
嵌入式电磁炉
厨下式净水器
水槽
咖啡机
唱片机
成品长桌1400*800
成品椅子
卡座
定制折叠门
五斗柜
成品斗柜
成品床垫1500*2000
窗帘

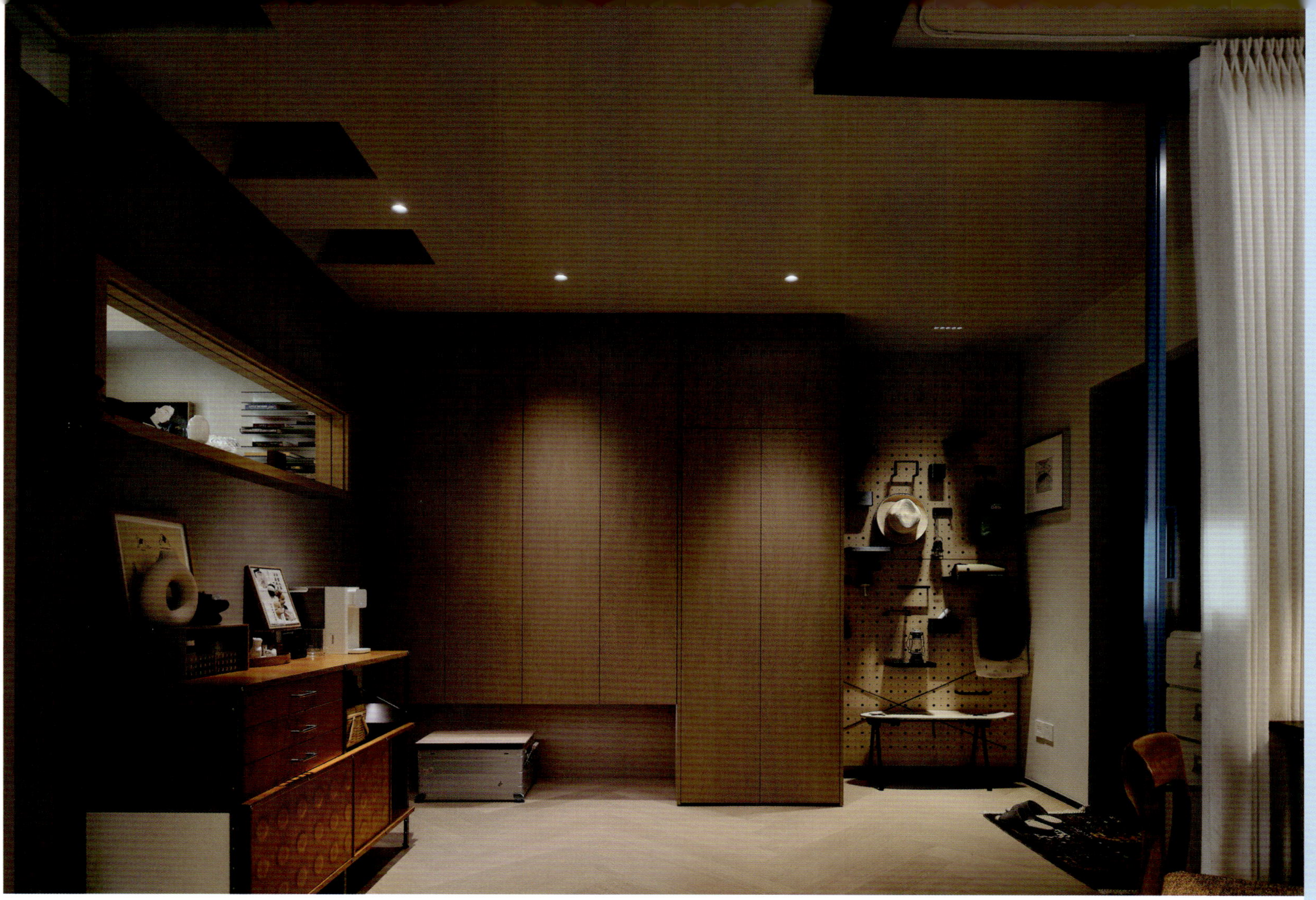

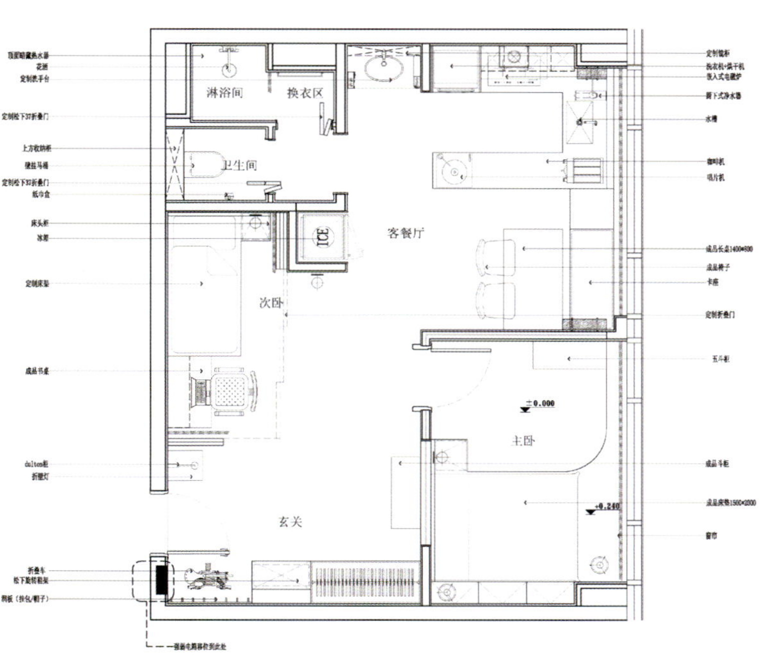

平面图

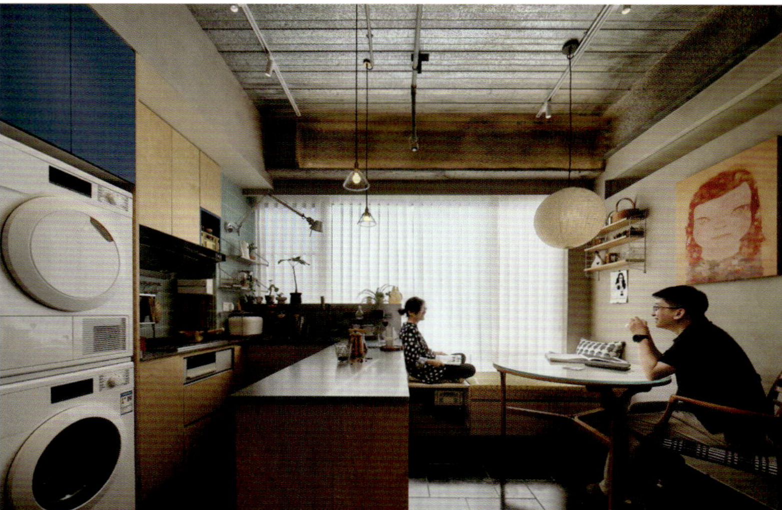

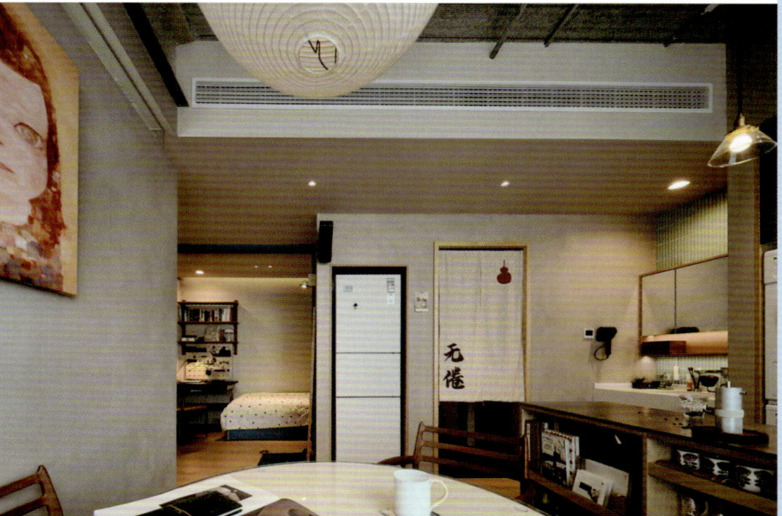

1	3
2	4

1. 不同色块丰富了空间层次
2. 镜面制造空间延伸感
3. 床下方设有收纳空间
4. 条窗增加了视觉的通透性

雅集

设计单位：云行空间建筑设计
设　　计：詹威
参与设计：石永宇、陈淑妍
面　　积：40 平方米
主要材料：艺术涂料、木饰面、地板、瓷砖、钢板
坐落地点：江苏南京
完工时间：2023 年 10 月
摄　　影：吴昌乐

1 | 2 / 3

1. "魏晋雅集"是空间主题
2、3. 一楼以自然元素来模拟户外景观

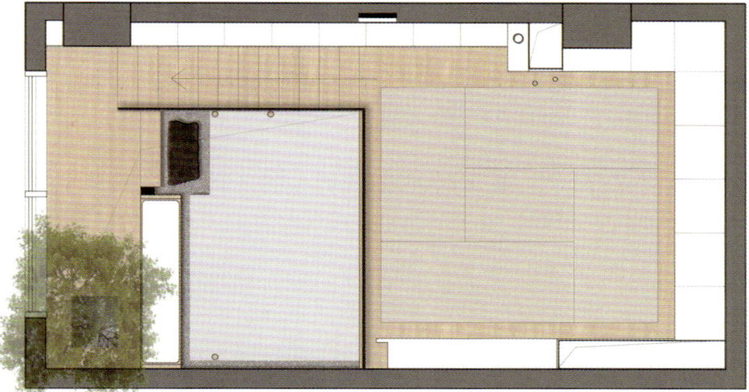

二层平面图

一层平面图

一条长江路，半部金陵史。本案位于南京长江路 9 号，屋主是一位文化学者，空间主要作为屋主接待文人雅客的场所。设计师以“魏晋雅集”作为设计理念，将人文互动性与自然景观相融合，打造一所品茗论道的室内亭榭。作为屋主的临时居所兼顾“雅集”的空间属性，空间具有一定的开放性，设置一些基本的功能区，如餐厅、水吧、会客区、休息区等。

空间设计中注重创造互动性，打破封闭感，为聚会提供自然之感。一层以自然元素为主，模拟户外自然景观，从入户玄关起始至二层休憩区，自由散布着“竹林”。将自然的石子围绕室内，让空间的边界感变得模糊，为聚会提供静谧有趣的品茶体验，成为雅集文化的一部分。

木质台与坐榻相结合，搭配屏风状悬窗，创造出一个有趣而实用的室内庭院。坐榻提供休息的场所，木质台则为举办小型聚会提供平台，可自由而坐、自在交流，保留了魏晋风度的情趣，屏风下的大型绿植也为雅集增添了一份自然之美。

沿着楼梯拾级而上，首踏采用自然荒石，然后过渡至木质地台，黑色楼梯与书架相融，创造出独特且实用的“室内图书馆”。为了扩大空间的张力，选择去掉二层部分楼板从而形成挑空区域，墙面清仿清水混凝土材质的涂料延伸至屋顶。屋顶采用片状设计，将暖通设备藏匿于内，竹子则作为屋顶的支撑，运用建构的方式营造出轻盈宁静的氛围。

二层空间是一个兼顾休息、娱乐和社交的多功能区域，雅集成员可以坐在宽敞舒适的榻榻米区域，或品茗或观影。衣柜呼应悬窗，设计成屏风形式，在壁龛中摆放字画，通过巧妙的灯光营造出充满东方情调的氛围。

1|2 4|5
3 6|7

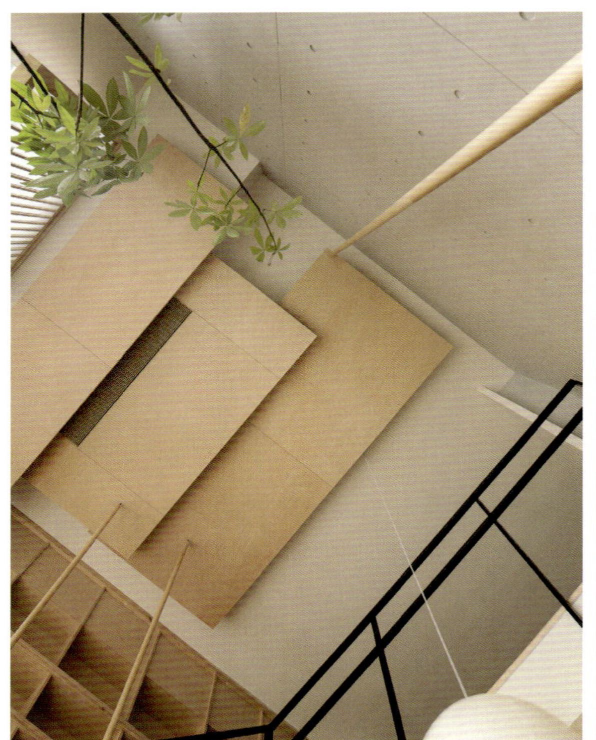

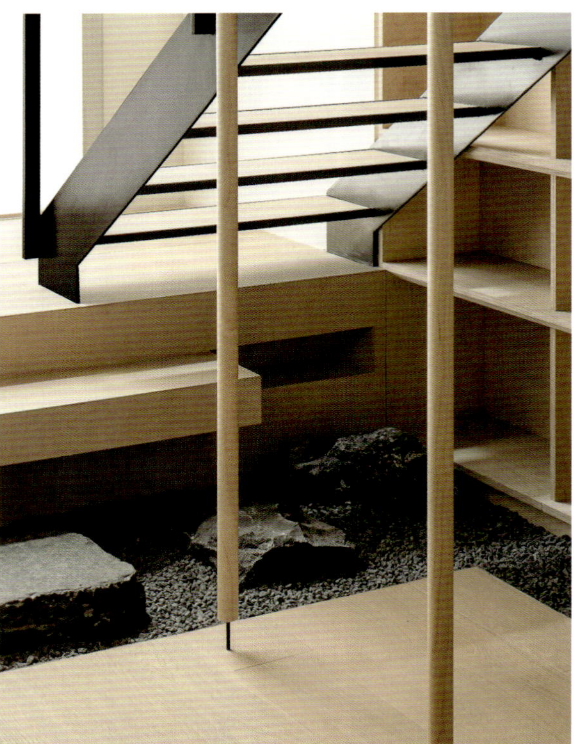

1. 屋顶采用片状设计将设备藏匿于此
2. 模拟竹子作为支撑
3. 大型绿植创造出一个室内小庭院
4. 二层空间可兼顾休息、娱乐和社交
5. 黑色楼梯与书架相融
6. 抬高的木质地台可举办小型聚会
7. 卫生间

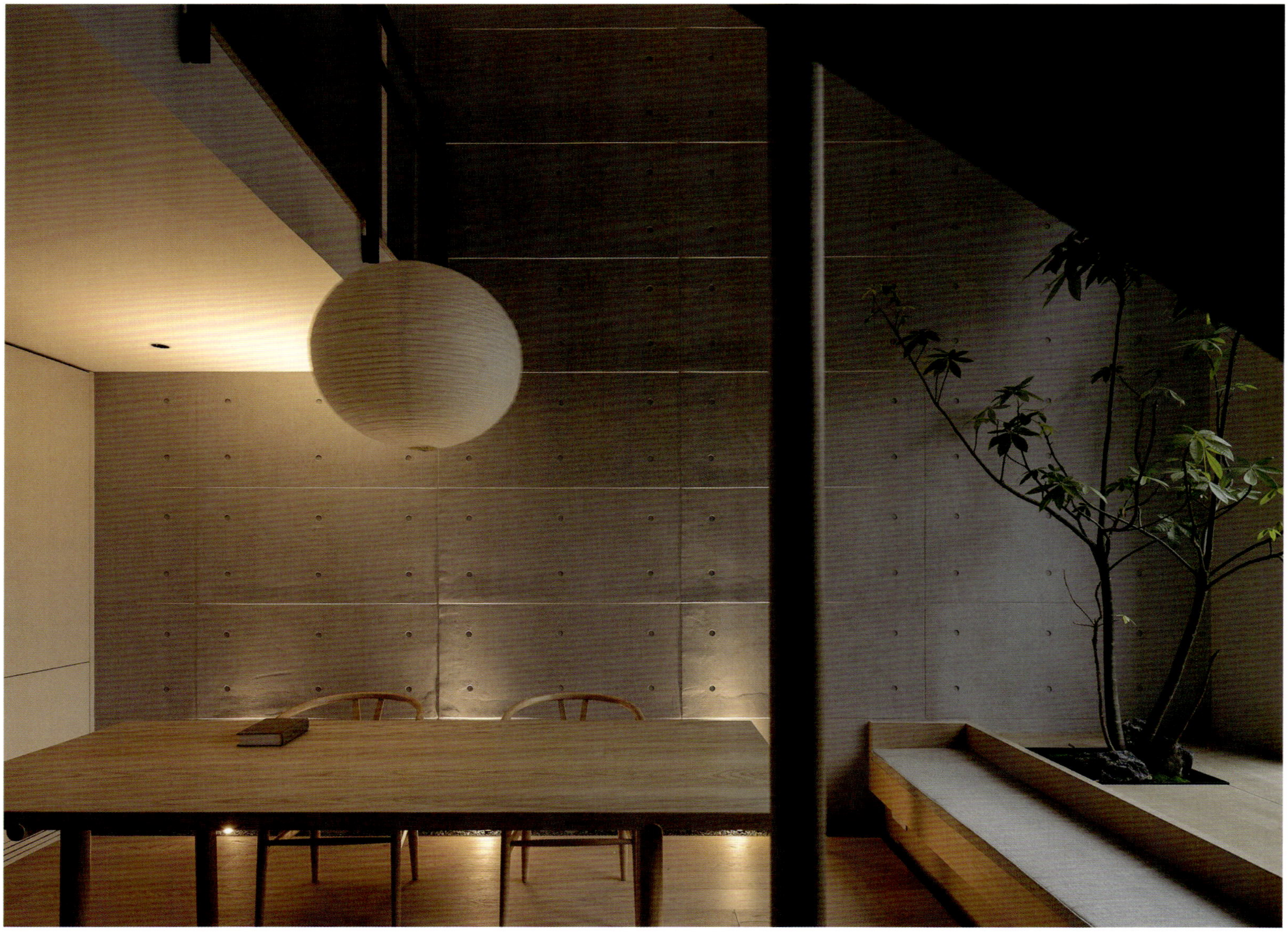

秋夕

帝宝云端

设计单位：FEN+DESIGN 张奇峰
设　　计：张奇峰
参与设计：袁霞、梁燕华
面　　积：380 平方米
坐落地点：浙江宁波
摄　　影：金像视觉、徐义稳

在宁波帝宝小区为其他业主做了 N 套设计之后，张奇峰和袁霞夫妇终于也挡不住帝宝的建筑设计师理查德 · 罗杰斯的魅力，抵挡不住 270 度的城市风光和傍晚的斜阳暖霞，决定购买这里的房子，作为自己在城中的新家。从别墅到大平层，这个家的设计并不需要去追求生活质量的改善，而是要满足设计师夫妇内心对生活方式和居住空间新的思考，追求一种极致，甚至是带着试验性的冒险。他们三易其稿，380 平方米的空间最终敲定的平面里只保留了两个卧室，但也没有把大量空间留给客厅，而是均衡地分配给厨房、餐厅、茶室、卧室等生活空间以及储物空间。客厅只保留了两把经典的巴塞罗那椅和一把伊姆斯躺椅，还有一个榻，客人多了还可以随时加椅子。正方形玻璃茶几上放着一双鲜艳明黄的虎头鞋，这是孩子婴儿时侯的鞋子，代表爱情和亲情。关于客厅不放沙发这件事，张奇峰表示，在自己家里很少会有两个人坐在同一个沙发上的时候，所以这次决定把格局做得松散一些，让每人都有自己的椅子，这样更放松，更自由。

而最有意思的地方在于，用一个功能柜完成了平面功能空间的布局和双动线的设计。入户之后既可以步入餐厅备餐就餐，也可以通过时光长廊走进卧室或客厅茶室。环形的动线设计给予人们更大的行动自由度和感受丰富度，超大的收纳空间为厨房和餐厅配备了极强的储物功能。在时光长廊里选择了一款 Davide Groppi 的“FILM”壁灯，将一家三口不同时间点的生活影像置入其中，每次走过，都可去翻阅记忆里的故事。

设计本身比较简约，他们在固装部分很少做复杂的装饰，而是追求居住的氛围感和家的温度，因而灯光显得尤其重要。它们既是照明功能的载体，也是美好的装饰与氛围的营造者。灯光让固定的空间产生不同的变化，比如通往卧室的过道墙上放了一块 PABLO 无框灯板，会变化不同的色彩，让廊道产生舞台的感觉。

餐厅长桌可以坐下 10 个人，一整个落地窗使视线沿着甬新河引向远方。定制的西餐桌搭配 FRITZ HANSEND 餐椅，在 CARTESIO 的艺术造型与灯光下，艺术家彭博的“心花”簇拥着和朋友们欢聚的场景。

两个卧室，一个黑色基调的是夫妻房间，一个白色基调的是留学英国的儿子的房间。他们在色彩上做了一些尝试，使用了更多黑色的元素，冷静而神秘，又在家具上用了很多橡木本色，让黑色空间产生温度感。这次他们还尝试了自己来设计家具，包括入户的极简门、茶室后面的矮柜，儿子房间的书桌和床头柜等。设计自己家最大的好处就是能做到最大程度的自我，没有任何束缚，真诚于自我内心。

站在女主人的角度，这个家最大的魅力是实现了她心中的“平等”，那不是地位的平等，而是家人和你始终身处同层的安全感，是视线或声音始终能够亲近的满足感。

1. 客厅只有两把经典的椅子加上一个榻
2. 自由轻松的室内景致
3. 中间的功能柜完成了平面布局

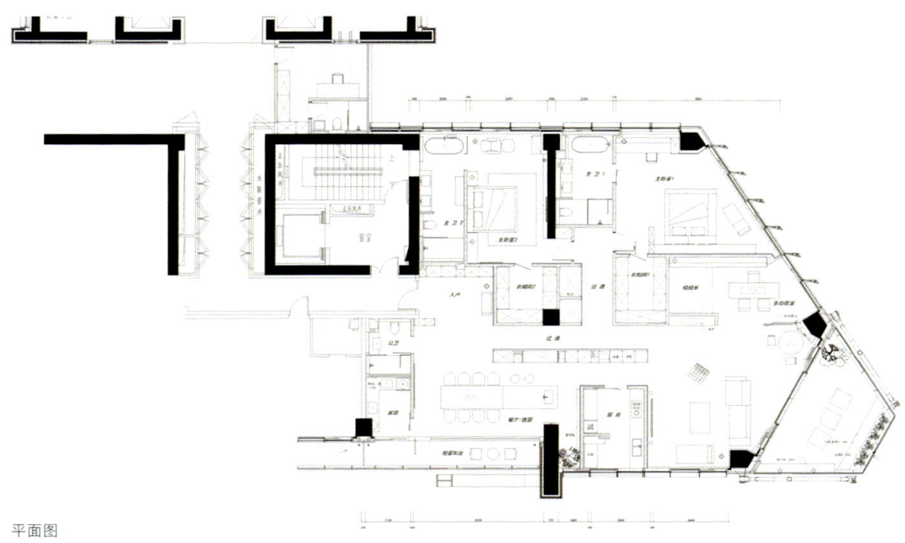

平面图

1、2. 用艺术雕塑和画作勾勒空间美学
3. 将全家的生活影像置入时光长廊中
4. 简约空间少有繁复的装饰
5. 餐厨用具的收纳柜
6. 餐厅长桌

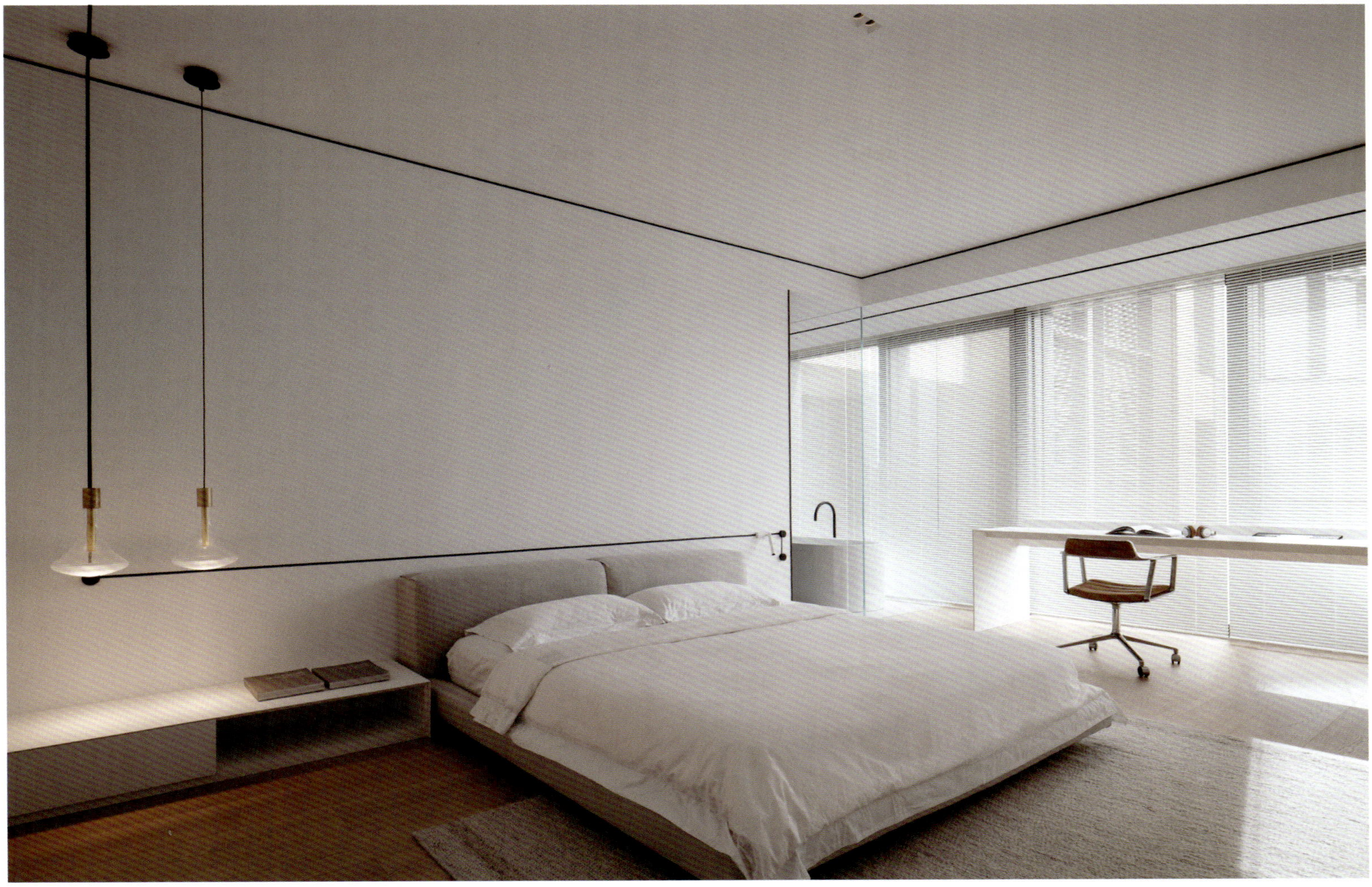

1	3
2	4 5

1. 主卧以神秘黑色为基调
2. 暮色中的城市风光
3. 儿子卧室是清爽的白色基调
4. 浴室
5. 空间细部

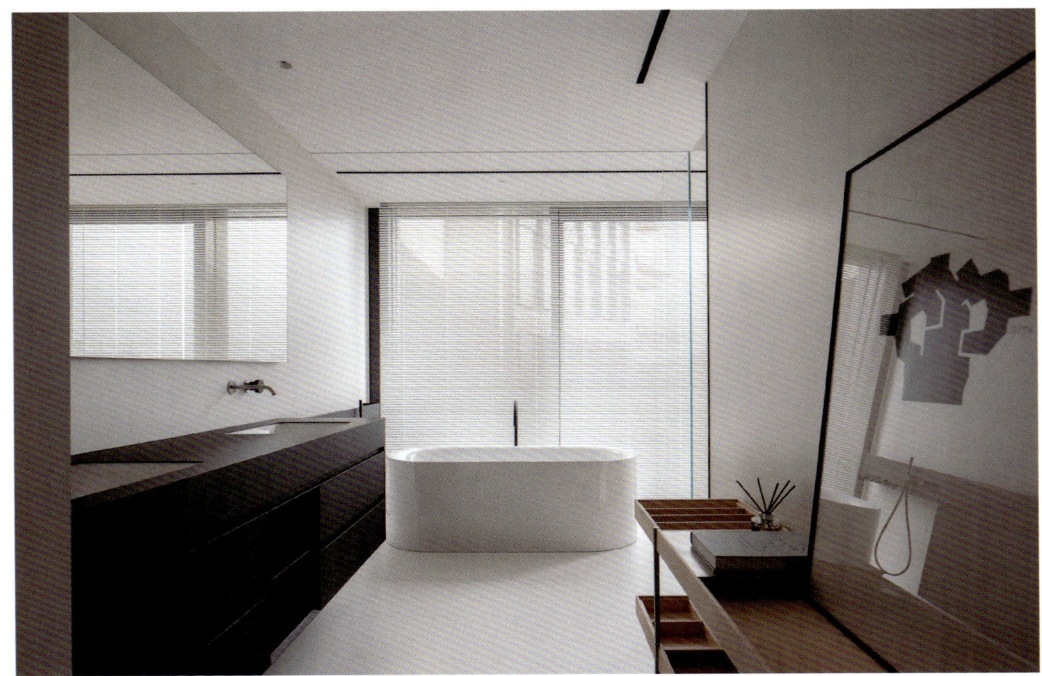

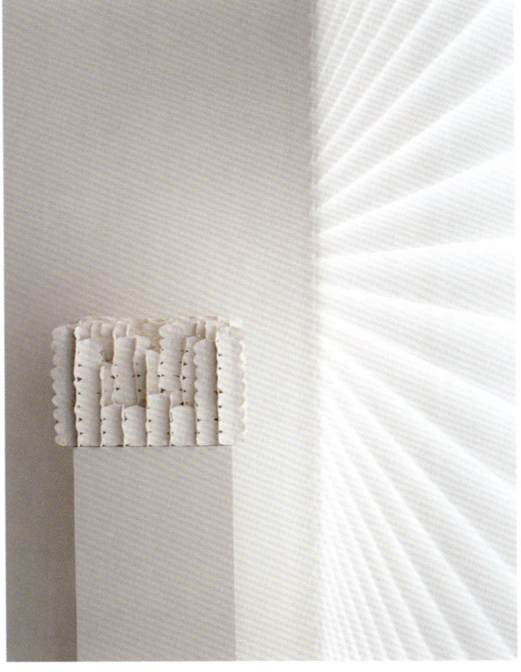

云下宓舍

设计单位：广州塑境空间设计有限公司
设　　计：张康
参与设计：雷碧林
面　　积：660 平方米
主要材料：木皮、岩板、金属
坐落地点：广东广州
完工时间：2024 年 1 月
摄　　影：林灿宇

在稀松平常的空间里感受精致感、静“宓”感、松弛感，都是我们最初想呈现的一种场域状态。家作为私人空间的象征，不仅是安身之所，更是自我表达、身份象征以及生活方式的具体呈现。今天的新一代屋主更想通过重新定义家的话语权，赋予居住空间以全新的情感与意义。家，不再是设计师的独角戏，而成为每个人共同演绎的个人生活剧场。

本案从 3 个维度出发，居住者的感觉成为最重要的居住标准。无论功能上的灵活性，还是审美上的多元化，家的形态因人而异，人比家更为重要。

首先将空间边界弱化而强化个人边界。设计围绕着人的角度出发，在空间动线上处理成洄游动线，无论西厨、餐厅、客厅还是卧室空间，都尽可能将空间边界弱化，且每个空间不仅仅是满足单一的需求。以人在空间的感知与体验为主，尽可能体现舒适化、自由态。这种漫游式的居住体验，也算是实现在家的“home walk”。

其次表达陈设时代的使用美学。陈设和精致的空间布局是必不可少的，在这个空中别墅里认真营造每一个角落，用陈设来丰富生活方式、提升审美场域。我们不只是购买了家具单品，而是布置着一个个家居场景，居住美学呈现出一种充满生命力的多样性。

最后空间自然的松弛感需要让屋主参与设计。自然和健康是一直坚持的家居标准，我们希望光和空气充分在空间里自由流淌，植物带来的自然感和情感价值，赋予家居空间更多的温暖和松弛感。同时将屋主的爱好和兴趣融入其中，并且乐在其中。

至于空间合理的规划、灯光布局的恰当，以及各个装饰面的叠加，只是为了满足居住者的感觉，因为精致感和细节的种种表达也是一种精神的磁场。

1	3
2	4

1. 红绿仙人掌装置提亮素色空间
2. 挑高客厅
3、4. 空间各功能区的边界感被弱化

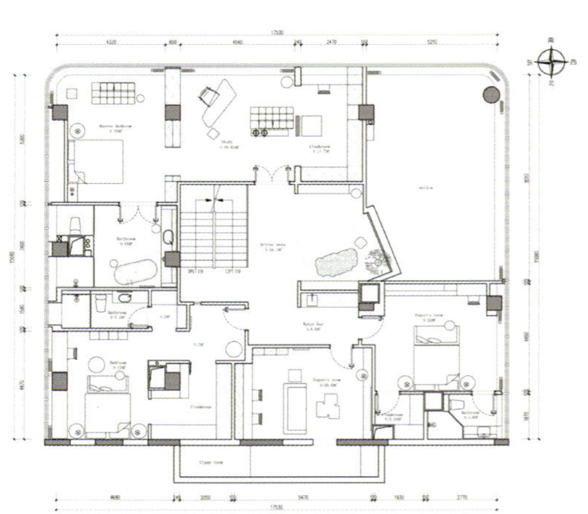

二层平面图

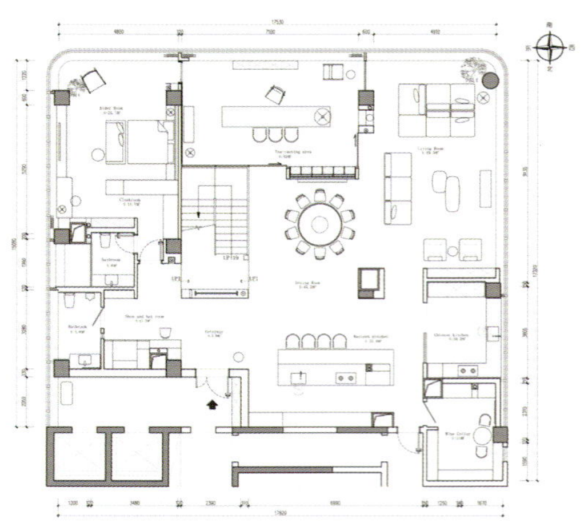

一层平面图

1 2 4
3 5

1. 吧台
2. 楼梯
3. 移动小车
4. 屋顶木饰面呼应地板
5. 拱形门窗区隔开卧室和浴室

白色小院

设计单位：墨菲空间设计
设　　计：墨菲
面　　积：285 平方米
坐落地点：浙江杭州
完工时间：2023 年 3 月

本项目为下叠墅，原建筑结构是地上 2 层，地下 1 层，地下室空间无采光井。房主结构为一家四口，希望可以利用好地下室空间，需要很多施展空间以满足各种爱好，并在满足功能的同时兼顾居家办公与艺术空间属性。在设计过程中我们对地下室的改造思考最多，共解决了以下 3 个问题：如何解决没有任何采光井的地下室空间被合理利用；如何在单层空间有限的情况下让空间舒适好用；如何利用 50 平方米的花园空间。

地下空间层高为 4.9 米，层高并不理想，我们还是选用了浇筑夹层的方案。负一层布置了影音空间，屋主职业有高频观影的需求。我们给这一层预留的层高比负二层更高一些，并为白天观影设计了全遮光帘子。我们利用楼梯以及一层楼板镂空扩大挑空面积，从而引入更多的自然光线，而楼梯的造型和尺度在住宅空间里较为少见。楼梯还可作为“阶梯教室”拓展客厅使用功能，传统客厅的意义被弱化，客厅可以在院子里也可以在负一层，也可以在一层。负一层到负二层的形式也非常有意思，通过地窖门的方式进入，增加了趣味性，并且也有功能上的作用，就是解决节能的问题。

一层空间在布局策略上是尽可能简化功能区，保留厨房和就餐吧台，其他功能区均被“转移”。原始户型空间的尺度感和舒适度很低，结合屋主的居住需求，我们调整了一层空间的定义，它相当于整个建筑结构的“接待区”，房主可以随时切换空间的功能。而院子则被定义为一层的补充空间，所以并没有往花园的方向打造。我们希望它可以成为客厅的补充部分、成为露天餐厅、成为亲子户外活动空间等。经过风格化处理的院墙，致敬塑性建筑流派，也得益于小区的公共绿化。我们将二层设定为空间的静区，布置了主卧、次卧、小孩房及两个卫生间，动区和静区完全进行分离，确保静区的私密性。没有选择去改动楼梯的形式，只调整了楼梯一面的墙体，让自然光线进入，空间之间有更多的互动性和趣味性。卧室空间延续简约主题，无踢脚线设计、弱化梁体设计等。材质上选用水泥质感的涂料和木质原料进行装点，出发点就是可以更宜居一些，减少不必要的材质堆砌。

地下负二层空间是本案的收尾内容，可见其精彩。前几年有个房主问过我：什么样的房子或风格可以历久弥新？我现在的答案是“长半衰期”的空间，而经典其实就是“长半衰期”的材料，如砖、瓦、竹子、漆器等。健身就是一件“长半衰期”的爱好，屋主夫妻保持了多年，于是我们把负二层打造成专属健身、机车、休闲的一个丰富有趣的空间。因层高限制，在浇筑楼板初始我们就预埋了后期需要用的灯孔以及电路。墙面延续红砖元素，黑色质感涂料保有神秘感，挑空区域融入街头艺术元素，这在负一层也有体现，挂画均是 Jean-Michel Basquiat 的作品。

以房主的爱好收场是非常有意义的，如何表达房主的情感、爱好、寄托等，让它成为心目中理想的家，是我们需要不断探索和思考的方向。

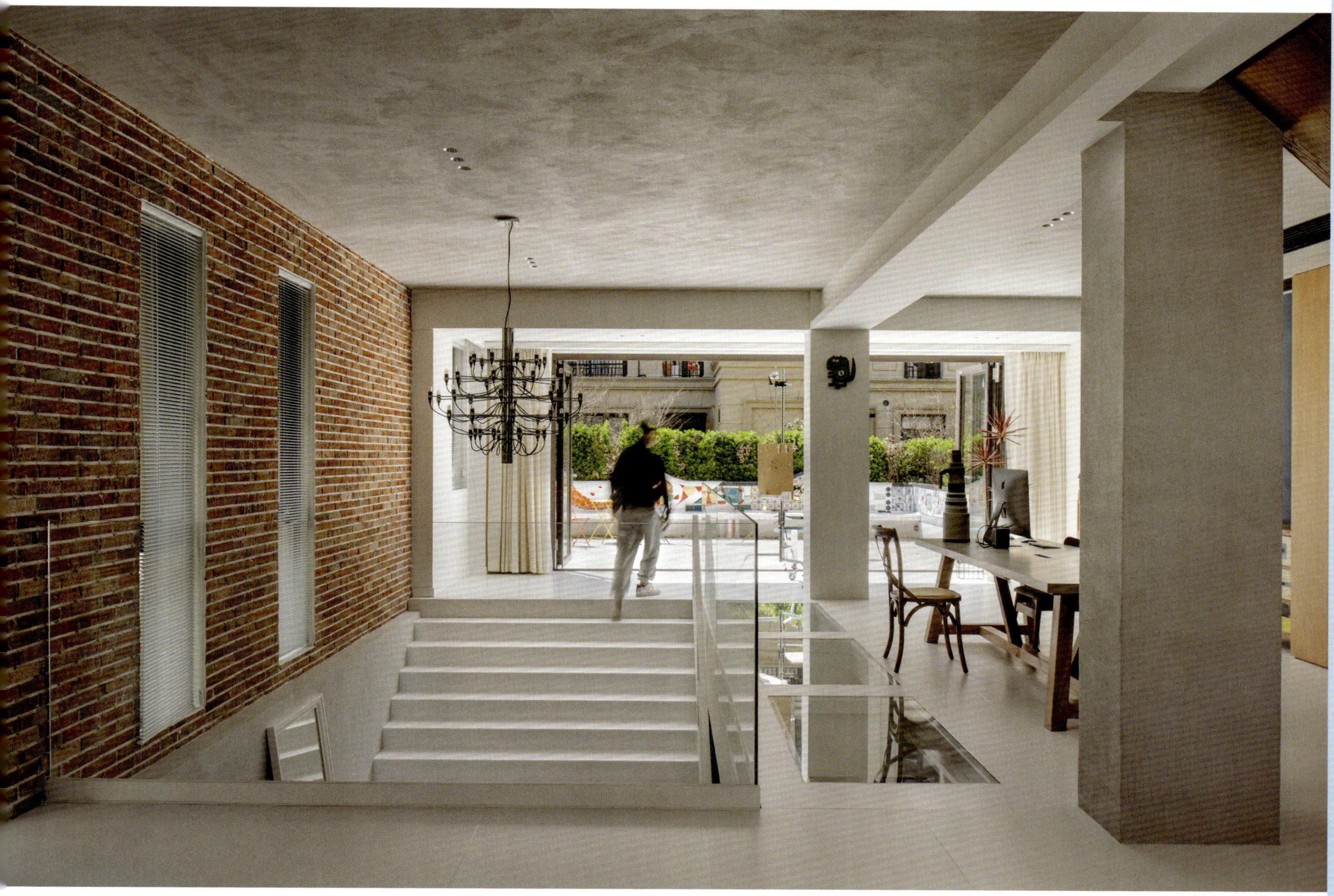

1 | 2
3

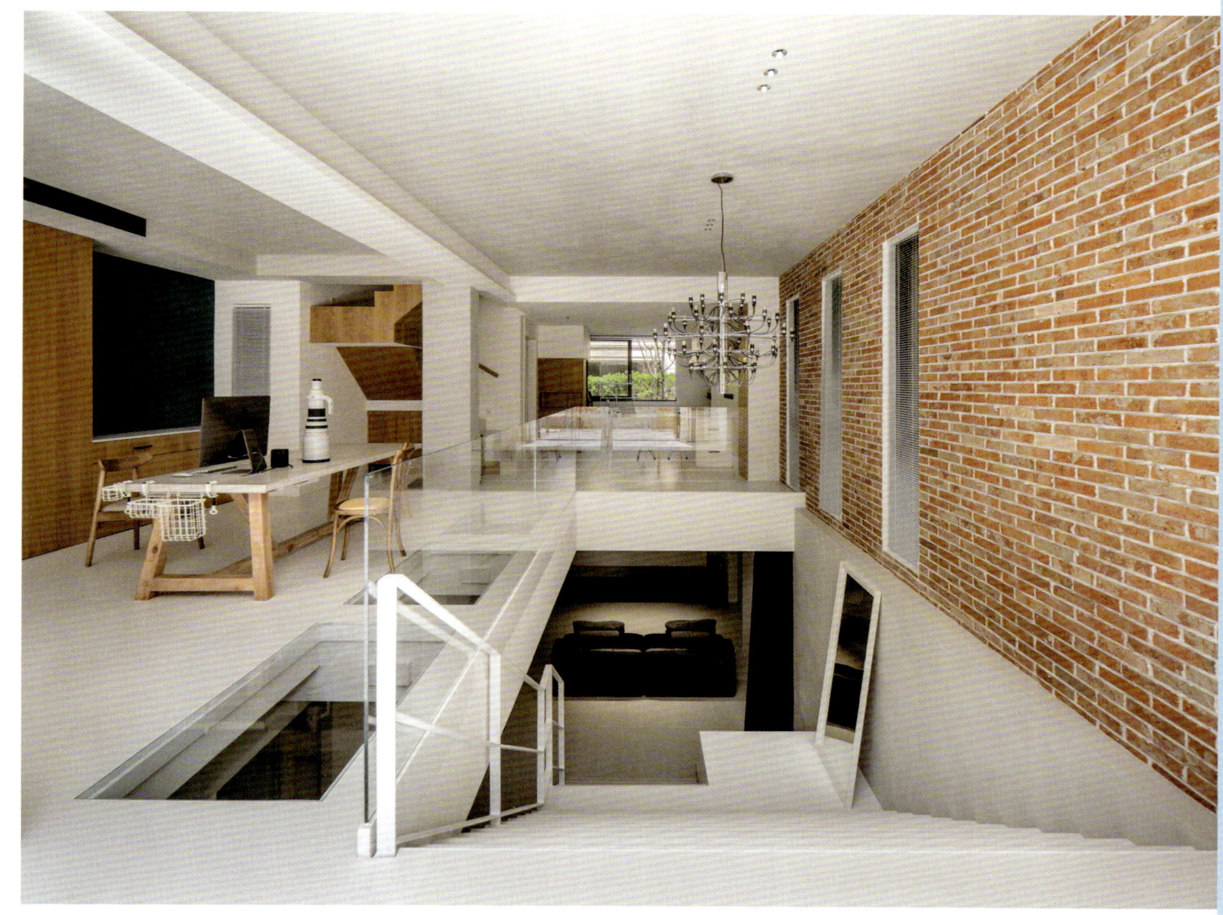

1. 院落并未做成花园
2. 大尺度楼梯还可作为阶梯教室拓展使用
3. 红砖墙面具有原始质感

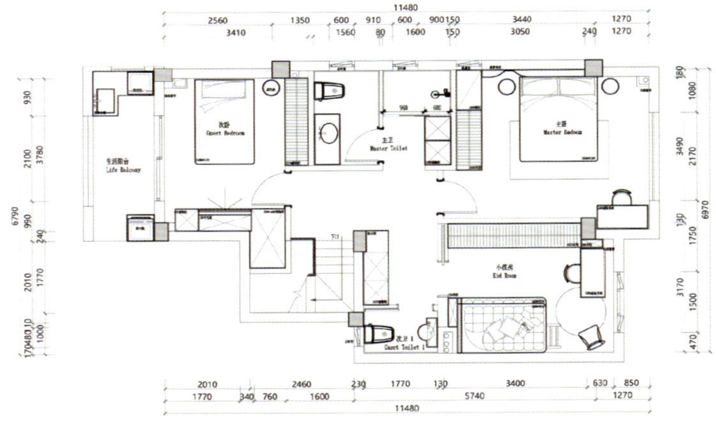

平面图 1

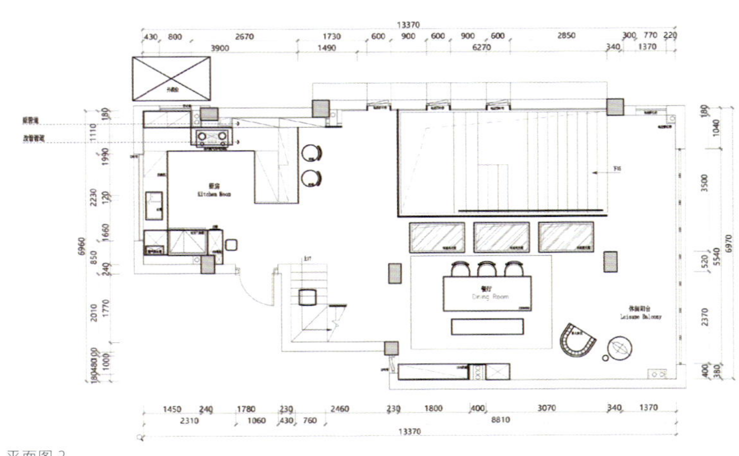

平面图 2

1. 局部空间
2. 影音室
3. 健身房
4. 挑空区域阳光充足
5. 浓郁的街头艺术风
6. 简单卧室

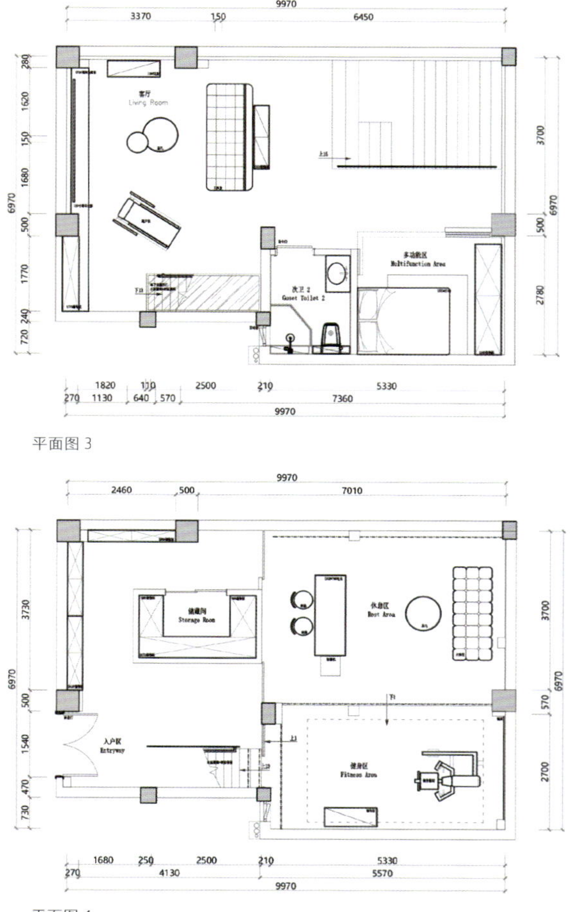

平面图 3

平面图 4

臻奥院三期

设计单位：刘荣禄国际空间设计
设　　计：刘荣禄
参与设计：周逸莹、杨洋、吴瑞雨、卜方燕
面　　积：230 平方米
坐落地点：浙江杭州
摄　　影：4U STUDIO ABOUT DESIGNER \ 邹锋翰

1. 沙发选用不同程度的灰色系
2. 粉红沙发是暗色中的一道光亮
3. 粉色装饰画与粉红沙发相呼应
4. 明亮火焰与周围深色调形成对比

走在曼哈顿的街头，无论高耸入云的摩天大楼，还是历史悠久的古典建筑，都以一种深沉的色调——曼哈顿灰呈现，仿佛在低语着这座城市的过去与未来，肃穆的色彩为其赋予了独特的灵魂和氛围，这也是梦开始的地方。繁华的都会生活，需要诗意相和。女主人 Mia 是活跃在新媒体中的时尚美妆博主，曾留学纽约，深爱曼哈顿的建筑和风景，庄重又不失神秘的曼哈顿灰，让她在繁忙的工作和生活中找到自己的节奏和步调。为了达到更好的整体效果，Mia 选择了硬装改造，用简单的色调打造出强烈的对比效果，使空间更具层次感和冲击力，整体变得极简而纯粹。

由于硬装的留白，加上壹号院的无敌采光，230 平方米的大平层使得每个空间尺度也足够大。所以在软装阶段可以大胆地将曼哈顿灰的偏爱发挥到极致。作为白色天花板与黑色地板之间的优雅过渡，客厅沙发巧妙选用了不同程度的灰色系。同色系地毯的点缀也增强了空间层次感，增添一份宁静与和谐。Mia 超爱客厅里大大的沙发，不工作时她喜欢和她的四猫两狗一起窝在沙发上追剧看电影。空间应该让人们感到生命的美好和力量，宽敞通透的客餐厅使空间更显流畅，带来更多的自由和开放感。黑灰色调大理石中岛餐桌搭配灰白色餐椅，营造出深邃极简的空间氛围。餐厅上方的不规则星星灯，宛如悬浮的艺术品般晶莹剔透，为用餐时光增添动人的诗意，黑色也散发出温柔的底色。

通过设计让空间诗意盎然，家是松弛与慵懒的，那些美好的日常就是我们热爱生活的体现。居家空间在解决问题和表达美的同时，对居住者专属基因和独特品味的展示也至关重要，这才是家的灵魂和魅力。粉红软糯的毛毛沙发是灰色空间里一道温柔明亮的光，柔软舒适的坐感与空间形成反差，充满了甜美少女心。设计师还巧妙地为这位热爱滑雪的女冒险家设计了一面滑雪板展示墙，展示她从世界各地搜集来的滑雪板，展示墙旁边的猫爬架为宠物提供玩耍和休息的区域。

全屋暗色最大的弊端就是沉闷无趣，因此设计师通过多种材质和肌理的碰撞，如金属、皮革、玻璃、布艺等，让黑色的表达更有趣味性，而全屋线条感的运用加上克制的色彩也让整个家变得纯粹且有秩序感。半透黑玻展示吊柜不仅增加了玄关的实用性，同时也与整体深色调的风格相得益彰。明亮的火焰与周边的深色调形成鲜明对比，更突出了壁炉的存在感。

半透黑玻材质打造的衣帽间大气时尚，仿佛一座充满现代气息的玻璃宫殿。宽敞明亮的化妆台正对窗户，窗外景色与室内黑玻相映成趣，既私密又通透。主卧将黑灰色贯穿到底，甚至床品和地毯也坚持选择了深色，却意外地带来静谧感，让人可以更好地进入休息状态。

整个家保持了硬装和软装的高度统一，始终理智克制地表达着空间。褪去外衣步入这个空间，犹如褪尽繁华回归本真，躲进曼哈顿灰色所包裹着的属于自己的一方天地，终于可以毫无保留地做回自己。

1	3
2	4

1. 不规则星星灯晶莹剔透
2. 半透黑玻材质打造的衣帽间
3. 黑灰色贯穿卧房
4. 夜色中的繁华都会

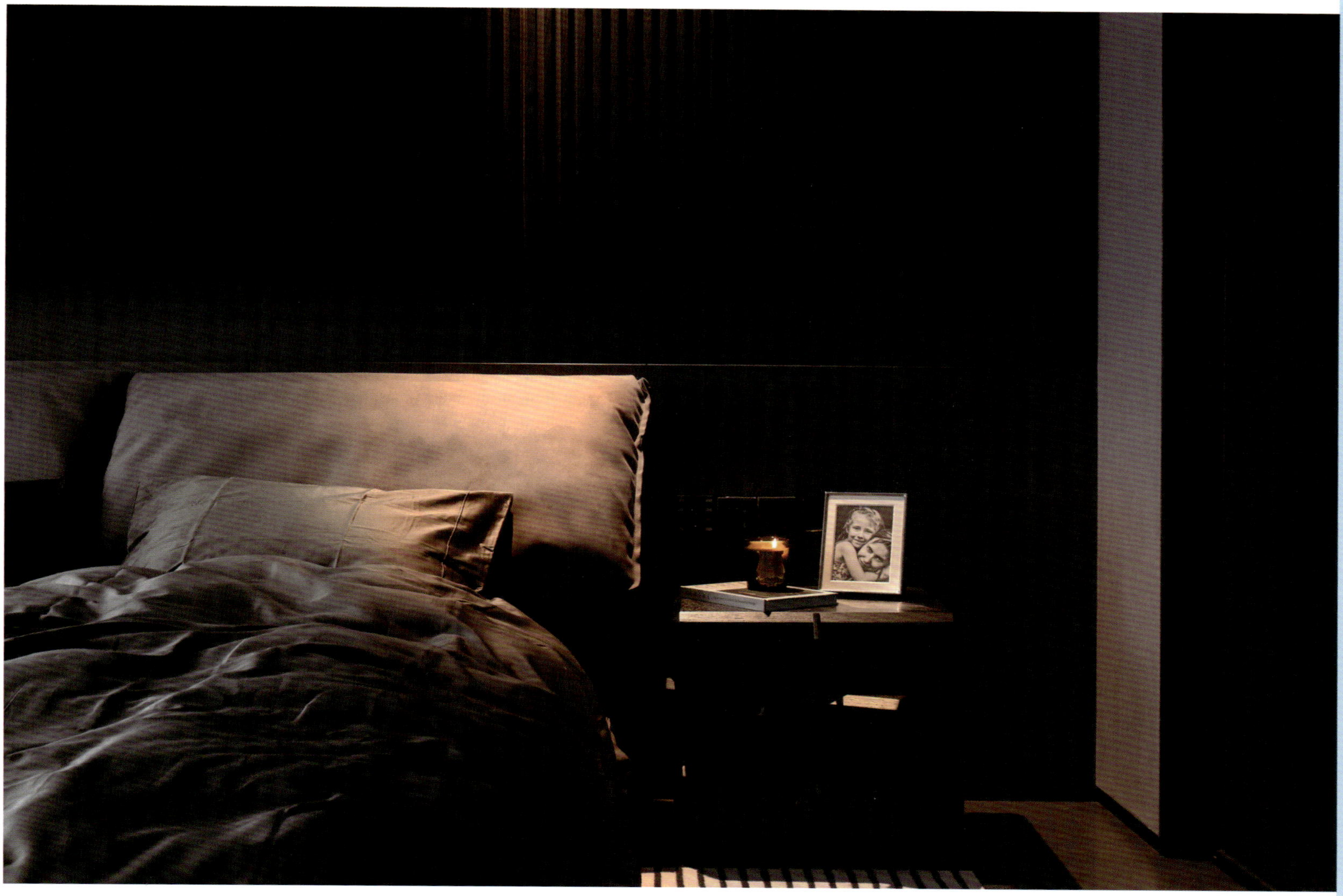

家政间
衣帽&化妆间
保姆房
卫生间
过道
样品间
厨房
电梯井
鞋包间
餐厅
非设计区域
入户玄关
景观阳台
衣帽间
客厅
主卫
次卫
休闲区
主卧
次卧
景观露台

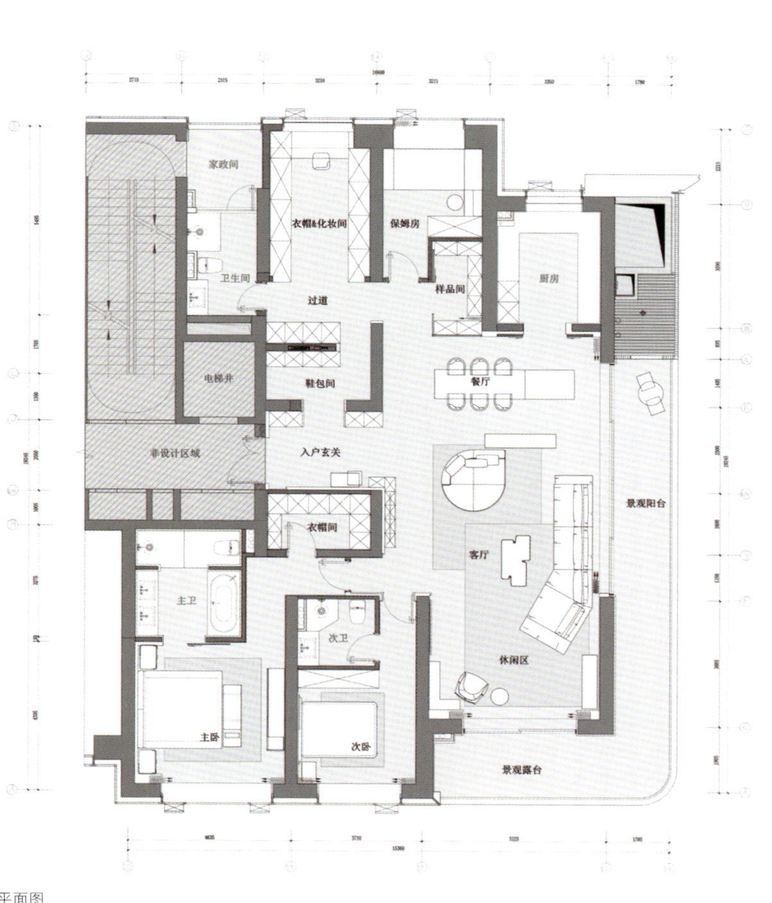

平面图

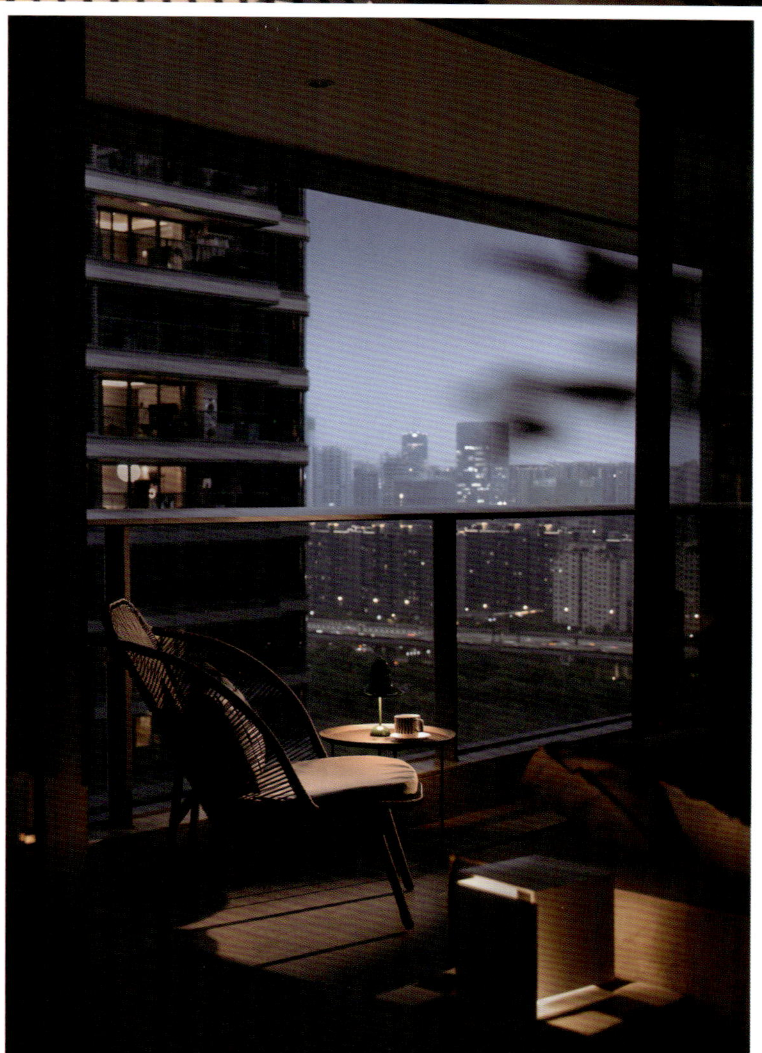

杨宅

设计单位：那漠含风设计
设　　计：哈达
参与设计：刘国霞
面　　积：180 平方米
主要材料：微水泥、木地板
坐落地点：北京
完工时间：2024 年 3 月

打破传统居所的功能界限，如同话剧舞台的布景一般，移动间便能体验多样人生。业主是一对年轻夫妇，也是设计师的朋友，女主人喜欢旅行与美食，男主人喜欢摄影与篮球。两人没有孩子，日常与两个可爱的狗狗相伴，因工作结缘的他们在生活中有着许多精彩的故事。

原本的格局中规中矩，包含一层和下沉层。设计师将原本的 3 个卧室改为两个卧室，同时去掉了许多隔墙和室内门，使房子变得通透和开放，老式局促的居所摇身一变成为概念性极强的 loft，不仅主人拥有了更多空间，还能让狗狗自由地玩耍。

与下沉层相比，一层的整体设计更为克制，男主人的黑白摄影作品定义了整个空间的基调，现代、自由、活力，所有的软装陈设都由此展开。灯具和家具的选择上以简洁明快的造型为主，其他墙面的艺术品也抽象而有力。

在一层东侧，就餐区、阅读区和洗手台连通在一起。这种设计手法并非常规，但敞开的布局能使房间充分享受阳光所带来的乐趣。除了位于厨房一侧的入户门，在客厅南侧也有一扇入户门，可通往外边的小型花园。客厅墙面上固定着由厚铝板制成的置物架，成为视觉焦点。

通过直跑楼梯来到下沉层，这里原本是整个房子的鸡肋，现在却成为最主要的生活空间，集影音、冥想、展示、睡眠等多重功能于一体，也是朋友们最喜欢的区域。与一层类似，这里无法用单一属性去定义，像是话剧舞台的布景，在移动间便能体验多样人生，也像是嘉年华，处处隐藏着惊喜。

客厅顶部由玻璃天幕包覆，定制的电动遮阳帘可以让业主根据需要来调整进光量。下午时分一束束暖阳洒进客厅，是难得的休闲时光，晚间则完全由台灯等辅助光照亮空间，同样浪漫至极。除了储藏间的门之外，下沉层没有一扇传统意义上的室内门。客厅和卧室之间用玻璃推拉门隔开，平时都是开启的状态，狗狗可以毫无阻碍地跑上几圈。

下沉层运用了更多鲜活的颜色，与更自由的空间布局相得益彰。从一层下来，跟随软装陈设和色彩的逐渐变化，心情也会随之改变，从平静克制到彻底释放。球鞋展示区和卫生间的连接处，放置一扇 80 年代的竹制屏风，与现代感十足的地毯矛盾又统一，在调节整体风格的同时，适度的包围也带来一定的安全感。

1	3
2	4

1. 客厅顶部包覆玻璃天幕
2. 墙面固定着由厚铝板制成的置物架
3. 球鞋展示区域
4. 下沉层集合影音、冥想、睡眠等多重功能

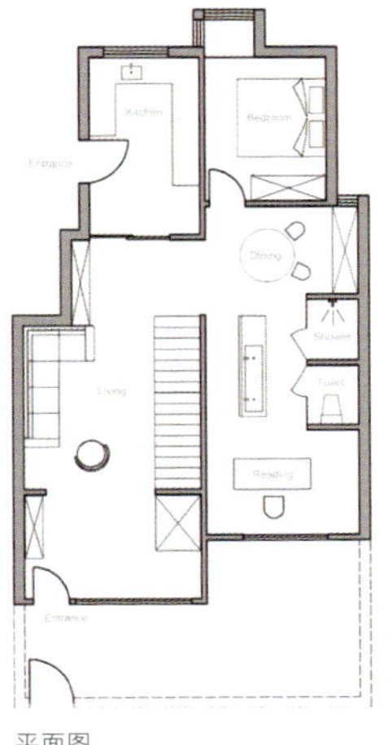

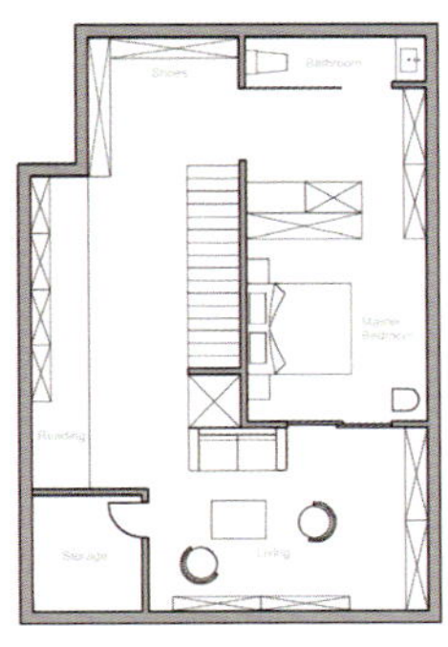

平面图

1	2	4
3		5

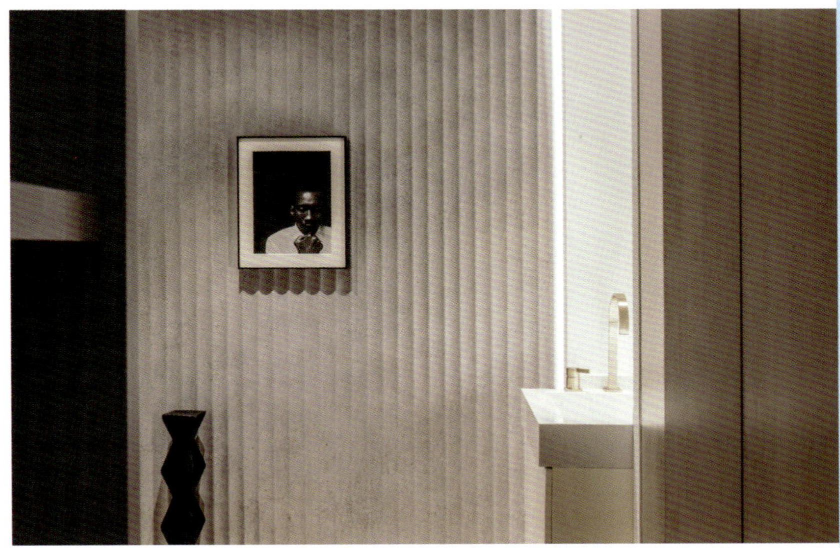

1. 用餐区
2. 老竹制屏风适度包围空间
3. 就餐区、洗手台和阅读区相连通
4. 洗手间
5. 客厅和卧室之间用玻璃推拉门隔开

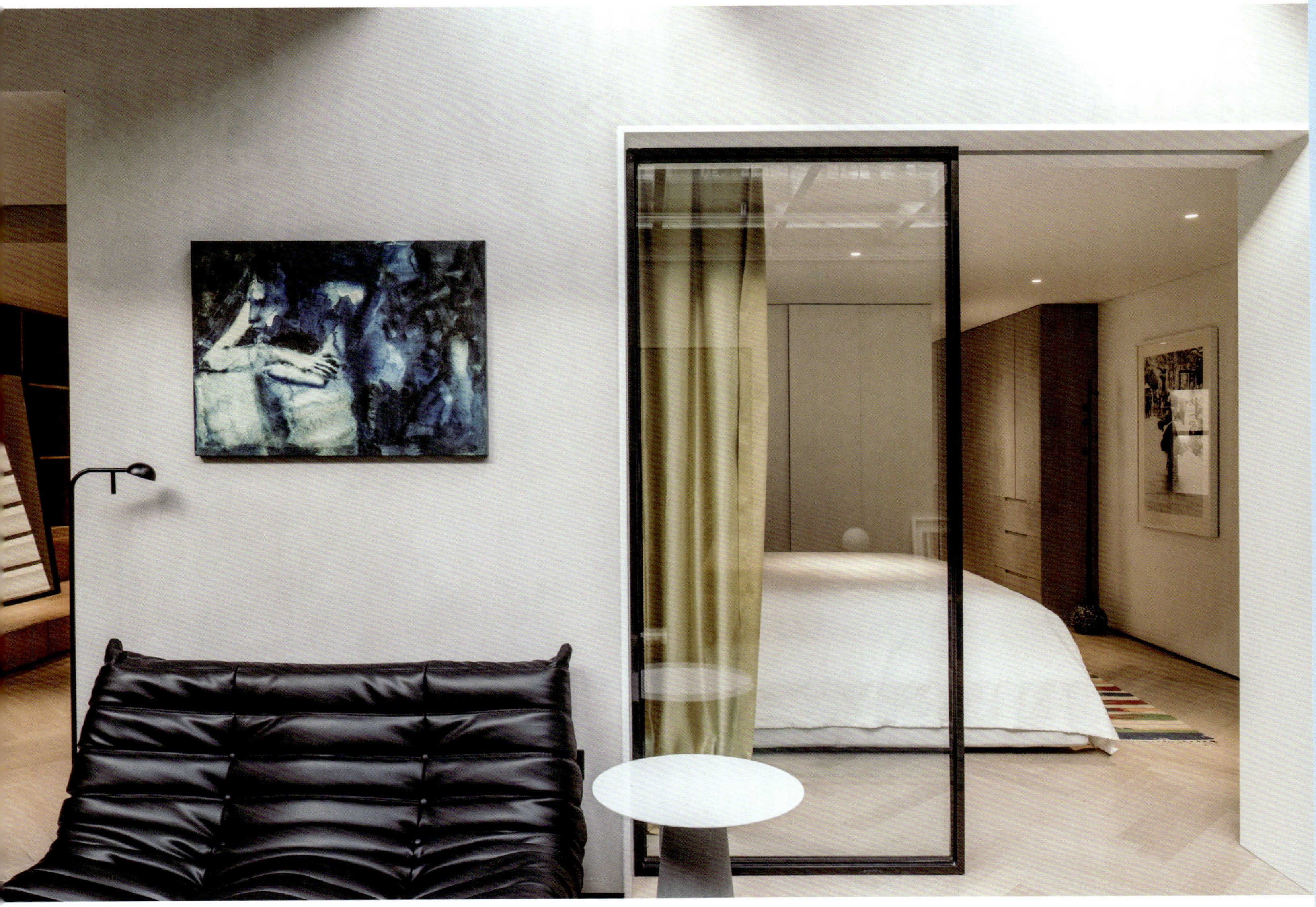

逸境

设计单位：近境制作
设　　计：唐忠汉
面　　积：470 平方米
坐落地点：台湾台北
完工时间：2023 年 5 月
摄　　影：崴米锶空间摄影 Weimax Studio

用自然的材质、质朴的色彩，回应这座山中住宅，同时重现屋主过往的累积，让家成为人生经历与收藏的容器。

基地环境清幽，是一座带有日式简约风格的别墅建筑，共有五层楼，地上四层楼与地下一层楼，并拥有独立的前庭与后院。既然远离了车水马龙的市中心，对于居住者来说最大的不同除了眼前的景观，其次就是对于时间的感受，当步调不再汲汲营营，时间也好像慢了下来，用静谧与安定的氛围，来突显时间在空间中的停留感。

一层为公共空间，规划出客厅、中厨料理、西厨吧台与圆桌餐厅。为了让每个场域更显方正与完整，重新调整了出入口的方向，让居住者需要多步行几步，转个弯后才能进入，借此在行进之中慢下步伐，为出门与回家增添仪式感。

建筑规划了大量的景观空间，为了不破坏此优点，我们在格局规划时也尽可能保留下每面窗的景致。客厅随着大门位置的移动，有了更加宽广完整的立面，并且成为一个可独立又开放的活动场域，阳光与绿意从两面窗户进入，塑造被自然拥抱的舒心感受。为满足屋主一家人的生活习惯，餐厨空间规划出适合大火快炒的中式料理区、结合餐桌的开放式轻食吧台区以及提供家庭聚会的圆桌餐厅。

二层和三层为私区卧室，二层布置有两间卧房，三层则规划为主卧房。延续公区予人的宁静氛围，选用质朴温润的材料与色调，搭配圆弧收边，营造舒心惬意的休憩环境。私区里没有过多抢眼的设计与元素，而是让窗外景观成为空间主角，四层则是家事间与顶楼露台。

地下室除了停车空间，还保留了一个偌大的活动场域，满足屋主对于生活的向往。从事娱乐产业的屋主仍希望将他事业的辉煌景象带入家中，为此规划了一个可以品酒、唱歌、跳舞、玩乐与聚会的多功能娱乐空间。这个空间不同于一般的休闲形态，我们可以将它视为屋主事业的延续，所以其设计有别于住宅空间的静谧，利用色彩反差展现空间情绪。设计转化了星空概念，用圆顶造型搭配间接灯光，使用镜面和玻璃质地，透过光影变化营造出虚实交错的迷幻景象。

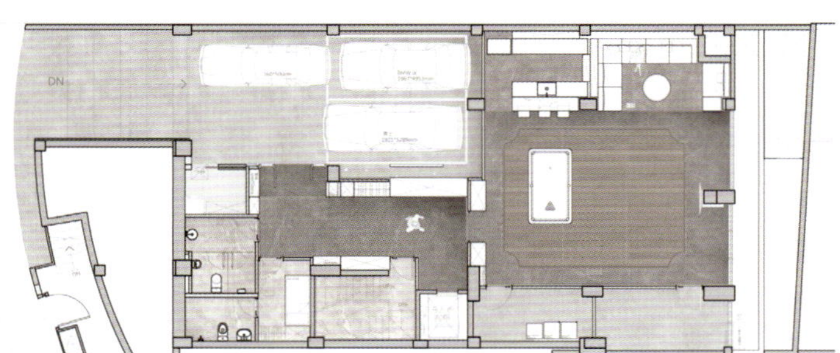

负一层平面图

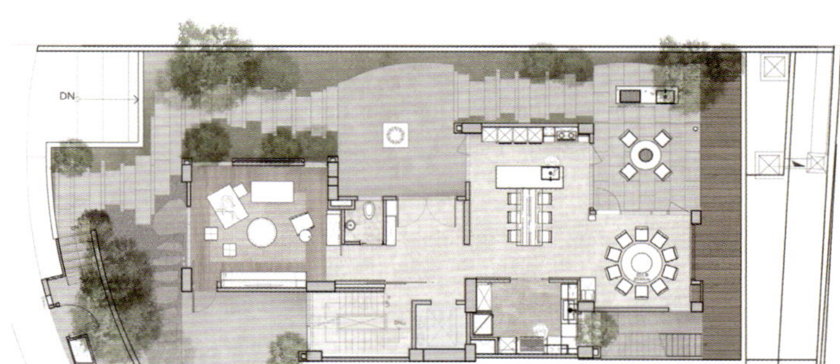

一层平面图

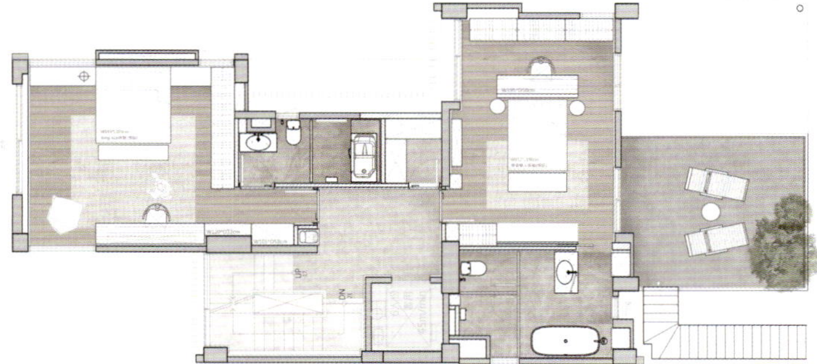

二层平面图

1. 静谧清幽之所在
2. 阳光和绿意涌入客厅
3. 格栅透出归家的微光
4. 餐厨空间按不同饮食习惯进行规划

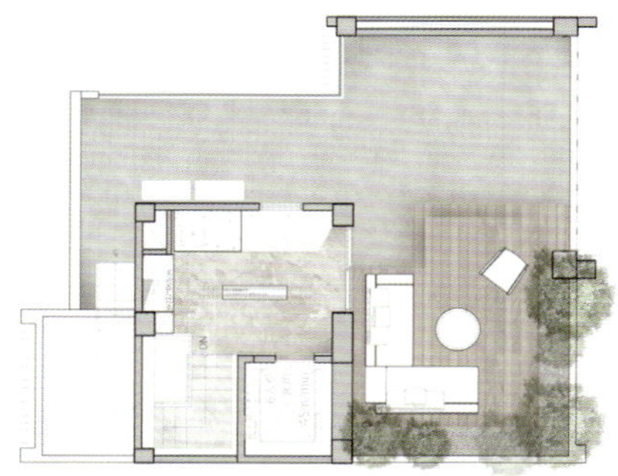

顶层平面图

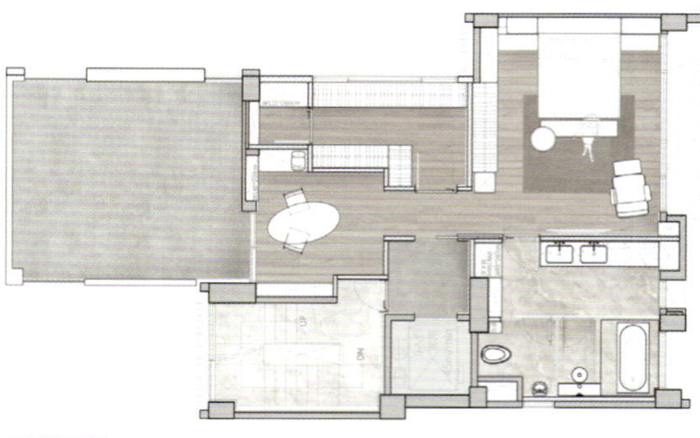

三层平面图

1. 圆顶造型搭配间接灯光模拟星空概念
2. 调整入口方向后增加了回家的仪式感
3. 阅读区
4. 光影变幻间营造迷离景象
5. 圆桌餐厅
6. 卧室选用质朴温润的材料和色调

诗性的建构

设计单位：凡本空间设计事务所
设　　计：李成保
参与设计：杨德乐、李德恩、李田田、郑子楷
面　　积：3000 平方米
主要材料：钢筋混凝土
坐落地点：河南洛阳
完工时间：2023 年 12 月
摄　　影：如初空间摄影

项目坐落于洛阳市伊滨区庞村产业园，作为一家相对传统的钢制家具生产企业，设计面临的首要问题是如何通过部分厂区及办公区整体环境的改造，改变人们对钢制家具企业的传统看法。我们试图在当下普遍以务实为主的生产型企业办公空间中，寻找另一种轻盈和沉静的空间状态，并通过细腻的材料变化和精确的细节把握来实现空间品质。

这个场地分为 3 个不同的区域：一个面向街道的企业展厅、一个集中办公区和一个会客茶室。它们共同形成了一个理想的具备展示和接待功能的办公一体化空间。我们将流水小景、清幽竹林融入其中，自然和建筑环境之间的界限被模糊，允许有一个空间可邀请他人共同创造和探索。

展厅区域用简括的笔法提炼其功能要点，前台置于展厅正面，舍去多余的商务布置。整个空间犹如一张画纸，一灰一粉的冷暖搭配，中和了钢制家具的锋芒与锐利。我们期望塑造一个打破传统型办公模式并注重员工体验的办公环境，创造一个面向未来、促进团队协作、以幸福体验为驱动力的工作场所。办公区一楼入口取消了传统的接待台，设计成开放式的茶水区和交流区，让整个氛围更加轻松与自在。从上而下的开放式陈列柜与通透纯净的落地玻璃窗结合，营造出轻盈冷静的美感，满足各种社交活动和工作场景需求。

园林汀步，坐石临窗，结合了“商务接待、咖啡休闲、焚香煮茶”的多元场景，释放单个空间的利用可能。这里是盛放艺术的容器、公共交流的场域，也是独处时的小天地，忙碌的城市灵魂在此停歇，得一隅生活喘息，由此得名“一方庭”。消解空旷的感受，方寸之间引渡庭院艺术，信步之下抬头仰望如置身庭院天井，朦胧之中犹见欲说还休的东方美。

本案以启发式的空间设计来呈现独特美学、象征艺术及自然融合带来的巨大动力。在纷繁冗乱的都市中，构建一处自在平和的空间，悠然无拘、心静祥和、温情而自得。

1、2. 简洁的白色外立面
3、4. 清幽庭院模糊了建筑和自然之间的界限
5. 园林汀步树影摇曳
6. 夜景

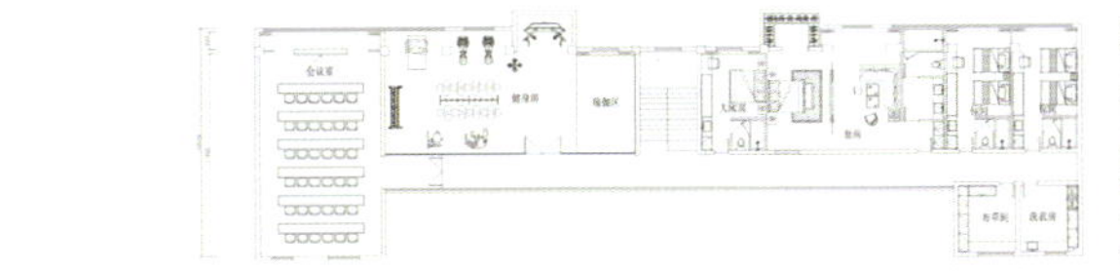

三层平面图

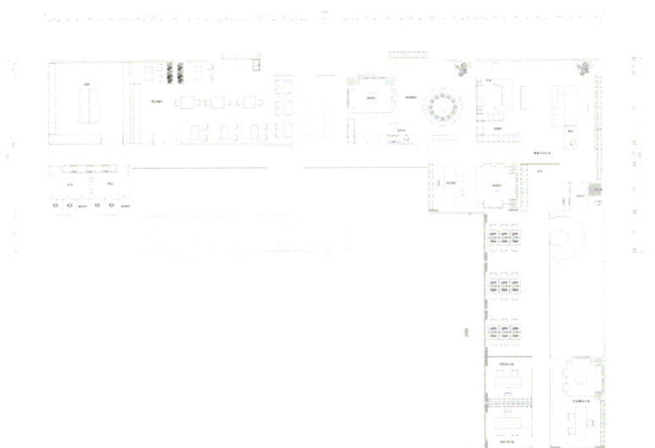

二层平面图

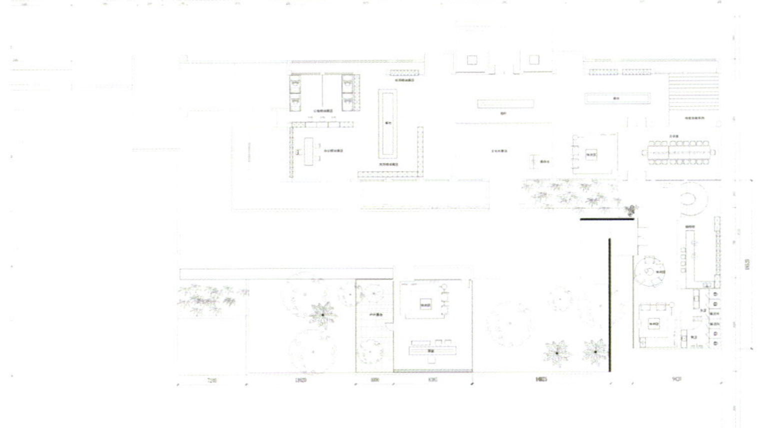

一层及园区平面图

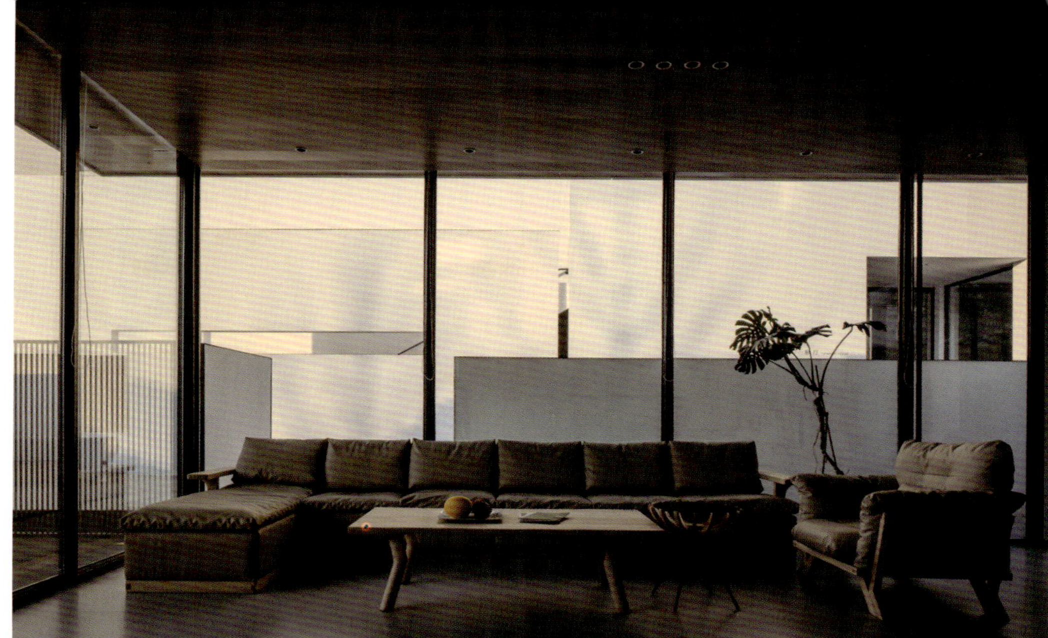

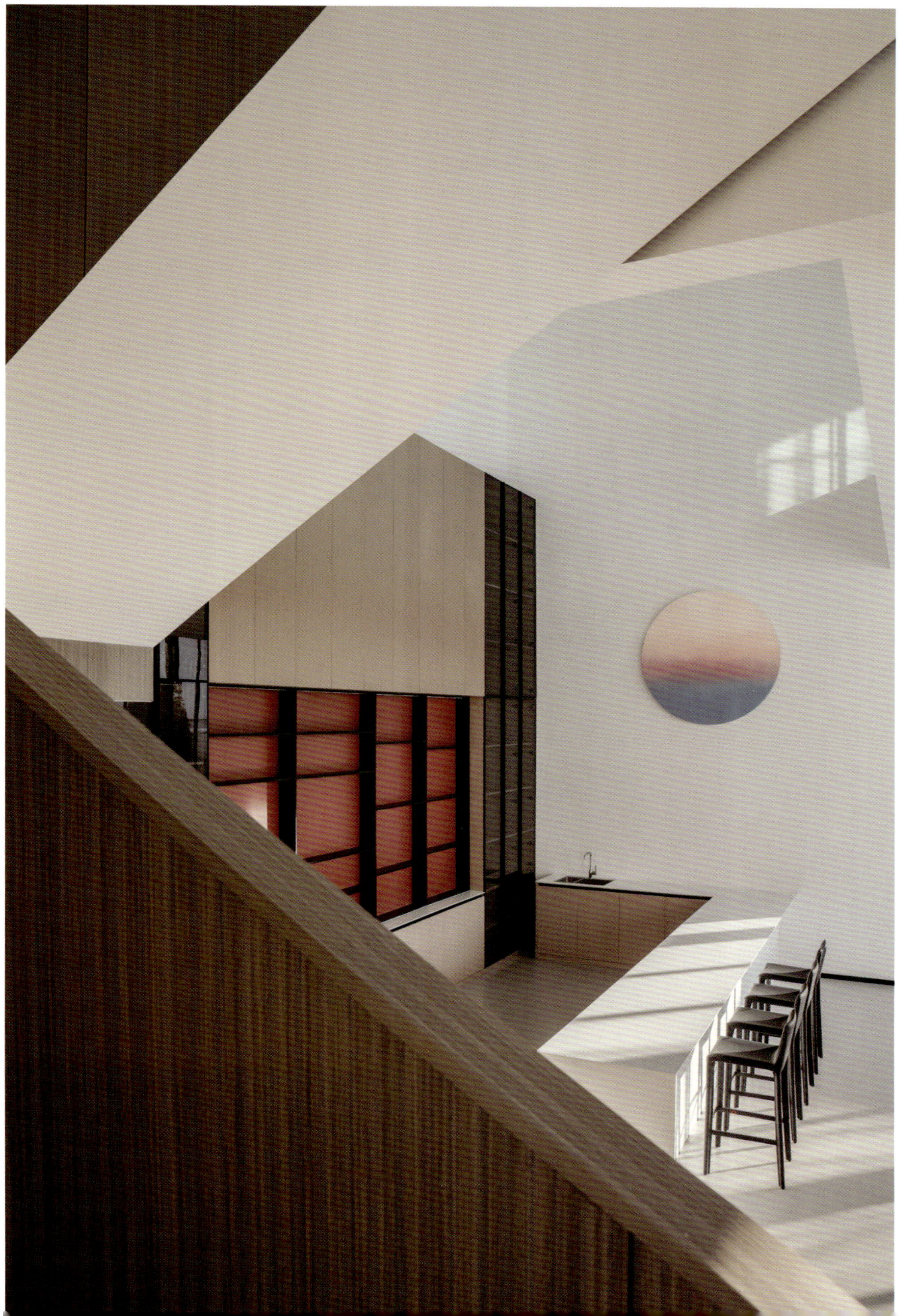

1 2 | 5
3 4 | 6

1、2. 灰与粉的冷暖搭配中和了钢制家具的锋芒
3. 展厅舍弃多余的商务布置
4. 极简线条的纯白空间
5. 接待区
6. 开放式茶水区和交流区

幻国

设计单位：路子曰设计事务所
设　　计：何嘉健
面　　积：200 平方米
主要材料：地板、灯具、微水泥、石灰基
坐落地点：浙江义乌
完工时间：2023 年 12 月
摄　　影：瀚墨视觉

交融，打破空间的特定性，重塑空间形态。空间布局沿用了密斯凡德罗的洄游动线，不去定义空间的特性。空间层次丰富，通过不同的高度和错层围合等方式营造出多空间结构，增加空间的趣味性和立体感。

合力，凝聚环境与人的磁场合力，打造无限可能性。开放性与隐私性相结合，在满足公共交流的同时，也注重提供隐私空间。

共鸣，捕捉美学灵感与空间共鸣，建立起情感链接。在选择材质上，我们利用了材质本身的质感形成自然形态，赋予空间生命力，打造不同的视觉效果和触觉效果。

生长，构筑设计语境与时间对话，实现可持续性发展。

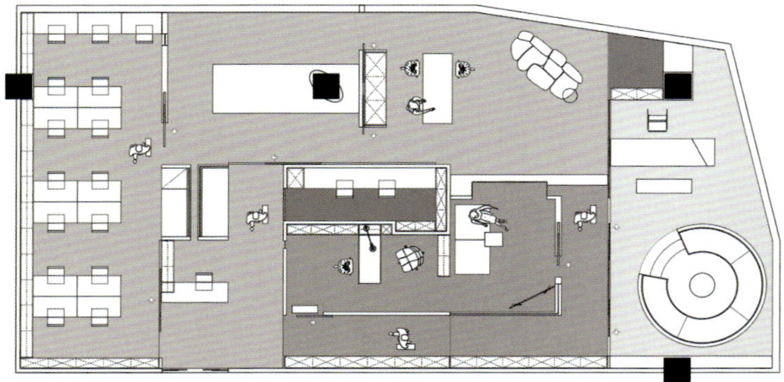

平面图

1 | 3 | 4 | 5
2 | 6 | 7

1. 下沉式沙发区
2. 沙发轮廓在光影中明暗交错
3、5. 阳光透过百叶窗投下平行的光影
4. 局部装饰
6. 抽象的折叠屏风
7. 不规则沙发增添趣味性

1	2	5	6
3	4	7	8

1. 红色板凳成为空间之点睛之处
2. 利用不同高度打造出不同区域
3. 落地玻璃带来明亮视野
4. 开放性与隐私性相结合
5. 暗红色灯光上下呼应
6. 斜面置物架丰富了墙面的视觉效果
7. 办公区
8. 红黑白的对比色

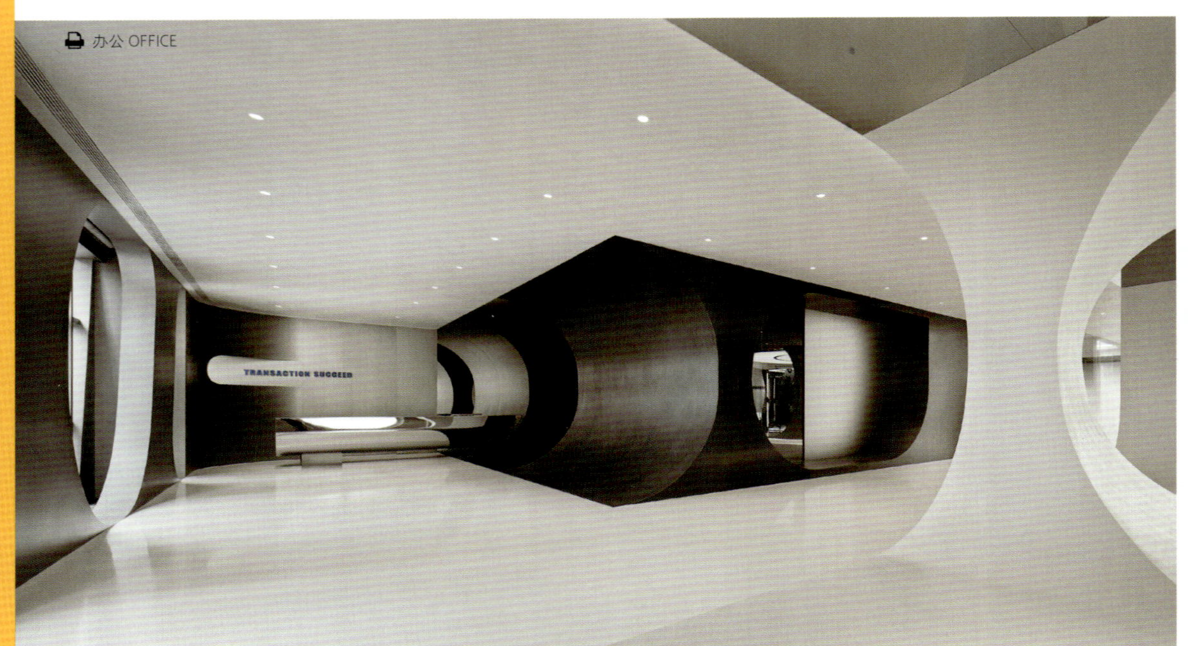

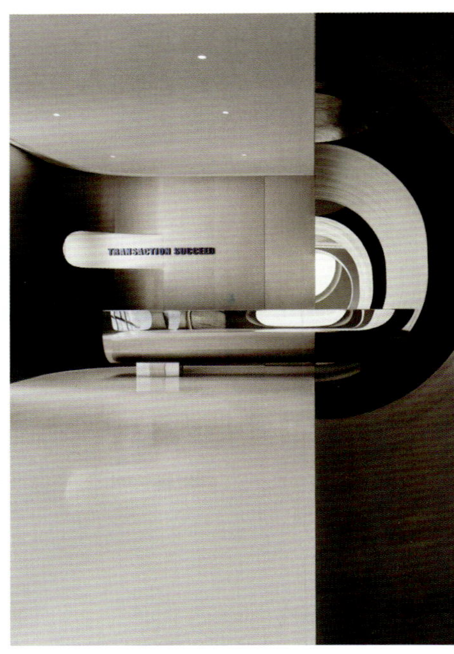

上海易成办公室

设计单位：壹舍设计
设　　计：方磊
参与设计：李煌、李文婷
面　　积：1600 平方米
主要材料：艺术漆、人造石、镜面不锈钢、家具板材、木地板
坐落地点：上海
完工时间：2023 年 10 月
摄　　影：朱清言

从传统的模块化格子间到如今的开放协同办公，办公方式的变革从未停止。上海易成新办公室以现代简约、智能高效、多元场景的空间融合，造就“无边界平行办公场域”。我们通过审视与挖掘企业特质，提取集团 Logo 进行拆解与衍变，从日常办公出发，探索多重空间的叠加、联动与情景交融，从趣味感、随机性与艺术氛围等多方面着手，力求为工作环境赋予更多可能性。

入口处天花板与立面的多重镜面处理予人强烈的初始印象，于虚实交错间弥漫深邃的基调，视野与心理上皆是由收到放的节奏。考虑到建筑玻璃幕墙的特征和企业元素的衍生与变化，我们最终确定用弧形窗洞勾勒出自由流畅的廓形，既为起笔开篇也贯彻全程。细节上的张力与美学，预示着一场艺术想象和趣味变换的奇遇探索即将呈现。

展示区以地面抬高、顶部叠级的处理实现内嵌式 BOX 体块，并用虫洞作为灵感，借助有机形态的重复、起伏与映射效果，在交叠透视下造就趣味流动的态势。展示区以留白思维切入，加以跳色与灯光处理，描绘当下与未来的功用。既为展示载体也是主体，轻盈透明的艺术装置作为核心枢纽，轻松实现边界消融和无限延展的效果，渲染平衡之余带来意味深长的表现。毗邻的会客区作为社交场所，通过细致把握体量感、流动性和包裹度，以浑然一体的形、色、质来实现整体气质的和鸣。以洄游动线灵活衔接各功能分区，通过玻璃帷幕围合中庭，既过滤外部嘈杂又不影响采光。原有建筑柱体以镜面不锈钢覆盖，或打造整排收纳柜体，或以体块穿插构建悬浮平台，赋予多元功用与利落美学。

开放办公区以大片落地门窗消弭内外边界，顶面深色格栅一体铺陈与地面呼应，更显通透干练。因势利用原始建筑结构打造下沉式会议室，顶部铝板顺延而下与地面拼接，立柱也以相同材质包裹并延续圆弧细节。大片落地窗将户外露台的休闲、足球场的动感与陆家嘴天际线一并捕捉，可窥都市缩影。总经理办公室以洗练的线条、适宜的尺度、考究的细节，直抵简约本质。

私宴厅内置的轨道移门可基于使用场景需求自如开合，既尊重动作尺度，又强调和谐细致的划分与配套服务的合理置入。铁板烧料理区以金属网格的背景墙实现材质、光影、层次的个性变化，入口处的套口造型与圆弧门扇也尽显直与弧、刚与柔的碰撞与消融。私宴厅壁布上的连纹图案恰似浮雕，共性之凸显一丝个性。窗外是奔流不息的黄浦江与上海当代艺术博物馆，折射出新旧共存的城市记忆，也交汇出人与室内、环境的多维情感。

为满足客户孩童的学习与玩乐需求设置了文娱活动区，包括音乐室、学习区、体能训练区、攀岩墙等。音乐室的设计是从“星球大战”主题中汲取的灵感，勾勒太空舱式造型，并于镜面玻璃后加入黑武士图案化身，以多彩变幻的灯带渲染动感酷炫的氛围。极具呼吸感的学习区顶面以发光灯膜铺就，加入自如的圆弧元素，其走向与分布打破固守韵律，更加契合使用者的认知与天性。

设计师以现代主义风潮、先锋性与包容感，探索办公室的日常与未来，在一步一景中刻录艺术与趣味，以丰沛的设计想象与矛盾美学张力，酝酿着未来的无限可能性。

平面图

1|2 / 3 / 4

1.2. 入口处以弧线勾勒造型

3. 玻璃帷幕围合中庭

4. 虚实交错的多重镜面处理

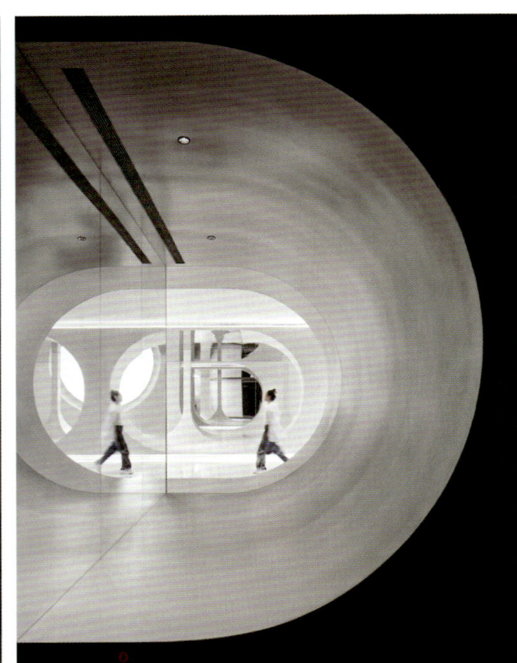

1、2、3. 弧形在整体空间中呼应和统一
4. 流畅的弧形窗洞
5. 展示区的交叠透视造就流动态势
6、7、8. 轻盈通透的艺术装置作为核心枢纽无限延展

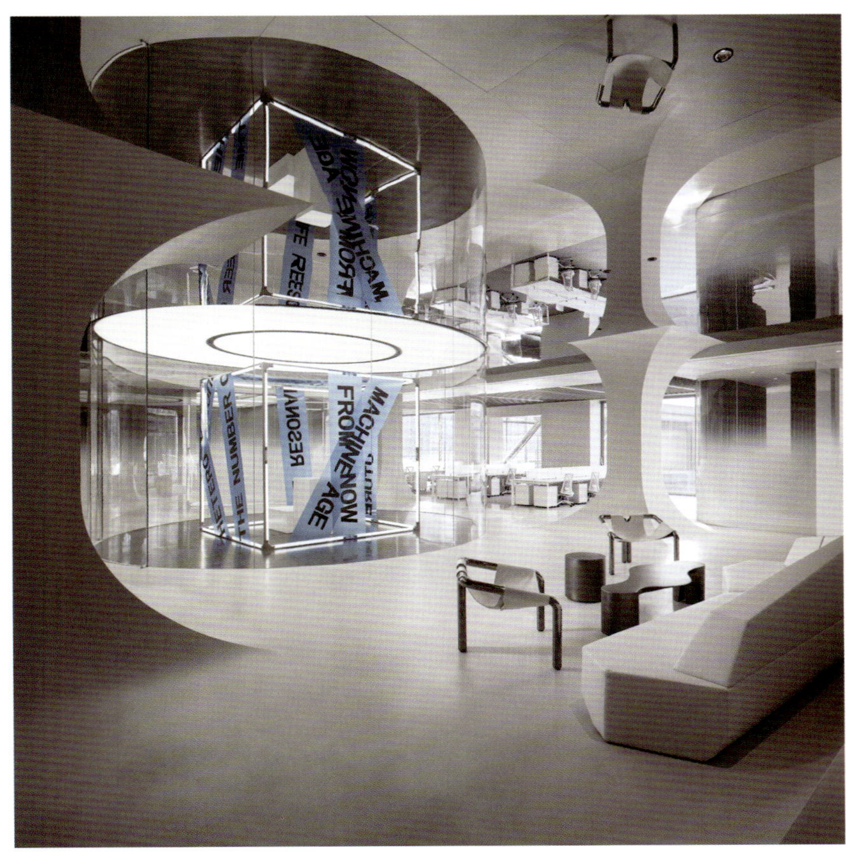

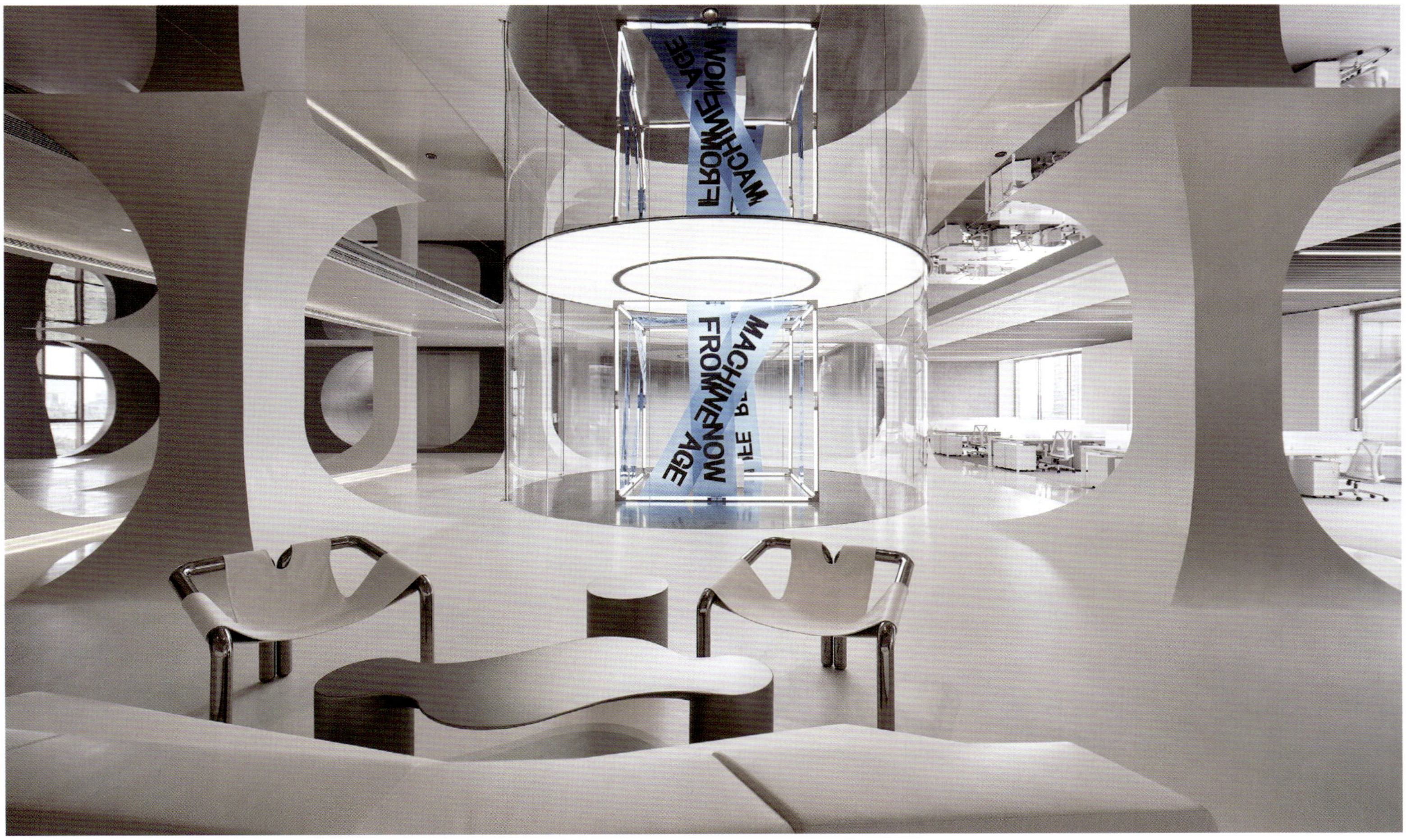
MACHINE
FROM NOW
AGE

MACHINE
FROM NOW
AGE
THE NUMBER

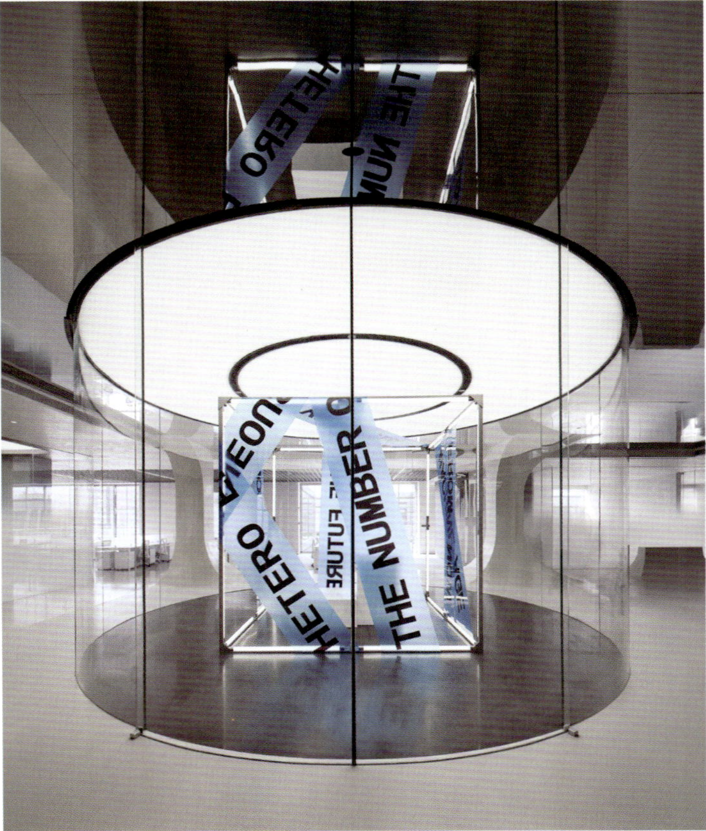

HETERO
THE NUMBER

1|2 | 5/6
3/4 | 7|8

1. 酷炫太空舱造型的音乐室
2. 学习区顶部以发光灯膜铺就
3. 会议室铝板顺势而下与地面相接
4. 开放式办公区
5. 干练的总经理办公室赋予色彩细节
6. 铁板烧区的金属网格背景
7. 私宴区
8. 蓝色壁布图案恰似浮雕

无锡产业园区会所

设计单位：反几建筑 FANAF
设　　计：王丽婕、金鑫
参与设计：鲁越、李春洋、刘雨杉
面　　积：1940 平方米
主要材料：木饰面、石材、肌理漆、金属
坐落地点：江苏无锡
完工时间：2023 年 9 月
摄　　影：ingallery 金啸文、SHEN PHOTO

项目位于无锡市滨湖区，地处灵山脚下，太湖之滨，坐拥得天独厚的地理资源。设计也提取“水”元素作为贯穿整个空间、家具、装置雕塑的主线，打造一个淡雅舒适且自由的多定义空间。空间布局以水为脉，宛若中式画卷围绕 4 个主要支点徐徐展开，融合办公、会议、接待娱乐以及餐饮等空间功能。回归自然又不囿于奢华，打造高效的交通动线以完成与户外空间的连接，同时表达人与自然的互动。

中国传统绘画中用艺术的手段表现自然实景，予人充分的想象空间。贯彻整体设计的“水”元素让空间呈现出生命力，入口大厅的装置雕塑以及坚硬石材雕刻出柔软的水波纹，打造行进中的风景画。这一过渡空间既能自由穿行又能驻足欣赏，以水为首、以水为尾、以水达意。移步易景，通过“水”的引导让空间流动起来，大厅结尾处的雕塑，以王羲之《兰亭集序》小篆金属字体焊接组成水浪形态，于细节处增添了一份淡雅。

公共区域以雕塑营造疏密有致的隔断效果，也在潜移默化间起到了分割空间的功能，让内外相互连通，水面的静态与雕塑的动态让宁静和活力达到平衡。纹理纸灯罩的高度制造空间的私密感，以此强调其接待与会晤空间的属性。接待区相对减少了艺术装置，以中式背景墙、格栅等软装有规律地重复构成一种秩序美感，采用对称式的布局，隔板陈设错落有致，隔而不断，既分割了空间又营造出可潜读的私享空间。

茶室与接待区相连通，做了可分可合的处理，设计延续中式对称美学，以深色茶桌为轴展现自然禅意，加入实木元素，整体色调更显柔和。风格搭配上融入中式元素，主要空间墙面使用木饰面、手工苏绣图案的真丝墙布，顶面使用无机肌理涂料，地面使用深色天然哑光面石材，让空间清柔雅淡，传达静美深幽之意境，偶得居所并栖居其中。各区域都有留白为摆放艺术品创造环境，选用一些年轻艺术家的作品，以现代的表达方式与历史对话。

用设计的语言合理安排、过渡和区分不同空间，让使用者和访客有更多的机会互动，使空间可以迎合艺术与生活、公共与私密、社交与独处；有可行者、有可望者、有可游者、有可居者。

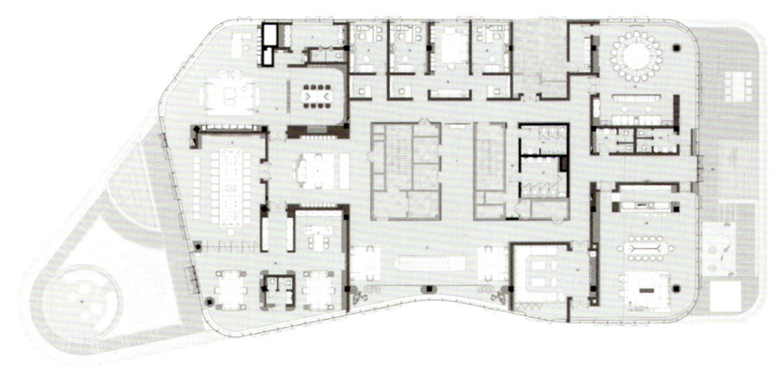

平面图

1. 俯瞰图
2. 观景露台
3. 空间气质沉稳而内敛
4. 光与影
5. 利用格栅和背景墙分割空间
6. 中式背景墙

1|2|3	7|8
4|5/6	9|10

1. 静谧的空间意境
2、3. 以现代艺术品与历史对话
4. 茶室空间
5、6. 雕塑装置是行进中的风景画
7. 水之雕塑
8. 坚硬石材雕刻出水波纹
9、10. 各类艺术装饰相映成趣

杭州中赢创新集团办公楼

设计单位：郑仕樑室内设计（上海）有限公司
设　　计：郑仕樑、潘国华
面　　积：28900 平方米
主要材料：金属、大理石、木饰面
坐落地点：浙江杭州
完工时间：2023 年 11 月
摄　　影：陆彬

作为杭州的地标写字楼，杭州中赢创新集团办公楼是具有前瞻性的，绿色、科技与人文相结合的高端商务办公空间。这里不仅是工作的场所，更是展现企业形象和员工生活方式的重要平台。

高耸的大楼以其独特造型彰显精英气质，金属光泽和透明玻璃相互映衬，在阳光下熠熠生辉，既保证了室内采光又最大限度地减少了外界干扰。大堂充满科技魅力与时尚气息，高耸的天花板仿佛直通天际，仿真壁炉作为大堂的亮点，被巧妙嵌入木饰面与大理石的交界处，仿佛是从自然中精心雕琢而来的，它静静地燃烧着，散发出温暖的光芒。

在这片金属主导的天地中，大理石以其独特纹理和温润光泽，为空间增添几分柔和的气息。大气的入口和门廊两侧耸立着高大的金属柱子，反射着柔和的光芒。黑与白的经典搭配既神秘又充满力量，隐藏在各处的线灯为空间增添一份未来感。

宽敞明亮的会议室配备了先进设备和舒适座椅，让商务洽谈或团队会议愈发高效。通过设计重塑空间，摒弃传统的思维定式，在建立流畅清晰的动线上花功夫，表现出“流水不腐”般的清新状态。办公室一侧是温馨的休息区，柔软沙发带来片刻的宁静与舒适。领导办公室宽敞明亮，墙上的书法艺术作品融合中式元素与现代审美，彰显深厚的文化底蕴和艺术气息。深色的木质办公桌椅线条流畅、造型典雅、稳重内敛，搭配简约茶台，营造出一个既适合工作洽谈又能享受悠闲时光的多功能空间。

健康是生活的基石，也是办公环境设计的核心。构建一个私密而宽敞的健身空间，不仅能够提升工作效率，更能为身心健康保驾护航。素雅配色是主旋律，淡雅的米色与深邃的灰色交织，让空间宽敞明亮。私密空间被精心设计成一片室内高尔夫球场，细腻柔软的草皮宛如真实的大自然，而高科技的模拟系统，更是将打高尔夫的乐趣提升到一个新的高度。

1 | 3
2 | 4 | 5

1. 办公楼彰显精英气质
2. 高大耸立的金属柱子
3、5. 熠熠生辉的金属吊顶
4. 金属与玻璃相互映衬

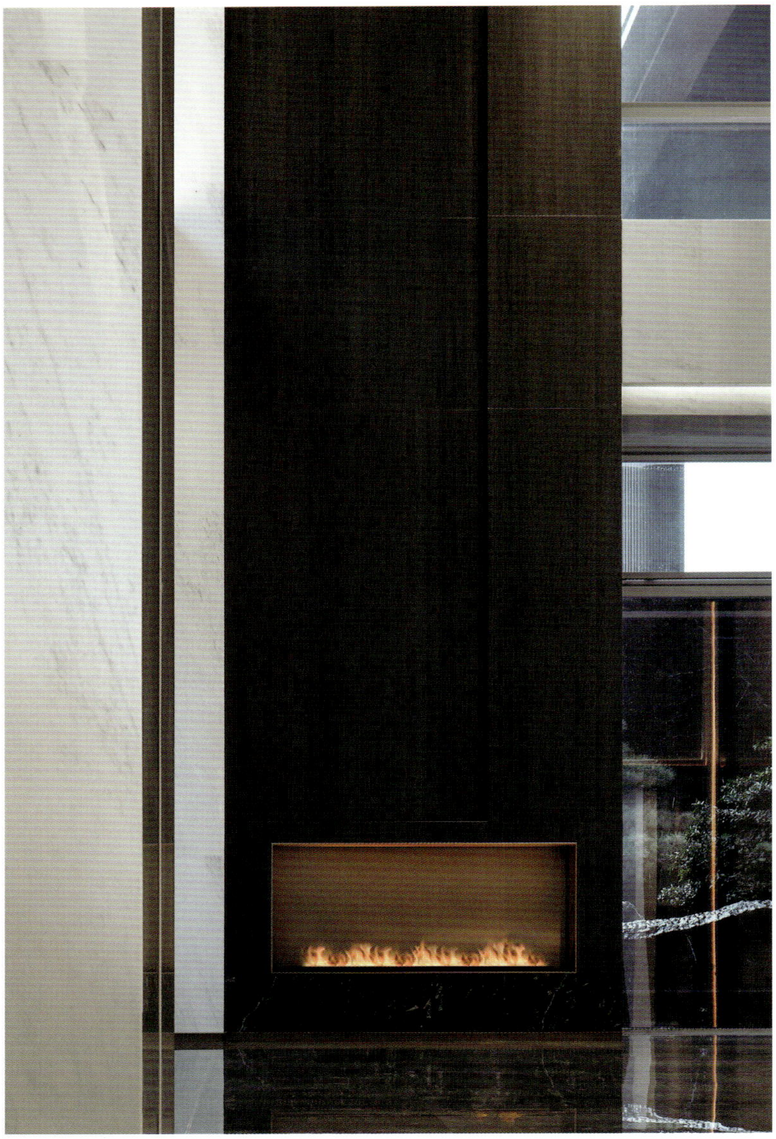

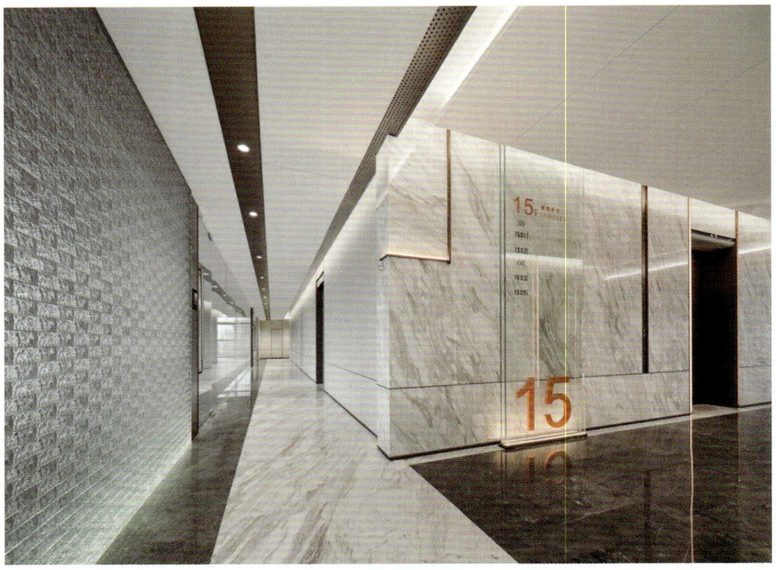
15
15

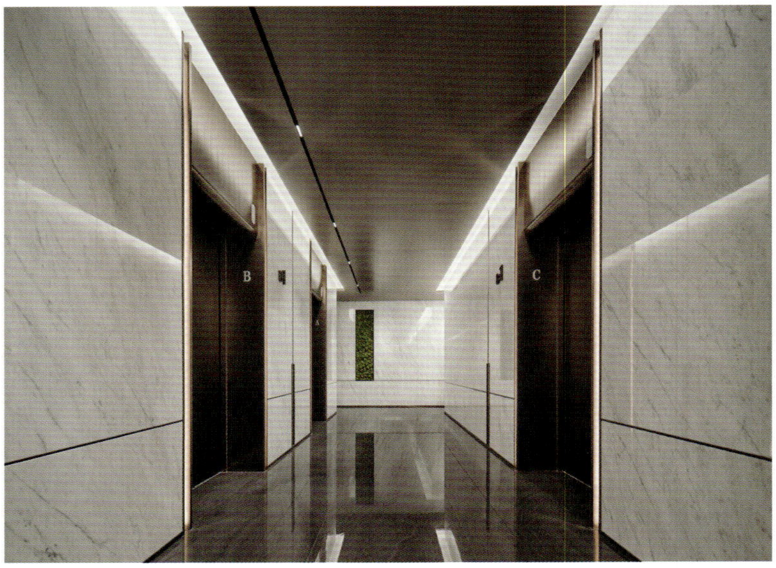
B
C

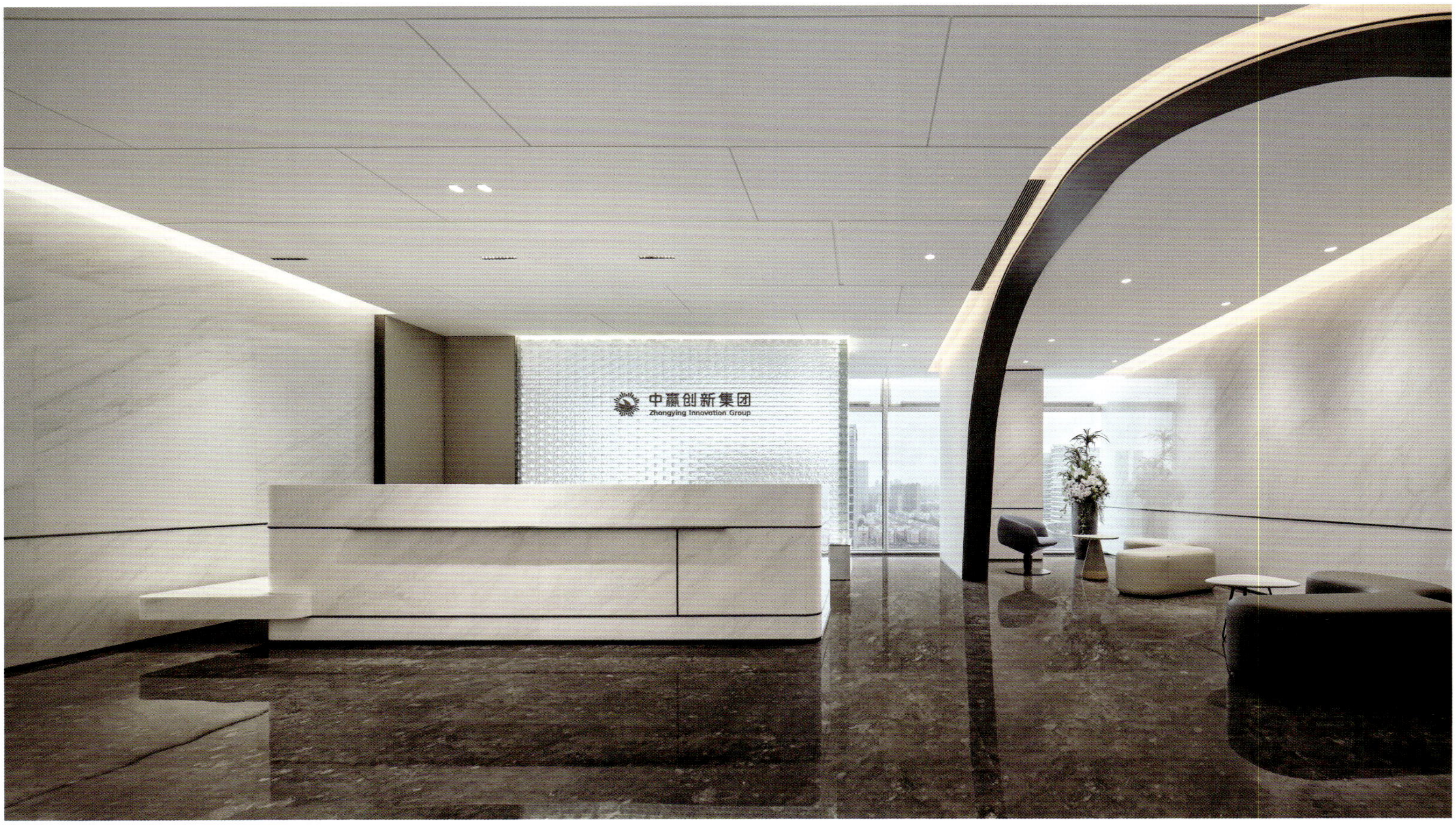
中赢创新集团
Zhongying Innovation Group

1. 仿真壁炉
2. 醒目的导视
3. 电梯厅
4. 接待台
5. 造型现代的办公桌椅
6. 通透的办公区
7. 配备先进设备的会议室
8. 安静的休息区
9. 轻松的茶水区
10. 室内高尔夫球场

结构的叙事

设计单位：熹维设计
设　　计：王晨
面　　积：558 平方米
主要材料：岩板、桃花芯木板、玻璃
坐落地点：江苏南京
完工时间：2023 年 10 月
摄　　影：丛林

在有着600年历史的明城墙脚下有一家废旧棉纺厂，如今被重新设计，变为一家设计机构和咖啡店，现代的设计理念与过去的城墙和厂房形成强烈反差。用极简的设计语言打造主体空间，包括采用纯黑岩板和不锈钢完成外立面和咖啡店设计，办公空间采用纯天然的桃花芯木板完成隔墙和家具等设计，墙顶使用微水泥涂料，细腻的涂料质感和天然木质纹理相融合。同时在内部空间保留老钢窗、坡面屋顶等，新旧联结，打造出简洁有力、绿色环保的艺术空间，新旧装修元素的结合是过往和现代的对话。

从户外看是以点、线、面打造的门头，通过线条、色块、材质的组合搭配，整体外观充满理性与纯粹，配合梧桐树斑驳的光影，宛如一幅构成主义平面的画作。左侧开窗位置为咖啡店的对外窗口，户外遮阳棚呈现全天光与影的变化，感应门满足多种应用场景。咖啡店外摆的休闲座椅随意而慵懒，不同形式满足多样化的体验需求，探索空间的理想状态。

内部空间延续了户外的基调，黑色为咖啡区域的主色，也是与内部办公空间划分的重要参考。靠墙设卡座，配置两把休闲木凳，另一侧咖啡店通过地面抬高和柜体围合让整体构造感更强，两把吧台椅线条利落，为顾客提供一处休闲安静的区域。

开敞办公区的灯具延续构成感，与垂直支撑体和谐结合，简洁的造型和严谨的结构兼具。左侧的 3 间洽谈室地面抬高，并用木质材料包裹，玻璃隔断与纸膜吊灯的融合使空间更显轻盈通透。

楼梯设计延续了极简的特点，高与低、虚与实达到高度统一，木质踏步与墙面微水泥碰撞出温暖的色彩。左右两侧楼梯通向不同的空间，一侧为总监办公室，通过保留原始厂房坡的屋顶和窗户，让结构更有层次感。另一侧则是开放会议区，远处楼梯可通往顶楼，空间利用率达到较高的标准。

整体设计旨在表现现代设计语言和历史建筑的融合及对比，为城市历史文化的延续和现代设计领域做出双向贡献。

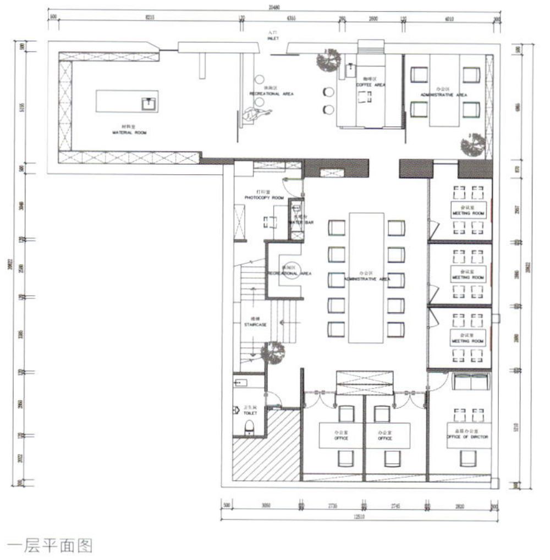

一层平面图

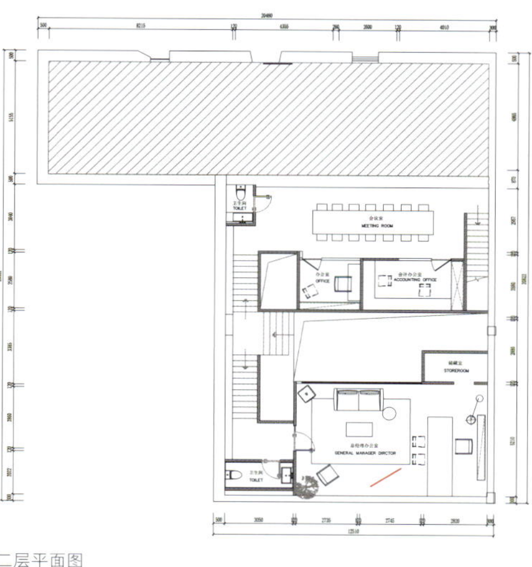

二层平面图

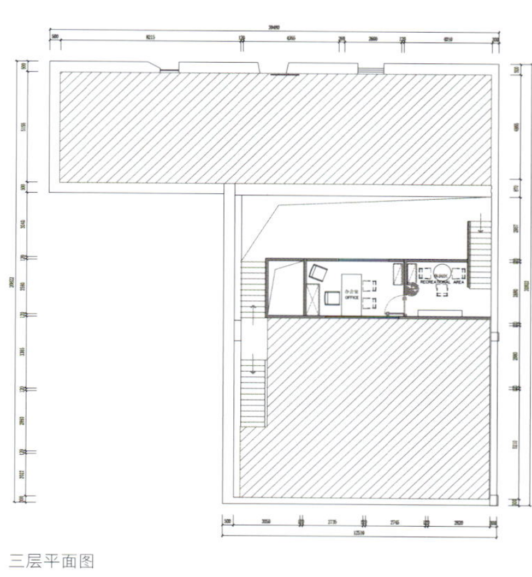

三层平面图

1|2/3|4|5/6

1.2. 纯黑岩板打造的外立面
3. 黑色是咖啡区与办公区划分的重要参考
4、5. 咖啡区靠墙设置卡座
6. 办公区透视感

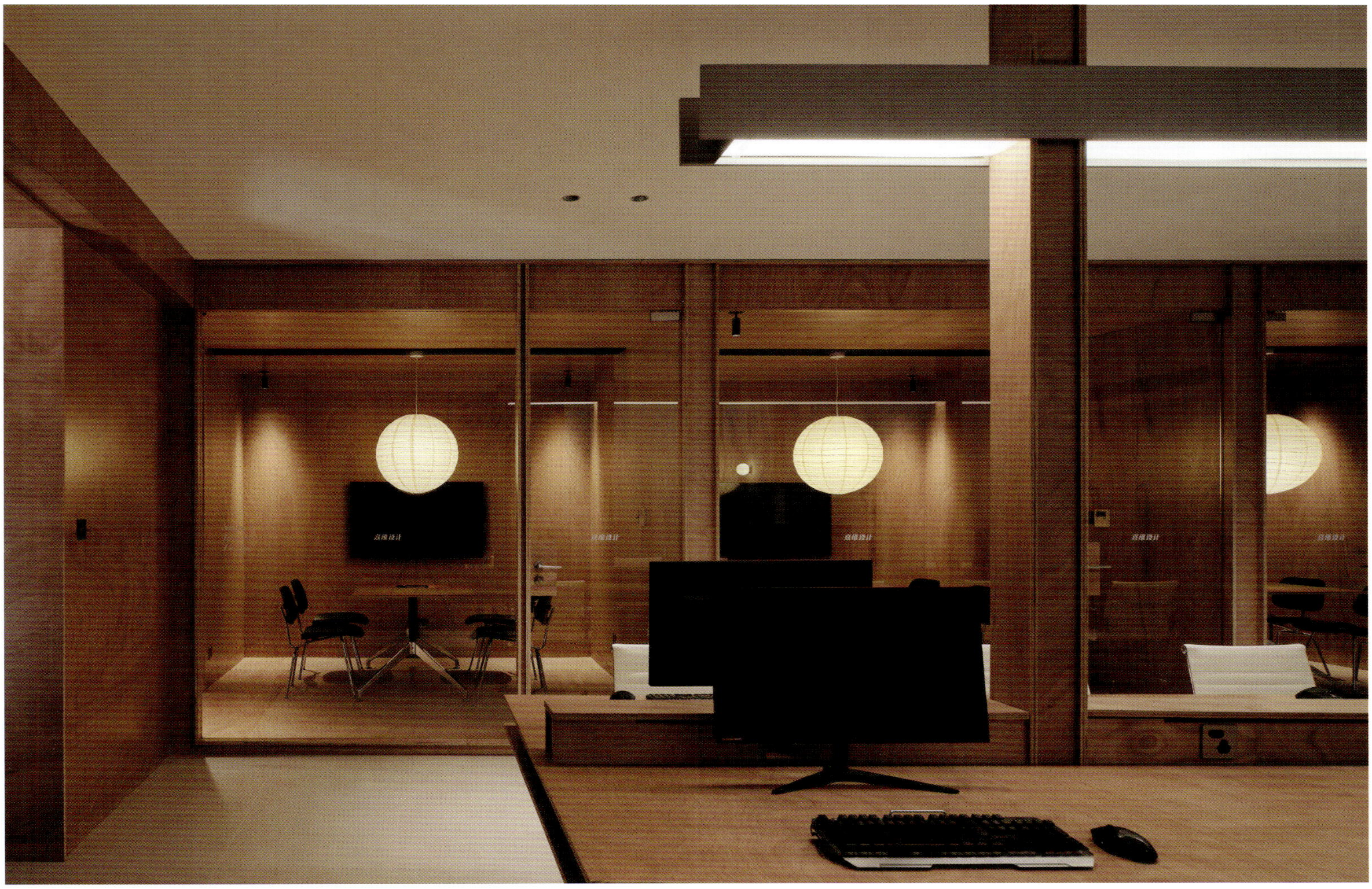

1 2 6
3 4 5 7

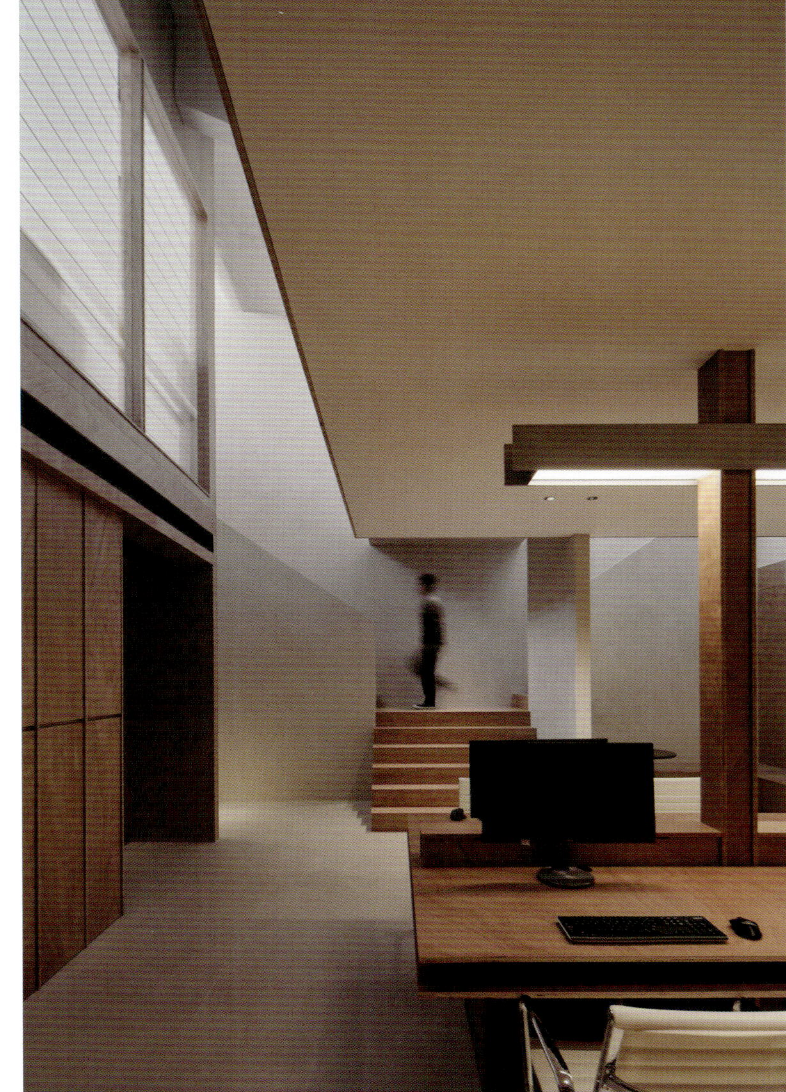

1. 吧台椅线条利落
2. 木质踏步与墙面微水泥相碰撞
3、4、5. 左右两侧的极简楼梯通往不同空间
6. 三间洽谈室地面被抬高
7. 局部空间

曲植——森活聚落

设计单位：青埕建筑整合设计
设　　计：郭侠邑、陈燕萍
参与设计：王玟心、刘翰铨、洪佳伟、叶盈汝、陈彦宇
面　　积：827 平方米
主要材料：红砖、玻璃砖、SPC 木地板、铁件
坐落地点：台湾台北
完工时间：2023 年 3 月
摄　　影：李国民

当人行走在空间动线上，离散与聚合之间，利用使用机能的不同，配合区域的组合堆叠，进而转变成直线或曲线的片墙元素，重新定义空间动向和场域边线。

设计上参考 WELL 国际认证，借由节能减碳重视人的舒适度、装置材料的艺术转型、自然植栽的身心陶冶。遇见光、植物、人，不同层次的交错方式贯穿着空间，让人们可以自由流动，同时也可以满足空间上各种使用需求。

为了表现企业的在地精神，材质选择了红砖、玻璃砖等早期台湾常见的建材。同时在造型上，转化表述新世代的科技讯息“0 与 1”的转型意象。隔间片墙引入不同层次感，让人感觉如同游走在城市的邻里街道中。

本案设计象征着企业在转型之际，依然注重在邻里之间维系情感联系的小区意识，营造出有创造性的多元工作的和谐生活概念。

1 | 4 5 / 6 7 | 8
2 / 3

1. 建筑夜景
2、3. 入口处
4、5. 选用红砖和玻璃砖等早期台湾常用建材
6. 脑力充电站
7. 固定办公区
8. 隔断片墙带来丰富层次感

IDEA

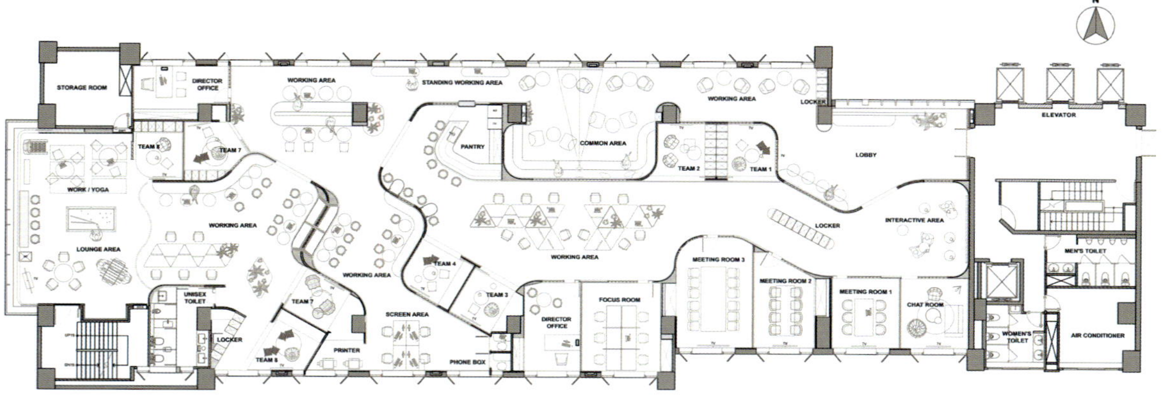

平面图

| 1 | 4 |
| 2 3 | 5 |

1、2、3. 人员可在空间中自由地流动
4. 洄游动线让人感觉如同游走在邻里街道中
5. 休闲活动区

博汇股份

设计单位：JCOO 境库建筑
设　　计：岑立辉
面　　积：650 平方米
主要材料：水磨石、玻璃、软膜灯箱、木饰面、艺术涂料
坐落地点：浙江宁波
摄　　影：朴言

因受邀参与博汇股份总部展示中心的策划设计，借此契机，设计团队尝试突破传统企业文化展示的方式，通过推敲原建筑的本质，创造融合商务接待和参观活动的复合型展示空间。

通过植入功能体块，用物理手法营造内核方盒，梳理出双重动线关系。在实体的内核方盒中实现对博汇化工产品的诠释和对未来的展望。体块的区分既为内外的功能衔接，又形成了整体空间的动静分离。入口通过强烈的形体营造出内敛氛围，融合了技术、空间和建筑，互动油管装置增强了企业的符号化展示。聚焦光及顶置光面增强了空间立体性，错位的体块表达出空间功能的属性。由此空间序列通过体块得以延展，渐次生成，内核方盒转换为功能的载体。

本案摒弃传统装饰展示的手法，保留了建筑本真属性的同时强化了企业的 IP 符号。空间利用基本的材料关系追求视觉的平衡。黑白灰作为空间色彩的基调表达冷静与理性，使受众体验到化工行业严肃性的同时，将视觉的关注点导向墙面所展示的内容。方盒展示区域采用了大面积的艺术涂料，体现了灰白相间的冷静，会晤休闲区则采用了温暖的木色，冷暖相互平衡间又与周边色彩形成强烈对比。前置咖啡等候区打破了两个功能属性间的对立感，对于功能的延伸和空间的收放变化起到了积极的作用。

本次设计以空间为载体表达了博汇化工的企业精神，创造品牌自身的价值。通过提取化工行业的形态元素建构特定的符号，演化为设计符号置入空间，以视线穿插来产生强烈矩阵式的空间体验。

1. 复合型展示空间
2. 科技中心
3、4. 油管装置表达企业符号
5、6. 顶置圆形灯光面增强空间立体性

1|2|3　7
4|5/6　8

1. 休闲区采用温暖木色
2. 会议室
3. 将关注点导向墙面所展示的内容
4、5、6. 严谨的展示让受众体验到化工产业的严肃性
7. 明暗对比
8. 冷静理性的空间基调

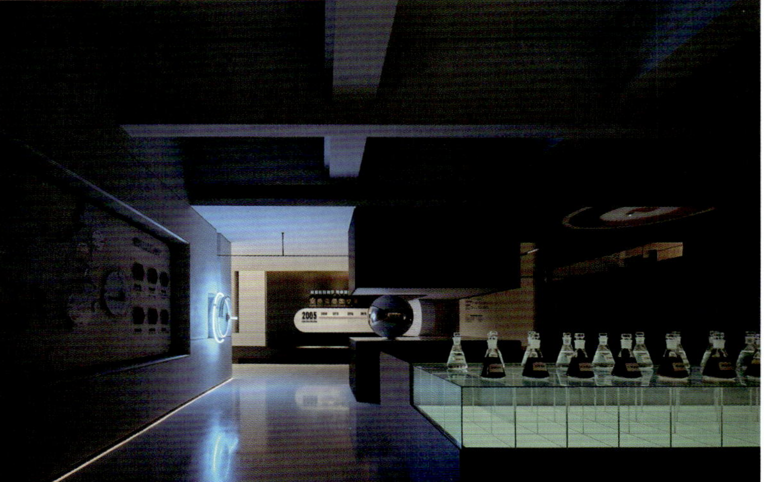

圆桌会议室
VR演示区
数智化与研发实力
产品与技术研发
前厅（历史,发展,现况）
超级IP文化区（入厅）
（前言）甬立桥头
博汇能量工厂
准备间
男卫
女卫
设备间
前室
+150

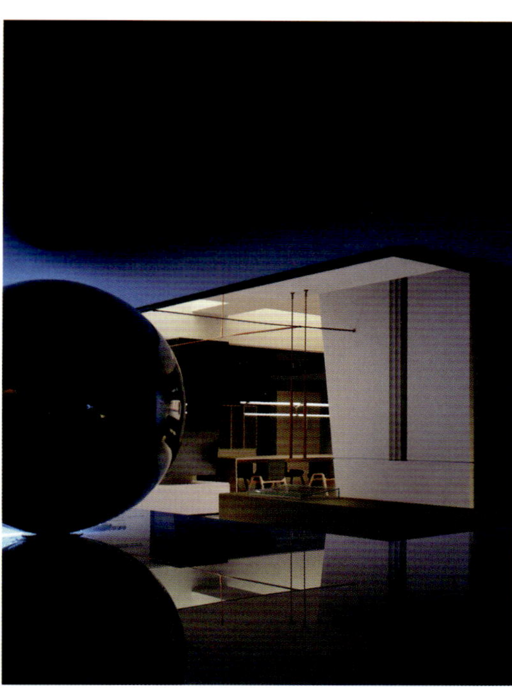

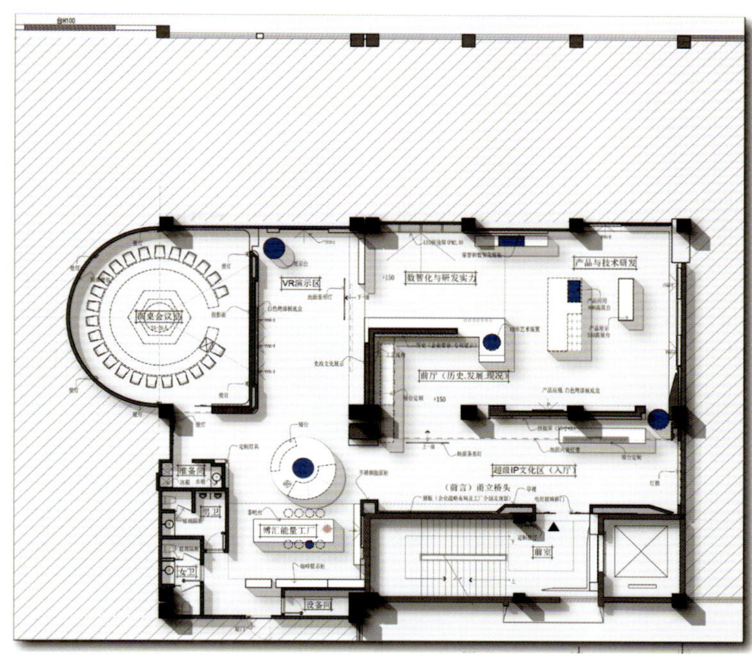

平面图

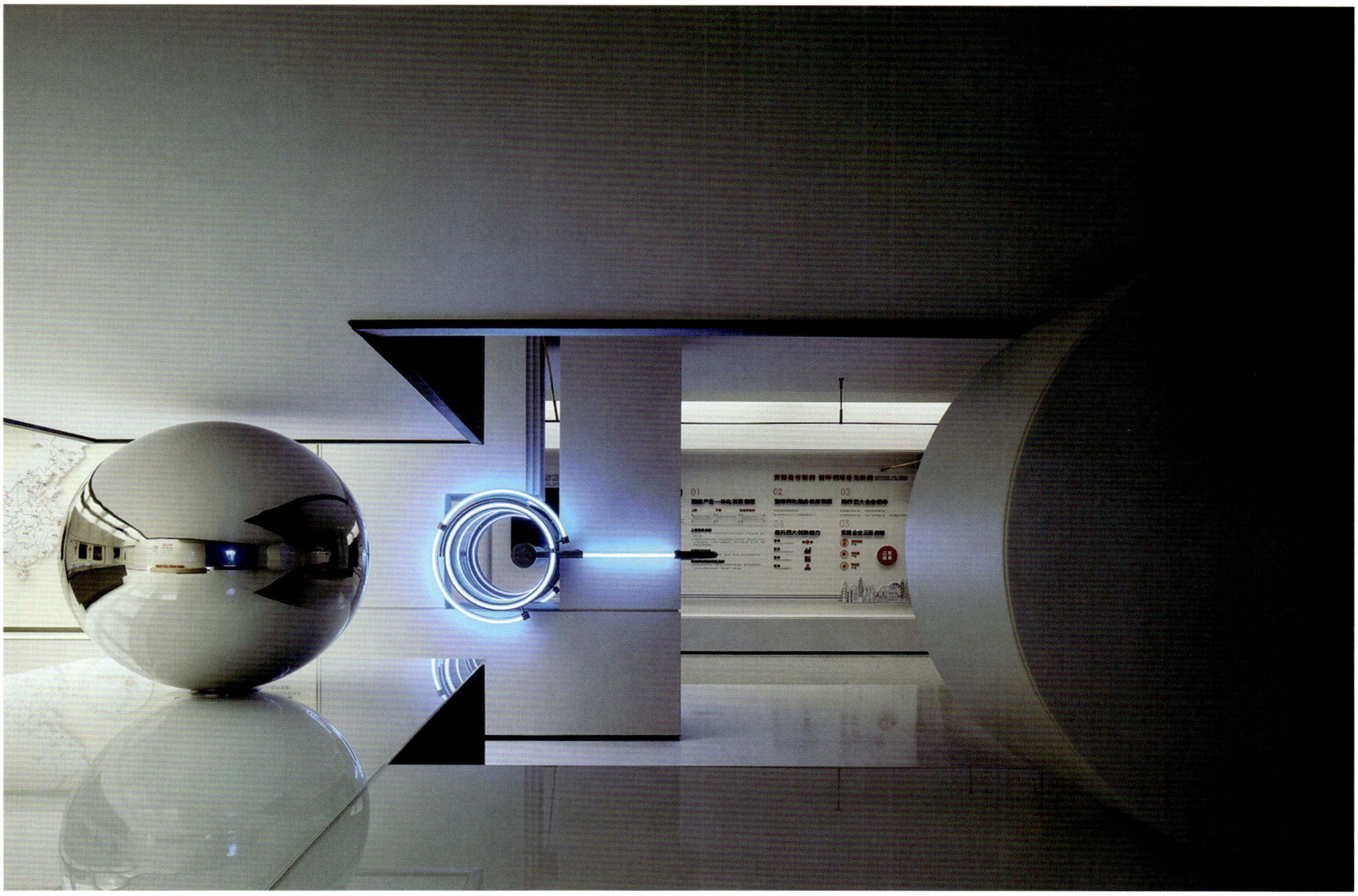

会·客厅，消弭办公与家的边界

设计单位：广州 301 设计研究所
设　　计：诸敏祥、吕远亮
参与设计：张潮伟、陆林峰
面　　积：200 平方米
主要材料：薄石材、木地板、木皮、金属漆、岩板、艺术涂料、墙布
坐落地点：广东广州
完工时间：2024 年 2 月
摄　　影：林哲聪

301 设计研究所推出文化与自然之间的创新对话，以其美学、功能和生活方式元素的融合，重塑了传统工作区。

在这个时代，设计与艺术、工作与生活、美观与实用的融合，将传统的界限和规则打破。在广州金融城繁华的混凝土丛林中，一个安静、舒适、人性化的工作和社交场景揭开了面纱。对于那些视灵感为生命的 301 员工来说，这个空间融合了生活和工作。在设计之初，我们重视并贯彻了“艺术、自然、高效、温馨”这四大原则，围绕员工的情感需求，通过融合自然与艺术，探索未来工作空间的新美学价值。

开放的办公区布局密度适宜，亮度适中。多样性家具的布置打破了常规布局，收纳柜墙展示了家庭生活中常规的收纳系统。橡木木皮、影木弧形、金属漆、薄石材、混油等材质和工艺和谐地融合在同一个基调中。不同植物的点缀与木色共同构筑起一个静谧松弛、自然舒适的交流场所。

这里还可以举办设计或艺术沙龙，其内敛的家庭会客厅般的布局和优雅的气质透露着 301 的独特品味。它不仅是一个功能齐全的工作空间，也是一个热情好客的地方。

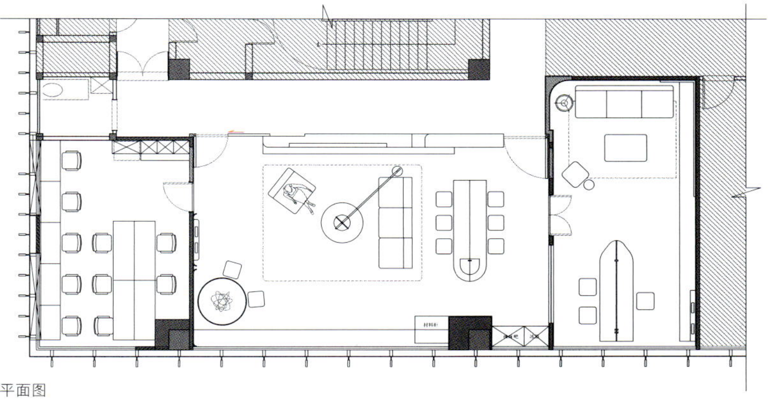

平面图

1 4|5
2|3 6

1. 会客区
2. 入口处
3. 收纳柜展示日常生活中常规的收纳系统
4、5. 多样性家具打破常规布局
6. 植物点缀木色

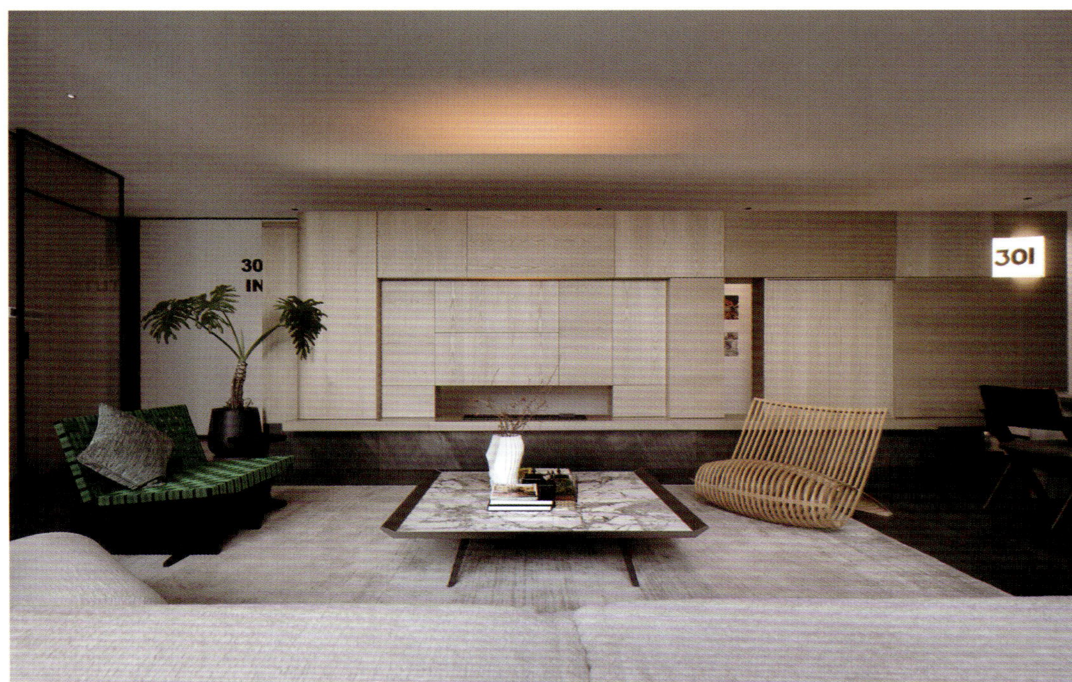

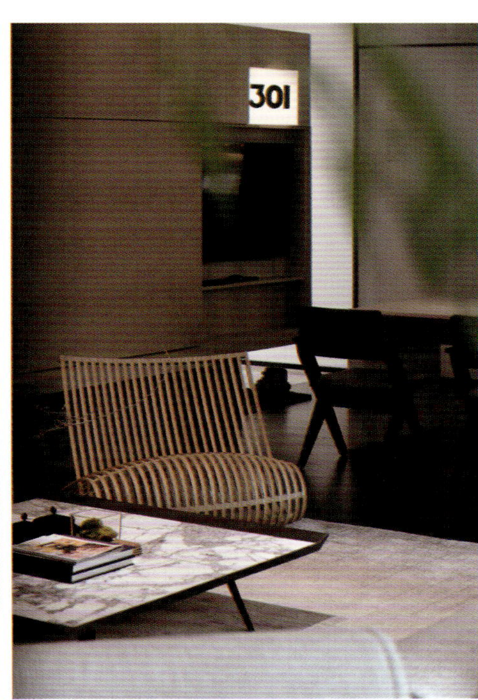

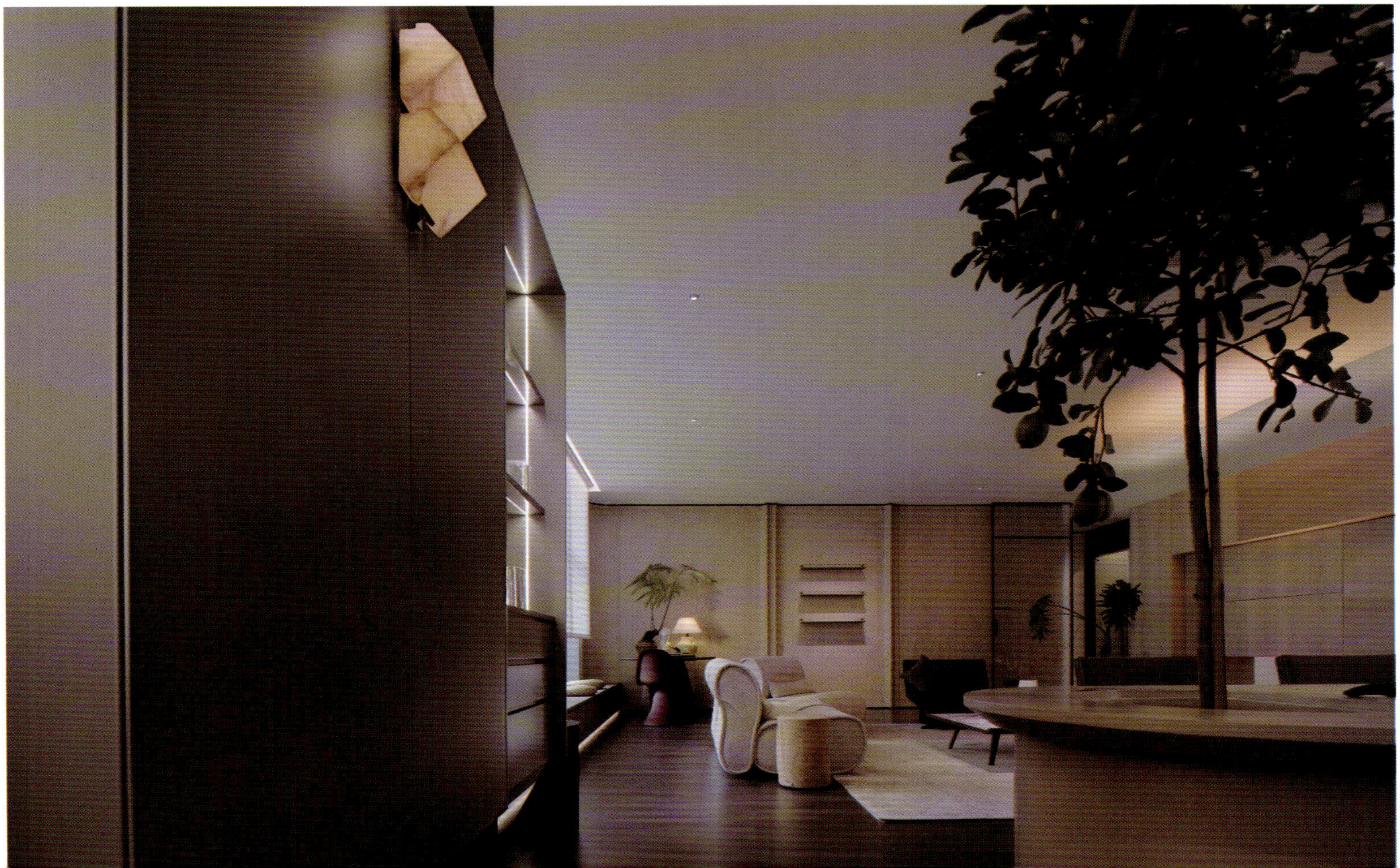

1 | 3 | 4
2 | 5 | 6

1. 如家庭客厅般的内敛布局
2. 热情好客的功能空间
3、4. 空间融合了工作与生活
5. 红黑撞色
6. 空间局部

漫步纯白

设计单位：ADDA 邸岸空间建筑设计
设　　计：周大仁
参与设计：唐铖、陆星辰
面　　积：150 平方米
主要材料：乳胶漆、艺术漆、岩板
坐落地点：江苏南京
完工时间：2024 年 7 月
摄　　影：Howie 郑昊

艺术无解却使人避世，生活百无聊赖，人们需要在生活的原野上建造梦境。“人生最好的境界是丰富的安静”，在设计之初，我的内心就一直与这句话发生共振，摒弃喧嚣得以安静，便能向内思考，去探索丰富的内在精神世界，这与本案所要传达的内核不谋而合。

漫长的白色仿佛拉长了时间的轴距，一种平静的极致隐藏其中。我们对事物的认识总是不能全面且清晰，创造力的激发需要回到事物最初的影像。空间中的白穿插于生活，却又存在于意识中，人们在纯白中行走，去探寻未知中的已知，不可能中的可能。在极致纯白中，感受克制之下的释放，精神上的无限游走。

物理学中有这样一个概念——褶皱空间。爱因斯坦认为，物体之间的相互作用是由于它们在时空中造成的曲率而产生，这种相互作用形成稳定的引力场，使星球得以正常运转。而空间关系中，相互融合、相互制约的尺度如同褶皱空间，达成唯一且独特的空间气质，富有辩证关系的内容建立起无限延伸的空间。从入口向内，穿过门廊、大厅、走道，步行至最内部的画室，交错展开如纸张的墙壁，组成了由线到面带来的连续体验，实现了视觉上的互相“内切”。不断拓展如生命般延续的空间奔涌向前，前后遥相呼应，扩宽了精神的自由意识。把大厅入口第一视角的完整立面全部给到中心服务区域，虚实相间的吧台与背景随光引入，以生的旋律穿越通透，传达了整个艺术空间的自由意志。

在中国文化中，椅子是权威的象征；在西方文化中，椅子是身份的体现；在现代空间表达中，椅子已经不单是居家设计的体现，更是建筑师们喜爱的微型建筑。椅子，是一种贯穿古今的产物，是一个切点，勾勒出明确的画面聚点。它也早已不仅是一件家具，还是一个符号，是人类瑰宝的重要组成部分，从具象的椅子出发，构建的是物与人的链接，最终呈现的思考却是与人的哲学关系表达。

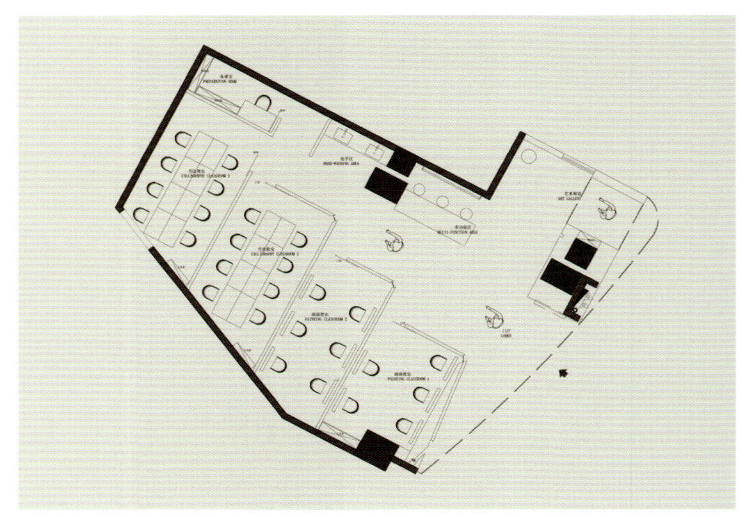

平面图

1 | 2
  | 3

1. 在极致纯白中游走
2. 交错展开如纸张的墙壁
3. 线和面的连续体验

1 | 2|3 / 4|5|6

1. 表达克制的静态空间
2. 空间前后相呼应
3. 创作
4、5. 画室
6. 洗手池

漂浮的香味 · 无限分之一

设计单位：泛域设计 Fununit Design
设　　计：朱啸尘
参与设计：陈璐、谢宜臻、成博伟、董骏
面　　积：315 平方米
主要材料：气膜装置、艺术涂料、水泥、防腐木地板
坐落地点：广东东莞
完工时间：2024 年 1 月
摄　　影：奥观建筑视觉 AOGVISION

无限分之一东方香料烘焙店，把传统的东方香料和西式烘焙的概念落地在东莞，如风入蕉林，河入大海，只要遇见便是幸事。东莞是一座值得细品余味的城市，拥有着多样的地貌和习俗，也造就了挑剔的味蕾。即使是熟知的粽子，也会因为制作方法和馅料不同而产生二十几种变化。历经几十年的变迁，当年一座座村庄已经演变成如今的高楼环绕。建筑本身是一种容器，容器尺度放大到可以容纳人，便成了建筑。

故事的开始源于面点师让竹蜻蜓飞行，在辽阔的高空自在漫游，寻找东方香料的乐趣，最终落地于东莞。竹蜻蜓将香料在这座城市播种和收获，面点师烘焙出美味食物，香气弥漫留存在城市的上空。我们用气膜构造了一个香味传播的建筑装置，站在高楼从上往下看，36 个气膜装置铺开在建筑上方，如同轻盈的气体分子寂静地悬浮在空中。立于四周平地，一个气球突然从屋顶飘浮出来，随意飘动，建筑由静态变为了动态。

在设计建筑时更多是想尝试用新的方法来表达观点、满足功能、制造话题。本案坐落于市中心高楼林立的商业区，我们企图构造一个香味传播的建筑装置，让香气漂浮在城市半空。从建筑周边的高楼从上往下看，可见一片轻盈的气体漂浮着，一个美好的白色小屋和一个浪漫花园，种满了香草植物。从城市的不同视角看过来，无论谁都会对这件作品产生兴趣。

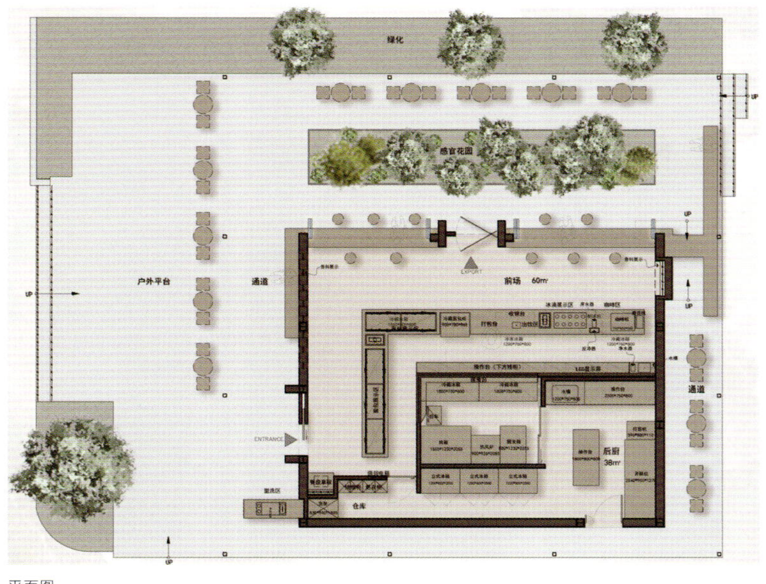

平面图

1. 建筑外景
2. 36 个气膜装置铺开在建筑上方
3. 户外平台
4、6. 日光和暮色中的白色建筑
5. 从不同视角看都会产生兴趣
7. 种满了各种香草植物

1、2. 对外开放的区域
3. 气球在顶部静静飘浮
4. 让香气向城市传播
5. 洗手区
6. 墙上园洞是香料展示区
7、8. 不同视角的室内空间

帮会演绎会客厅

设计单位：加拿大立方体设计事务所
设　　计：徐麟
参与设计：冯林垚、桑垚、赵子钧
面　　积：3000 平方米
主要材料：GRG、热轧板、锈板、水泥、集装箱
坐落地点：内蒙古赤峰
完工时间：2023 年 9 月
摄　　影：毛鸿依

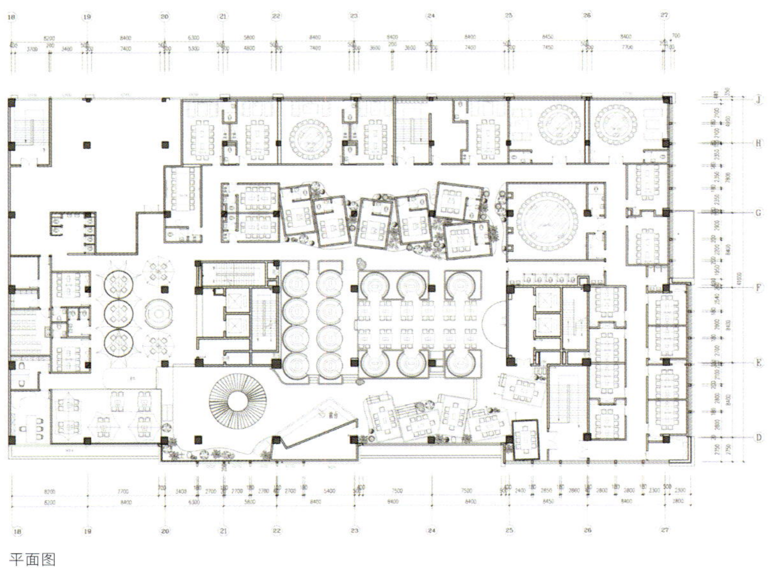
平面图

我们都是生活的导演，将自己作为主角，去奔赴、去定格关于美好生活的瞬间。室内设计的概念重点在于走出平凡之地，跃入未知之境。

在空间尺度上大胆地做尝试，以醒目的工业风和自然秘境主题叙事来构想空间。更黑暗、更性感，这是一个引人入胜的藏身之处，充满了隐秘的角落、蜿蜒的曲线和未知的奇遇。这是一个鲜为人知的私属宝地，是喧嚣城市中的庇护所。

如羚羊谷一般的岩洞峭壁形态奇特，色彩魔幻，初入餐厅便让人不禁生出幻觉，这是一次充满冒险的求生之旅，还是令人大开眼界的美食之地。日光从洞口射入后被婉转回环、凹凸不平的谷壁不断拦截，继而生成棱镜般的折射分光效果，使得谷内有限的空间明暗错落、光彩四溢。在多重的色彩和交叠的光影环境里，恍若走进了一条流光溢彩的艺术长廊。帐篷里用餐的食客如原住民般自娱自恰，亲密拥抱自然又纵情享受美味。

都市人期待从室内走向户外，拥抱山系文化，在大自然中获得能力开启新生活。露营风的空间打造出结识高质量新朋友的社交场景，以水泥色为主要色彩基调，通过理性的方式营造工业特质。暖色调的灯光和茂密热带植物相互呼应，很好地营造出温暖的氛围。

自然的疗愈是心之所向，“去山野”成为一种自由生活的象征。空间随处盈满绿意，大型阔叶植物充满勃勃生机，如同生活在自然一般畅快，时间缓缓，美好顿生。

1. 峻峭形态的岩壁
2. 旋转楼梯引人进入未知的冒险之旅
3. 餐厅标识
4、5、6. 大型阔叶植物和魔幻色彩繁花充满蓬勃生机

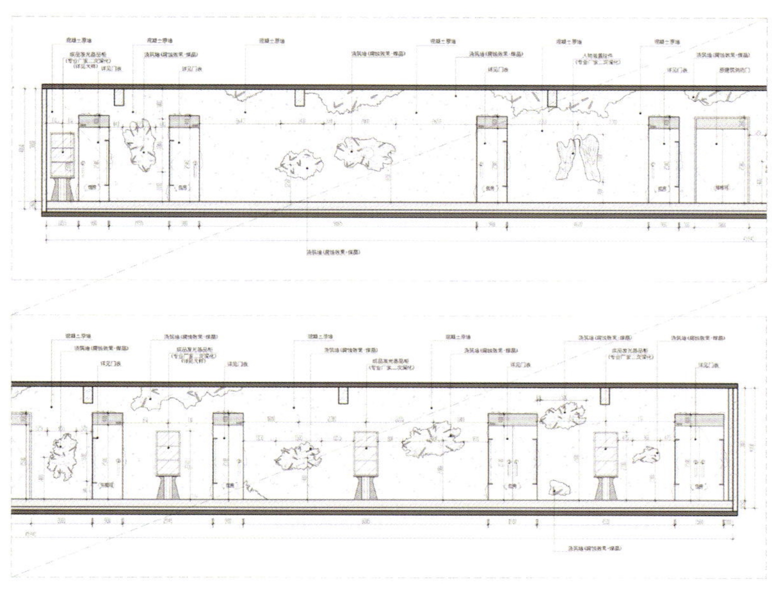

立面图 1

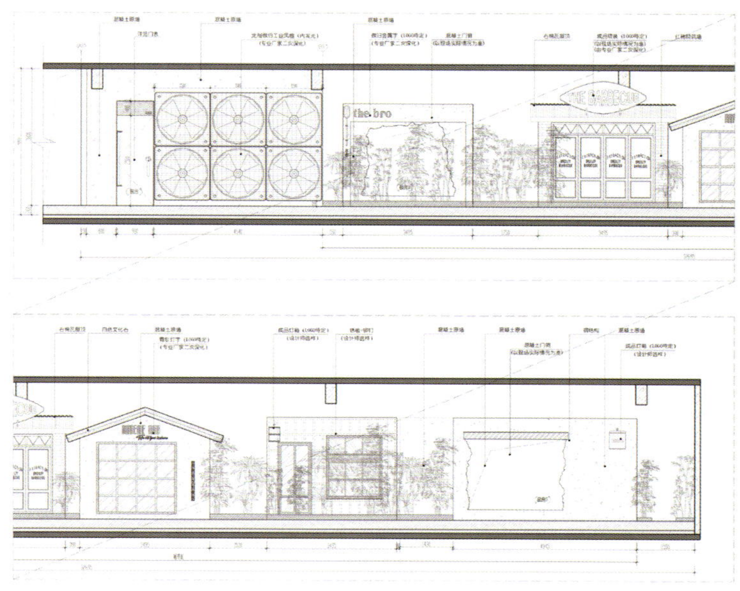

立面图 2

BANGHUI
Burger Bank

1 | 4 | 5
2 | 3 | 6 | 7

1. 热带植物和悬吊帷幕营造露营情境
2、3. 幽深过道
4. 空间细节
5. 圆形窗洞
6、7. 冷峻的做旧锈板

BANGHUI

1	4|5
2|3	6|7|8

1. 从圆形窗洞望向酷感包间
2、3. 吊灯的柔光为冷硬空间带来几许温柔
4、5. 空间以水泥色为主基调
6、7、8. 精心设计的细部打造浓厚工业风

卷吧 coffee

设计单位：巢羽设计事务所
设　　计：王星、梁飞
面　　积：230 平方米
主要材料：艺术漆、不锈钢、软膜、木饰面
坐落地点：江苏苏州
完工时间：2024 年 3 月
摄　　影：马利仁

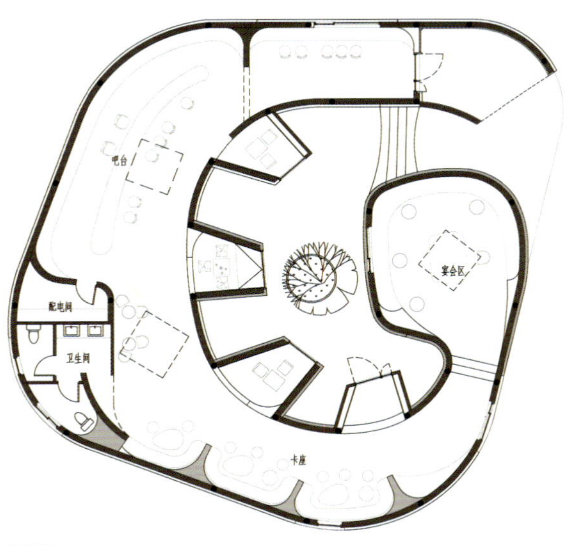

平面图

1. 建筑外立面
2. 表皮天然的木纹肌理
3. 具有未来感的异形结构大门
4. 线条流畅的桌椅

“卷”之意为把东西弯转裹成圆筒形，留意生活中，“卷”好像无处不在，卷心菜、卷尺、卷毛、螺旋楼梯、弹簧、卷纸、蜗牛壳以及海螺。

在苏州太仓 72 家村靠近长江入海口的地方，有一个特别的日咖夜酒小店卷吧。不是“内卷”的“卷”，而是海螺的“卷”。小店的外立面结构特殊，模拟海螺的外形向内卷成一个不太规则的圆形。俯视这座小店就像是蛰伏在渔村的一只海螺，安静悠闲地享受着温暖的日光。卷吧的存在是店主对渔村文化的深入理解和对生活独特感悟的实体化，是一个既能适应现代生活，亦能感受宁静纯粹的渔村生活的地方。天然的木材纹理在建筑外立面复刻了渔村文化，赋予了建筑自然的美感。

入口处原木材质与金属、灯带巧妙融合，搭配异形结构的大门，迎合当代人对赛博朋克风格的追求，彰显未来科技感。独特的海螺结构在建筑中形成一道自然风景线，让人不禁想要探寻其中的奥秘，沿着蜿蜒曲折的小径前行，阳光透过“螺壳”缝隙洒下斑驳的光影，仿佛在诉说古老的渔村故事。

走进店内又是另一番景色，比起外部结构自然的原始感，内部更注重时尚感。简约的桌椅线条流畅，造型优雅。陈设中融入渔村元素，吧台上方的吊灯模拟渔网，塑造独特的视觉张力，增加了趣味性。空间每一处角落都被自然光线巧妙地唤醒，巨大的几何形天窗高悬头顶，阳光透过天窗仿佛是自然的拥抱，让人心生欢喜。

轻简的工业风以暗色调为主，深沉而神秘，这种硬朗的美感并未影响到整体舒适度，柔和的灯光弥漫，带来暖意和情调。开放式布局强调空间的通透性与灵活性，人们可以自由互动，享受咖啡的香气和阳光的温暖。几何的多元化应用在空间中形成了自然的层次感，丰富了视觉体验。金属经过精细处理，呈现出冷硬而不失优雅的质感，仿佛在诉说工业时代的辉煌与力量。而圆形灯镜的加入让金属被灯光加持，当白光透过镜面洒向周围，仿佛将整个空间都笼罩在极致的氛围之中。

空间中随处可见的海螺装饰营造出浓郁的渔村风情，代表渔民对大海的敬畏与热爱，同时也能感受到那份来自海洋的力量。

1. 大尺度几何形天窗
2. 海螺述说着海洋的生机
3. 开放式空间布局
4. 空间中的弧形元素
5. 天窗带来阳光的拥抱
6. 海螺形成独特的海洋风景线
7. 灰色调工业风
8. 桌椅的曲面造型相融合
9. 圆形灯镜让金属更显质感

WASH BASIN

历史即未来

设计单位：大亦设计
设　　计：周奕
参与设计：常颢译、杨师哲
面　　积：150 平方米
主要材料：不锈钢、钢板、铝板
坐落地点：江苏苏州
完工时间：2024 年 1 月
摄　　影：丛林

这间咖啡馆位于中国四大名园之一的苏州留园，浸润江南园林的妙趣写意，沾染历史的悠远厚重。而它本身也是有些年代的“老家伙”。

在此建筑的生命体系里，咖啡店仅仅渗透其中一个时间切片，我们洞察空间的可持续利用，将如何最大限度地保护其历史价值，同时令此商业空间融于园林氛围，是此案的首要课题。我们最终给出的方案是“悬停”。从设计理念到施工方案，将功能空间“悬停”在此建筑物上，避免与其产生过多的依附和粘连。将圆形软膜天花板用钢丝绳做牵引，以钢柱做支撑，将其腾空悬置于建筑屋顶之下，不仅满足了视觉和功能需求，也与原建筑保持适当的边界感，令后续的拆除或翻新不牵连到原屋顶。另外以透明亚克力做天花板隔断，辅以补充照明，使来客抬头得以观赏到具园林特色的屋顶原貌，现代工业材料与老房梁的视觉交错形成多重观赏感受。

在视觉美学上，本案大范围使用了圆形和圆柱，日轮状的环形顶灯，满月形的苏式门洞，园林廊道的经典圆柱，辅以明快简约的线条，特色鲜明而又和谐自然。客座区域将照明与亚克力装置艺术结合，装置呈飘浮物状，正点题了此案“悬停”的概念，在维持用材的统一性基础上增加视觉亮点。

我们将多元的社交关怀作为设计的重要考量，不仅考虑到咖啡空间的社交需求，同时也关照到“拒绝社交，享受独处”的需求，“e 人区”与“i 人区”共享有限的客座空间，以装置照明作为区隔，座位朝向互不干扰，使多元需求的顾客能够自在地“悬停”于同一空间。借用建筑原有的木门使其呈打开状，作为独立休息区的隔断，此举亦减少了对木门的人为推拉，降低损耗。同时我们将此处作为公共空间，为没有消费需求的游人提供休憩场所，让其不进店消费也不会感到尴尬，彰显人文关怀。另外，此区域也可作为拍照打卡区，为咖啡店带来无形的商业价值。

怀着对历史炽热而浪漫的情感，为此园一隅做下时代注脚的同时，最大限度地保留了原建筑的风貌，避免了粘连性设计，将续写的可能留白给后来者，希冀与不同时空的游人共享美好。当千百年不变的阳光透过青石瓦与玻璃窗，古今中西独有的绵密韵味似都在面前的这一杯咖啡中了。

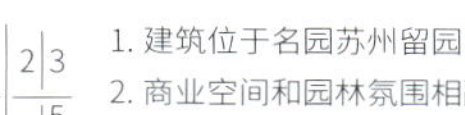

1. 建筑位于名园苏州留园
2. 商业空间和园林氛围相融
3、5. 圆形软膜以钢丝绳牵引悬置于屋顶下
4、6. 满月形态的苏式门洞

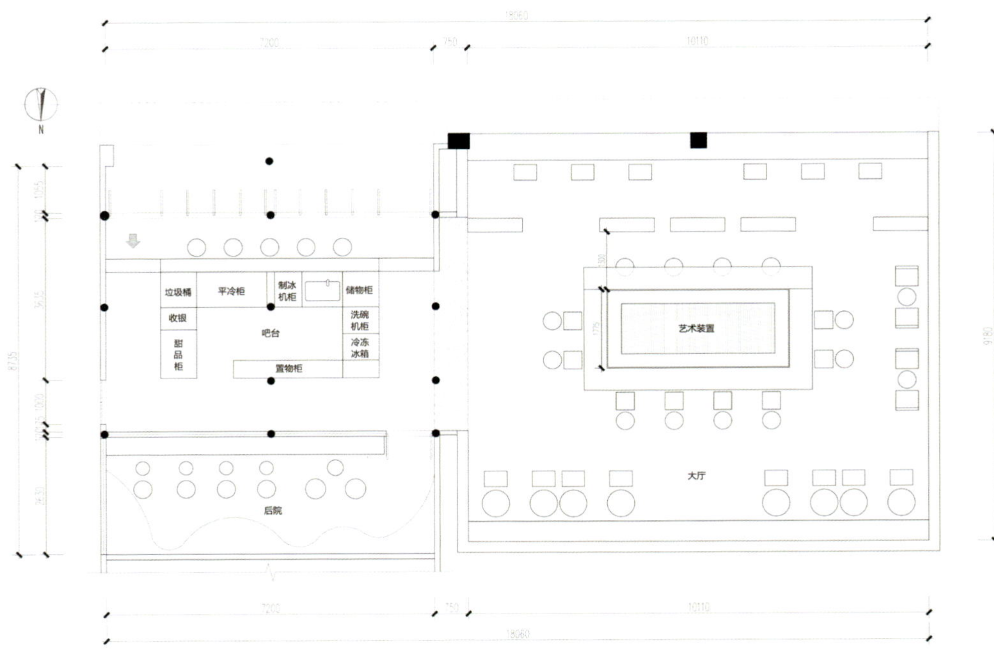

平面图

1. 客人可共享有限的座位
2. 空间局部
3. 环状天花
4. 飘浮装置正点题了“悬停”的概念
5、6. 使用透明亚克力做天花板隔断

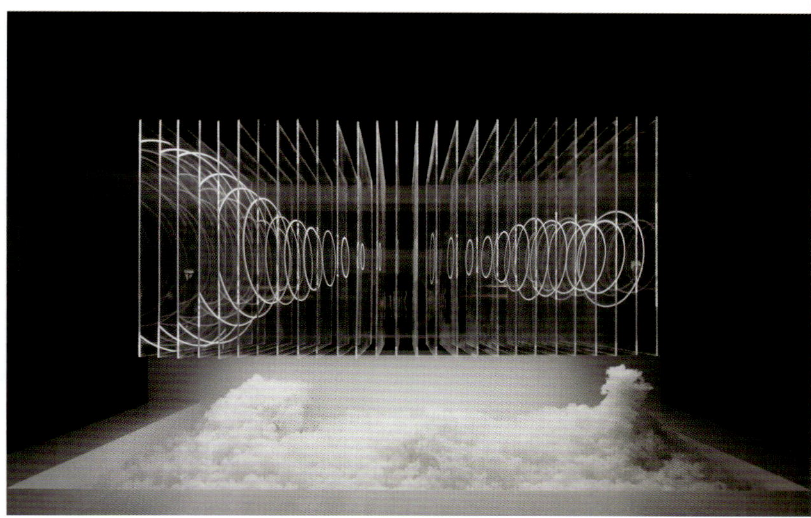

趣园 plus

设计单位：刘道华建筑设计事务所
设　　计：刘道华
参与设计：杨报斌、苏阳、曲天佑、魏佳琪、王新宝、王彦娟、程艺、王商、张伦、杨平、王龙
面　　积：2382 平方米
主要材料：木饰面、不锈钢、石材
坐落地点：江苏扬州
摄　　影：王厅

扬州，自古繁华，也自古温柔，这气韵也存在于园林风貌中，一如瘦西湖 “两岸花柳全依水，一路楼台直到山”的境界。在瘦西湖两岸鳞次栉比的大小宅园中，趣园更是别致所在，春之滴翠，夏之葱茏，秋之明净，冬之风雪，浓缩了一座城的生活掠影。设计师将游园的趣致贯入，室外盎然生机，室内幽境香影，用无形为有形勾勒出灵魂的栖地。顺着瘦西湖的水路慢行，绕过飞檐穹顶的亭台轩宇，穿过轴线对称的庵舍楼阁，在趣园深处抵达一方佳境，在传统沃土上开出新生的趣园 PLUS。

一幕矮墙与斜松之后是一座古式正房，镂空花窗代替围墙组合拼接，形成整体晶莹轻快的外围。屋内有黑色底纹大理石的岛台，与米色沙发和花型茶几相对，斜插桂花枝馥郁甜香，而墙面上的《趣园赋》与花窗光影和合。从会客厅后门走出便入了妙逸小景，细竹一排、山石两座、金桂三丛、矮松散落，配以湖光潋滟、石桥锦鲤，而一侧的竹轩将镂空圆形天井元素纳入，隐约间围合出一方唱戏、偶坐、小酌、聆风的户外松快处。

顺着松间大门进入，横居的迎宾岛台如长卷般延伸，阔朗的内凹式天花板，让来者自有入门天地宽的心境。左转顺细廊入大厅，整整一个界面的落地窗将水云和树影纳入，有内外了无边界的自在。古铜色调的厅堂中央是连接上下 3 层的旋转步梯，充满雕塑感的不规则造型如蜿蜒的瘦西湖水，点醒空间的灵魂。拾级向上抵达顶层，宽大的天井加入格槽的形态设计，倾泻而入的光线被打散，实现柔光的质感。不同主题的私宴包房围着天井环绕，洄游动线如空中回廊，它是章回之间的过渡与转折，是虚实之间和即将发生。

12 间包房分布在 3 层空间中，回转的步道将其串联，吉祥纹样的镂空格栅贯穿空间，将静影沉璧的朦胧质感演绎得淋漓，于寂静中体现平衡感。一层以“清、静、慧、黛、禅”为名的私宴厅，设牌坊、茶席、餐桌与休憩的功能格局。二层 5 间私宴厅则分别以“悦、趣、丽、馨、怡”的韵致命名，多了空中楼阁的通透视角，三面瞰景的大窗将绿光写意引入，水杉与老屋顶交错成为生动的画作。负一层的“佳瑞”与长席宴会厅，平添阴翳之美，微暗古朴亦如一首长歌。不同主题空间的天花板设计是神来之笔，设计师将屋脊元素放入，无论哪里都可仰见坡屋顶，或层叠或对称或内凹或隔槽，屋脊的阴影中点缀金色光带，梦幻而深沉。窄道间燃起的地灯照亮氤氲的四方池，一株古松盆景顾盼生姿，屏风前的大理石纹络案台沁润出柔光，微微悬起的隔断浮于青苔山水造景之上。这份隐匿、重叠、婉约与留白，犹如一方宝玉于悠远中溢出醇厚。

细观整个趣园 PLUS 的空间细节：长而深的走道、墙面之上细窄的开口、简约四方的廊间立柱，以及错落叠加的屋檐元素……身处其中，在若隐若现的透视里生出探物之心，在柳暗花明的光影节奏里，感受山重水复，是为游园之乐，在桃源尘世中回归精神原乡。

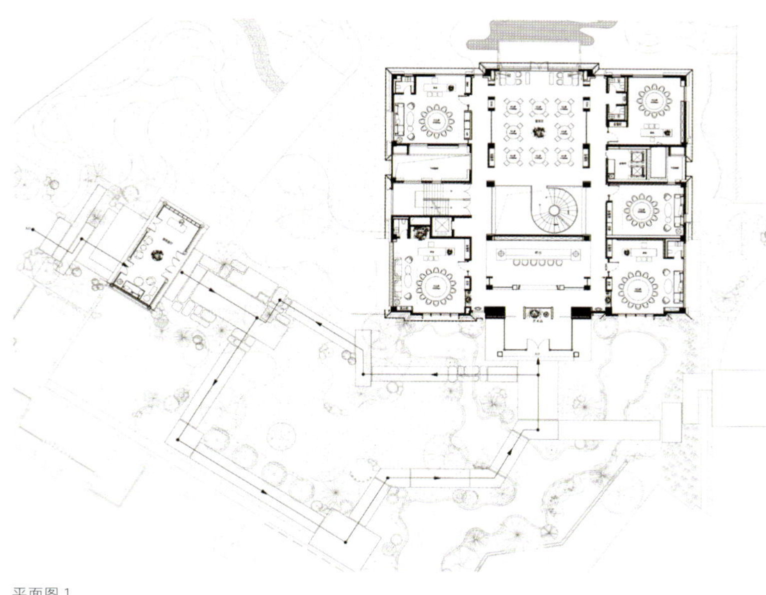

平面图 1

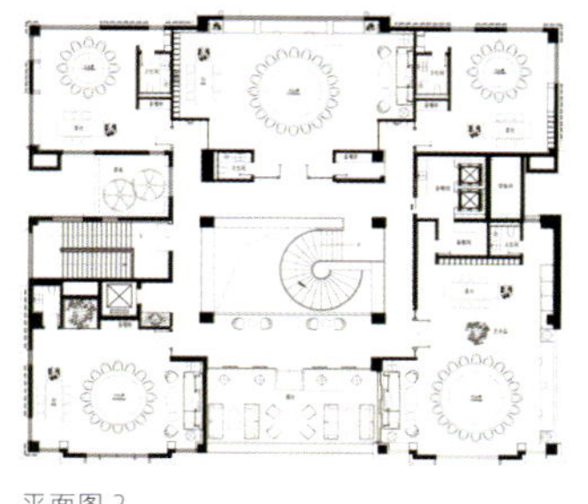

平面图 2

平面图 3

1. 新生的趣园 plus
2. 景观与古典园林一脉相承
3、4. 镂空花窗取代围墙进行组合拼接
5、6. 充满雕塑感的不规则旋转楼梯

1. 窄道燃着氤氲的地灯
2. 流光吧台
3. 长卷舒展的迎宾台
4、5、6. 吉祥纹样的镂空格栅演绎朦胧质感
7. 欧式宴会厅
8、9、10. 三面瞰景大窗增加空中楼阁的多样视角
11. 私宴厅中苏式园林意象的装饰画

TIANA CAKE 工厂店

设计单位：HOOOLD 设计事务所
设　　计：韩磊
参与设计：黄德斌、智鹏飞、王子帅
面　　积：1500 平方米
主要材料：不锈钢、艺术漆、水磨石
坐落地点：山西太原
完工时间：2023 年 12 月
摄　　影：吴鉴泉

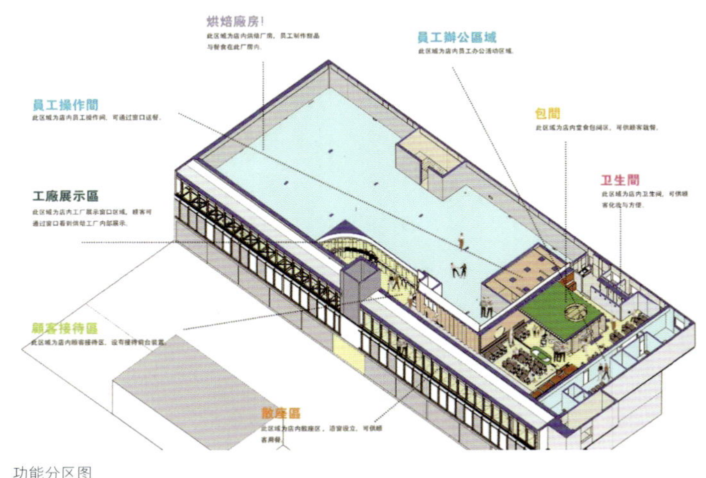

功能分区图

本案的核心目标是将一处废弃的办公空间转变为一个高效的烘焙工厂，首先需解决两个主要挑战：一是如何在有限的空间内使工厂既具备产品制作功能，又能打破传统甜品制作过程中的短暂等候和就餐环节；二是如何提升烘焙店顾客的空间使用率，从而增加空间活力。

项目坐落于城市核心区域，借助卡通风格的入口设计，品牌活力延伸至电梯内部，提升了整体品牌形象。针对一层展示面，对门进行了拓宽并加强结构，提高了与街道的连接性和互动性。通过重新构建产品结构并结合核心甜品，意图将所面临的挑战转化为机遇。对所有表面材料和油漆进行清除，暴露出混凝土墙体和金属结构，使空间感知发生显著变化，呈现出时光沉淀的多样化痕迹。新建的开放式包间位于空间后场，呈现立方体状。自入口廊道延伸至吧台，形成一条连续路径，营造出另一种氛围。吧台由红砖与金属吧面构成，与空间原始材料形成鲜明对比，加强了自然与人工制品之间的差异性。

品牌方希望实现线上线下售卖同步进行，同时确保外卖自提区和堂食体验区互不干扰。最终规划出左右两条动线，左侧为外卖自提区，右侧则顺着廊道由员工进行引导，直面工厂制作流程。通过玻璃进行产品制作环节的可视化展示，增强与体验者的互动。设计以巧克力慕斯蛋糕为灵感，将铁锈与巧克力色巧妙融合，提升空间辨识度。原先的靠窗区域封闭且昏暗，于是将半墙拆除以实现空间的开放性。经过修饰的原始钢架与窗边空间融为一体。

设计以微妙的方式介入，旨在唤醒空间内在的丰富性。通过柔化钢结构的粗糙边缘，同时保留原有顶面和钢立柱，营造开放视野。窗口采用黄色边框，为甜品设计师提供一个展示创意的平台，让体验者能够近距离欣赏甜品。设计尊重并强调空间的原始结构。钢柱体上的漆面在施工开始的时候尽可能铲除粉刷多层的乳胶漆，状态较好的柱体保留裸露的状态。

TIANA CAKE 代表着一种持久的、地域特色鲜明的、不盲目追求潮流的理念。我们将空间的设计痕迹隐去，将墙体之间的窗口作为通风口，整个空间呈现出无界融合的特点，犹如一个游乐园。整个空间通过一条廊道实现多样使用功能的有机结合，包括制作、出品、展示、售卖、体验、传播以及副业态，构建内外协调运作的品牌核心产品力。

策划和设计务必遵循生产和消费的商业逻辑，为了规避传统甜品店在线下就餐时人流量较低的问题，我们建议以甜品为核心，搭配下午餐点和饮品，以满足全时段的消费需求，从而提高了空间使用效率。

1、2. 顾客可通过玻璃直面产品制作环节
3. 鲜明的卡通风格入口
4. 裸露的混凝土墙面表现出时光的沉淀
5. 原始钢架与窗边空间融为一体

SWEETNESS

BOULANGERIE
BOULANGERIE

1、2. 空间的无界融合
3、4、5. 供顾客品尝美味糕点的散座区
6、7. 以慕斯蛋糕为灵感将铁锈色与巧克力色相融
8. 新建的开放式包间
9. 卫生间

如熹 RuXi

设计单位：HOOOLD 设计事务所
设　　计：韩磊
参与设计：黄德斌、智鹏飞、李静怡
面　　积：320 平方米
主要材料：水磨石、不锈钢
坐落地点：山西太原
完工时间：2023 年 9 月
摄　　影：吴鉴泉

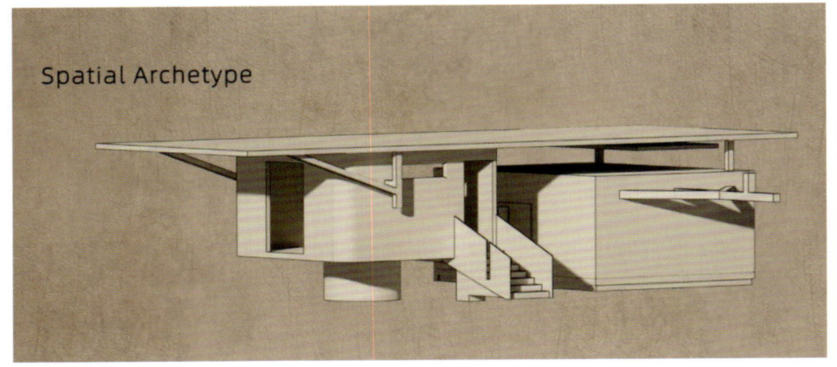

建筑模型图

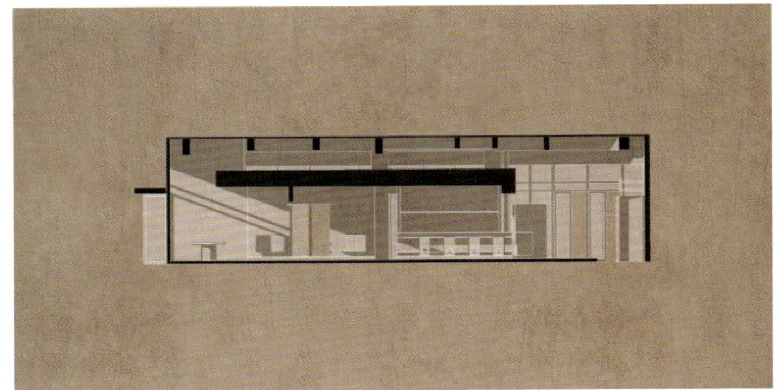

立面图

“侘寂”美学的本意在于营造沉静的氛围，而餐厅则想呈现出一种市井烟火的气息，空间产生对比的同时也更具有戏剧性。餐厅菜系以“打边炉”为核心，让空间和人的内在情感产生共鸣，强调寂静并不是否定市井气息，而是让人在孤寂无一物的境界里感受到旺盛的生命力。

如熹 RuXi 已是一个成熟的打边炉餐饮品牌，此次新店设计除了打造新旗舰店的定位，更注重传递品牌的深度与对打边炉文化的理解。如熹 RuXi 品牌名称译为在日光微明中感受生活，而其主要产品打边炉也叫打围炉，以前按季节叫春炉、夏炉、秋炉和冬炉，后来只叫四季炉，即四季火锅，随着四季变化感受食材的口感。空间设计以“侘寂烟火”为主题，入口设置了装有产品的食材陈列柜，等候时顾客可了解每一种食材，增加与消费者的互动。将空间化零为整，打通室内的边界，将室内空间彼此架构，化身人与自然或宇宙之间更深层次的关系。随着时间推移，自然光的角度、亮度、冷暖每一刻都在微妙变化着，此时神圣纯洁的光明和具备神秘感的阴翳同时在空间中呈现出各自的魅力，产生丰富的光影韵律也营造出温度感。为了在空间呈现“侘寂”中的阴翳之美，则在满足照明需求的前提下尽量降低室内光强度，多运用开放界面和透明封闭界面，将引入自然光作为主要照明方式，使自然光以投射、弥漫、消耗等多种方式自由倾洒在空间内。

“食有道，心欢喜”是品牌理念，设计时也将空间体验作为一个重要维度，希望食客能因空间的沉浸感放松下来，认真感受食材，享受当下。从廊道的不同视角中围绕食材与食客，通过设计打造一种有趣的互动，能比纯平面化的视觉空间更具有记忆点，而体验感在未来是餐饮品牌更具核心的价值。品牌方希望延续整体空间设计的自然朴素质感，打造一个对空间敬畏、对料理期待的餐饮品牌。为此我们将水墨元素与品牌视觉形象进行了融合，让空间充满调性的同时又不失趣味性，满足人们对空间体验的多维需求与想象。

在“侘寂”中感受人间烟火气，重新从日常中寻找到松弛和谐的理想生活。

1	2 3 / 4 5 6

1. 建筑外立面
2、3. 食材陈列柜
4、5、6. 廊道的多功能视角产生有趣互动

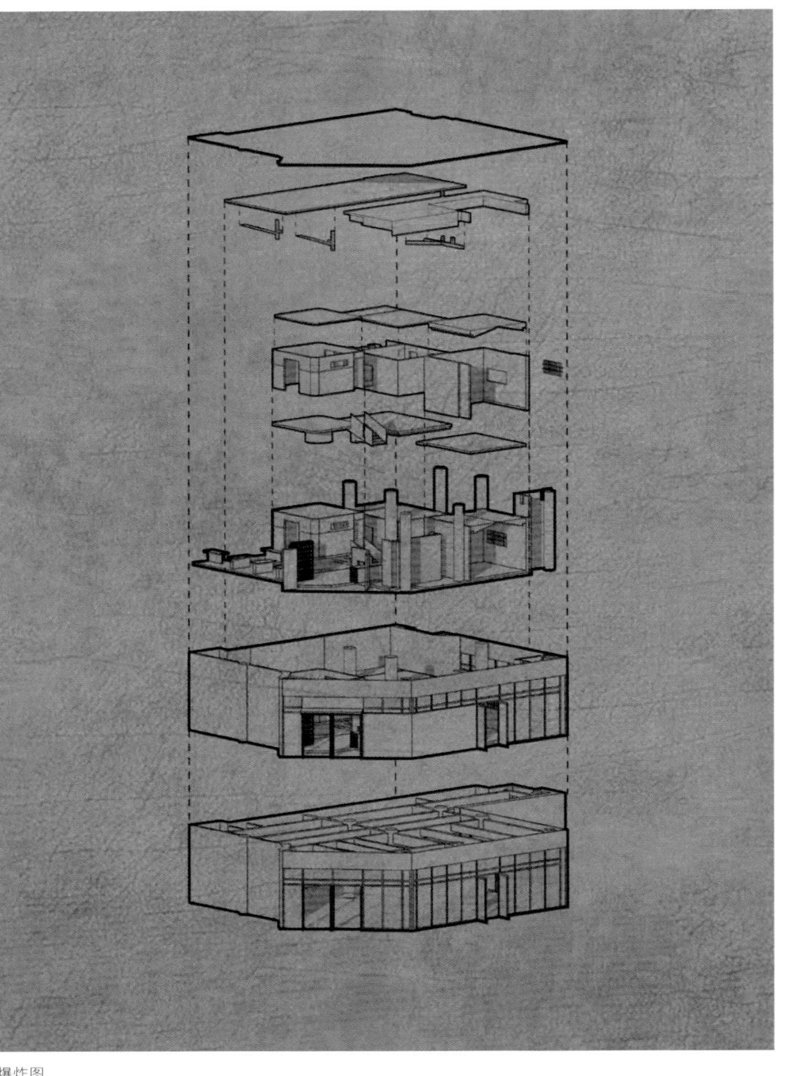

爆炸图

1	2	3	5	6
4			7 / 8	9

1、2、3. 室内光强度被尽量降低
4. 吧台
5、6、7. 利用开放界面多引入自然光
8. 就餐区
9. 包间

茉里

设计单位：浆果设计研究所
设　　计：周博
参与设计：马迪、曹娜、刘中男
面　　积：1020 平方米
主要材料：艺术涂料、高光木板、石材、金属
坐落地点：吉林长春
完工时间：2023 年 10 月
摄　　影：图派视觉

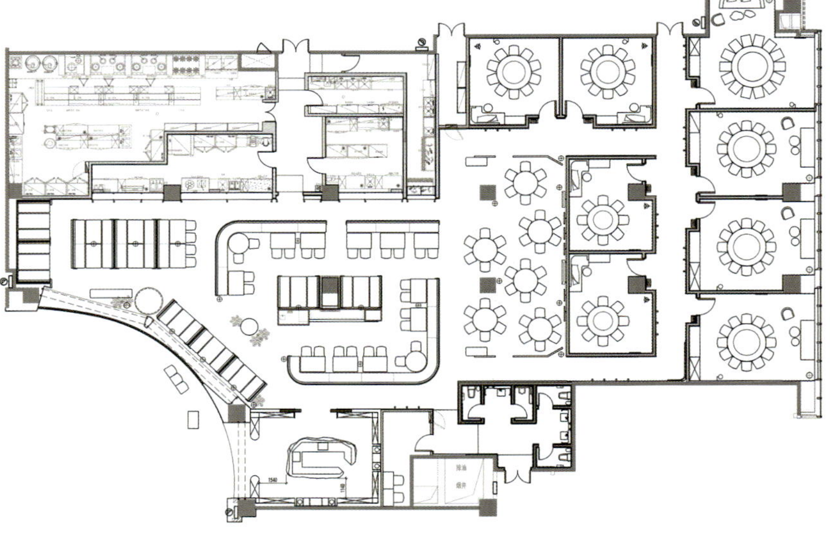

平面图

具有当代精神和思考的设计因社会的变革与创新显得尤为重要，根植于前瞻性与突破性的思维土壤，不以即时的解决方案为终极目的，因设计触发深层广泛的探讨与反思。本案在既定的故事与情绪中，围绕平衡当代精神的设计与可持续的商业续航力展开。

从宏观布局到微观细节是现代审美趋势的敏锐捕捉，不过分强调某种东方文化或者地域特色，我们希望呈现更融合的、摩登的、多元的都会文化。序厅，一切物体是对称、似对立，是一场设计开篇的注脚，似老电影中一幕色彩繁复艳丽、极尽奢华的剪影，依稀是过往名流穿梭，觥筹交错的辉煌。在地域属性与现代精神融合中截取切片，经典和前卫交织呈于当下，给人时空闪回的体验。符号化的视觉表达抽离于平面维度，亦是精神的指向。

立柱即是场域内的阻碍，又成为信手拈来的亮点。Art Deco 几何形状的包裹，强烈线条的对比，突出向上延伸的整体感和纯净感，亦如纽约街头屹立的大楼，与建筑外表裸露肌理构成场域内艺术装置的焕新表达，以本色姿态站在当代向过往致敬。荒诞怪异的肖像油画与明确边界的屏风在光影的伴奏中有序排列，沉淀浓郁的色彩成为空间亮点之一。

廊道重构布局，抽离瓦檐元素，以现代手法重新解构形式，在黑色漆面的反射下明确行进节奏，层层递进的设计手法，整齐排列的布局使人仿佛在府邸中漫步。借流水、虹桥、楼台、城郭、舟车等描金壁画做标识，创造另一种审视的新鲜感。安一隅的包房注重私密性，开放的烟火气在特定的媒介情境中将中西文化精神的碰撞发挥到极致，艺术漆与定制花砖石材互映间，指引了空间的高阶走向。

我们搭建跨越时间、空间、感官等多维度的非线性对话，发掘旧日故事与情怀，并将其诠释于空间肌理之中。与此同时，在人文积淀与文化印记的框架下，重新思考时代精神的设计脉络联系。

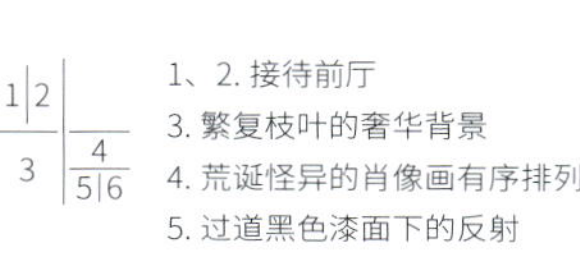
1、2. 接待前厅
3. 繁复枝叶的奢华背景
4. 荒诞怪异的肖像画有序排列
5. 过道黑色漆面下的反射
6. 荒诞怪异的肖像画有序排列

1	2	4
3	5	6

1、2. 光影中的镂空屏风
3. 厨房操作区
4. 女士卫生间
5、6. 包房的精美古典壁布

1. 外立面如浪潮般叠荡在黑色金属底面上
2、3. 寥寥几竿疏竹围合出游园般的移步换景
4. 点线面构建起几何感的空间美学

潮——外师造化游园寻趣

设计单位：北京瀚唐风景室内设计有限公司
设　　计：敖瀚、唐云
参与设计：张莹玥
面　　积：701 平方米
主要材料：氟碳喷涂亚光金属板、钢化玻璃夹和纸、进口艺术涂料
坐落地点：上海
完工时间：2023 年 8 月
摄　　影：吴冰

水朝宗于海，曰潮。世事沉浮，潮流亦往复迭新。国画有五墨六彩，潮餐厅的外立面以黑色金属做底，光斑透过大小冲孔实现浓淡关系，亦有墨分五色之妙。驻足而观抑或踱步而入，行走间如长卷般缓缓展开，又如浪潮般层层叠荡。

寥寥几竿疏竹围合出游园般的移步换景，并非是在空间里塑造场景，而是借由边缘的不确定，接引并融合情感。竹丛疏密有致，折扇交织流转，组成了一个具有文化认同感的空间模型。折扇有进退自如和逍遥自在之意，大厅内抽象折扇与具象折扇交叠组合，是意与相的对话。蓝、金、红、绿四色叠加，渲染出古典韵味。

现代化的发展并没有改变中国人的内核，当一个临界点到来时，我们开始反思和追寻属于自己的文化、精神与内涵。潮餐厅立方寸之地于繁华市井，以设计温情连接人文精神与情感密码。

设计以气韵与意向化诸细节，竹林、折扇、流萤既是载体，也是主角。点线面构建起几何感的空间美学，亦有春风秋月之情韵，触碰时间轮廓，感知世事变幻，于细处见往复迭新。

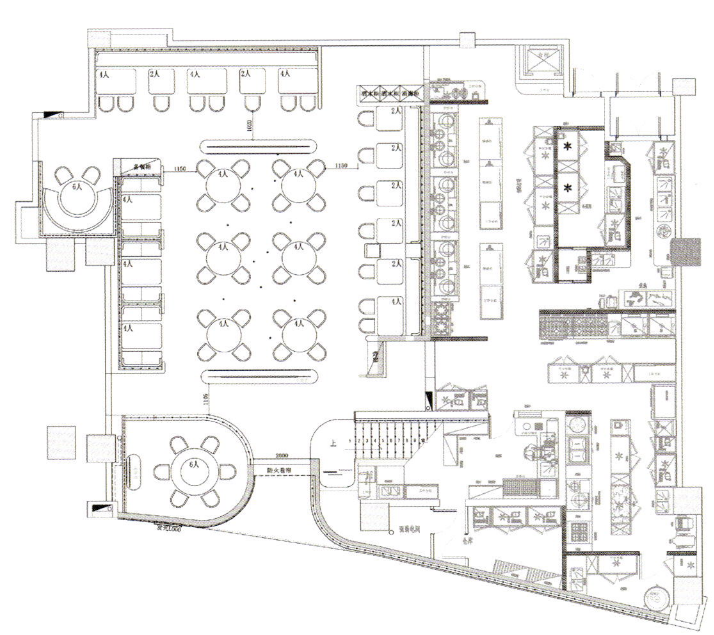

一层平面图

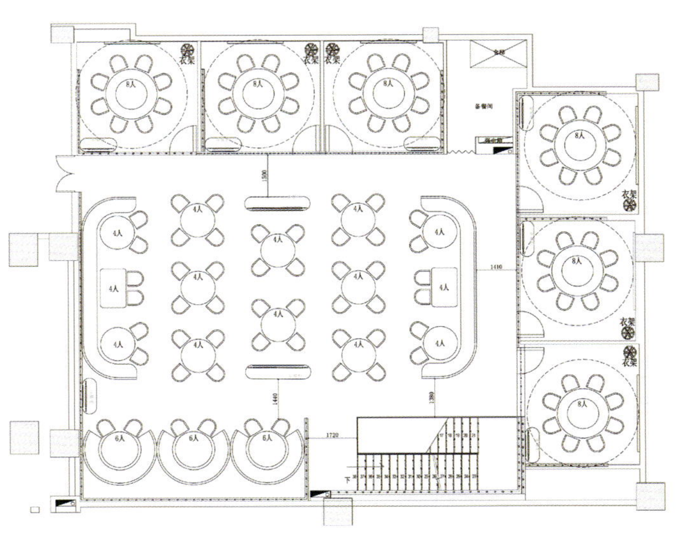

二层平面图

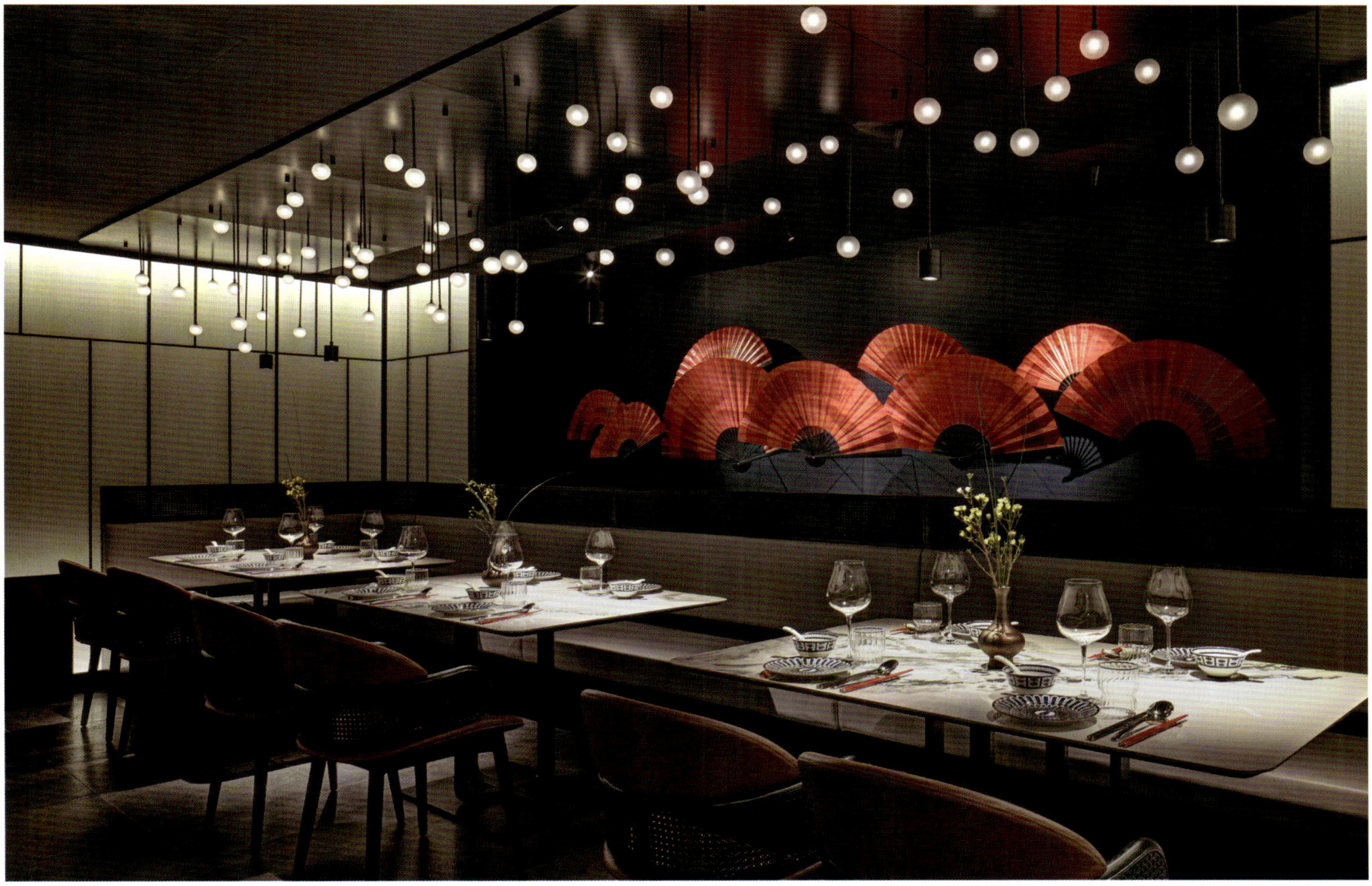

1	3
2	4 5

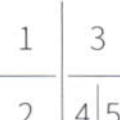

1. 红色折扇交织流转
2. 流萤般的灯光为空间注入温情
3、4、5. 具象折扇与抽象折扇的组合渲染古典韵味

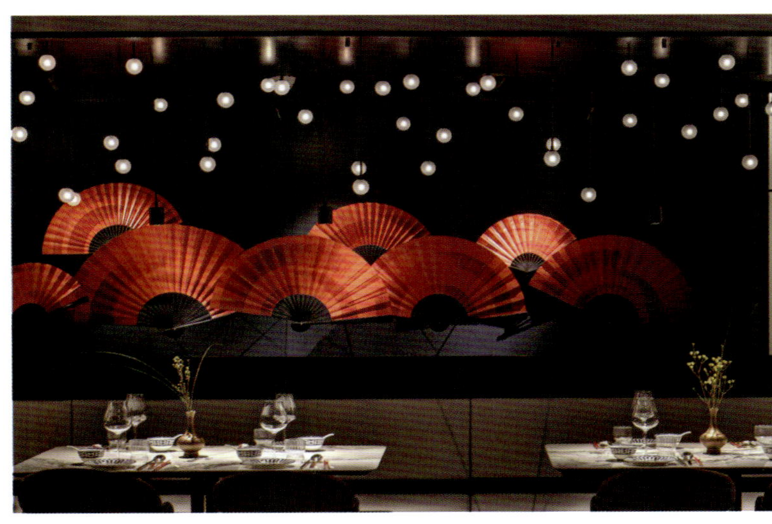

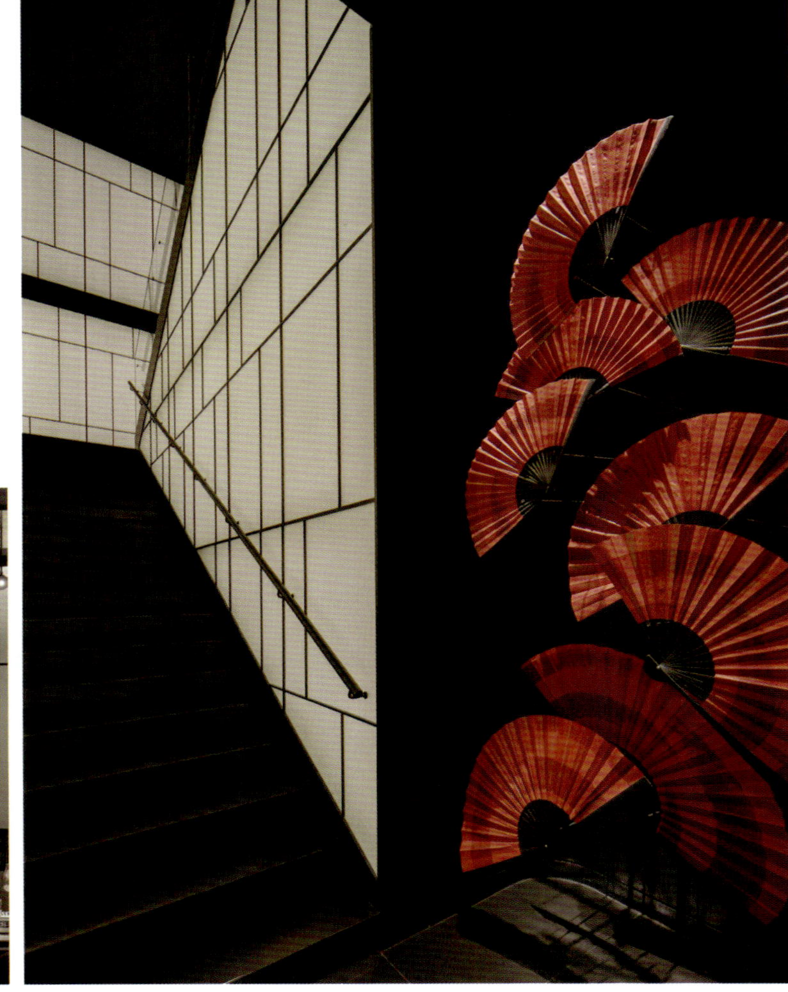

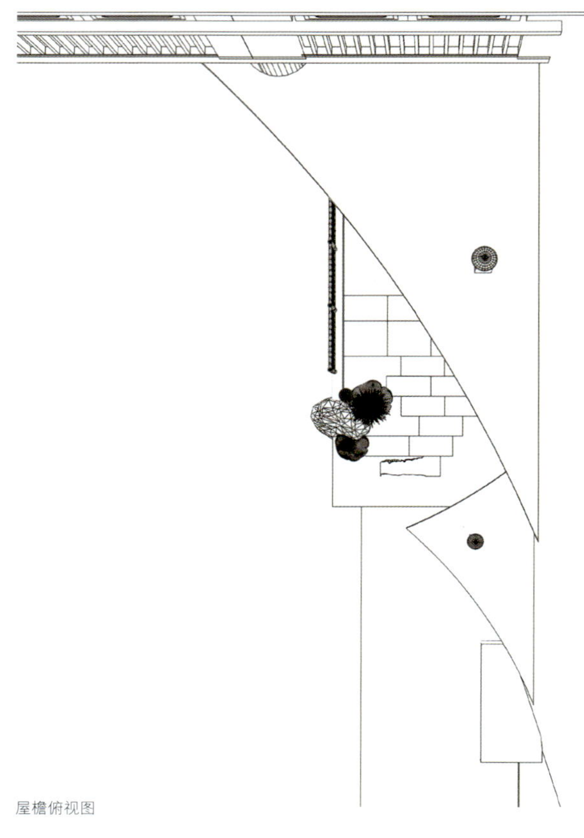

屋檐俯视图

山可爱饮食店

1 | 2
3 | 4

1. 外立面屋檐以一组“山”形钢构高低悬挑
2. 可爱的品牌标识
3. 户外区域
4. 嵌入柱体构成归属清晰的空间层级

设计单位：南京拙木空间设计
设　　计：吴媛媛
面　　积：室内 39 平方米，室外 15 平方米
主要材料：钢板、旧木、青石板、水洗石
坐落地点：江苏南京
完工时间：2023 年 11 月
摄　　影：黑曜石空间摄影

熙南里历史文化街区地处南京老城南，从明朝至今都是南京市井文化荟萃之地。山可爱饮食店是位于街区临街雨廊北侧的底层微型商铺，它是品牌延续“山系列”的最新创作。

我们将店铺入口由廊底改至临近主街一侧，并利用原洞口拉长至 5 米的长窗，营造微店宽面的效果，让室内小空间避免视线阻隔而产生闭塞感。立面屋檐以大小不一的一组“山”形钢构高低悬挑，转角处以弧线弯成更具延伸感的尖角，试图以二维平角去模拟传统古建中起翘的翼角，从而使屋顶看起来更具动感。而屋檐拉出的流畅曲线，也使檐下的视觉效果更加柔和舒畅。屋面在靠近连廊一侧以圆形洞口嵌套入其中的一根柱体，构成归属清晰的空间层级。强化山可爱与园区的构成关系，既保持贴近又相互脱离。

山可爱饮食店北侧为品牌旗下已运营多年的味至小山南一楼入口，我们将两个新旧空间的共用墙体打通，使两个品牌之间能够相互渗透。室外部分也设置品牌公用的海报亭，路径上以“捉迷藏式”的形态完成对新空间的感知体验。

室内空间除去后厨的使用面积后不足 30 平方米，我们在南侧高处开长窗，避免因户外巷道的狭窄产生对侧店铺的目光凝视，使人能在小空间中坐定，同时以框景将对面古建筑最美的黑瓦部分引入室内。黑色格子作为贯穿室内外的元素，在室外是店招与屏风，在室内是窗与隔断。室内的格子以“编织”的手法进行再创作，将经纬线以不同颜色挑压交错，拼合成如同织物一般的纹理。这次借助编织这一传承已久的手工技艺，表达对自然、材质、技艺的尊重。小空间的功能需求力求有序有效，以纵向双层木饰面将横向上的收银、料理、出餐、储藏、展示等多项功能排序在同一条轨迹上，在精简体量的同时也延伸了视觉层次。

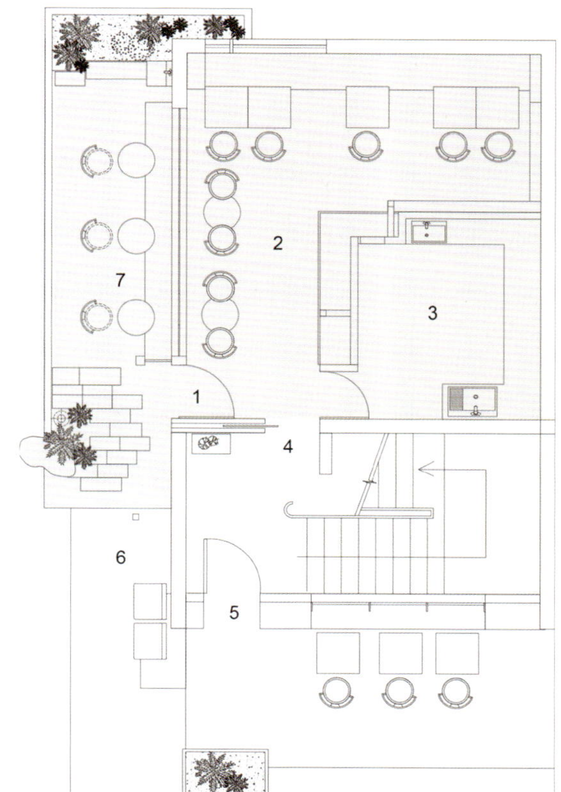

1. 山可爱入口
2. 餐区
3. 厨房
4. 小山南至山可爱入口
5. 小山南入口
6. 海报亭
7. 户外餐区

平面图

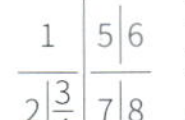

1、2. 不同颜色经纬线“编织”成织物般的纹理
3. 高处长条窗可避免户外凝视的目光
4. 有趣的出餐口
5、6、7、8. 空间小景延伸了视觉层次

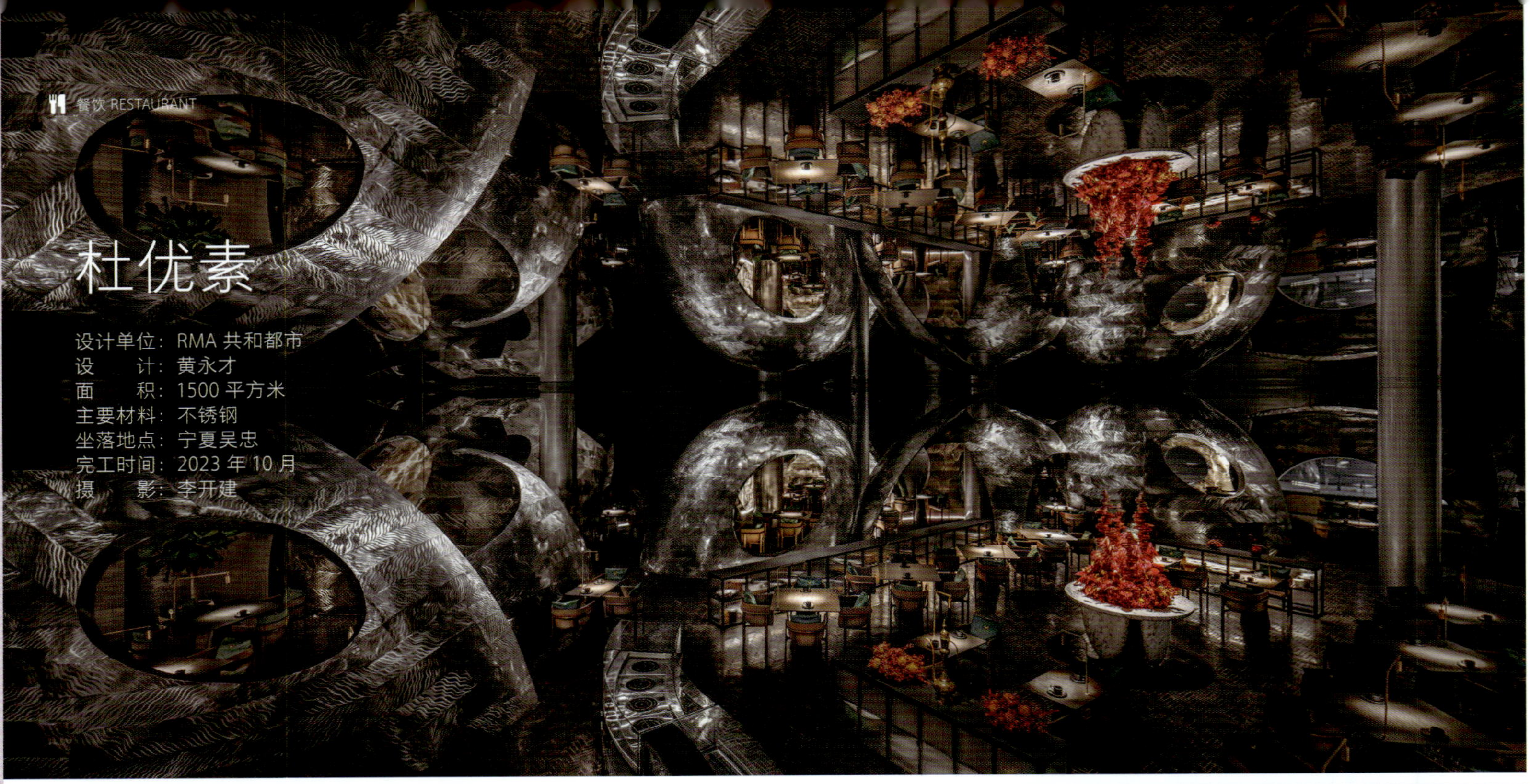

杜优素

设计单位：RMA 共和都市
设　　计：黄永才
面　　积：1500 平方米
主要材料：不锈钢
坐落地点：宁夏吴忠
完工时间：2023 年 10 月
摄　　影：李开建

吴忠市杜优素羊杂碎是非物质文化遗产，已有近四十年的历史，如今已是第三代掌门人。业主揣着疯狂的梦想找到我们，想尽一切办法去建造。最后该店以疯狂有力并超越现实的形式呈现在一个西北部的宁静小镇上。

本案位于距离设计公司较为偏远的西北部，设计概念的落地，对于空间与异形不锈钢的推敲需要非常慎重，经过多次打样和提前组装后再运往西北。同时还要非常用心地去了解当地特别的人文精神，以达到更好的设计在地性。

规则和不规则的几何形状彼此之间环环相扣，建筑一体式的结构高低错落、起伏变化，表皮肌理随着立面的转折而呈现出清晰的褶皱边界。天花板与立面间隔出适当的距离，斜面的形体处理更有利于捕捉光的动态生长和行为方式，从而使建筑成为光的容器。

空间语言的演绎与创作，是文化脉络与实景的对映。本案与城市和生活之间，犹如数面镜子相对，不必诉诸词语与声响，不必描述共识。无穷的嵌影将界限模糊，交织环境，共生新事。

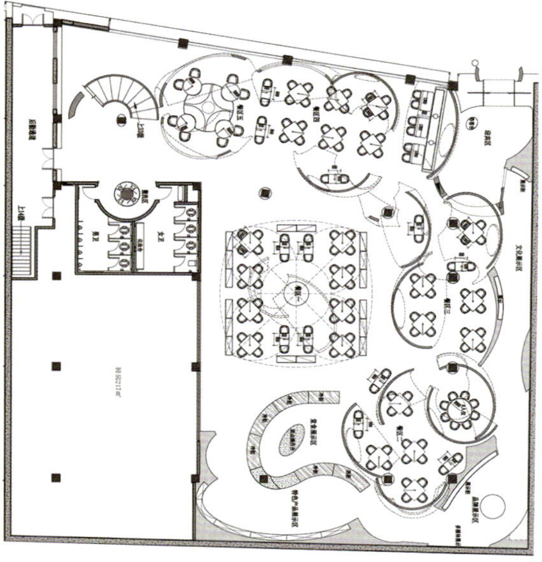
一层平面图

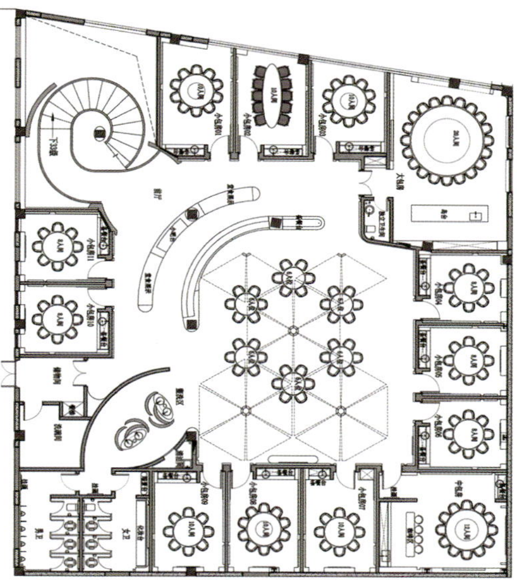
二层平面图

1、2. 褶皱与起伏
3. 起伏如山峦变化
4. 斜面的形体处理有利于捕捉光线变化
5. 表皮肌理的转折
6. 结构高低错落

1	4	5
2 3	6 7 8	

1. 热闹的就餐场景
2. 洞中有景
3. 包间
4. 孔隙
5. 楼梯向上盘旋
6. 几何形状环环相扣
7. 线条在重复中不断延展
8. 洗手间

暖场之旅，人生如沸

设计单位：尽境空间设计
设　　计：李冬尽
参与设计：陶勇言、郜彦辰
面　　积：280 平方米
主要材料：炭烧木、水洗石、稻草漆
坐落地点：辽宁沈阳
完工时间：2024 年 2 月
摄　　影：TOPIA 图派视觉

暖场之旅，人生如沸。我们在不停地奔波，在自己的沸水中努力翻滚，寻找属于自己的节奏和温度，正是这种“沸”的状态，让人生充满了活力和动力。

光作为一个无形无质的存在，在设计师手中被赋予了生命与形态，创造出独特的空间效果。以粗犷的设计手法展现原始的质朴之美，光线巧妙穿梭于空间，赋予原木餐桌椅和收纳架生动的表情，它们仿佛在呼吸，随着时间流转而变换着不同的情绪。质朴稻草漆在光线勾勒下轻盈而有层次，空间充满了艺术美感。

建筑不仅是砖瓦和水泥的堆砌，设计师以建筑的语言和技巧表达出富有功能性与表现力的空间，每一寸空间都得以充分利用。开放式的空间界面提供了更充足的自然光线，宽敞而明亮，矮隔断让空间隔而不断，整洁有序，同时提供一定的私密性。

古人眼中窗是天人之际的帷幕，借鉴园林中透窗观景的设计手法，简化成几何图案，纯粹而雅致，是不同维度的传统与现代设计的共融。暖场空间的基本元素是炭烧木、水洗石、稻草漆，一束光照进来，透过框景跃然而出，为食客提供心灵的慰藉和温暖的归属感。合理的布局和流线设计也确保了空间的秩序和有效性，提高就餐的舒适度与便利性。通过人与人、人与空间之间的互动，产生奇妙的趣味回响。

设计师完全尊重商业空间的需求与载客率，剥离复杂的空间元素，整齐排列的餐椅与卡座是一个有效的策略，留出空间进行适当分割。万物的智慧皆为自然的馈赠，在北方地域背景之下，原木的质感被生动地感知，凸显出空间的温度，打破室内外的界限，营造生机盎然的空间姿态。这不仅是生命力量的体现，更是诗意之境的完美表达。

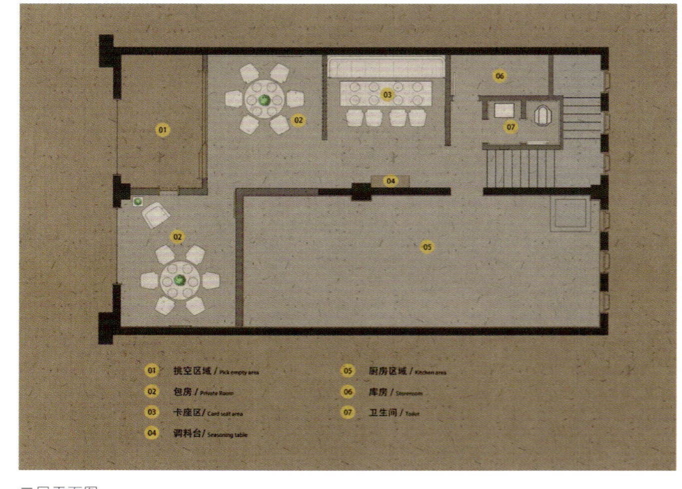

二层平面图

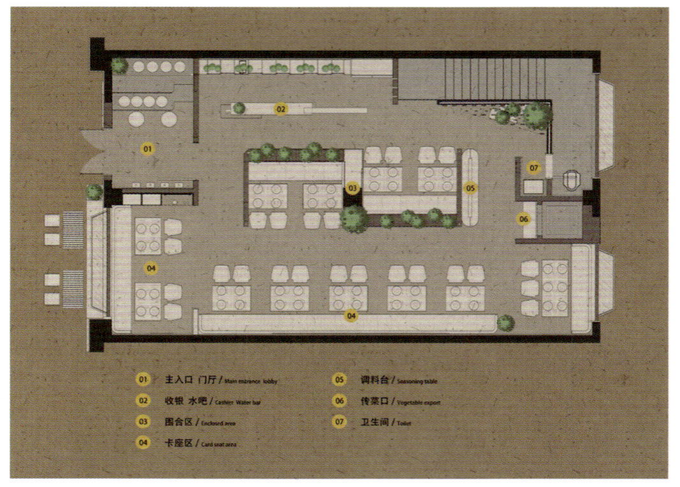

一层平面图

1 在光线勾勒下空间流动了起来
2. 对外的折叠窗口
3. 收银台
4、5、6、7. 半高隔断让空间整洁有序

1 2 5 6
3 4 7 8

1. 黑色背景
2、3. 雪景如生动的电影画卷
4. 透窗观景
5. 自然与室内交融
6. 包间
7、8. 日光赋予器物温度

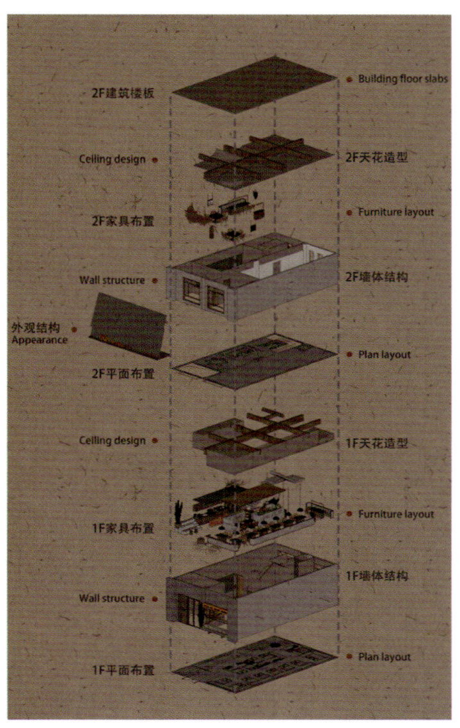

爆炸图

平阊园苏式面馆

设计单位：尼克设计事务所
设　　计：尼克
参与设计：薛宇枭、郝露
面　　积：1000 平方米
主要材料：实木、石材
坐落地点：江苏苏州
完工时间：2024 年 8 月
摄　　影：尼克

桃花坞里桃花庵，桃花庵下桃花仙。桃花坞，因唐寅居住于此而天下闻名，是芳草鲜美，落英缤纷的世外桃源。明代风靡一时的唐伯虎、祝枝山、文徵明、徐祯卿四大才子皆在此留下风雅韵事。而今，一个诠释江南和江南才子的地方，却因一碗面红极姑苏，吸引无数游客来此游园赏味，品吴韵悠长。

平阊园苏式面馆位于苏州桃花坞大街，踏着古色古香的石板路，通径幽处悠然见面馆，韵未尽，心已醉，置身其中仿佛已忘却尘世的喧嚣，更有万般面香扑入鼻中。

设计师提炼了中国传统老宅工艺的建筑风格，以松迎客，以木为质，细腻描摹，将中国传统文化意象演绎得精细独到、恰至佳境。同时辅以现代表现手法，又隐隐透出年代感的影子，打造兼具艺术感官、可互动交流的多元空间，引领食客沉浸其中。

于静处，暗调的中式氛围营造出隐逸宁静的基调，中庭的 3 棵古松如同长者温情注视着尘世间，迎接和目送每一个美好的瞬间。宋代的房梁榫卯结构，明代的定制实木家具，采用现代中式留白与置景的手法，构建了一个跨越时空的对话空间。于动处，巧妙运用了仙鹤、鱼等传统元素，寓意美好与繁荣，为空间增添了几分生动与活力。那一曲悠扬的评弹将过去和未来连接，声声低吟诉尽江南柔情。

黛瓦廊下、凭栏听风，松林雅木、池鱼水影，桃花戏台、石头桥上，平府灯火、流云四季。每处皆自成一景，却又交相辉映、浑然天成，岁月的静好与文化的沉淀在此交汇。

为了一碗面，造了一座园，这就是苏州人对人间烟火的极致追求。于衣食住行的细微处，设计师捕捉到苏州独有的气质与韵律，并将其精妙融入作品之中，于无声处沉浸式感受江南文化的新内涵，诠释苏式生活美学的新表达。

1. 曲径通幽处的面馆
2. 中庭古松迎客
3. 佛祖温情注视着尘世
4. 传统仙鹤元素寓意美好

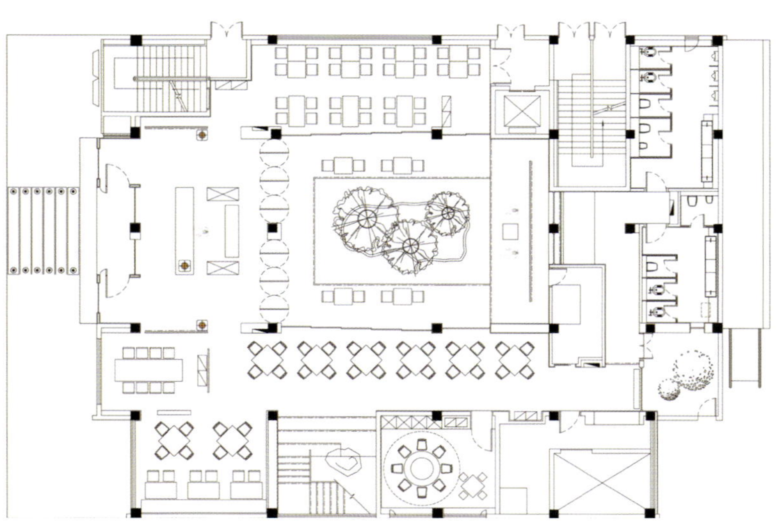

一层平面图

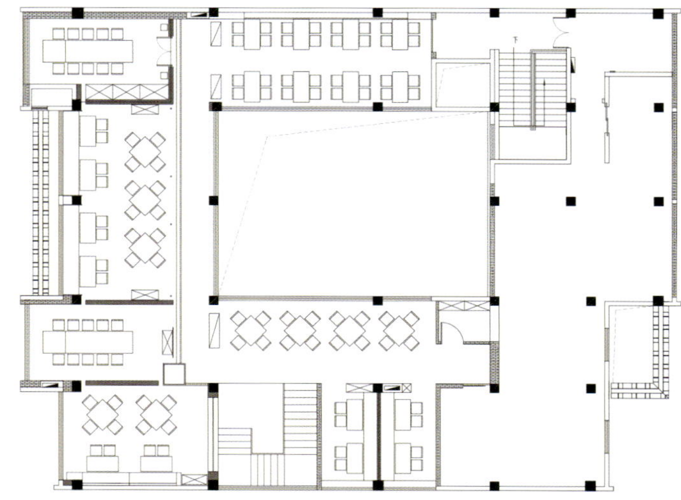

二层平面图

1 2 | 5
3 4 | 6 7

1. 黛瓦廊下松鹤相伴
2. 粉墨登场丝弦悠长
3、4. 一碗面品吴韵悠长
5. 包间
6. 花窗掩映
7. 定制的实木家具

观山火锅

设计单位：本样设计
设　　计：王旌宇
参与设计：杨鹏、刘明成
面　　积：210 平方米
主要材料：榆木、不锈钢、水磨石、艺术涂料
坐落地点：湖北武汉
完工时间：2024 年 3 月
摄　　影：阿盛、十二平方制造

项目地处平原地带，丘陵及山脉罕见，设计团队希望在平原地带能为食客们呈现观山之旅。

定制的仿真石板及文化石共同组成了外立面，构建起观山之旅的起点。由于项目位于十字路口、写字楼下，往来车水马龙、行人熙攘。设计团队选择减少开窗，保证重点区域的通透性，也隔绝掉街道喧嚣，这场观山之旅便更具沉浸感。

由洞口进入，观山之旅便豁然开朗。与粗粝感的外立面不同，山谷内部由温暖的榆木板构成，点缀的金属构件又中和掉部分榆木的质朴。自然野趣与精致装置相结合，粗放中也不缺细腻。将每桌间距拉开，分隔出不同区域，各个区域之间又互相堆叠。拾级而上，四处均有休憩之所，也有自然相伴。曲径通幽，回身或许还有另一处惊喜。凭栏俯瞰，入山之人与山中之人互成为对方眼底景色的一部分。

观山之旅也与水相伴，设计团队将镜面视作水，倒置于山谷顶面，昂首仰观，沉浸在似梦似幻之中。以石为壳，包裹观山之旅的幽静惬意；以木为山，搭建观山之旅的起承转合；以镜为水，倒影观山之旅的如梦似幻。而金属构件与自然植物也点缀于各处，无论入山、上山抑或是出山，都可以感受到此间的乐趣。

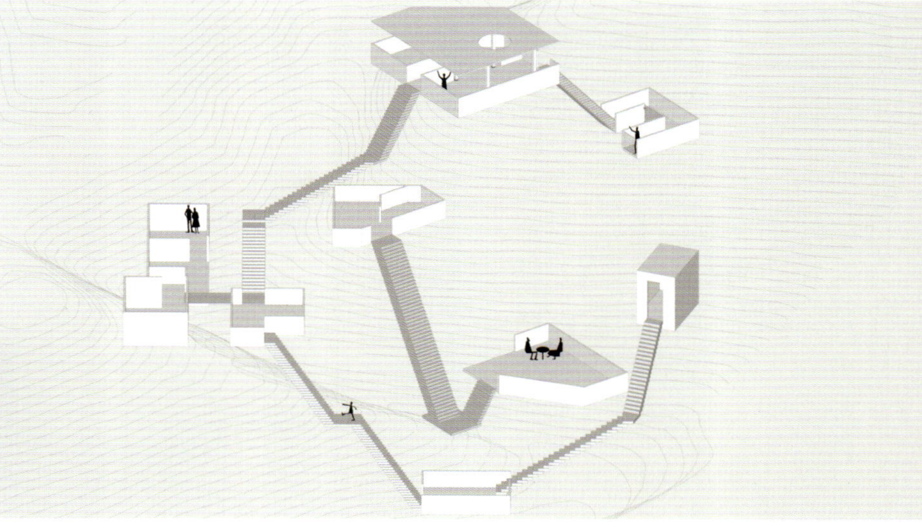

分析图

1. 仿真石板和文化石共同构成外立面
2. 减少开窗以隔离喧嚣
3. 以石为山
4. 豁然开朗的观山之旅
5. 空间的起承转合

1|2|5|6
3|4|7|8

1. 各区域相互堆叠
2. 镜面倒置在山谷顶面以倒影来观山
3. 每桌间距被拉开
4. 聚餐区
5、6、7、8. 金属构件点缀在各处

和季广府

设计单位：李一设计师事务所
设　　计：李一
参与设计：青青、姚硕文、林媛媛
面　　积：1500 平方米
主要材料：大理石、壁纸、地板、木饰面、镜面不锈钢、铜艺
坐落地点：江苏无锡
摄　　影：瀚墨视觉

和季广府坐落于无锡市中心阳春巷民国风情街区，毗邻千年古运河，隐藏在一众海派风情的建筑群落中。项目所在建筑为一栋坐落在河边坡地上的三开间洋房，结构对称而优雅，面河 4 层，临街 3 层。青砖灰瓦，雕栏玉栋，掩映在绿树之中，如同一位身着旗袍的民国佳丽。

设计的整体思路分为两个部分：一是定调，确定与餐厅品牌、客群审美以及建筑风格相符的空间格调；二是布局，将餐厅经营需要的功能与尺度合理地置入洋房之中。设计没有炫技的成分，一切都来自“适合”这个词。项目的外在形象和基调延续了建筑原有的风格和形式，只在细节上做了修饰和美化。

空间的气质和形象可以复古，但是作为餐厅的布局和功能一定要匹配运营的要求。因此我们在格局上做了较大的改动，重新调整了各楼层的高度和功能空间的尺度，不仅将原建筑 4 层的内部结构调整为 5 层，还以围合、内退的手法为每个包厢设计出阳台、庭院等室外联动空间，让消费者拥有更好的视野。同时加装了电梯、暖通、灯光等设备，让空间更加舒适，动线更加流畅。

朝向运河一侧的负一楼接待厅采用相对较奢华的表现手法。地面的亮面黑色大理石与顶部镜面不锈钢形成镜面关系，反射着空间内的色彩和陈设，形成缤纷的视觉感受。接待厅的大部分色彩都以黑色为基底，搭配金色、红色、白色等亮色，形成视觉上的张力。临街一楼两侧围着窗户和行道树，不锈钢烤漆的复古围挡创造了一个结界，一楼临街包厢就有了属于自己的天空，也隔绝了街道行人的窥探。树也成了建筑体的一部分，造就了“园中有树，树下有人”的美学意境。

一楼接待厅以书房的形式打开，极具仪式感，经典而摩登。大厅和电梯之间有一个 1.5 米的高差，通过楼梯和柔光墙板完成动线的引导和空间端景的营造。每个包厢都有自己独特的位置、景观和陈设，当二楼窗户打开，两个包厢彼此对望，彼此成为对方的风景，所谓的透视、借景、套景、对称乃至人与建筑、人与环境的关系都表现在这一幕之中。

坐电梯来到三楼，须通过旋转楼梯才能走上阁楼，在这里设计了一个餐酒吧，很有行政酒廊的既视感。之所以要在整幢洋房风景视野最好的地方布置散台，是因为考虑到餐标定位并不能保证包厢的上座率，所以希望能够有两三人用餐的地方作为商业上的补充，以此来提升营业额。同时还可将这里作为配套的酒吧休闲空间，兄弟叙旧、恋人约会，朋友们都可以在这里继续交流。岁月繁花阳春巷，和季广府宴高朋，事实也证明了这一商业逻辑的成功，同时拉动了餐厅的知名度和包厢的消费。

1 | 3
2

1. 优雅建筑
2. 加装电梯使体验感更好
3. 摩登接待厅以黑色为主调

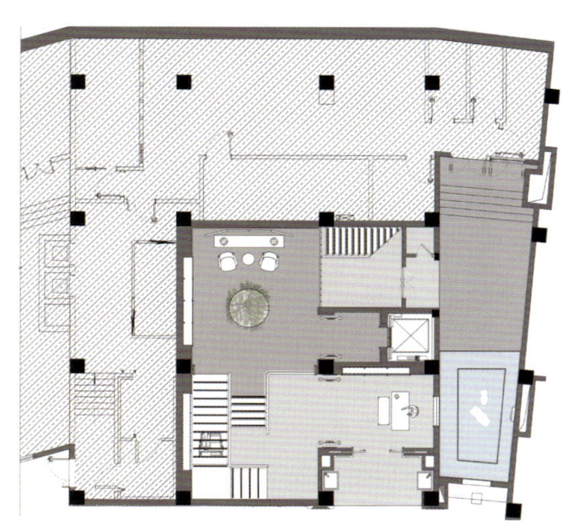

负一层平面图

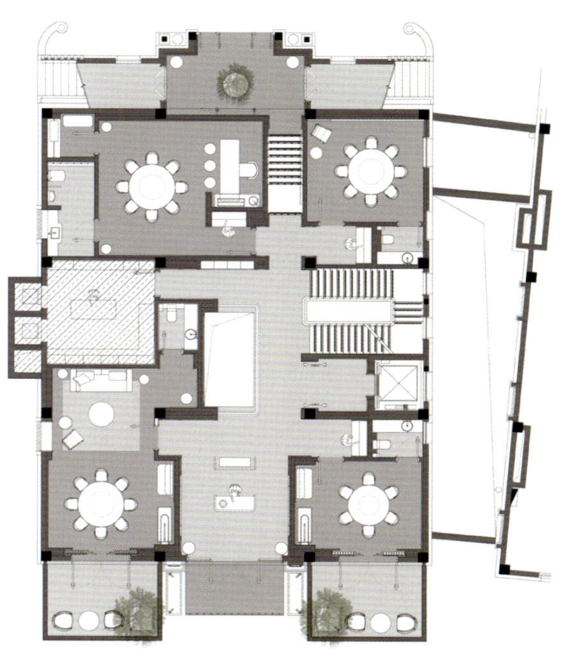

一层平面图

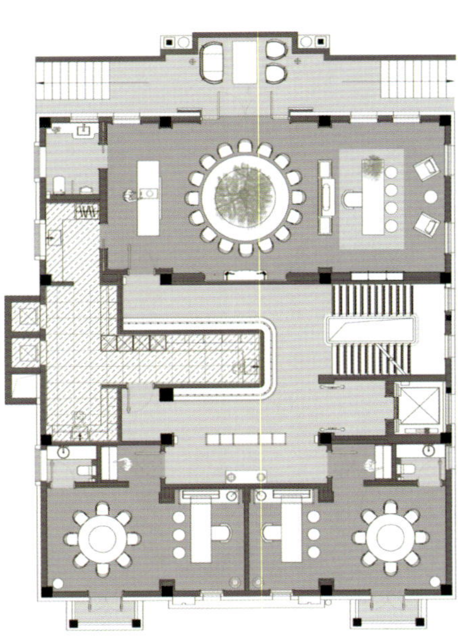

二层平面图

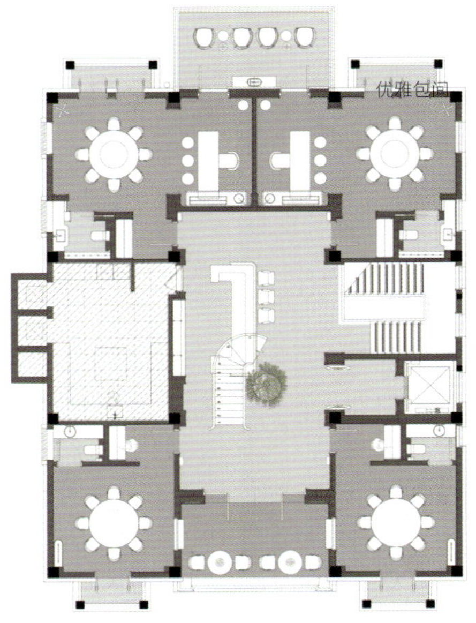

三层平面图

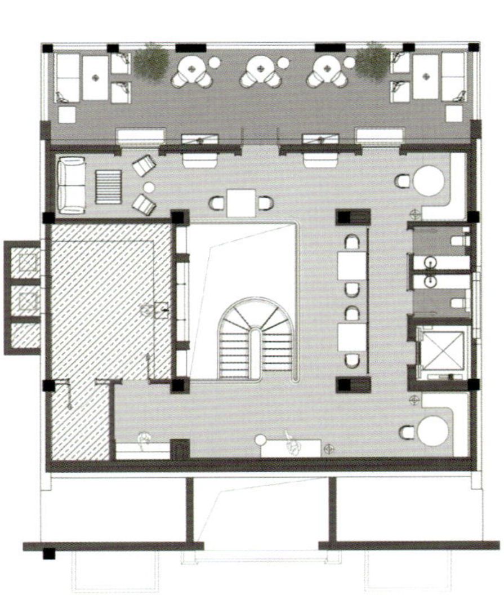

顶层平面图

1 | 2 | 3 | 4 / 5 | 6

1. 酒吧具有行政酒廊的既视感
2. 楼梯具有仪式感
3、4. 以内退、围合等手法为每个包间加设出阳台
5. 悬挂吊灯
6. 两个包厢可彼此对望成为风景

武汉“吱丘”拉面馆

设计单位：华中科技大学建规学院
设　　计：胡兴
参与设计：刘常明、李哲、严春阳、李红玉、胡康鑫、罗婷锴、尹若冰、彭宏宇、艾雄飞
面　　积：160 平方米
主要材料：OSB 板、水磨石、水泥艺术漆
坐落地点：湖北武汉
完工时间：2023 年 10 月
摄　　影：赵奕龙

该店铺在街区转角处的一楼，店主租下了对应的二楼立面以做门头。这意味着，占地 160 平方米的店铺，却拥有 215 平方米的立面。

密斯曾说“不是每个建筑都需要被做成教堂”，但当移动互联网时代，一家路边咖啡馆都有机会获得过去大教堂才有的关注度时，它便也有了类似的形式诉求，而其能调动的社会资源却不可能同比例地增长。在这个不等式下，所谓“网红”建筑的挑战，在于如何调用咖啡馆级别的资源去完成一个大教堂级别的效果。

面对如此巨大的带转角的展示面，已经很难用门头或招牌设计去处理，这里需要的是一个有体量的符号。我们决定直接使用该店面的品牌形象——两只吱丘鸟和它们的家（即鸟巢），去占据整个外立面。原计划为真鸟巢，后因清理不便，将其中绝大多数封闭了起来。这是一种总体性的象征化，就像文丘里当年赞许过的“鸭子”餐厅，而在文丘里心目中，“鸭子”在本质上就是与大教堂同构。这是 50 年前汽车时代的商业建筑之于严肃建筑学的巨大冲击，而在信息时代的当下，它也变得愈发猛烈。

置身于繁华的商业街，我们希望能够模糊掉室内外的界限，让店铺空间最大限度地融入公共街道。而实现这一目标最大的阻碍是立面上的两根柱子，它们非常明确地界定出了店铺的外轮廓。因而通过弧形的倒角，让柱子在形式上放大为两片大托盘，并朝不同方向倾斜，以消解其重量感和功能性。上百个鸟巢被分为两组置于托盘之上。在形式上，它们是两顶撑满立面的大“华盖”，在空间上，它们贯穿室内并延伸至街道，室内外空间在两顶“华盖”之下彼此渗透。

除了一条长近 10 米的食面台，将咖啡区的散座全部推至内外交界处，充分利用鸟巢组成的檐下空间，形成更具开放性与公共性的入口区域。现在，这里已然成为附近居民散步遛狗时最喜爱的休憩场所。

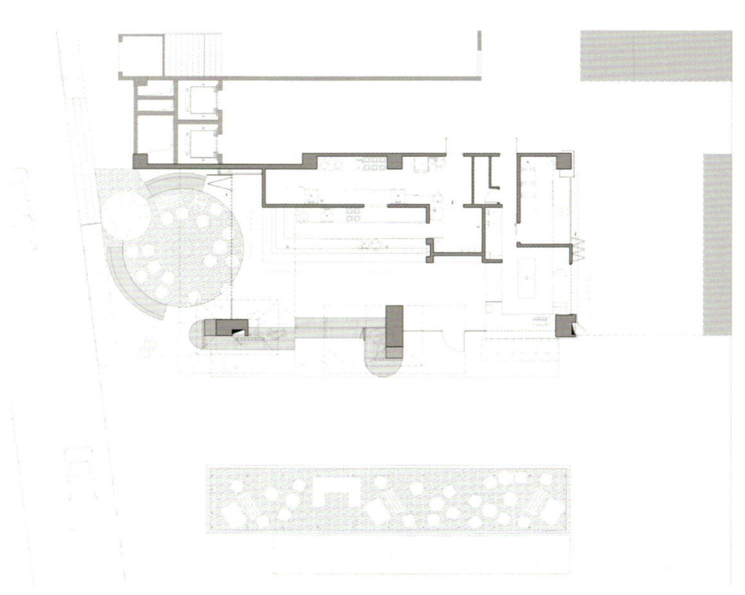

平面图

1 | 2

1. 两根柱子明确界定了建筑外轮廓
2. 上百鸟巢被分为两组置于两个托盘之上

轴测图

TAKE YOUR
TIME, TASTE YOUR LIFE
LESS BUT BETTER
RELAX YOURSELF

1、2. 店铺的品牌形象——两只吱丘鸟
3、4、5. 把咖啡区散座推至内外交界处从而更具开放性
6、7. 室内外空间彼此渗透
8、9. 长长的食面台

普堂融合菜餐厅

设计单位：COD 云海设计
设　　计：赵云海
参与设计：梁家荣、江芃、黄晓红、沈澜、许梦娟
面　　积：1284 平方米
主要材料：天然石材、木饰面、不锈钢
坐落地点：江苏南京
完工时间：2024 年 3 月

项目灵感来源于中国传统的文人精神。

外立面在原有建筑外墙上做了改造，使用两种纹路处理的石材搭配来强调质地，肌理多样，配合灯光呈现层次感。在一片闹市区中凸显高贵淡雅的气质。

序厅是宴客的头面，头面即是礼，可见主人调性。空间整体简洁明亮，散发着一种由内而外的宁静，置身其中可观赏茶品、酒品收藏，也可小憩品茶。序厅左边是一部旋转楼梯，绕过叠山、穿过照壁，进入包间区。建筑改造过程中将室内中部的楼板打开，分割原有建筑尺度，让出一座内庭院供植物生长，阳光引入增加了包间的采光。同时以轻盈的建筑形态形成游廊，使包间与庭院相连。墙面使用的所有石材均为设计师在福建水头精心挑选的，在荒料上选面、定厚、切片、限定刀口、判断抛光面与抛光度，并组装设计。

全餐厅共设有 7 间包间、1 间茶室，设计了 7 种主题风格，分别代表了梅、兰、竹、菊等文人的精神图腾。空间布局和家具设计均十分考究，从餐前茶饮家具的雅致，到餐后酒饮家具的舒适，餐中杯盘数量的摆置空间也需宽裕。

二层环抱中庭的游廊穿针引线，将包间、茶室、功能区串联起来，层层递进，营造含蓄内敛、胸怀山水的阔达。主包间配置最为完整，可容纳多人用餐，一张长茶桌及茶业展示柜均为主人的私人收藏，用来招待好友。墙面以木雕勾勒出一幅山水画，与顶部的几何形状相对应，传统与现代的结合创造出一种新颖而和谐的建筑风格。通过各个方位的窗户采光，带来明亮舒适的照明效果，灯光设计加强了重点功能区照明，其他区域采用漫反射照明，增加了室内的柔和感。

整个空间软装都来自主人的收藏，其中书法作品居多，多幅书法大师孙晓云的作品置于茶室，凸显风骨俊逸。

1 | 3
2 | 4 | 5

1. 外墙不同纹理石材的搭配尽显高贵
2. 中部楼板打开分割原有建筑尺度
3、4. 茶室展示柜内是主人私藏茶品
5. 精美木雕勾勒出山水

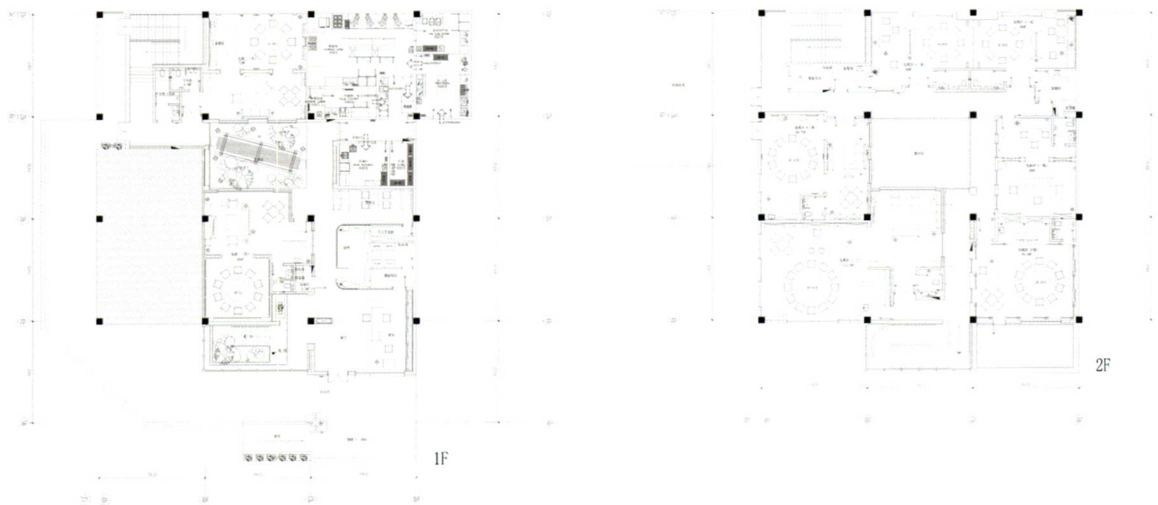

一层平面图

二层平面图

1	4	5
2 | 3	6	7

1、2、3. 不同形态的木质吊顶和墙面相呼应
4. 书法大师作品凸显风骨俊逸
5. 环抱中庭的游廊穿针引线
6、7. 不同风格的主题包间

西安太白山唐镇·胡姬酒肆

设计单位：禾易设计
设　　计：陆峡、任斌
面　　积：760 平方米
主要材料：大理石、艺术漆、不锈钢、金属、夹绢玻璃、灰镜、花砖
坐落地点：陕西西安
完工时间：2023 年 6 月
摄　　影：徐义稳

在盛唐的辉煌岁月中，胡姬酒肆如同一颗璀璨的明珠镶嵌在繁华的市井。禾易设计所呈现的胡姬酒肆，通过设计的语言来表达历史与文化的相互交融，展现这份源于盛唐至今仍独具魅力的异域风情。

进入门厅首先映入眼帘的是不同层次的绿色，它们由墙上的绿色系材料和植物的交错重叠，形成独特而神秘的色彩情绪。在其中加入些许海棠红，色彩的碰撞犹如画龙点睛。再细看挂画中描绘的花卉和小鸟栩栩如生，与点点绿意相得益彰。小小一个过渡空间，从色彩、材质、装饰到艺术品，全方位铺垫出胡姬酒肆专属的序曲。

大厅中央是开敞式就餐区，空间选材和配色既体现了唐朝的华丽，又与现代审美相结合，展现出古典与时尚的和谐之美。大厅上空大大小小的金属镂空花灯，犹如颗颗繁星点缀在夜空，洒下斑驳陆离的光影。遐想有衣着靓丽的胡姬穿梭于其间，伴随音乐摇曳生姿，宛如随风起舞的花瓣，为客人带来不同凡响的沉浸体验。

水吧台区域在灯光的映照下冷暖交融，时而温馨舒适，时而神秘迷人。大厅周边镂空的屏风围合出玲珑的隔间，增加私密性的同时也不失通透感，营造出空间的层次。拱形门洞内的卡座区巧妙融入整个环境中，宛如一幅别致美丽的画，充满艺术气息。花卉元素融入造型及艺术构件中，结合红绿色调的相互映衬，令包厢氛围更显优雅。悬挂于顶的金属镂空花灯熠熠生辉，高低错落的绿摆点缀出蓬勃生机。

整个酒肆的室内设计既有浓厚的西域风情，又不失盛唐文化的典雅，再融合当代的审美，展现出独特的魅力。

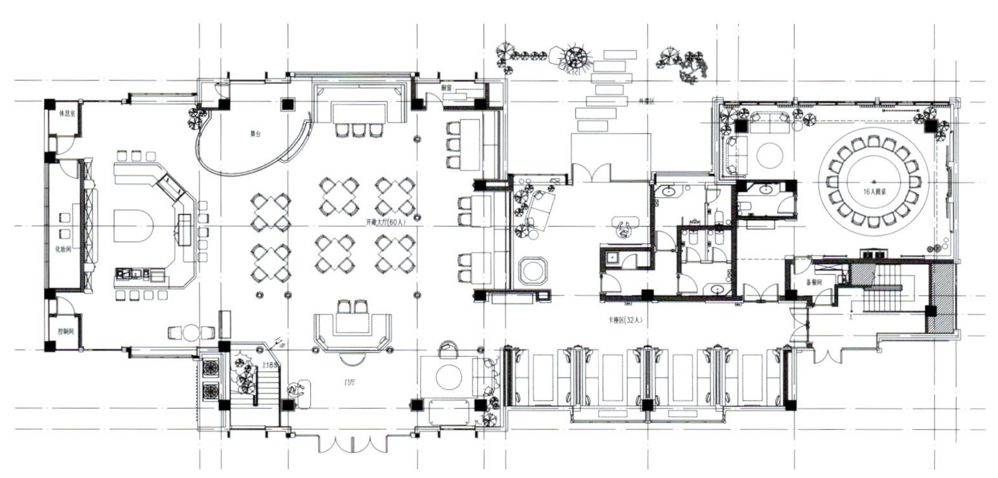

平面图

1	3
2	4

1. 不同层次和明暗的绿色系相交错
2. 高挑门厅
3、4. 华丽的开敞式就餐区

1	2	3	6	7
	4	5	8	9

1. 水吧区
2. 花鸟蹁跹
3. 金属楼梯
4、5. 大大小小的金属镂空花灯犹如繁星
6、7. 镂空屏风围合出玲珑空间
8. 拱形门洞内的卡座区
9. 优雅包间

理水 Water SPA

设计单位：JG PHOENIX 今古凤凰设计机构
设　　计：叶晖
参与设计：陈坚、陈雪贤、蔡继坤
面　　积：2300 平方米
主要材料：摩卡金肌理石板、黄金洞石板、艺术漆、免漆板、手工砖
坐落地点：广东汕头
完工时间：2024 年 2 月
摄　　影：欧阳云

在中国园林中，理水是指水体或水景的处理，它是一种重要的园林设计手法，通过巧妙地运用水体与周边的景观建筑相结合，创造出多样的景观和意境。理水不仅包括水的流动性，还包括季节变化带来的不同景观，以及与之相关的音理效果。本项目取名为理水，因其主营养生理疗，以水为介，以理为络。引“理水”之概念，形曲幽之动线，立石围挡为分割，整体以艺术画廊为格调，铺陈设计呈现有序而富有变化的空间节奏。

水系无论大小必曲折有致，有的还故意做出一弯港汊或水口以显示源流脉脉，同时也讲究聚散，所谓“聚则通阔，散则潆洄”。以 3 种变化材质的几何形体组成接待台，幕屏的水影作为端景，聚一小道于侧，通道尽头的装置艺术作为端景延续了水滴石穿的概念。艺术品以圆润扁平的形态最大化地化棱角为弧，虽由人做宛自天开。水拥有独特的质感，仿佛没有生命却孕育了无数生命，似乎安静却如此生动，本无色彩却呈现出五彩斑斓。

接待大堂以对称前台的形式映入眼帘，透光玻璃台放置着艺术装置，如挥毫山水之间，泼墨园林庭院。大幅艺术挂画引领进入一个艺术构筑的空间，如同画廊般的主题，冠云落影作伴，黄龙吐翠听泉，拉膜灯光投射无尽遐想。

隔断的通道端景再次呼应水滴石穿的艺术装置，巧妙分隔了餐厅与客户引流的动线。餐厅以原木色调为主，方格阵列的天花板造型寓意连绵的层峦叠嶂，利用镜面与挂画形成横状隔断。手工画主题呼应餐食内容，繁花掩引，叠水情缘。理疗空间延续了石头拼接的手法，天花板设置采光井引导室内光源的变化。透光玻璃光影来看，犹如虚实结合的静谧想象，蜡石的点缀恰如点睛之笔。

理水的室内设计不仅考虑到水的美感，还考虑到水的智慧。空间以画廊的形式呈现，让人享受休闲之余又可感受艺术的熏陶。利用滴水成线的原理将水的流动和静止结合起来，形成一种有序而富有变化的空间节奏。运用石头包围分割的手法，切分空间比例之余又可起到围挡的作用，增加了空间的层次和安全感。

理水之法，贵在意境，故虽有法，亦不能拘于法。

1	3
2	4

1. 入口
2. 木质装点演绎质朴格调
3. 通道尽头的艺术装置演绎水滴石穿的概念
4. 接待前台

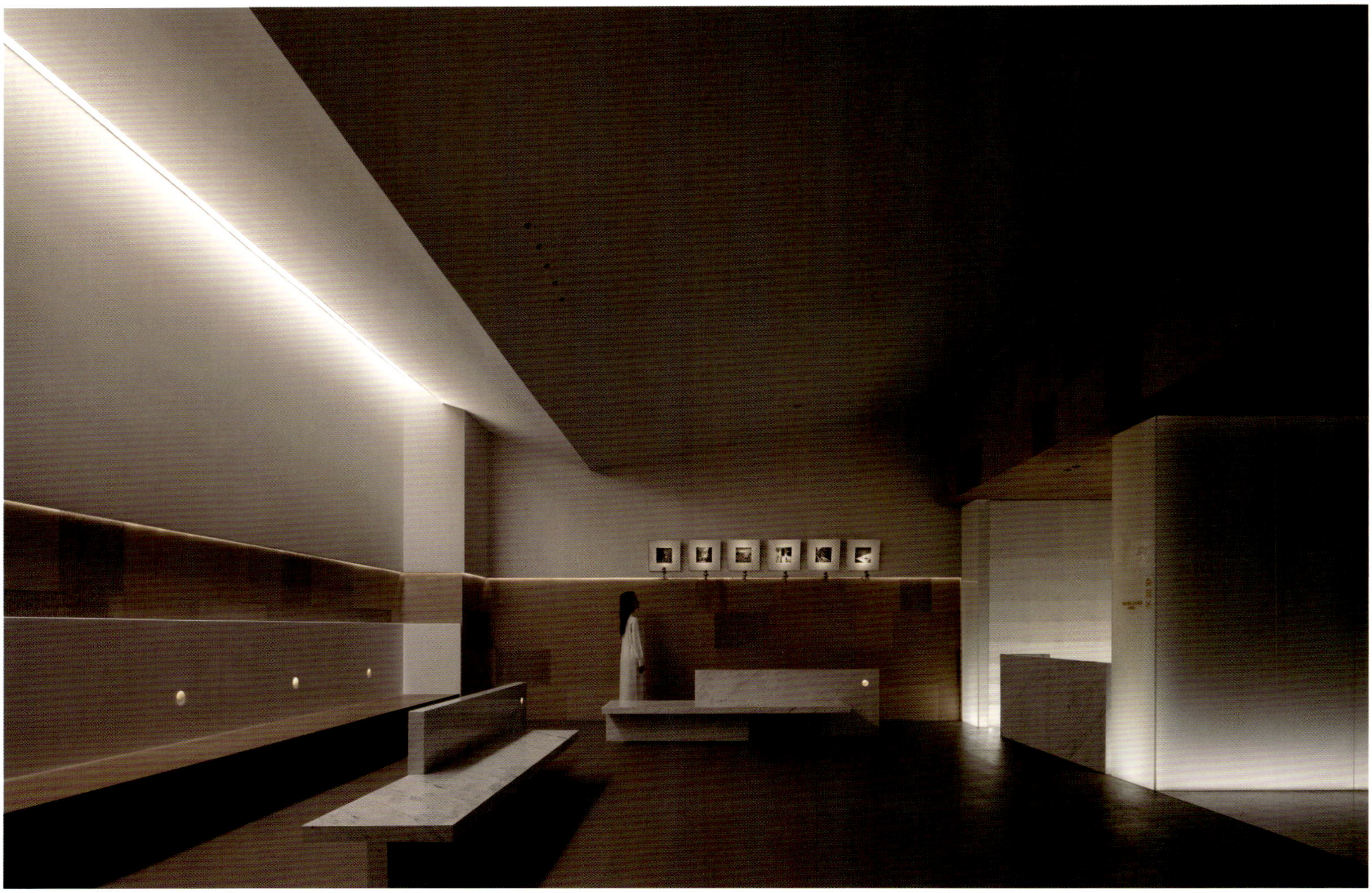

Lead Physiotherapy
Lead Pedicure
Inlet
0 5 10 15
01 大堂
02 换鞋区
03 自助餐厅
04 明档区
05 厨房
06 茶水区
07 足疗 双人房B
08 足疗 多人房
09 足疗 VIP房C
10 卫生间
11 员工餐厅
12 办公室
13 理疗室 双人房B
14 理疗室 单人房D
15. 理疗室 D
16. 员工培训室
17. 储藏室

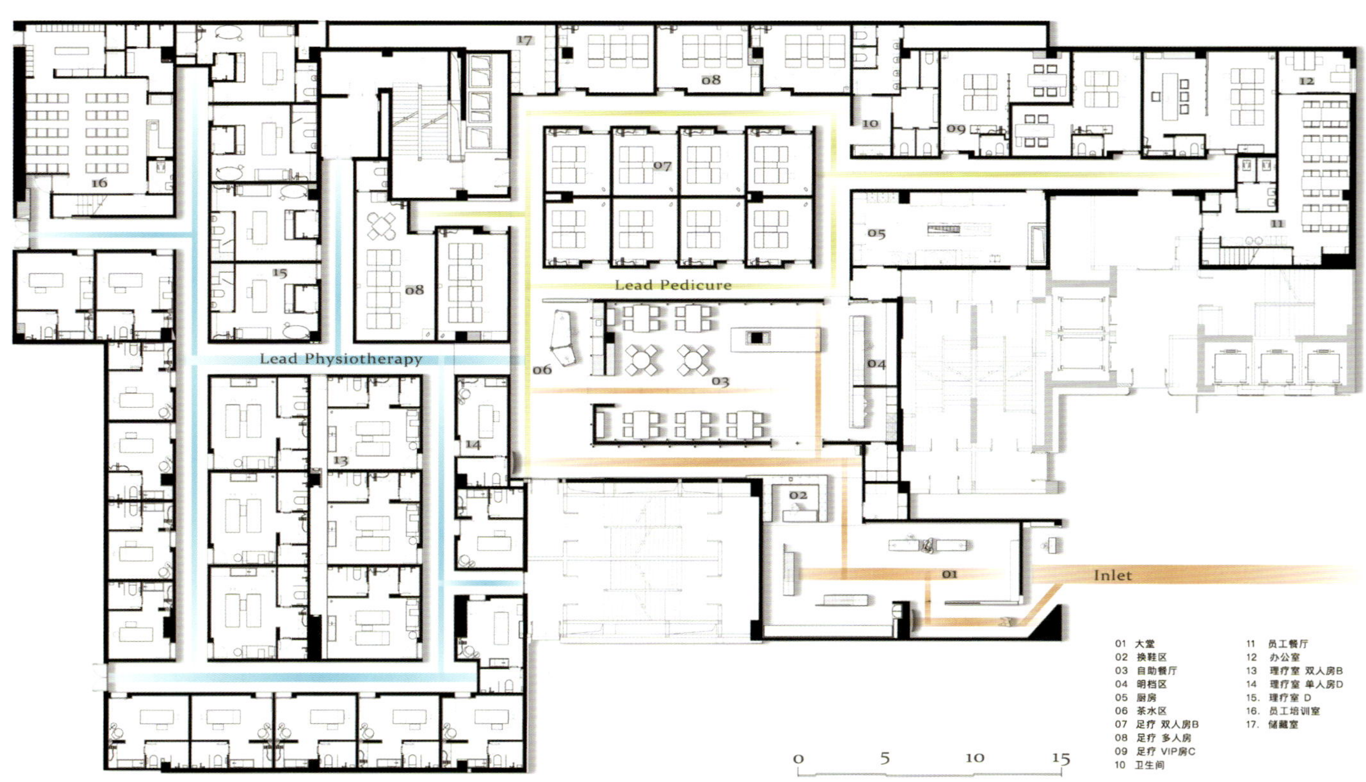

平面图

1 2/3
1. 空间如同画廊般的主题
2. 静谧的理疗室
3. 餐厅被有效区隔

K+ PARTY

设计单位：加拿大立方体设计事务所
设　　计：徐麟
参与设计：何星霖、于远程
面　　积：2000 平方米
主要材料：不锈钢、幻彩软膜、导光板、LED
坐落地点：辽宁沈阳
完工时间：2023 年 8 月
摄　　影：毛鸿依

K+ PARTY 是升级版的 KTV，集唱歌、派对、商务于一体，集合了时尚文化、出品文化、定制文化等。从构建娱乐生活的使命出发，设计师赋予这处声乐之场科技感与时尚化的双重属性。在空间呈现上，以炫酷的数字艺术、梦幻的全息投影、华丽的 LED 巨幕大屏，以及科技感十足的声光电美学系统，带来一场前所未有的视觉冲击。

在精神属性上，以标志性的赛博朋克蓝、紫、粉色进行强烈碰撞，凸显一种 Z 世代身处未来世界的沉浸感。数字艺术既是表现形式也是精神内核。这里更像一个巨大的实验室，一个让人体验多种交流的容器，将空间既确定又不确定的特性展露出来。虚拟的红色飘带是思想的源头，前行的轨迹，涌动的能量……当意识被具化并与人们的日常环境一同出现，现实与幻想交织，创造了独特的美学幻境。

《时间的秩序》的魅力在于，以物理学家的思维表达对时间的探索和热爱。K+ PARTY 的魅力在于，多维时空里凝聚成独特且唯一一个无法复刻的多元宇宙，感受内在和外在场能的流动。

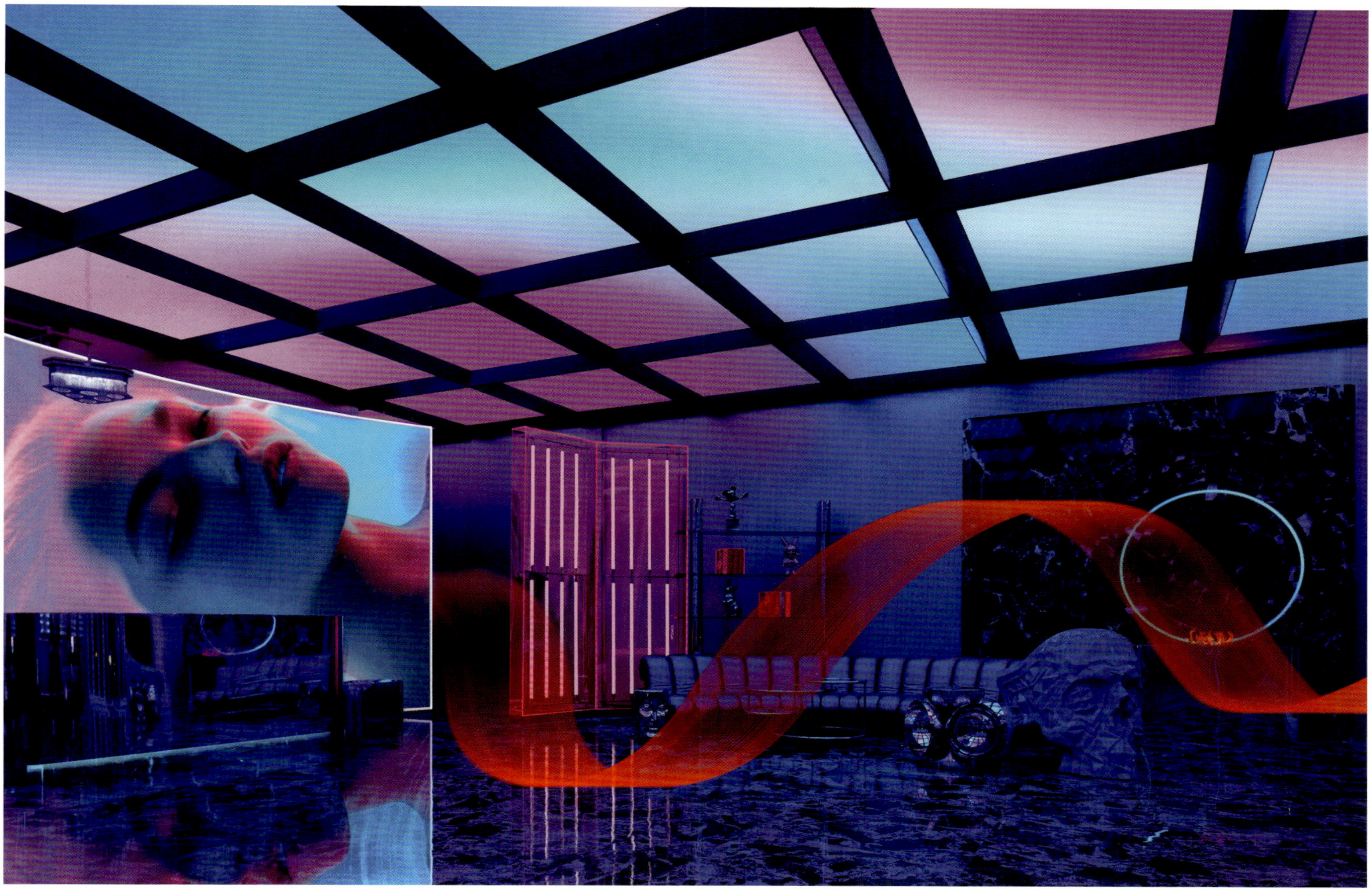

1 | 3
2

1. 声乐之场外立面
2. 以赛博朋克蓝、粉、紫色进行强烈碰撞
3. 梦幻华丽的全息投影

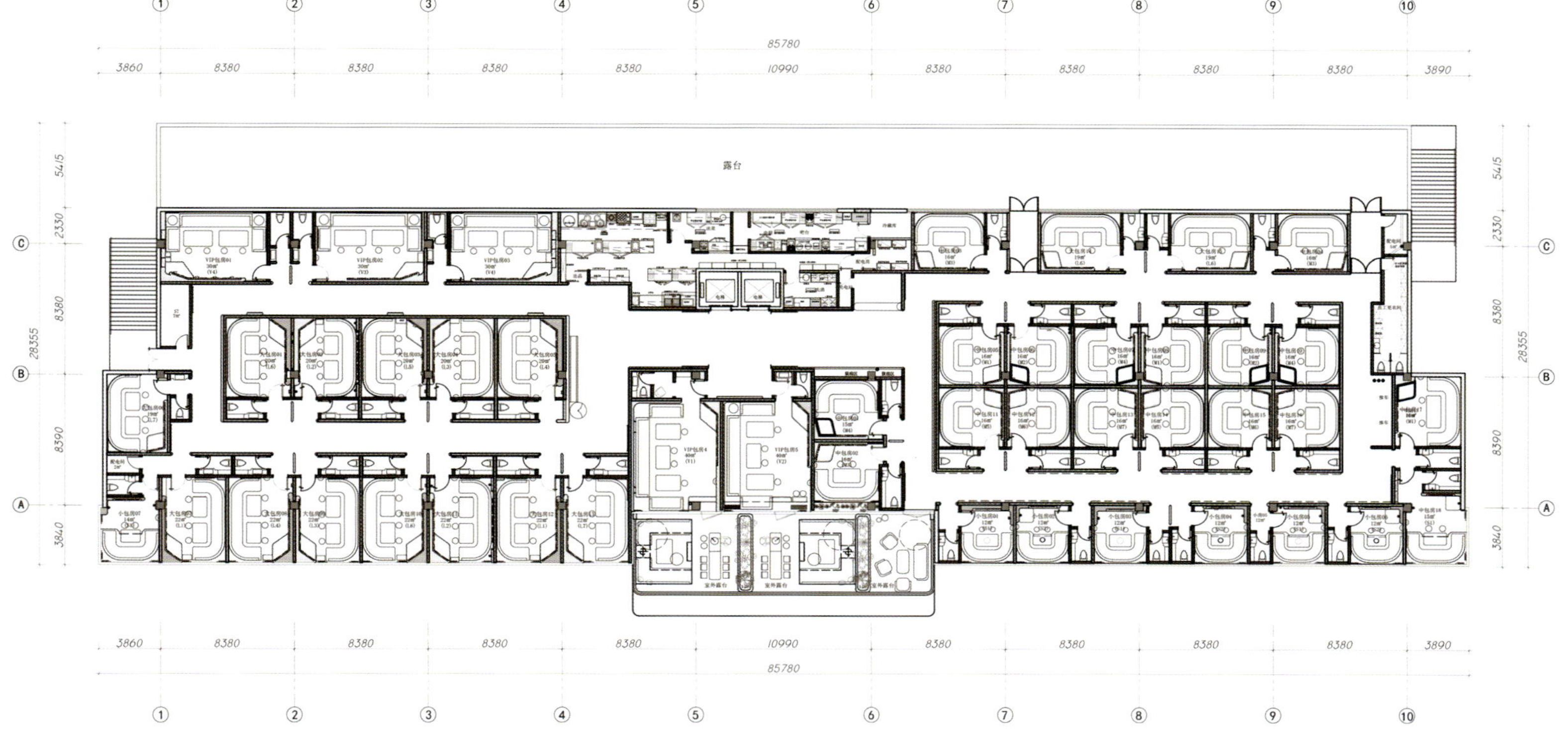

平面图

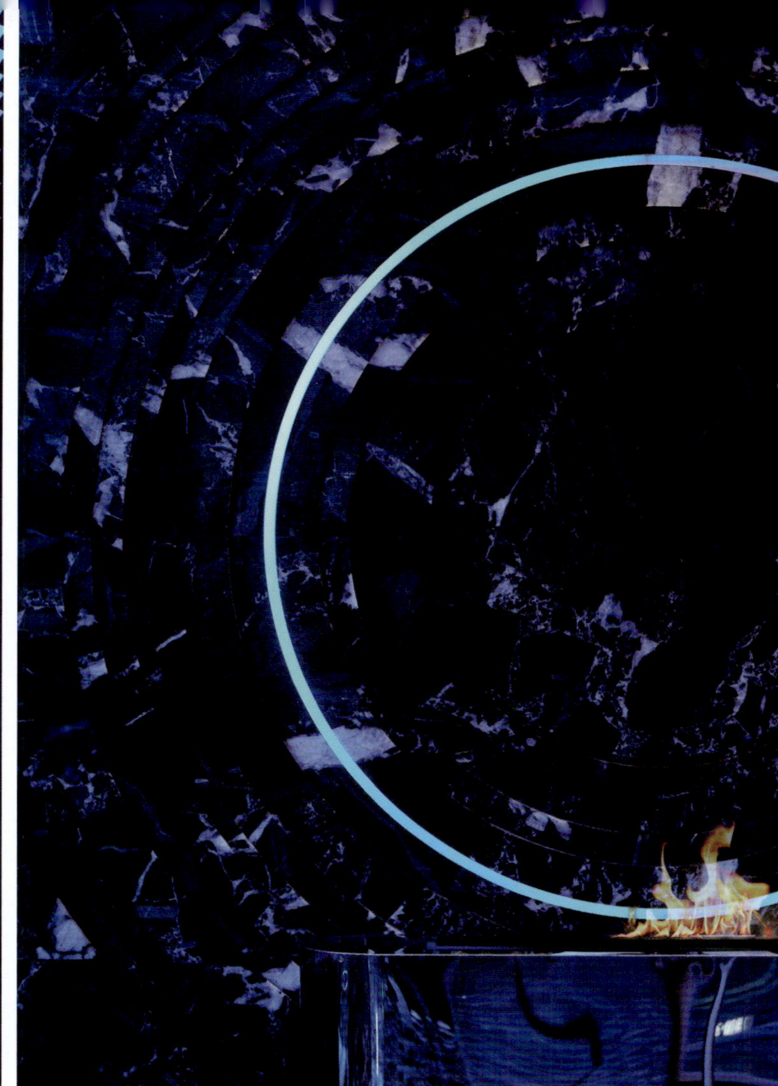

1 | 2 | 3 / 4

1、2. 虚拟的红色飘带是前进轨迹和思想源头

3. 奇幻造型的 KTV 异世界

4. 包房

LUNALAKE SPA

设计单位：VALÈ INTERIORS
设　　计：林振江
参与设计：Damiano Rizzo、Alberto Pedrali
面　　积：1000 平方米
主要材料：实木、大理石、织物
坐落地点：浙江宁波
完工时间：2024 年 1 月

LUNALAKE，中文译为“月波”，正如诗句里的意境，远山敛氛寝，广庭扬月波。LUNALAKE SPA 地处于一个青山连绵、静谧悠然的湖心岛上。每当月升于东钱湖，它便隐于水波之间，延绵着溶于身心的平静与滋养。将东方美学融入意大利设计之中，一直蕴藏在设计者所倡导的设计美学中，此次对于 LUNALAKE SPA 的空间设计和品牌形象一体化设计，也延续了这样的理念。

品牌创始人希望通过提供一个宁静的空间，让来到这里的人们感觉到自己是归家的游者，全然打开接收能量的传递，让身心恢复到最轻盈、最放松的状态。顺着此思路延展，在设计中利用流畅明朗的线条，开阔的视觉效果，搭配宁静淡雅的色调，结合设计师本人在意大利的生活经历，将整个空间的设计灵感定义为：优雅而淡然的意式风格。

空间公共区域整体开阔，SPA 室与医美空间在确保功能性与私密性的同时，尽量借助东钱湖的环境特色取景，打造室内外环境的和谐一致。每个房间以意大利的一座著名庄园来命名，在软装搭配上沿用庄园原有的风格设计和色彩搭配，选用木、棉、麻、大理石、牛皮等自然材质。

希望 LUNALAKE SPA 不仅成为一种健康的生活方式，更成为一种由身体感知，传递向精神层面的内观过程。自发地去探求自身，达到身心的平衡和疗愈，这时的 SPA 就不再是被动地接受，而是一种欣然的追求。

境造，心生。

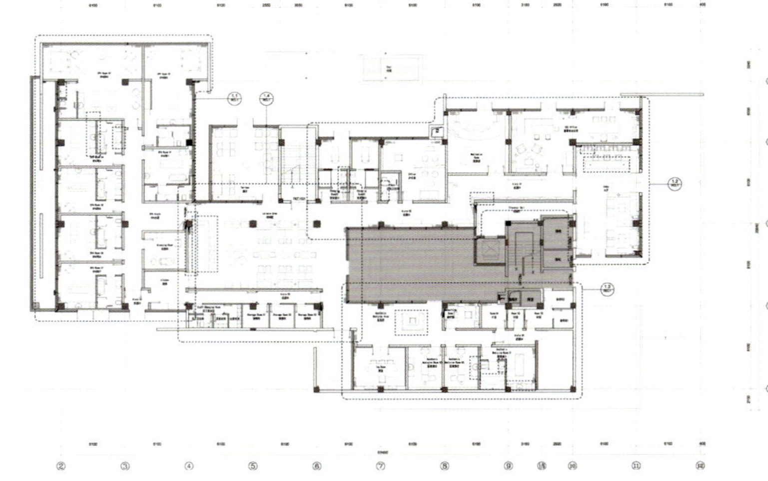
平面图

1. 建筑临湖依山静美如画
2. 空间用色柔和而淡雅
3. 大厅整体开阔线条明朗

1 | 3 | 4
2 | 5 / 6 | 7

1. 木质接待台区传递自然健康的气息
2. 办公室
3. SPA 室
4. 休闲区
5、6. 冥想空间
7. 洗手间

XBOX 家庭运动中心

设计单位：宇合光年
设　　计：张耀天
参与设计：朱谦，王滢菲，秦子涵，王可意
面　　积：3000 平方米
主要材料：金属
坐落地点：上海
完工时间：2024 年 5 月
摄　　影：1988 摄影工坊 / 阿奇

上海中庚漫游城 XBOX 家庭运动中心是 Z 世代潮流打卡圣地。宇合光年以机能运动风为主线，将多功能性融入整体空间设计中，打造出具有颠覆性与引领作用的室内运动新场景。

工业化的建筑风格大胆挑战传统建筑空间美学，不同功能分区井然有序，有如未来工厂般自主高效地运转。入口处醒目的半圆形接待台搭配整齐排列的银色充气枕，吸引着路过者的目光，换鞋区的设计方便顾客快速进入运动状态。经过闸门过渡进入一个有关创意、幻想的异世界，开阔的挑高空间骤然出现。银色主调与蓝色、橙色精心搭配，最核心处盘旋的不锈钢滑梯与透明隧道如同工厂管道，裸露的钢架、直白呈现的五金，无一不展现了对于未来工业美学和技术的坦诚表达，共同塑造具有颠覆性的未来主义视觉效果。机能运动感的空间设计，是一种将运动活力与机能实用性紧密结合的设计理念与审美风格。通过将空间布局比作连贯的运动程序，通过曲线、斜线或弧形元素的运用，引导视线和行动路径，形成视觉上的流动性和连续性。

宁诺投资自主设计研发了一系列富有创意和刺激的体验项目，大大小小 30 余个游玩项目合理有序地安置在空间不同位置，形成有趣的联动关系，全面满足了 Z 世代对新颖独特体验的渴望。

疯狂滑梯俱乐部和透明隧道是空间中的亮点，滑梯俱乐部高达 11 米，设置了 8 道并行的滑道，集合了网红波浪滑梯和不锈钢螺旋滑梯，让速度与刺激成为关键词。而超过 20 米长的透明隧道，则提供了 720° 的高空视角，让参与者在游玩中“一览众山小”。游戏关卡设计的思路也被融入，在滑梯旁分布了一组有趣的“管道装置”，人们可以通过攀爬钻进“管道”。高空拓展项目的配置涵盖了从易到难的各种难度级别，足以同时容纳 50 人共同探索。摇晃的汀步考验平衡力，吊索漫步需要坚定的步伐，空中独木桥要求冷静的判断，攀爬网则挑战着人们的体力与耐力。每个关卡都如精心设计的迷宫环节，环环相扣，通过高速滑行和全景俯瞰，为参与者带来肾上腺素激增的体验。

中国传统的梅花桩被穿上了“像素风”的外衣，人们在防护装备的保护下，登至最高点后体验一跃而下的快感，不禁让人回想起红白机时代操纵马里奥过关时的快乐。蹦床区与竞技攀岩区一左一右分布在两边，一边是对自我的挑战，另一边则是团体聚会的搞怪之地。蹦床区一层主要分布有摇摇桥、海绵池、趣味蹦床，将篮球、街头元素等融入其中，将游戏感与趣味性贯彻到底。二层则主要有高空绳网、低空飞翔和踩踩乐，鲜艳的多巴胺黄色与银色的巧妙碰撞成为活力之源。另外休息区、高颜值餐厅以及生日派对房等个性化服务空间，也为参与者提供了一个舒适的聚会交流环境。

在 XBOX 家庭运动中心与家人、朋友共享刺激的运动体验与温馨的聚会时刻，正是对这一代人们品味和需求的理解与尊重，也让人们在这里收获了真正相互认同的社群归属感。

1. 半圆形接待台搭配排列整齐的银色充气枕头
2. 不锈钢滑梯与透明隧道犹如工厂管道
3. 方便快捷的换鞋区
4. 休息区

1 | 4
2 3 | 5 6

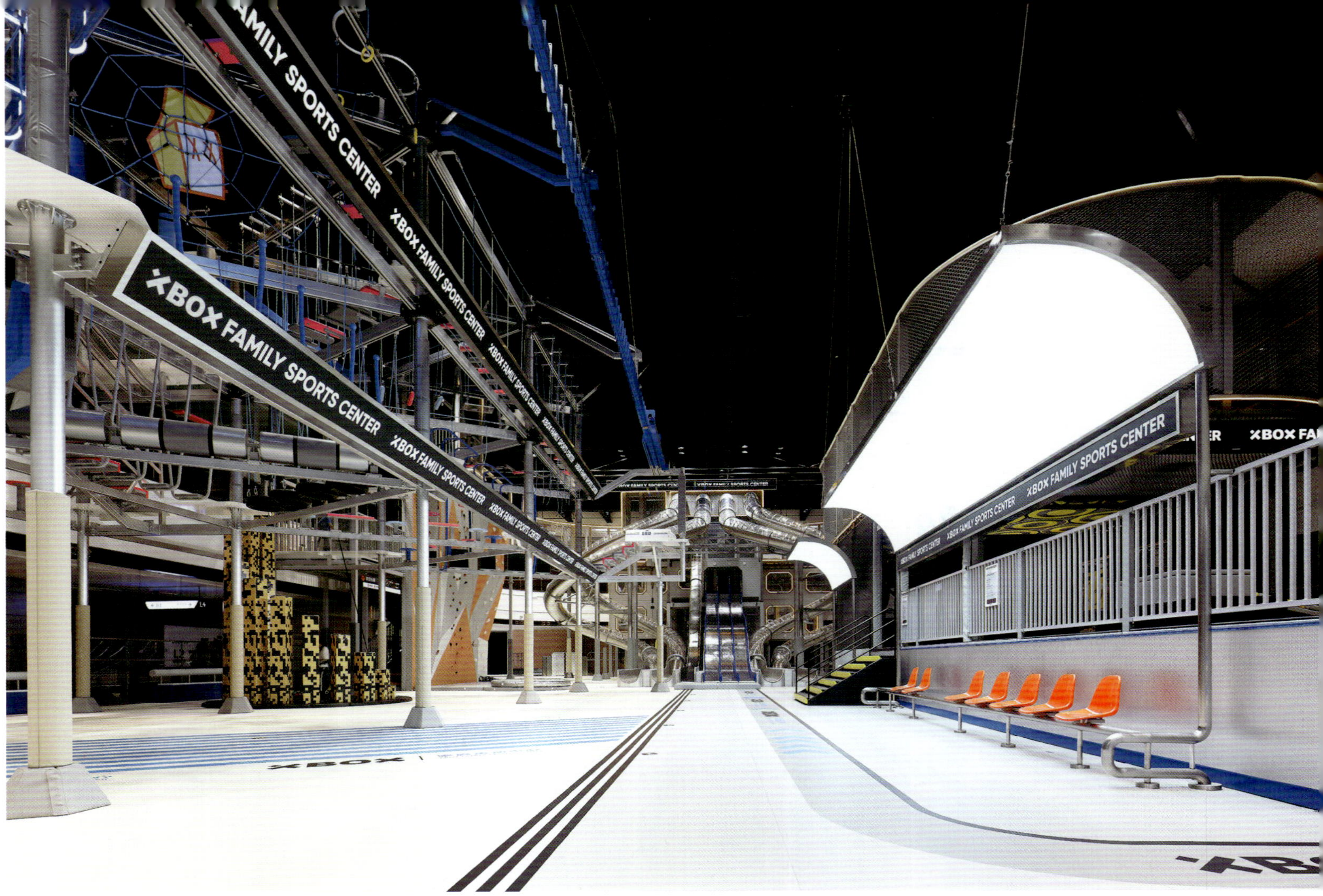

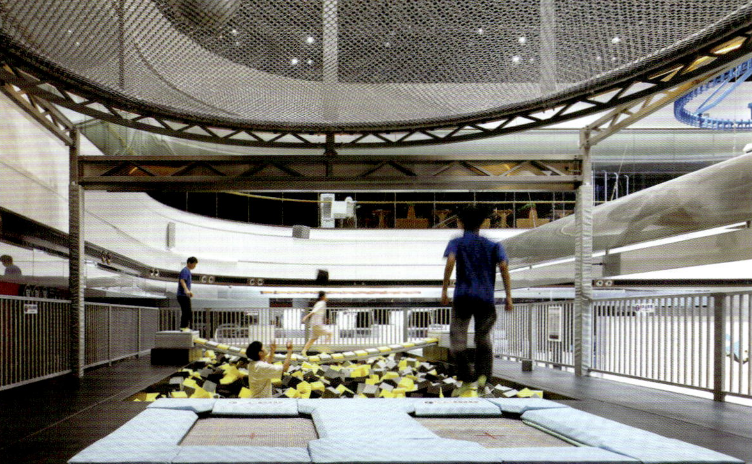

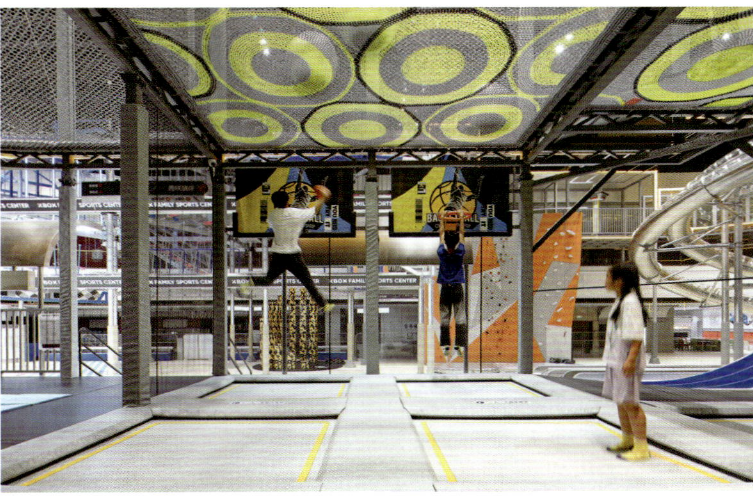

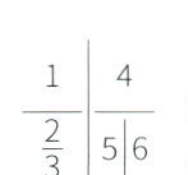

1. 不同功能分区井然有序并有效联动
2. 海绵区
3. 篮球区
4. 高空拓展项目可容纳多人共同探索
5. 鲜艳醒目的多巴胺黄色
6. 整洁的餐厅

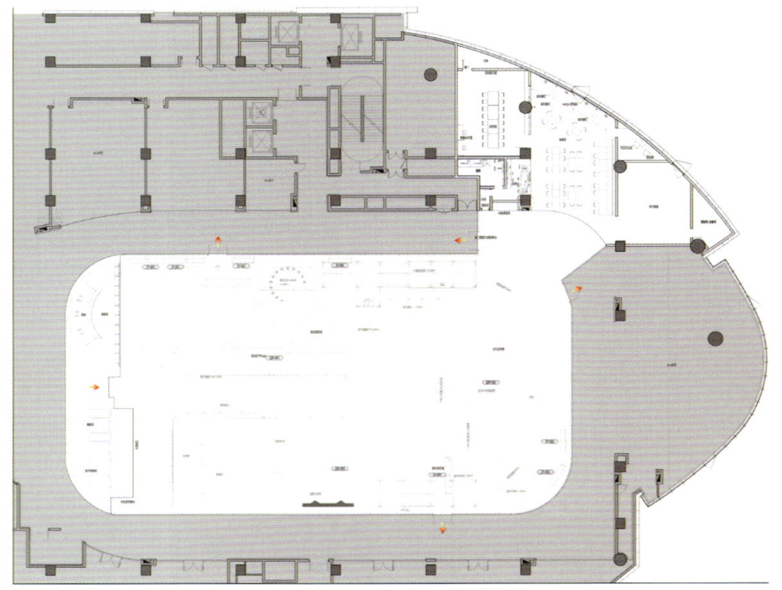

平面图

FEEL THE INFINITY OF THE UNIVERSE

御之汇桐乡店

设计单位：有划设
设　　计：胡文儒、王凯
参与设计：张浩、邓龙君、祁傲霜
面　　积：1650 平方米
主要材料：半弧形手工砖、绿众木半弧形板、金属帘、不锈钢电镀绿、马来漆、石英纤维布打底肌理漆、菠萝格防腐木、木纹砖、透光树脂
坐落地点：浙江嘉兴
完工时间：2023 年 3 月
摄　　影：徐义稳

本案融入了嘉兴特有的传统“竹”文化，结合嘉兴名人金庸老先生的“武侠”情怀，以“林间侠影”为设计灵感，打破水疗空间的审美桎梏，以静制动，建构了互动的人文空间。

设计将静态的“竹林”与动态的“对招”相结合，取“竹”的造型、颜色，通过斜切、阵列，在空间中重构而形成主体造型。流转的水墨影像是辗转腾挪的“侠客”残影，以虚写实，以意化形。形式上融合了具象符号的传达性与新材料的感官刺激，解构并重组了人们对信仰的精神架构，以颜色、造型作为意向载体，建立对高尚品格、美好情谊共通的追求和渴望。

整个空间围绕侠客之间的对峙交锋后化干戈为玉帛的故事线展开。入口过道的圆拱形是交锋时破开的竹节，一根根斩落的竹竿矗立在空间中形成线与面的对比，散落的玻璃叶片软装是争斗时飞舞的竹叶，而大堂里巨大的水墨投屏写意描绘了侠客飞动的身影。最终，空间归于宁静的水面，平台上的透明茶桌椅传递出宁静内敛的情绪，是不打不相识的惺惺相惜之情。

竹与侠客的结合，既是精神的对话，又是灵魂的相扣，设计与人的意识亦然。当传统元素的刻板表达被灵感打破桎梏，在多样的视角下，以新形势阐述至刚至柔的精神信仰。丰富的感官体验回馈于场域文脉，达成设计与人的互动，亦是对文化传承的开拓。

1|2 3|4

1. 取自竹的造型在空间中重构形成主体造型
2. 过道圆拱如同交锋时破开的竹节
3. 玻璃叶片是飞舞的竹叶
4. 空间以色彩和造型作为意向的载体

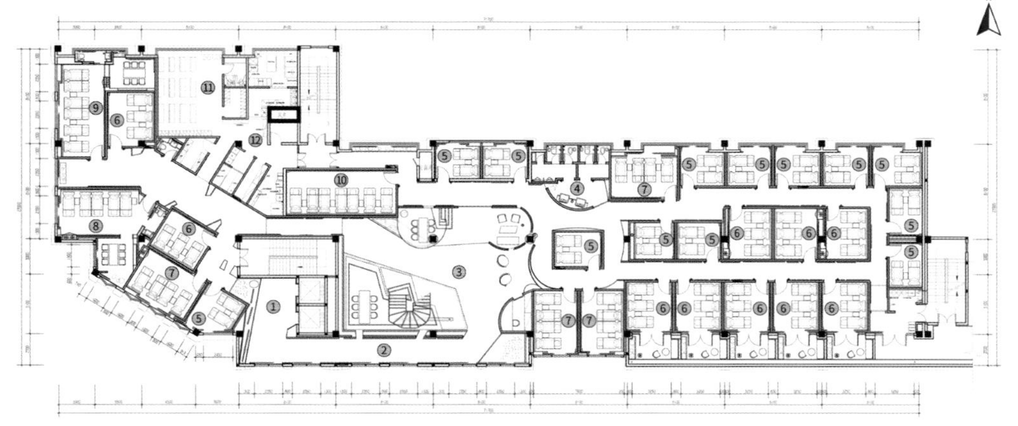

① 电梯厅 ② 景观长廊 ③ 大堂接待区 ④ 公共卫生间
⑤ 双人足浴包厢 ⑥ 三人足浴包厢 ⑦ 四人足浴包厢 ⑧ 五人足浴包厢
⑨ 六人足浴包厢 ⑩ 七人足浴包厢 ⑪ 后场准备区 ⑫ 技师休息室

三层平面图

① SPA等位区 ② 单人SPA间 ③ 双人SPA间
④ 露台花园 ⑤ 配药间 ⑥ 技师休息室

4 层平面图

1	4
2 3	5 6

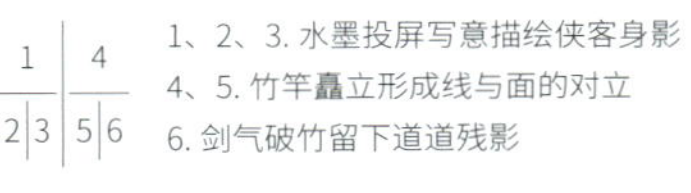

1、2、3. 水墨投屏写意描绘侠客身影
4、5. 竹竿矗立形成线与面的对立
6. 剑气破竹留下道道残影

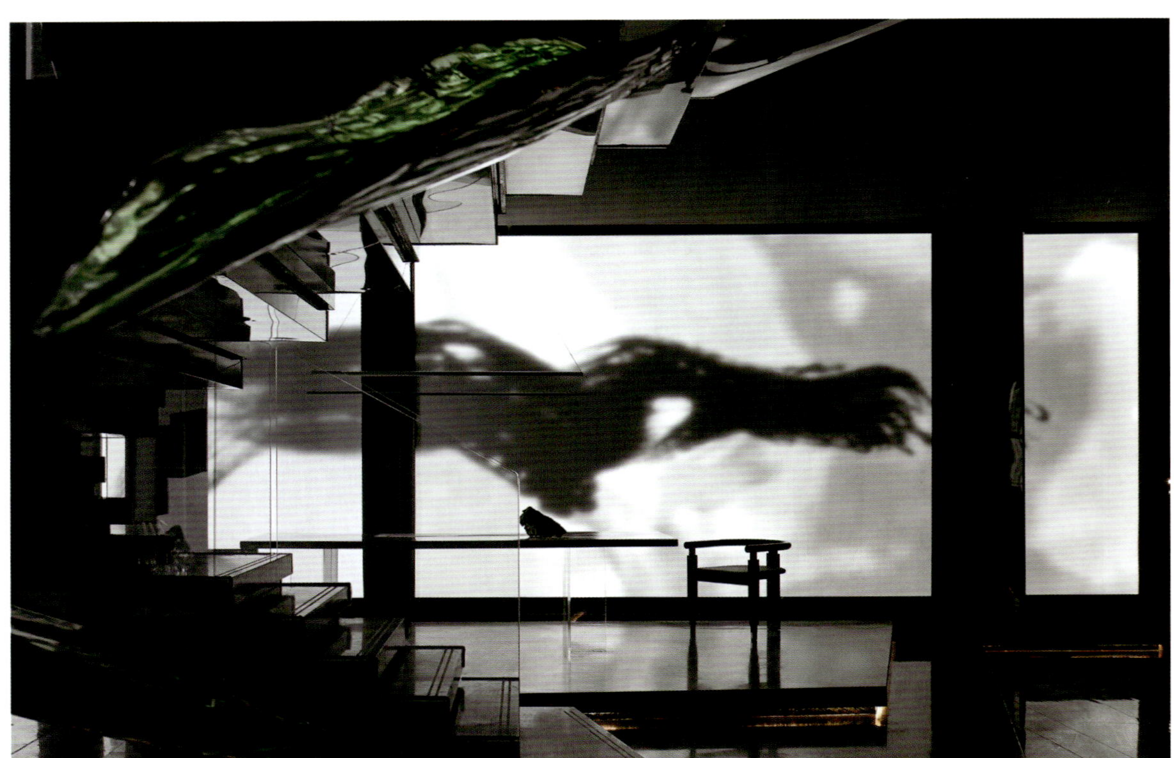

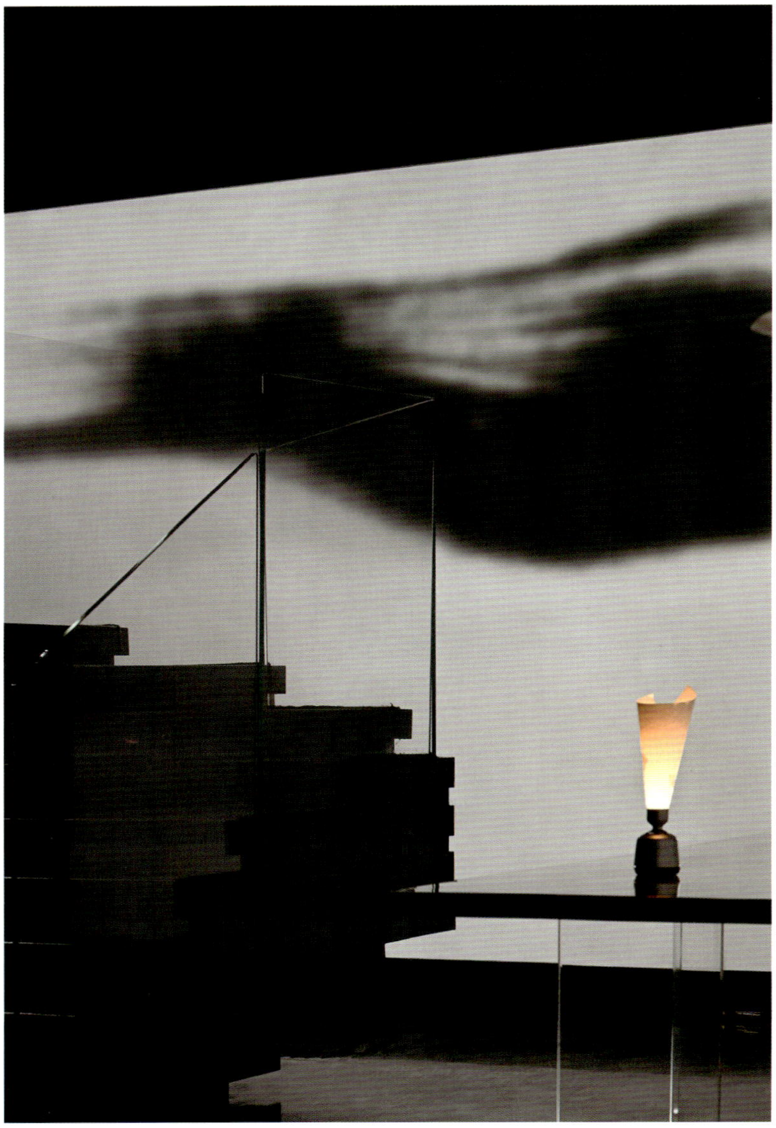

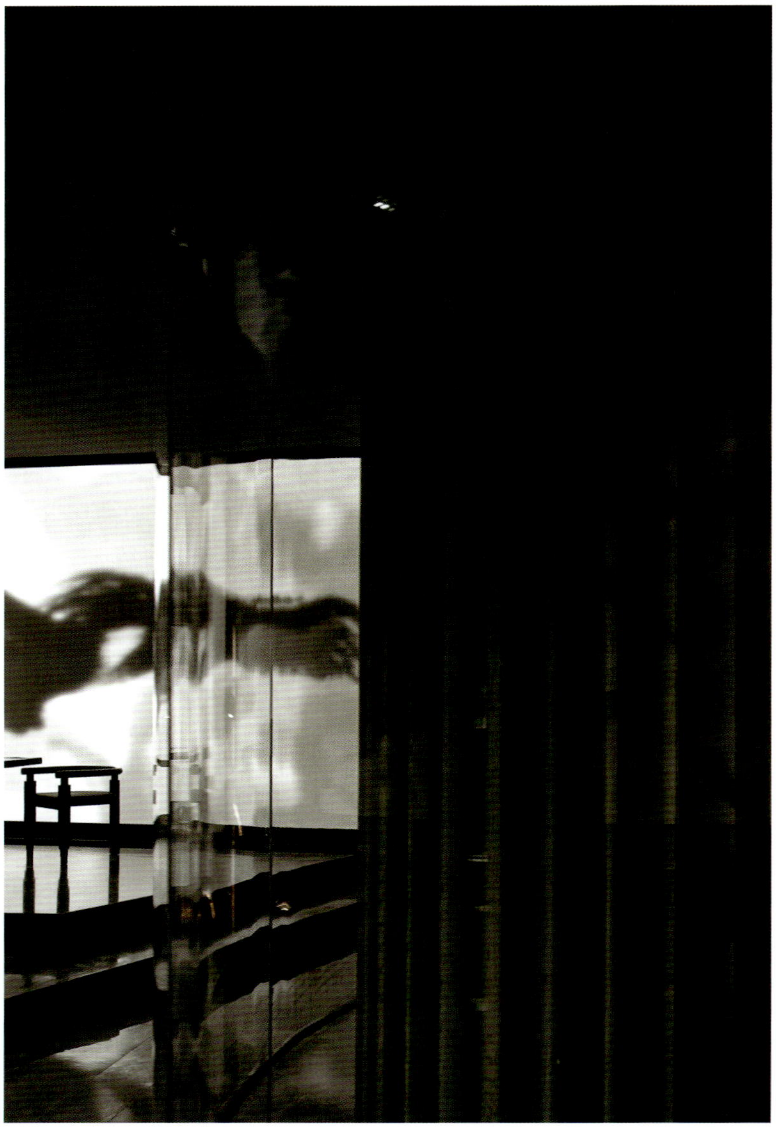

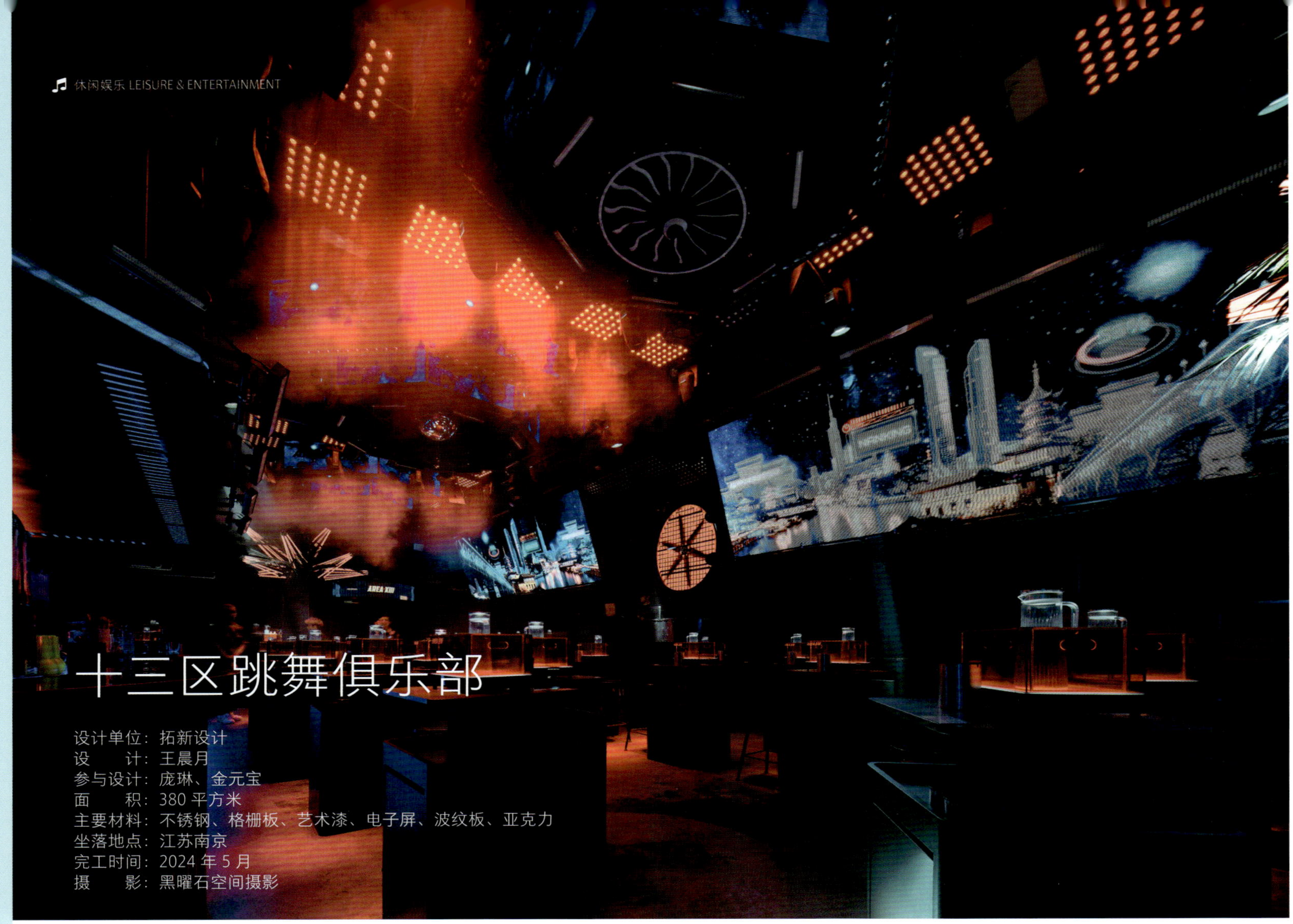

十三区跳舞俱乐部

设计单位：拓新设计
设　　计：王晨月
参与设计：庞琳、金元宝
面　　积：380 平方米
主要材料：不锈钢、格栅板、艺术漆、电子屏、波纹板、亚克力
坐落地点：江苏南京
完工时间：2024 年 5 月
摄　　影：黑曜石空间摄影

在项目初期，我们与业主进行了深入的沟通和交流，充分了解到业主的需求和期望，于是决定将本案的故事背景设定在一个充满未来感的“街区”。在这个未来的“街区”中，赛博朋克风格的元素无处不在，充满了科技元素，展现出一种独特的视觉效果。

“街区”成为整个设计的核心，我们通过灯光、色彩、材料和配饰等，将赛博朋克风格的元素融入空间每一个细节中。灯光和屏幕均采用可变光，色彩采用黑白灰等冷峻的色调，结合一些鲜艳的颜色跳色，形成强烈的视觉冲击。

入口处的隧道是进入这个世界的门户，它被闪烁的 LED 灯包围，这里的每一个角落都充满了末世与高科技并存的独特氛围，让人不禁联想到它可能是通往另一个维度的神秘通道。穿过隧道即被带到了一个遥远的未来世界，街道两旁，那些破败的建筑在霓虹灯光和投影广告的覆盖下，形成了鲜明的视觉对比。霓虹灯光在黑暗中闪烁，投影广告在建筑表面不断变换，让人感受到一种末世的荒凉寂寥，同时也震撼于高科技的繁华耀眼。

街道上，人们或并肩行走、跳舞、交易，或进行交流。他们在这个充满活力而又混乱的未来世界中，展现出了各种各样的生活状态。这些场景交织在一起，构成了一幅充满活力而又混乱的画面。在这个未来的世界里，每个人都有自己的故事，这是一个充满矛盾和冲突的世界，但也是一个充满希望和可能性的世界。

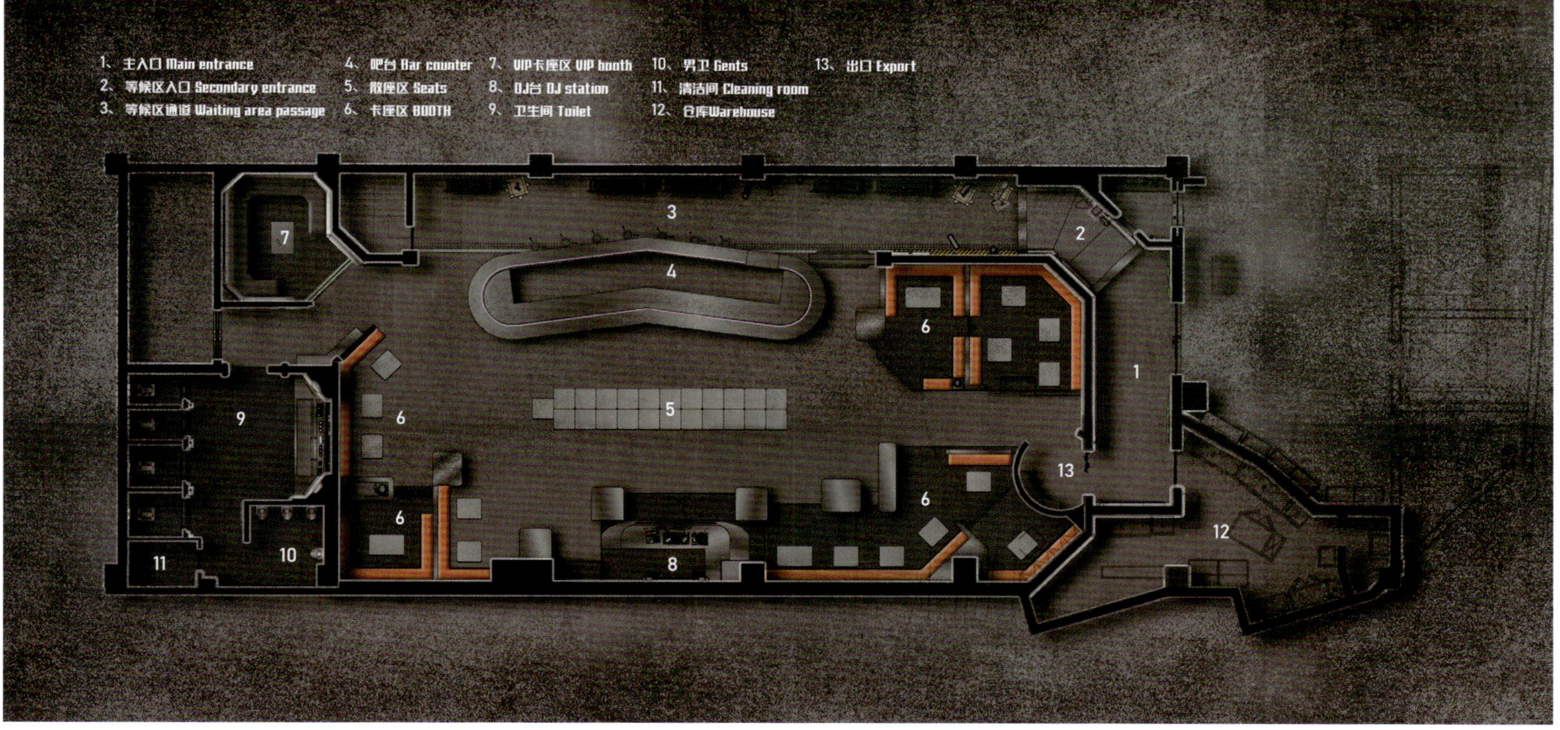

平面图

1. 变幻的灯光和屏幕带来直观的视觉冲击

2、3. 将赛博朋克风格的元素融入空间每一个细节中

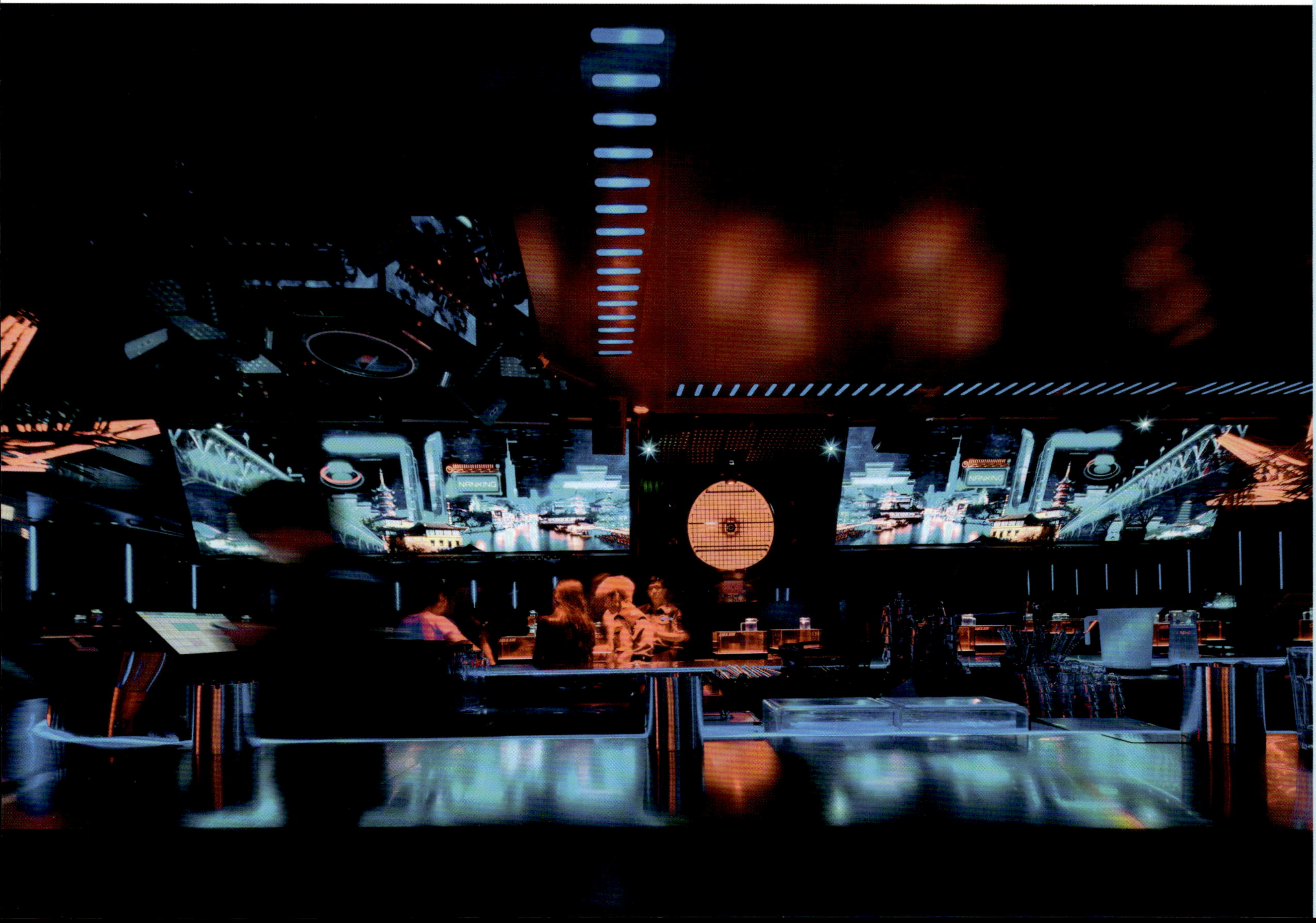

1	3
2	4 5

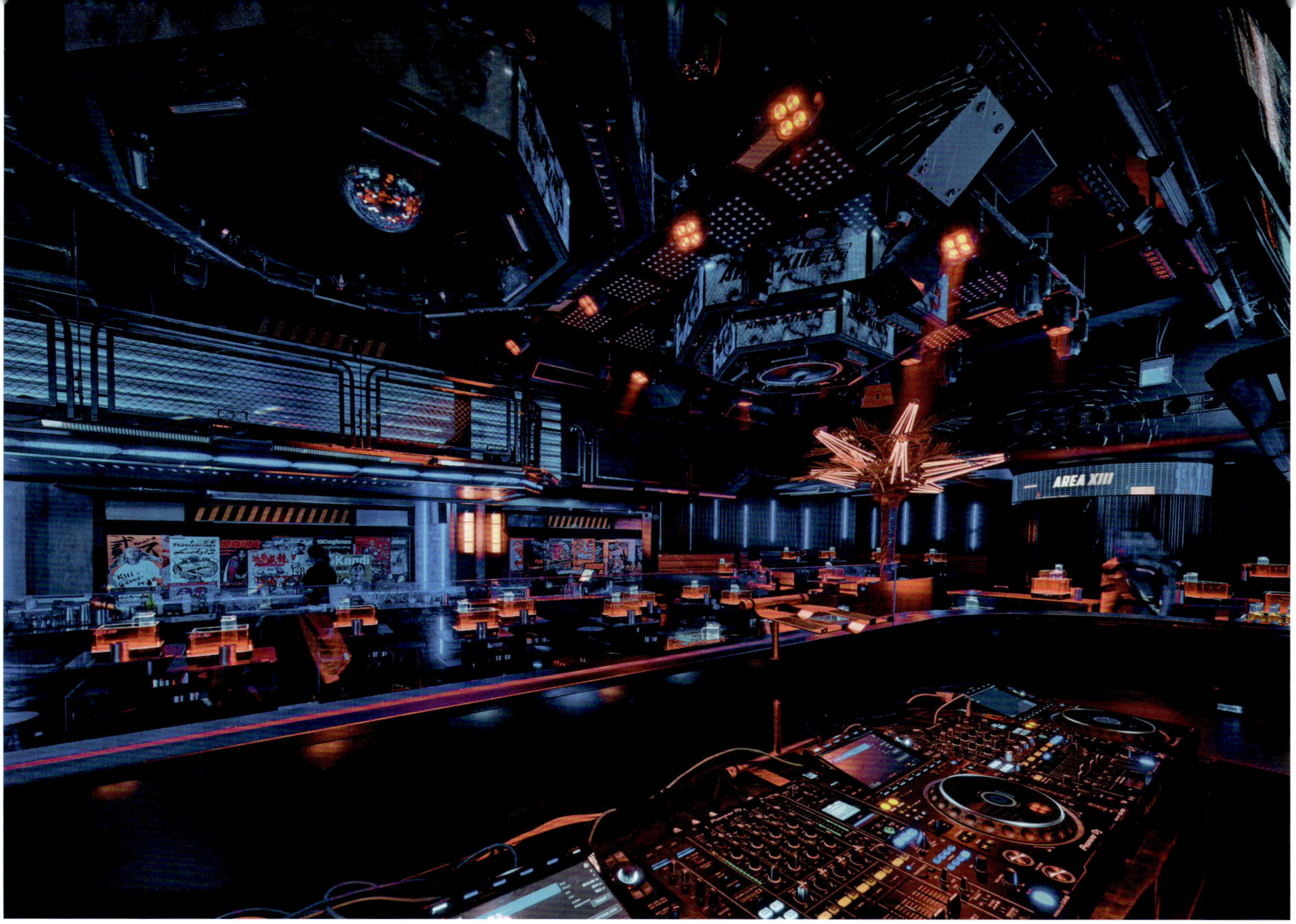

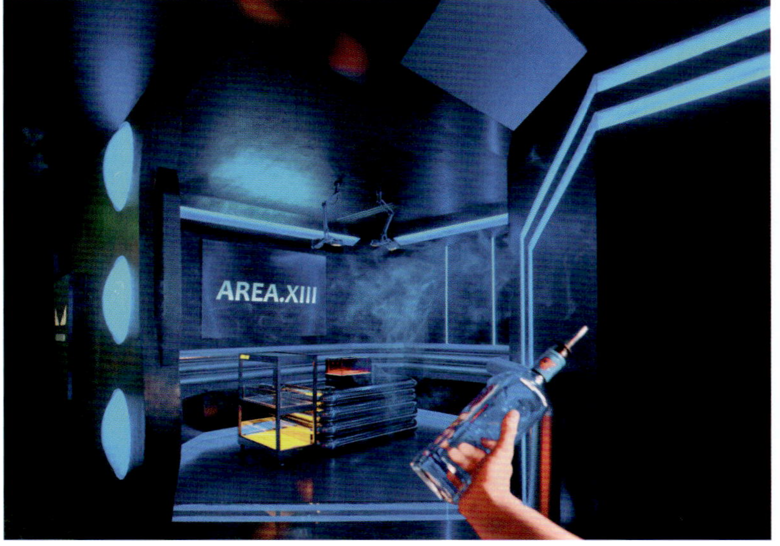

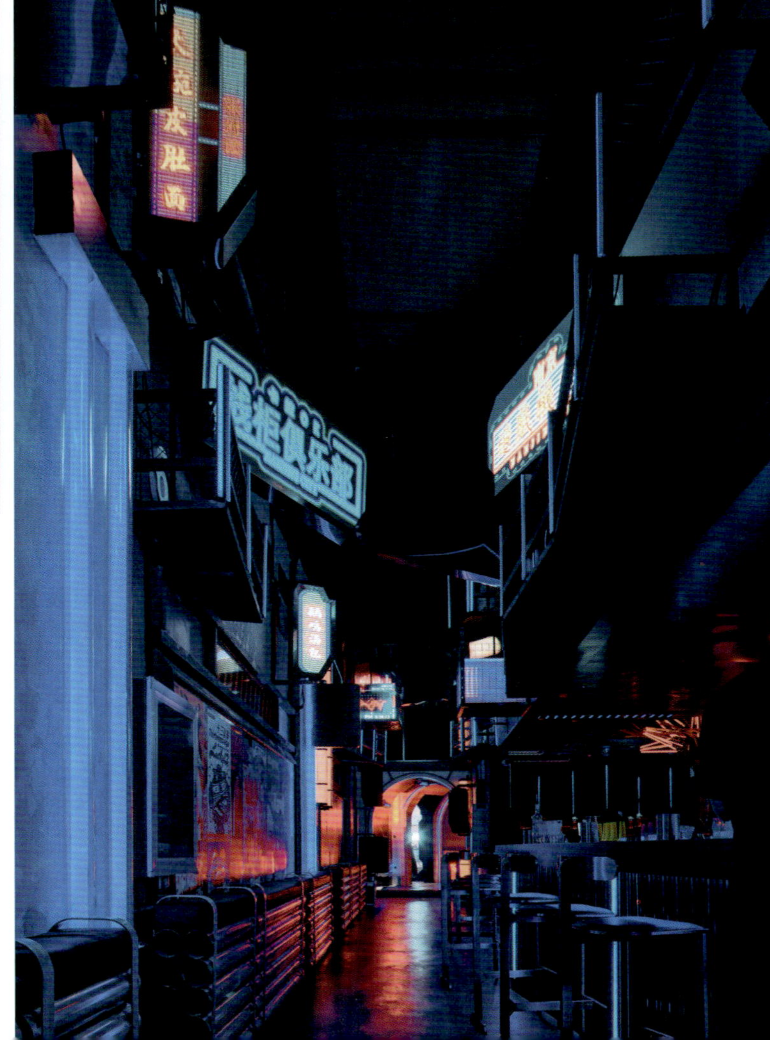

1. 光怪陆离的时光通道
2. 从入口处进入未来街区
3. DJ 操作台
4、5. 霓虹闪烁充满矛盾和活力

华润置地天河润府润心社

设计单位：TOMO DESIGN 东木筑造
设　　计：陈贤栋、肖菲
参与设计：杨梅、罗泽双、彭思赟、何骏敏
面　　积：700 平方米
主要材料：树瘤木饰面、镜面金属、拼花水磨石、肌理漆、编织地毯、千鸟格布艺
坐落地点：广东广州
完工时间：2024 年 7 月
摄　　影：自由意志摄影工作室（FREE WILL PHOTOGRAPHY）

TOMO DESIGN 与华润置地在共创新润心社生活方式之际，希望它更像是住宅里的“第三空间”。它不仅是一个配套的体验，更是一种生活方式的引导与重构。

设计团队秉持“从生活出发，再回归于生活”的设计理念，以多元化生活体验为主题，在本案中，以运营商业的逻辑创意重新定义了现代社区体验。

ALL DAY CHILL 的润心社承载了咖啡生活场景、阅读学习场景、便利零售场景、运动健康场景以及阳光户外场景这些不同的场景模式。通过深入地观察日常生活，将丰富的生活体验提炼为一系列的生动场景。以“格子设计”为理念载体，精妙运用格子的灵活性、多变性及模组化，形成弹性的空间布局组合逻辑。以轻运营的策略方式，赋予社区全新的体验，再出发，重构住宅社区形态。

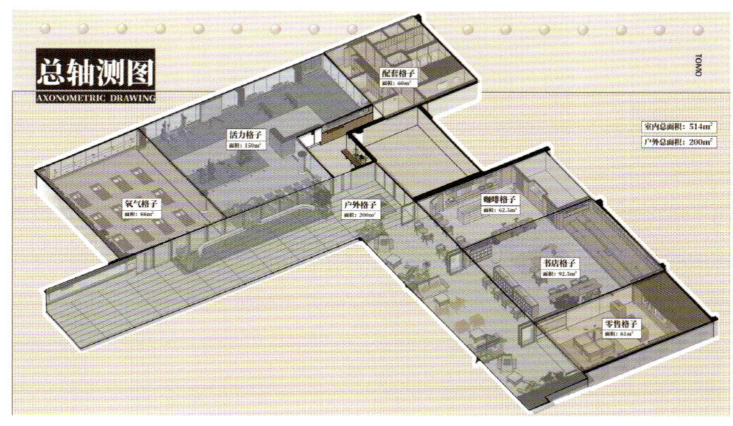

总轴测图

1	3
2	4

1、2. 户外格子
3. 咖啡格子
4. 配套格子

1. 咖啡格子
2. 利用格子的灵活性形成弹性的空间布局
3. 零售格子
4. 阅读格子
5. 氧气格子

BOOK
LATTICE
BOOK
LATTICE

续茄

设计单位：寸匠熊猫建筑设计
设　　计：林嘉诚、蔡泫娜
面　　积：520 平方米
主要材料：水洗石、艺术涂料
坐落地点：福建厦门
完工时间：2024 年 6 月
摄　　影：ACT 工作室

在美丽的鼓浪屿，一处与众不同的雪茄品牌空间正在悄然成型。设计灵感源于东方品牌文化与古巴雪茄传统的深厚底蕴，与鼓浪屿独特的海岛风情相得益彰，以对地域精神的深刻理解与尊重，创造出一个既有历史厚度又具现代审美的独特空间。

运用建筑学中的类型学手法，深入分析并提取雪茄相关的形态特征，以此为基础构建新的空间秩序。选取雪茄烟气的原型作为类型的基础资料，重组并创造了烟化形的设计模式，将烟层幻化为空间的 3 个层次：碳化、燃烧、烟层。不仅赋予了空间独特的美学表现力，还能在视觉和情感上与顾客产生共鸣，营造出独特的氛围。

在门厅部分，设计师巧妙地将古巴、闽南和雪茄三者相互融合，创造出令人难忘的品牌记忆。通过中西方的时空对话，特别设计了标识墙，将古巴历史纹样与闽南燕尾脊相融合，形成全新的类型符号。这些符号不仅在看似杂乱的排列中传达了品牌文化，还通过装置艺术的精妙设计进一步增强了记忆点，真实展现了雪茄原生态的状态。齐康先生常谈及建筑的“六字箴言”，即传承、转化、创新，其核心在于“原型”的提取与抽象。将雪茄旋转产生的图形巧妙应用在设计中，通过图案的平铺效果打造出统一而独特的空间。

建筑类型学经历了“原型类型学”“范型类型学”“第三种类型学”3 个阶段的发展，将研究重点从“自然”转向“人”，再转向“城市——建筑”。室外与室内空间的连接就像是城市与建筑，也像是实际与虚幻。设计中雪茄燃烧的原型被提取出来，并与装置艺术设计师联名共创熔岩巨树和大型雕塑，诠释了雪茄虚拟之城的概念。大小对比的设计手法与 Poliform 2023 户外系列家具的融合，进一步丰富了空间体验。

雪茄客包房作为一个特殊空间，设计师通过深入分析空间结构与海洋波纹肌理，创造出全新的类型符号，并将这些线条肌理排列组合在空间中，配合飞碟茶几等家具。通过简化和抽象，创造出既具象征性又具有实际意义的空间。二楼的 VIP 包厢巧妙融合了隔海相望的岛屿、倒影和环抱等元素，这不是简单的空间布局，而是通过模糊的意义重新穿插和融合，创造出显著的成果。

续茄的设计，不是简单重复过去的形式，而是以新科技和新思想为支撑，深入探索并重新诠释了传统的原型。这种方法不仅为室内设计注入了新的活力，也体现了对当代人文、环境和可持续发展问题的深刻关注。

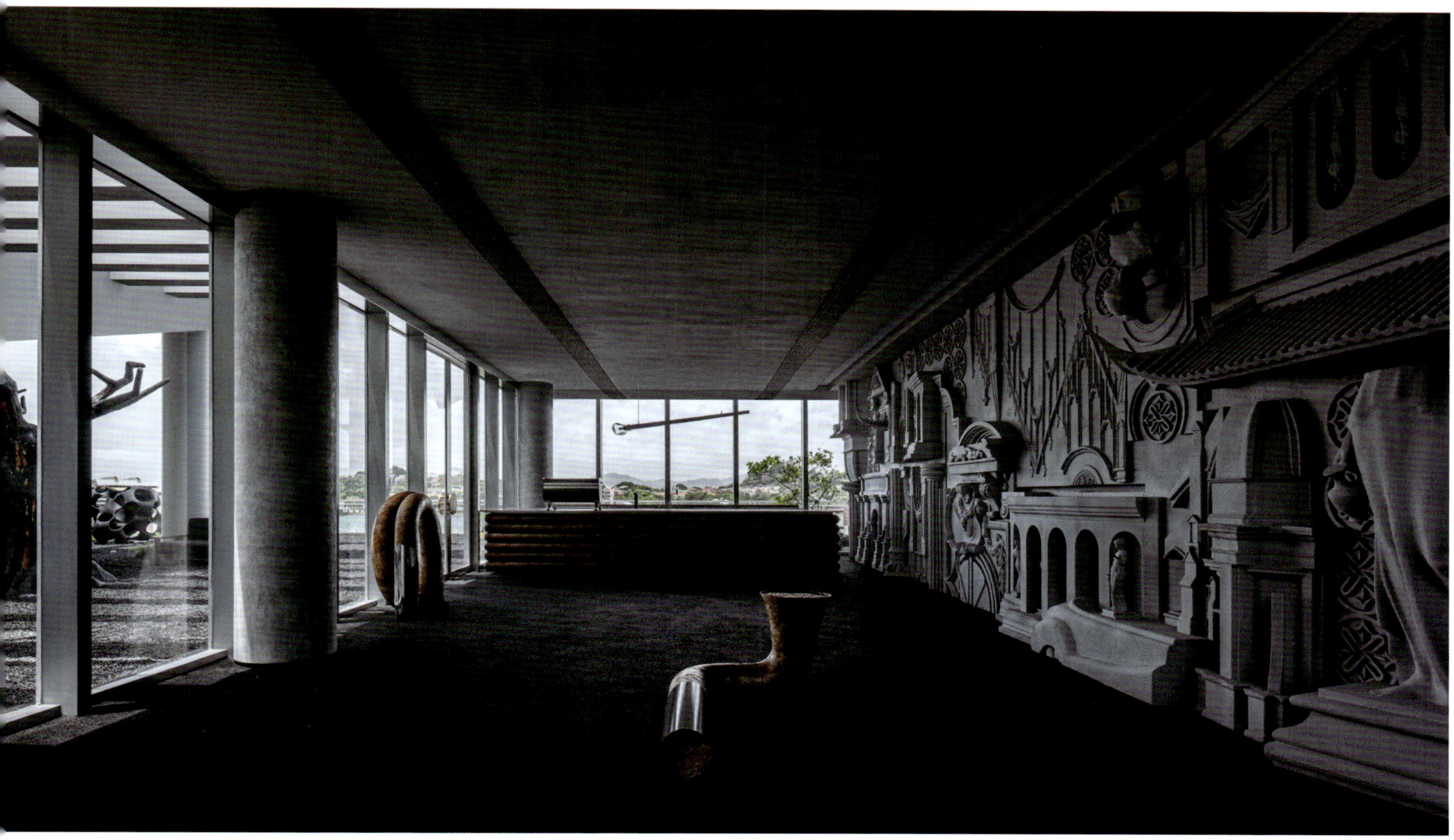

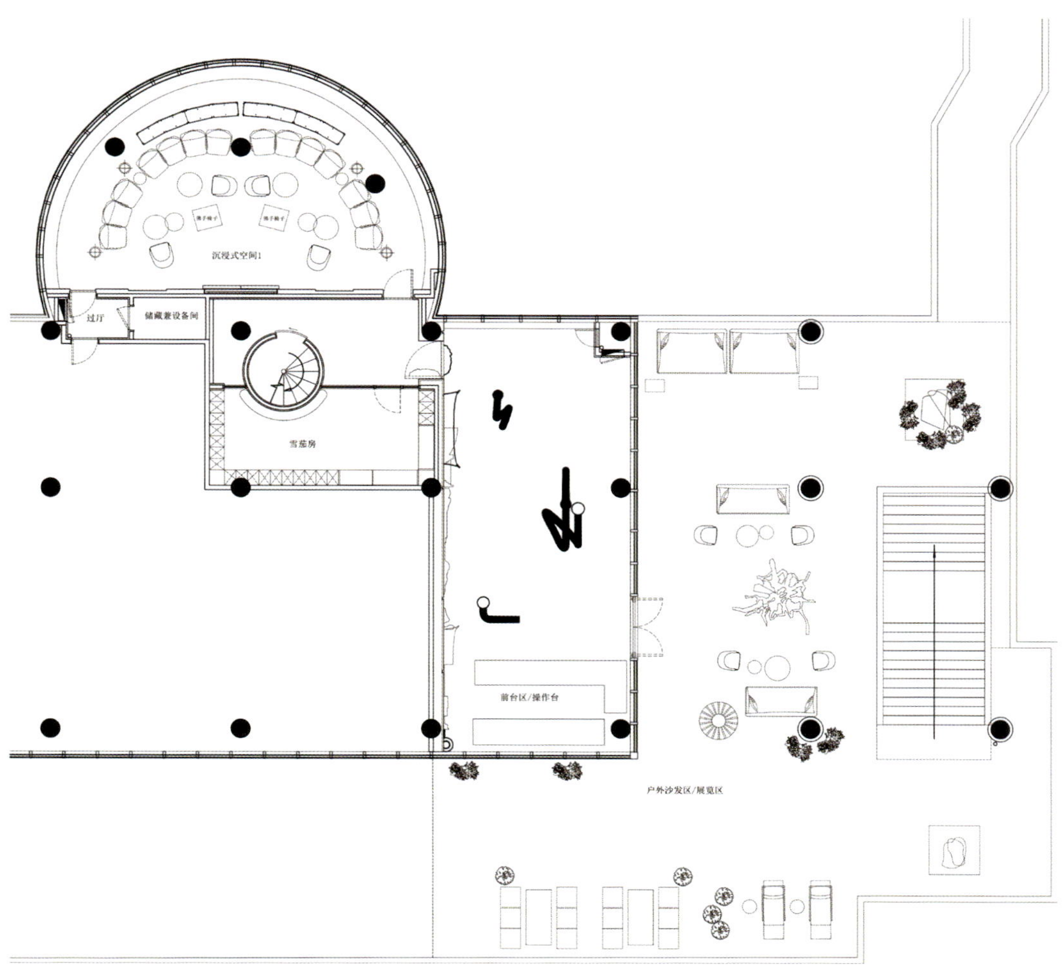

一层平面图

二层平面图

1 | 2

1. 熔岩巨树将雪茄虚拟化
2. 墙面把古巴历史纹样与闽南燕尾脊相融合

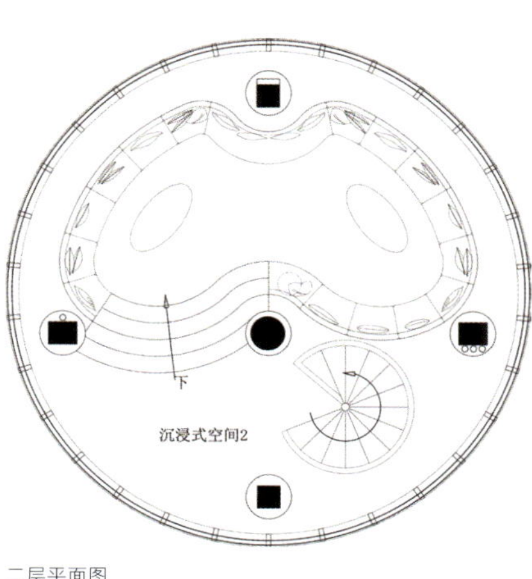

1、2. 包厢融合了环抱、相望的岛屿、窗外风景等元素
3. 空间内用新思想诠释的雪茄符号
4、5. 向上的楼梯具有精神指引性

容子木总部办公室

设计单位：CUN 寸 DESIGN
设　　计：崔树
参与设计：李辉、王嘉祺、刘金长
面　　积：1540 平方米
主要材料：艺术漆、U 型玻璃、金属板、木作、钢化玻璃
坐落地点：北京
完工时间：2023 年 9 月
摄　　影：王厅

1、3. 内外两个显著的建筑体量
2. 横向悬置的长方体量
4、5、6. 纯净质朴的空间质感

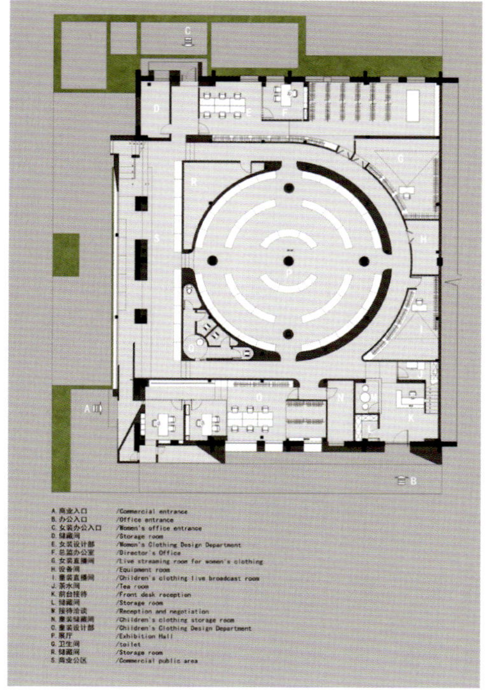

一层平面图

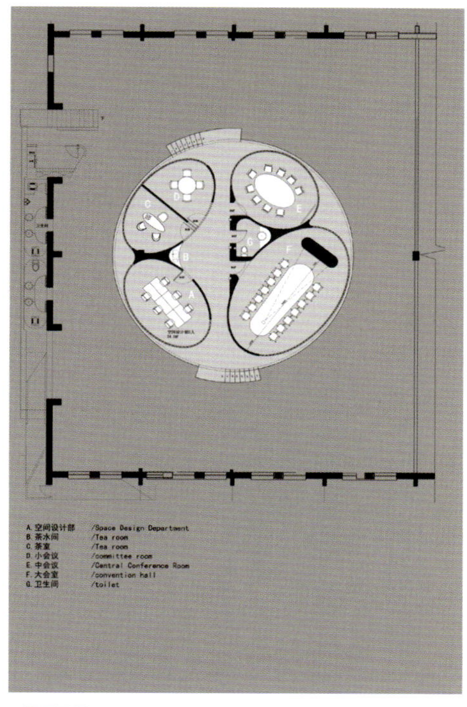

二层平面图

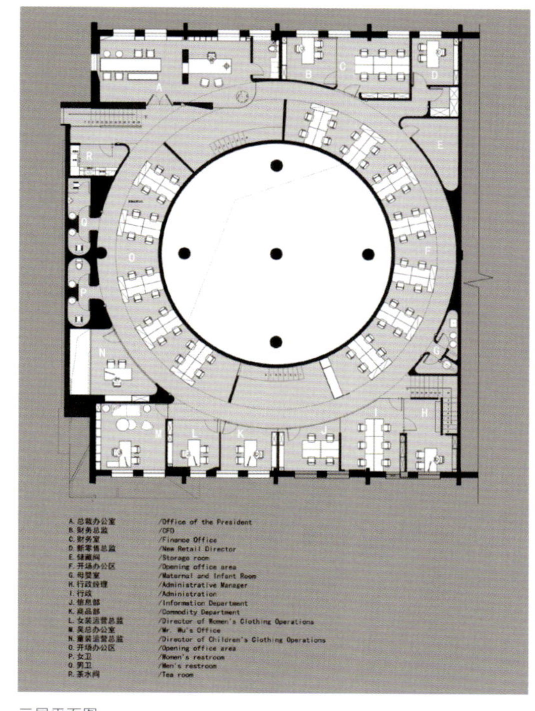

三层平面图

容子木新总部办公室位于北京首创朗园 Station 园区，园区前身是始建于 20 世纪 70 年代的北京纺织仓库。作为重要的老工业遗存，园区完整保留了原本 30 座仓库的红砖建筑基本格局。此次是容子木与崔树的二度合作，继续延续对东方哲学的思考，将其中一栋建筑改造成一个集办公、会客、展陈等于一体的复合多元创意空间。

仓库建筑原本的开敞格局与优越的挑高，为创意类办公空间提供了丰富的空间可能性。在保留原工业遗产的线索之上，通过雕塑般的手法在建筑内外制造了两个体量，既实现了作为品牌总部的识别性外观，又满足了内部不同功能的有机融合组织。

设计通过解构与叠加手法创造出了内外两个显著的建筑体量，赋予了总部鲜明的标识性，更保证了内部功能区域间的无缝衔接。其中，横向悬置的长方体量构筑起内外进出和垂直上下的立体交通盒子，而竖向插入的通高中空圆柱体量则塑造了场所精神，其上下两部分分别担任了多功能展示厅与洽谈会议的功能角色，四周环绕的开放办公区域彰显现代高效工作氛围。设计通过高低层次的错落关系，得以在流动的空间中巧妙串联起不同的功能模块。从入口处经过一段狭长走道后逐渐走入，此时需要下探几步才会正式踏进豁然开朗的、开放高挑的室内空间，继续拾级而上可直达二楼的会客茶室。一层环形空间做了下沉处理，犹如古典音乐厅般的空间关系，增添了几分仪式感，而外部环绕的楼梯又像一条带人们从中心处直通二楼的快速通道。

品牌崇尚自然，面料材质上以自然舒适的棉、麻、丝、羊毛为主，新总部办公室整体质感上也以纯净、整洁、自然的感觉与之相呼应。除了尽可能露出建筑原始结构以呈现质朴的肌理感，更是精巧运用竖向与横向的条形窗户以及天窗设计，有效引导自然光线进入，巧妙调控空间内的明暗对比，形成既有重点照明又有柔和漫射光的光影效果，局部构建出光在其中的诗意境界。室外的婆娑树影映衬着洁白墙面，与历经沧桑的斑驳红砖交相辉映，共同诉说自然与时间交错的美学故事，让每一个置身其中的人感受到这份跨越时空的对话与和谐共生的魅力。通过巧妙的空间布局和对光影的精心处理，这个多功能的创意空间成为一个充满活力和灵感的工作场所。它致敬了自然和传统，它不仅是容子木品牌的象征，也是园区内一处独特的文化地标，为城市的工业遗产注入了新的生命力。

1. 会客茶室
2. 天窗有效引导自然光线
3、4、5、6. 展厅移动衣架环绕出品牌特性
7. 过道
8、9. 重点照明和柔和漫射相结合
10. 环绕楼梯可直通二楼

厅与间——南京马鸿兴·川小馆的工业市井

设计单位：杭州边界建筑设计有限公司
设　　计：周俊凯
参与设计：李行、李金伦、徐天洋、周鹏、兰超明
面　　积：720 平方米
主要材料：耐候钢、热轧板、老红砖、清水混凝土板、莱姆石、水磨石、木地板
坐落地点：江苏南京
完工时间：2024 年 1 月
摄　　影：朱润资

马鸿兴·川小馆位于南京集庆门的南京第二机床厂河西老厂区，这里记载了南京近代工业化城市进程中的浓重记忆。为了延续老厂区的生命力，我们将传统工业旧址改造规划成集购物和办公为一体的特色化工业化城市展览园区，在保留老厂房框架的基础上翻新，将其从工业遗产转变为文化创意力量的综合发生场。基于场地本身的集体记忆，结合区块食客群体的集聚与消费表现，打造出具有工业气质的市井生活图景。设计围绕低碳环保可持续利用、延续工业遗迹集体记忆、大众餐饮市井文化这 3 个维度展开，并将其作为主要方向。

为了回应场地的历史背景，我们采用了适应性改造策略，保留了旧工厂主体结构和钢结构桁架屋顶，对部分建筑材料进行了回收和再利用。外立面墙体拆除的红砖被继续使用在室内墙面和立面的二次建造中，而木质材料同样来自老木头回收，实现了材料的可持续循环利用。在外立面改造中，将原有封闭结构进行了重新组织。原混凝土结构被全部灌浆加固，以满足新增结构的荷载需要，以外显的方式重新组织立面语言，回应场地的工业基因。转角采用钢构玻璃幕墙将街景引入室内，市井生活场景被直观立体地呈现，两端红砖立面延续了原立面的开洞比例，与既有建筑形成衔接与过渡。

设计提出“工业市井”的营造概念，餐厅一层作为公共散座区域，而二层以布置包厢为主，以通高中庭为核心，引入“厅”与“间”的概念。“厅”作为传统建筑中的公共空间，具有中心性、聚集性的特征，外化为通高的中庭；“间”作为个体空间注重独立性与私密性，二层由 4 个不同大小的“盒子”包厢围绕中庭呈风车型平面布局，创造独特的空间动线与体验方式。厅与间、上与下、聚拢与分散、公共与私密，构成了独特的市井场域。

以钢材作为空间的主体结构和部分二层包厢的围护表皮，对空间结构与构造节点进行反复推敲，尽可能消解钢结构厚重的体量感。一层以圆形细钢柱支撑，更显开放通透；二层则摒弃传统的墙体分割，以一厘米宽的实心扁钢作为包厢结构柱，更显精致轻盈。钢材表面均进行耐候腐蚀处理，赋予其自然的剥落感和时间性。钢楼梯如雕塑般被安置在中庭一侧，借助拉杆结构的悬吊方式来消解钢材的厚重感，木质踏步和水体景观交织，以内景观来降低原有冷峻的工业距离感。

结合原有屋面保留的玻璃天窗，将自然光引入通高中庭，在垂直维度进行空间延展，强化中庭的集聚性，并在玻璃外侧安装电动遮阳帘，通过物理方式有效降低室内能耗。以木质为主的家具为新旧交替的工业遗迹带来暖意，中庭的家具形体由传统民居中的八仙桌衍生而来，就餐时如同亲朋好友欢聚家中般亲切。二层面向中庭一侧，部分包厢立面用外开玻璃门取代窗户，同时以上翻的木质水平窗拓展视线，开合之间俯瞰烟火喧闹。

本次设计是在城市更新领域的一次新的探索与实践，在旧厂房的历史图层之上，通过可持续性的改造策略，特殊处理的钢结构与厚重工业遗迹发生碰撞，将不同时代的历史图层叠加，建立过去与当下的对话。同时借鉴民居中的“厅”与“间”来探讨公共性与私密性，融入餐饮的烟火气息，让就餐的日常性与城市历史文化再结合，探索具有当代性的市井生活图景。

1. 钢构玻璃幕墙将街景引入室内
2. 两层空间以通高中庭为核心

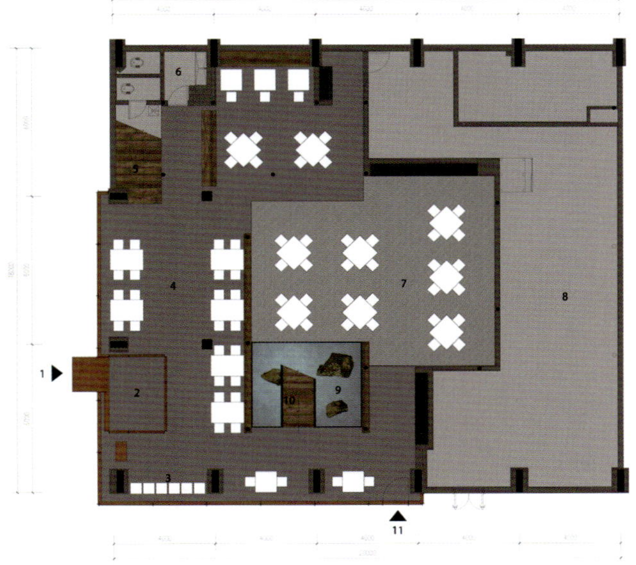

1主入口
2进厅
3等候区
4开放式就餐区
5楼梯A
6卫生间
7中庭
8厨房
9水景
10楼梯B
11次入口

一层平面图

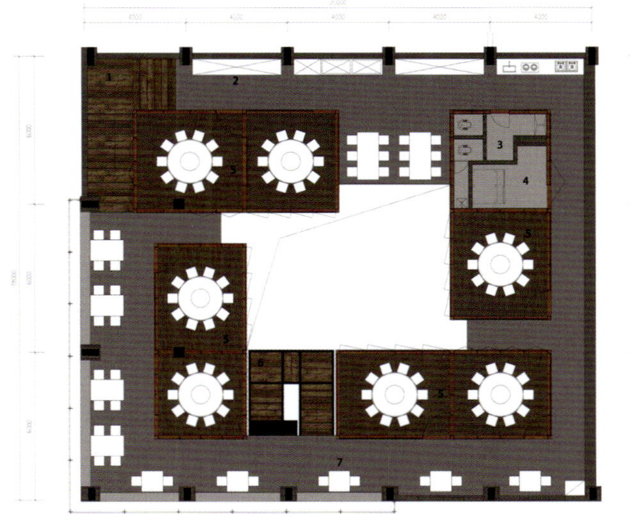

1楼梯A
2服务台
3卫生间
4传菜间
5包厢就餐区
6楼梯B
7开放式就餐区

二层平面图

1. 一层散座区
2. 钢楼梯借助拉杆结构被悬吊
3. 俯瞰中庭
4. 从包厢望向中庭
5、6、7. 二层包厢
8. 外墙体拆除的红砖在室内继续利用
9. 包厢立面细节
10. 上翻的木质水平窗拓展视线

丙丁茶铺

设计单位：石间设计
设　　计：陈枫
参与设计：李慎浩、姚磊
面　　积：860 平方米
坐落地点：山东济南
摄　　影：何爱

倾一杯风雅意趣，任满怀心驰神归。千百年的饮茶文化沁润，国人对茶的热爱早已深埋血脉。茶不仅是饮品，更是一种生活方式，一种历史传承。相较传统茶室有着过高的门槛与厚重的仪式感，时下年轻人更乐于找寻新鲜与时尚的茶饮空间，来回归茶文化本身。在传统文化的复兴浪潮中，丙丁茶铺在国风茶饮赛道的蓬勃发展中顺势而出，一跃成为新茶饮品牌，连接传统的精粹有了新表现，也让茶饮的时尚创意有了文化的沉淀。

泉城济南的东北角新晋了一处亚文化城市美学集合地：579 百工集。调制浪漫与诗意，糅合复古和新潮，现代艺术的加入让曾经的旧厂房焕发了生机。行走过各式自在有趣、特立独行的空间，丙丁茶铺便坐落其中。不声张、不隐匿，摒弃了传统茶馆符号化的装饰手法，只缓缓舒展开来一片轻盈简约的新国潮空间，茗香荡漾、吐纳清欢。

作为济南第一家新中式茶饮地，丙丁茶铺以年轻的方式探索古朴的内核，为来客提供全新的品茶方式和轻松的品茶空间。区别于奶茶、咖啡厅类的休闲场所，茶饮与生俱来的国风传统元素，会在场景承载上多添加一分精神上的轻盈和自然。室内空间并没有因传统而受限，而是利用原有厂房高挑的建筑领域，保留些许现代工业风的冷调，加以新中式的古典韵味，重新梳理了传统与现代、人与空间和谐共生的关系。

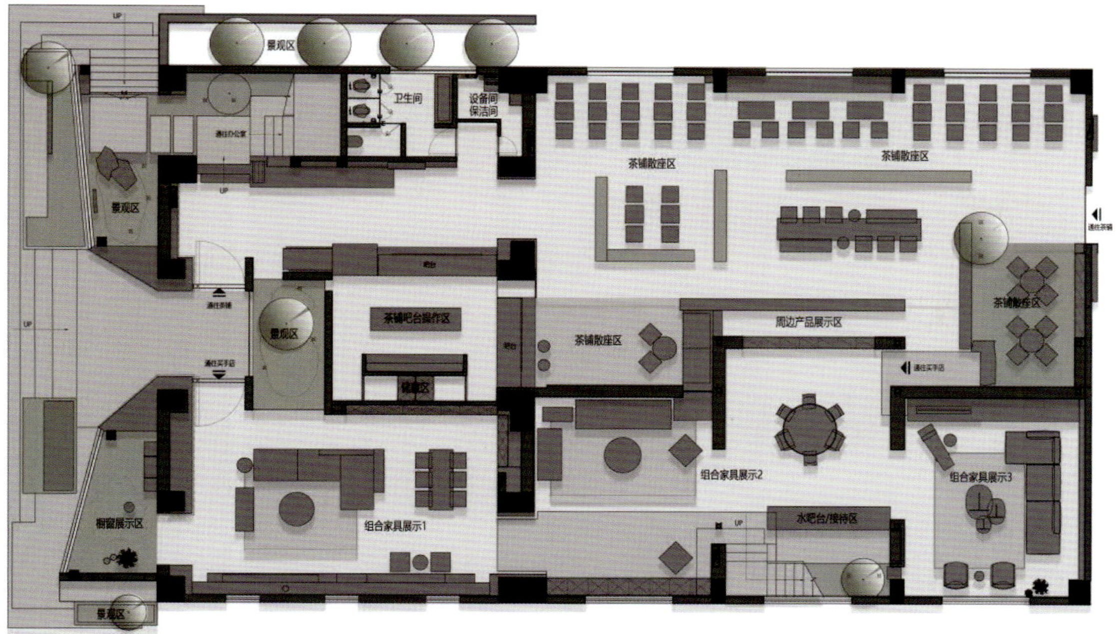

平面图

1. 入口
2. 接待区
3. 吧台
4. 产品陈列区
5. 挑高空间保留冷峻工业风
6、7. 在国潮新空间内茗茶赏心

1 2 / 3 | 4

1、2. 摒弃了传统茶空间符号化的装饰手法
3. 空间造型线条洗练
4. 现代灯具的局部照明

MWH 曼好家生活共学中心

1. 工业厂房改造前后对比
2. 葱绿植物带来自然生机
3.6. 手工编织屏风对室内的有效分割
4. 不规则造型前台
5. 温暖壁炉
7. 顶立面的工业元素与当代家居共存

设计单位：青埕建筑整合设计
设　　计：郭侠邑、陈燕萍
参与设计：王玟心、刘翰铨、洪佳伟、叶盈汝、陈彦宇
面　　积：1500 平方米
主要材料：实木、铁件、不锈钢、手工编织藤条、玻璃
坐落地点：广东深圳
完工时间：2023 年 12 月
摄　　影：IVY. 曼视觉影像

本项目位于工业厂区，是其中一栋不起眼的工业厂房。此次设计为改造提升，通过空间重塑，让老旧工业厂房蜕变成高端展销共学中心。同时作为结合展示、共享及教育的共学场域，营造高效率的工作环境及创造全方位的效果展示。

依据包豪斯的三大理念：少即是多、极简主义、形随功能，在延续原建筑大楼的结构基础下，通过设计手法来满足新的需求变化。打破僵化模式肆意地自由思考，预期创造 3 种美好情境：美好家园、美好生活、美好关系。设计是为下一个时代或下一个不同城市的层面，去思考一个对于生活的新认知及观念。以实验性质探索空间作为一个生活实验室的可能性，以一个追求品质的空间实验室去探寻生命背后的律动。以建筑的传承和创新让空间遵循最本质的理念，并以充满情感的生命形式与时代共存共进。

设计需满足高效率工作环境以及全方位的展示效果，空间主要以“引”做动线规划，提供顺畅自如的空间体验。一楼布局形式采用三角快捷动线，将常见平面的垂直水平动线翻转 45°，使空间在通透和隐私、奢华和低调、大气和温馨之间得以切换自如。

设计返璞归真，就地取材。将大规模制作的手工编织藤条作为展现品牌精神的象征，以纯手工编织的屏风形式将室内空间进行有效分割，不仅增强了空间的层次感，同时也毫无突兀地将企业展品作为设计元素融入空间。仿木纤维的精致细节，呈现出一种自然与工业元素兼容的和谐之美。

大道至简，简不是物质的贫乏，而是精神的自在；简不是生命的空虚，而是情感的单纯。以谦逊的姿态、通透的心态、朴素的状态，历经万化之后，回归万物之始，传承中融入创新，继续谱写生命之曲。

MWH

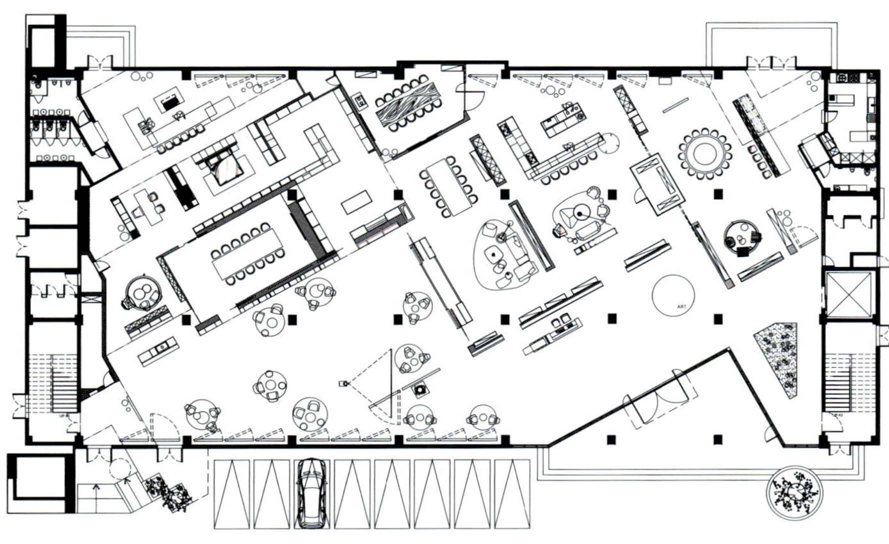

平面图

1、2、3. 垂直水平动线被翻转 45°
4. 企业产品作为设计元素无痕融入空间
5. 茶室
6、7. 大气而温馨的展销空间
8、9. 场域光影交织

龙泉 MOJ 水塔咖啡店

设计单位：杭州偲所设计
设　　计：吴小勇
面　　积：258 平方米
主要材料：阳极氧化铝板
坐落地点：浙江丽水
完工时间：2024 年 4 月
摄　　影：王大丑、沈哲

MOJ 水塔咖啡店位于千年剑瓷古都浙江丽水龙泉市，近于龙泉溪边。水塔本身有着特殊的意义，它见证了社会更迭、城市的变迁，也承载着城市发展的记忆。而项目改造并不是一味地拆除和以旧代新，我们意在通过现代的建筑材料和手法，在保留传统建筑历史记忆的同时，又能很好地融入现代科技工艺，让新旧叠合共存，让老建筑获得新生。水塔占地面积为 15 平方米，坐落于三江口入口处，是周边最高的一栋建筑，地理位置极佳，且建筑顶层视野开阔，可俯瞰龙泉溪流。

水塔内部无楼梯，如何在不占用建筑原有资源的前提下让客人可进入每一层室内空间呢？干脆大胆一些，在水塔旁边设计一幢新的建筑，与水塔结合的同时也能增加进入水塔内部空间的楼梯功能，使新老建筑相互连接，并与老建筑形成对比，凸显新旧之间的张力。新楼梯框架采用钢架结构，表面使用阳极氧化铝板进行装饰，干式施工工艺在很大程度上节约了施工的时间成本，同时又有效减少了建筑垃圾。整个建筑可以看到混凝土与金属的相互碰撞，赋予建筑全新的生命力，也使其成为此地的标志性建筑之一。

水塔本身内部空间极小，能满足咖啡店的基本功能需求已是极限。建筑楼层为 5 层，我们将一层作为咖啡制作空间，二层和三层为客人休憩空间。为了保持建筑外观整洁，我们将四层设计为设备层，所需设备皆放置此处。由于顶层视野最佳，因此我们将其设计为最大的内部休憩空间。原有水塔的建筑内部采光差，将原始顶层拆除后增加采光天井，将原有建筑每层楼板中心开洞打通，引入自然光线，透过每层洞口进入室内，为室内提供充足的光线资源。采用钢结构重新搭建，将新建筑的功能与老建筑的文化内涵相结合，创造出更加丰富且多元的空间体验。

独立的水塔建筑也需要周边环境的衬托与融合，我们将建筑与水景相结合，形成一种相辅相成、和谐共生的美学关系。水，作为大自然中最为灵动和柔美的元素之一，其流动、静谧、清澈的特性赋予了建筑独特的魅力，视觉上也更具层次和动态的美感。

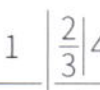

1. 建筑与流动水景相辅相成
2. 鸟瞰水塔
3. 顶层拥有开阔的视野
4、5、6. 新旧水塔叠合共生

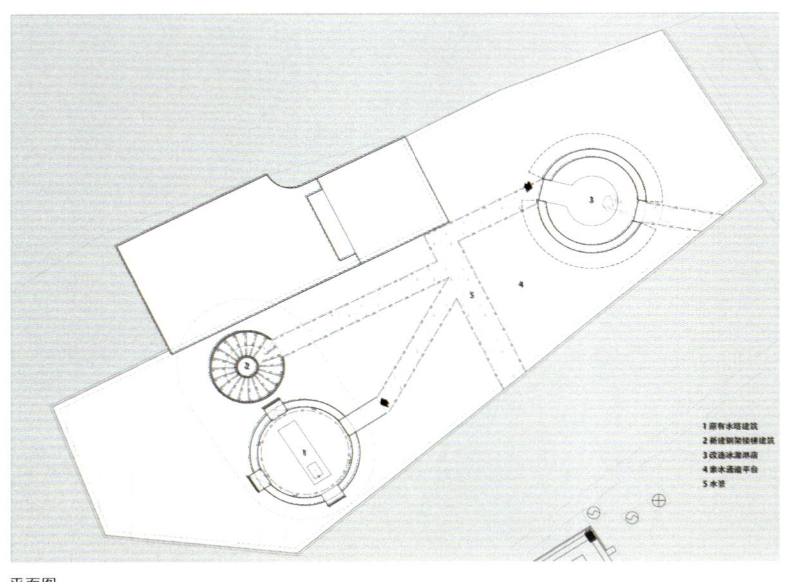

平面图

1 2 4 5 6
3 7 8

1、2. 透明窗户
3. 顶层可俯瞰龙泉溪流
4、5. 阳光从天井洒落
6. 圆形过道
7. 采光天井
8. 新建楼梯内部

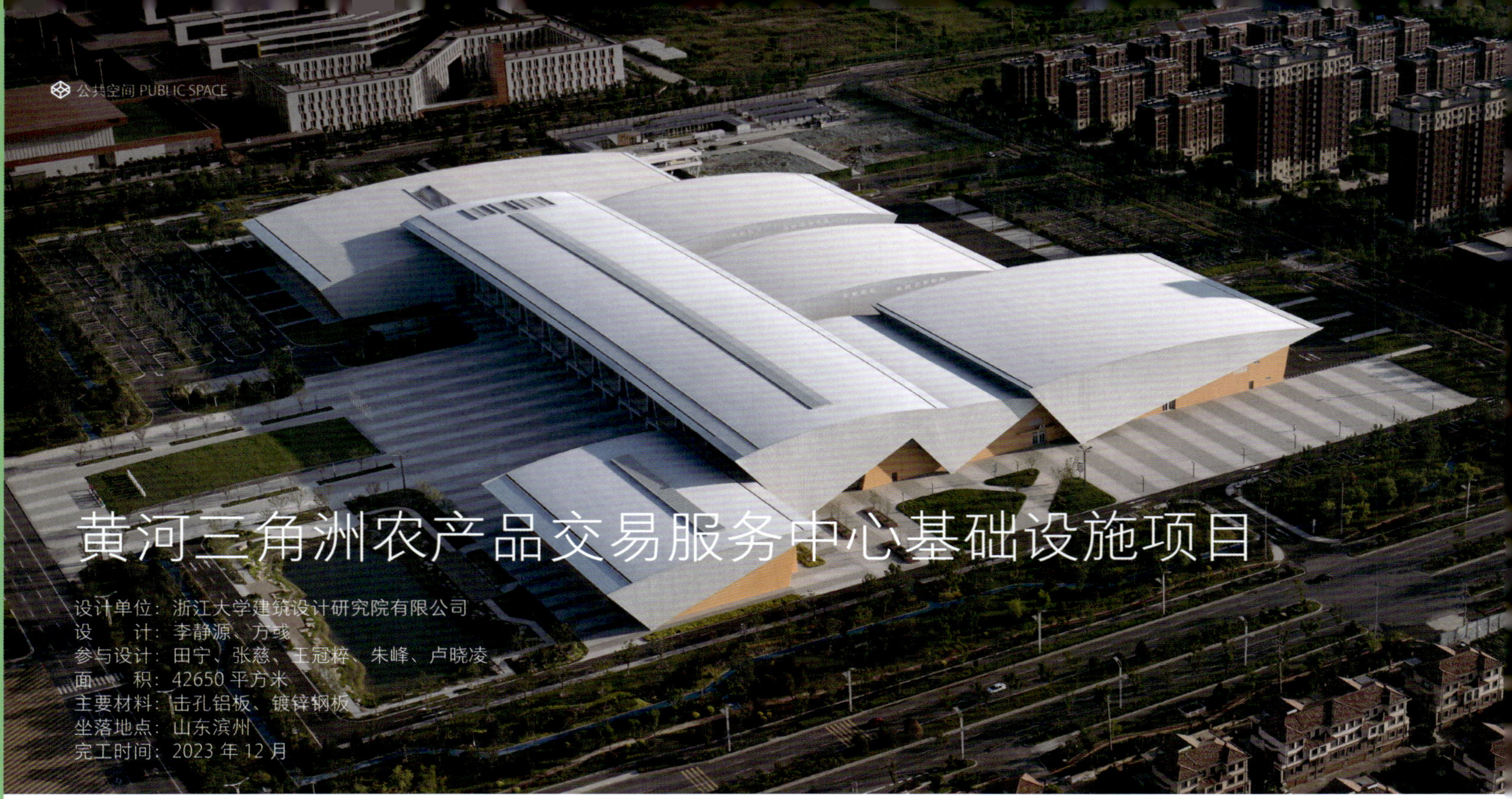

黄河三角洲农产品交易服务中心基础设施项目

设计单位：浙江大学建筑设计研究院有限公司
设　　计：李静源、方彧
参与设计：田宁、张慈、王冠粹、朱峰、卢晓凌
面　　积：42650 平方米
主要材料：击孔铝板、镀锌钢板
坐落地点：山东滨州
完工时间：2023 年 12 月

项目位于山东滨州高新技术开发区核心区，是一个集展览、会议、餐饮等多功能于一体的大型会展综合体。建筑形态舒展如飘扬的风帆，A 型结构柱是贯穿建筑的语言和符号。主体形象恢宏大气，造型柔美轻盈。银灰色贝壳屋顶如渤海潮起之势，窗花、编织等传统符号经抽象转译运用于建筑立面。

主要室内空间包括展示交易中心和可容纳 1000 人的黄河厅，展示交易中心设有 200 米的通长内街串联起其余各厅。室内空间强调结构的美感和立面的肌理，整合设备后达到内外统一。空间两侧斜墙以 580 × 2250 模数三角形折叠铝板作为立面语言，与外立面相呼应，白色 A 型斜向柱强化空间序列，栏板与侧墙同色，呼应了整体色彩。

二层两侧斜墙底部为各展厅入口及用于商业广告展示，立面以灰色铝板整合空间模数，使空间各元素以统一严谨的形象展示。吊顶中间略微起弧，整合灯光与设备，天光自狭长的天窗倾落，在双排巨型廊柱之间形成独特的光影。

各展厅的室内设计坚持展现展品本身，避免喧宾夺主，两侧立面上部是白色铝板，下部饰以灰色乳胶漆。正面入口处整体铝板落地，强调入口区域，吊顶两侧飘挂微孔铝板，遮挡设备的同时与建筑的贝壳造型相呼应。整体空间以灰白为基调，简练有序、深藏若虚。黄河厅承载了政府大型会议使用的功能，室内空间着力体现务实笃行、高效统一的政府形象。会议厅两侧立面深浅木色相间，上部的浅木色折叠铝板造型吊顶是中式简化藻井体系，整体空间严谨而统一、简练而大气。

展望未来，黄河三角洲农产品交易服务中心的落成必将为滨州城市注入全新活力。

1|2
3

1. 银灰色的贝壳屋顶恢宏大气
2. 各个进出口有序排列
3. 建筑形态舒展如风帆飘扬

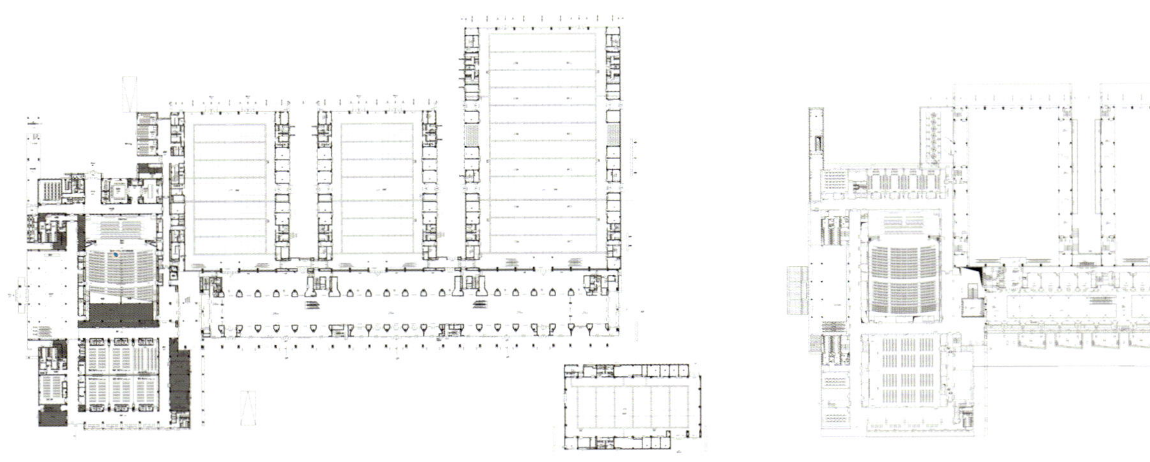

一层平面图

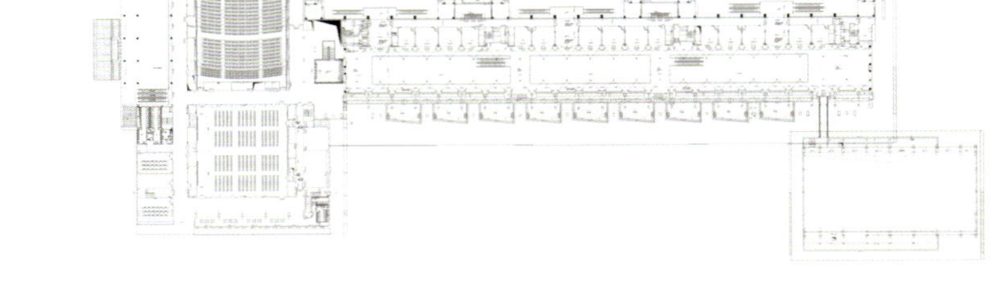

二层平面图

1. 两侧斜墙与外立面相呼应

2. 入口处整体铝板落地以示强调

3. 黄河厅承载了政府大型会议使用的功能

戏曲百戏博物馆

设计单位：张·雷设计研究
设　　计：杜月
参与设计：车苏婧、刘云兰、王多、刘平、彭明星
面　　积：17000 平方米
主要材料：水磨石、造型铝板（转印木纹）、彩色钢丝绳、抽槽人造石、穿孔石膏板、艺术涂料
坐落地点：江苏昆山
完工时间：2023 年 10 月
摄　　影：侯博文

戏曲百戏博物馆位于“百戏之祖”昆曲的发源地昆山市正仪老街，依托该地域的历史文脉及戏曲文化要素，空间设计以“木构”来传承江南古建技艺，以“双桥”续写水乡古镇涵影，借“水袖”展现戏曲古典意蕴，塑造一个传统与现代交织的公共空间。

门厅用造型铝板搭建出现代“木构”，层叠序列的线型灯光从墙面爬升至顶面，与外立面的钢木复合结构表皮重叠出层层光影，轻盈含蓄的内透光，晕染出烟雨江南中灯火阑珊的雅致气韵。

“双桥”交叠形成的中庭是建筑内部空间和展览动线组织的核心，与“双桥”建筑形态内外呼应。中庭向东西方向展开的楼梯也在空中交叠形成“双桥”。“双桥”外表面分别以红调及蓝调金属丝线饰面，用渐变的冷暖色再现中国古典戏服中的“上五色”及“下五色”，内表面用穿孔金属板饰面，通过两种孔径的排列图案，复刻出《牡丹亭》的工尺谱曲调。工尺（chě）谱为中国特有的记谱方法，源自唐朝时期，一般用合、四、一、上、尺、工、凡、六、五、乙等字样作为表示音高的基本符号，可相当于 sol、la、si、do、re、mi、fa、sol、la、si。“双桥”亦是对戏服“水袖”形态的抽象表达，折叠交错的楼梯可方便地连接各展厅，也是中庭宜人的休憩场所。

倒三角的吊顶以穿孔石膏板覆面，作为高耸空间中吸音的载体，而线型序列的吊顶及天窗交错组合，将天光引入 22 米高的中庭，过滤后一道道狭窄的光影投射在立面抽槽石材的细腻肌理上，让顶面与墙面灵动且有节奏地折叠，增强了空间的垂直延伸感。同时搭配电动排烟窗的自然采光，也可让建筑内部减少对纯电力照明的依赖。

百年沧桑，名与时迁，戏曲百戏博物馆的落成将进一步促进昆山戏曲文化博览园的建设，极大地推进昆山正仪昆曲小镇的整体开发，成为地域文化与文旅产业开发融合的典范。建成后的戏曲百戏博物馆已成为苏州及昆山重要的公共文化地标和城市文化客厅。

1. 从公园望向博物馆的视角
2. 博物馆东南立面
3. 建筑倒映于水面
4. 用造型铝板搭建出现代“木构”门厅

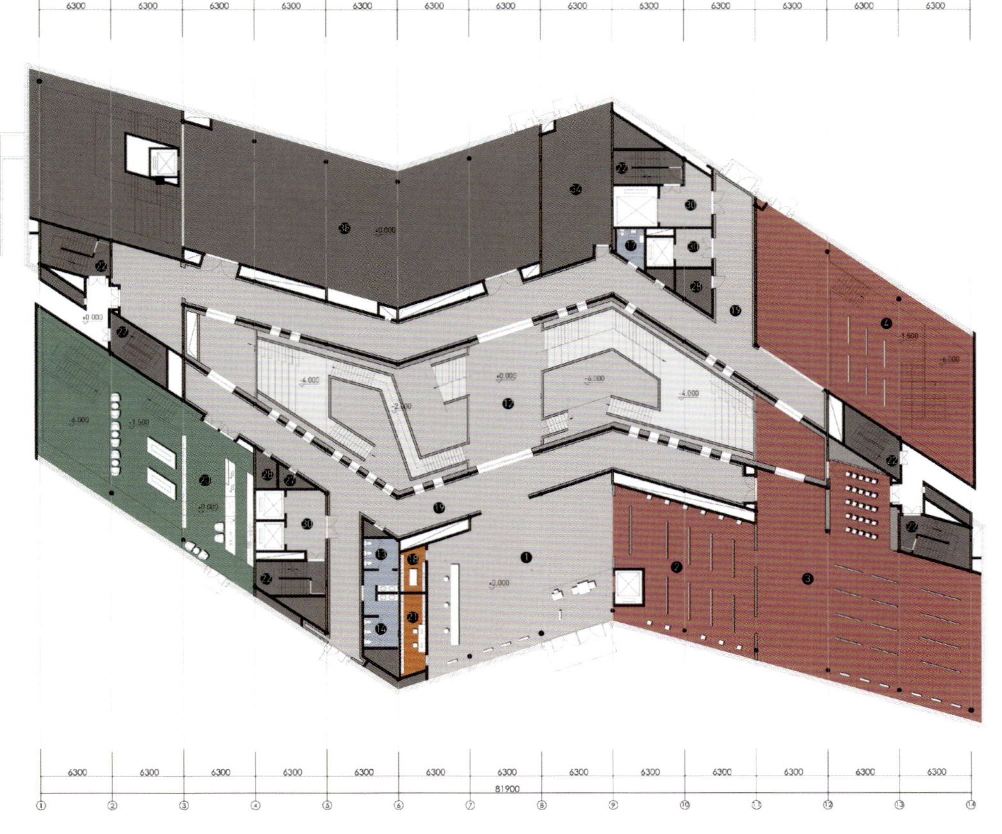

1. 门厅
2. 观前导览厅
3. 临展区
4. 展示区
12. 中庭
13. 女卫
14. 男卫
17. 残卫
18. 化妆间 & 更衣
21. 储藏室 & 办公
19. 走道
20. 文创展示及教育中心
22. 楼梯间
27. 强电间
28. 弱电间
30. 消防前室
34. 风机房
38. 通史类展厅

一层平面图

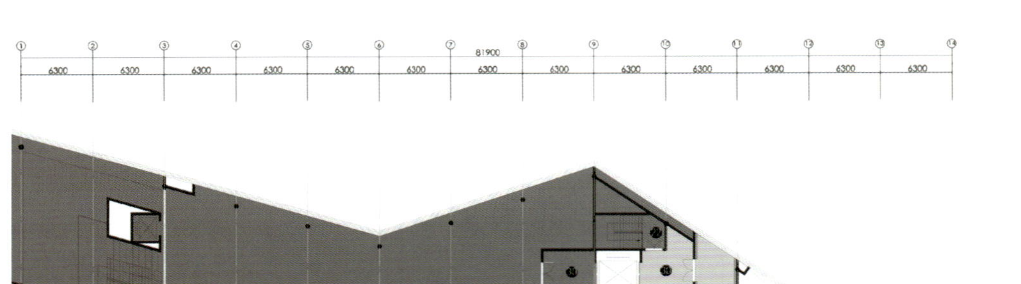

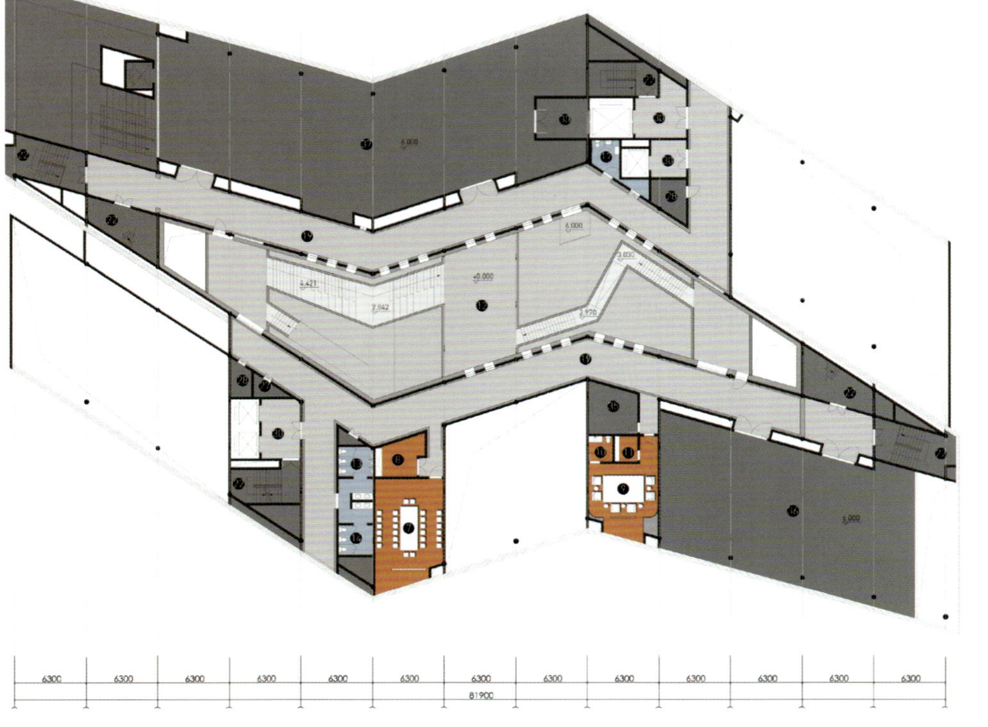

7. 会议室
8. 会议准备室
9. 贵宾室
10. 贵宾室卫生间
11. 茶水间
12. 中庭
13. 女卫
14. 男卫
17. 残卫
19. 走道
22. 楼梯间
27. 强电间
28. 弱电间
30. 消防前室
35. 多媒体设备厅
36. 多媒体厅
37. 主题展厅 2

二层平面图

1|2|3|4
5

1. 线性序列吊顶与天窗交错组合
2. 中庭向东西方向展开的楼梯交叠形成“双桥”
3. 中庭空间的垂直延伸
4. 展厅之间的公共空间
5. 通往屋顶的平台

越秀 N+ 聚所

设计单位：广州共生形态设计
设　　计：彭征、谢泽坤
参与设计：夏声悦
面　　积：5370 平方米
主要材料：石材、木纹 / 金属贴膜、木纹 / 金属铝格栅、浅灰色冲孔铝板、金属网、浅灰色水泥漆、地毯
坐落地点：广东广州
完工时间：2024 年 2 月
摄　　影：邹锋翰 @4U STUDIO

1. 建筑外景
2、3. 大跨度长廊的环形动线串联功能区域
4. 阶梯也是人们自由交流的场所

从柏拉图的理想国到托马斯·莫尔的乌托邦，城市不仅是现实的社会结构，更是人类生活品质的锚点。城市小板块的生长能力对区域健康发展有着举足轻重的作用，而大湾区的建设恰好提供了独特的基因。越秀地产南沙庆盛项目以便利的交通为基础，将住宅、高校和产业园区规划无缝衔接，大盘逻辑也应运而生。5 层多功能综合体以垂直街区的概念布局，在社区生态构建中起到基础性作用。

“聚集与融合”是现代城市规划中的一个核心概念，强调通过空间优化和功能整合，实现资源的最大化利用和社区活力的提升。在该商业体中，这种聚集与融合体现在了多个层面。知识与技能的聚集——毗邻港科大，可结合会议交流、沙龙等功能，使学术研究与产业实践紧密联系，促成科研成果的快速转化与技术创新的实现。社区文化的融合——在融合中共享资源，增强社区的包容性和多样性，有助于形成共同的社区文化和认同感。经济活力的聚焦——产业园区的引入不仅提供了就业机会，还吸引了众多企业和创业投资，这种经济聚集效应提升了商业体的投资价值，为城市带来了新的经济增长点。

在首层至三层的空间中，公共空间的配置鼓励开放性和灵活性，促进社群自然交流和互动。通过设计灵活的共享工作空间和多功能设施，支持不同背景的产业体和个人之间的协作与交流。因毗邻港科大，自然融入的高等教育资源不仅注入了活力和创新思维，也让年轻人可以直接与经济社会前沿保持交流。生活、校园和商业资源的交织派生出独特的产学研模式，形成内循环，为社群带来持续更新的动力。从沙龙、路演中心到产业展区、放映厅，共享意味着场所应用的信息与资源的快速流通，有更多自由蜕变的可能。

当社区多元性被建立起来时，能够激发人们更丰富的行为，场所由此产生，体现为功能多样性、文化多维度和包容的社区环境。以生活消费为主的四层和五层，拥有更为灵活生动的氛围。餐饮店、买手店、艺术展厅与休憩空间的多业态交融中容纳了极富创意的差异化社群。多功能长廊以大跨度弧形将空间流线与城市景观双向结合，其建筑形式也将湾区城市与水的密切关系潜移默化地呈现。开放自由的空间对话中，英国艺术家 Rob Pepper 的装置画轻巧切入城市艺术的当代语义，让人从传统意义上的数字媒体中抽离。标志性的高明度色彩及玻璃重叠，与环境生成一种微妙的平衡。

大湾区的城市化进程是对人居生活方式的一种改变和对城市文化的重塑，5 层的空间构成是城市未来生态的缩影。空间流线的立体重叠，让多层次、多功能的商业布局成为磁场，在对城市未来可能路径的探索中形成一个开放的良性循环——联结、互动、交融、实现。

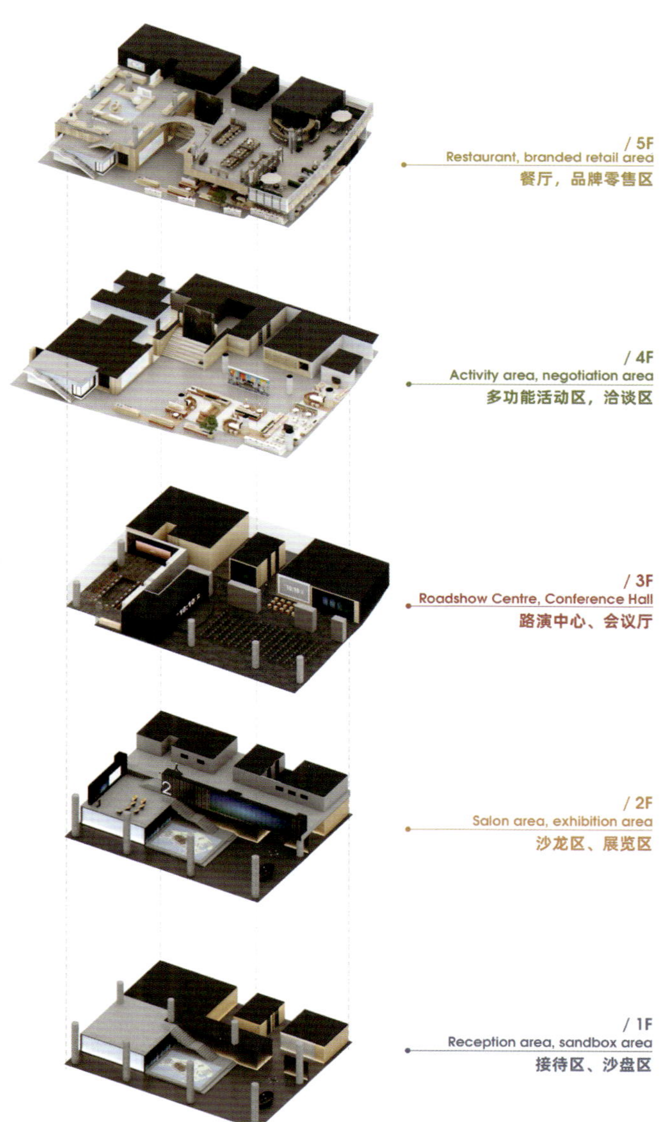

爆炸图

1. 活动空间自由而开放
2、3. 过道
4. 灵活的品牌零售区
5. 高空环绕的高明度色彩玻璃
6. 沙龙区

野邻 LINE FRIENDS 露营度假村

设计单位：巢羽设计事务所
设　　计：梁飞、王星
参与设计：周洁、卞陶川、易杭飞
面　　积：7000 平方米
主要材料：艺术漆、木饰面、砖、软包
坐落地点：江苏苏州
完工时间：2024 年 6 月
摄　　影：马利仁

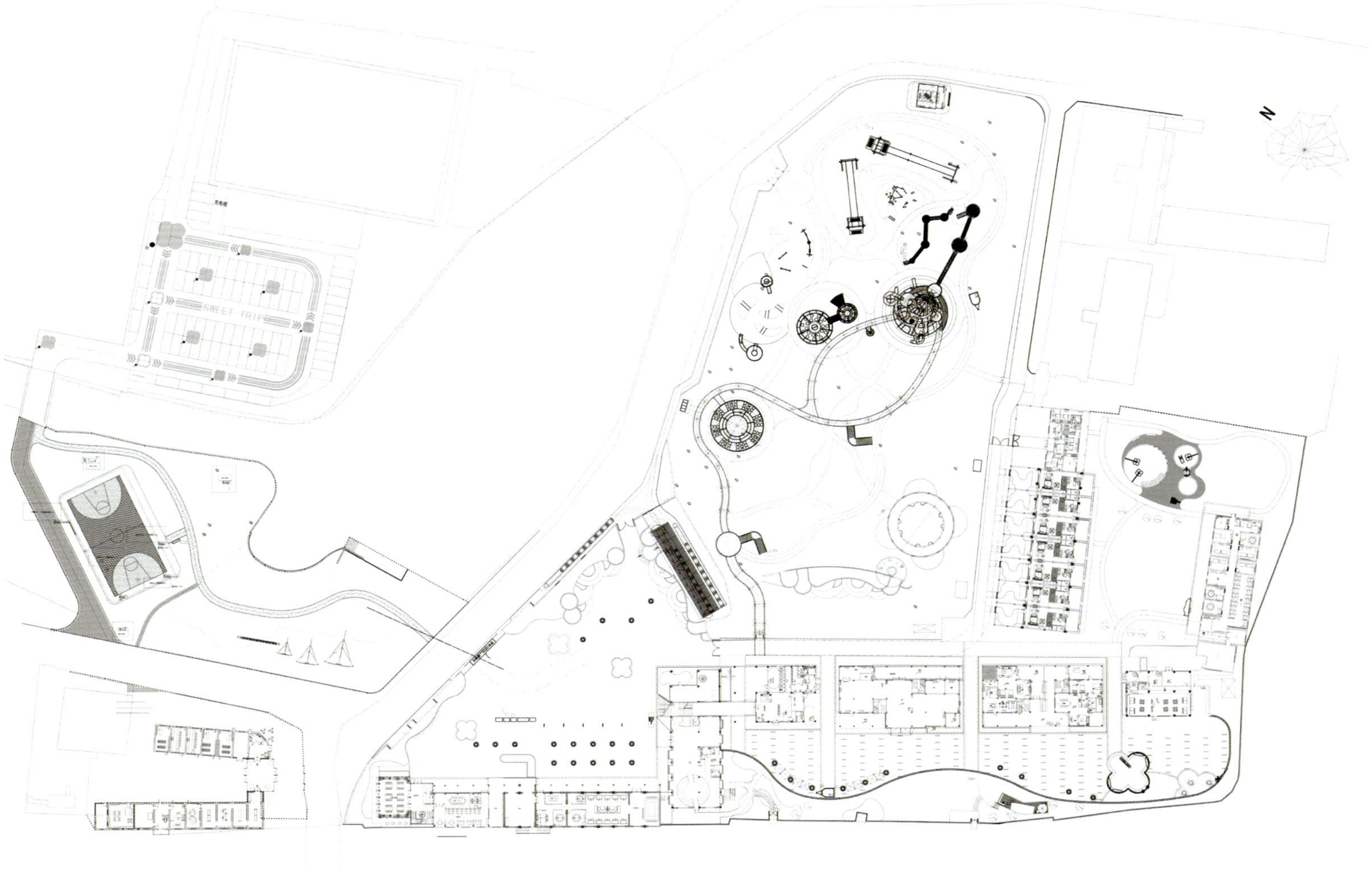

平面图

野邻 LINE FRIENDS 露营度假村位于苏州太仓香塘村，是亚洲首家与 LINE FRIENDS 联名的露营度假村。野邻由乡村改建而成，被拢在树茂草盛的小天地中，漫步其中，随处可见 LINE FRIENDS 家族的雕塑。

度假村通过 S（Smile）、W（Wonderful）、E（Enjoy）、E（Explore）、T（Together）这五大主题板块的呈现，可一站式沉浸式体验住宿、主题餐厅、室内游乐、绳网乐园、书店、露营基地、元气球场、水乐园、撸猫馆、商店等 10 余种度假组合业态。

度假村室内外全线以 Line Friends 为主题进行设计，甜蜜广场、元气球场、自拍屋……到处可见布朗熊家族成员们的可爱造景。草坪区可以露营和烧烤，香塘蜜达号小火车拥有蜜达号火车餐厅，从外观的车站造型和布景，到内部的车厢式设计都显得梦幻十足。坐上粉色的小火车，一路欣赏水乡田野的好风光，踏上美食之旅。

在露营村的整体打造中，LINE FRIENDS 和园区进行了深度融合，打通幻想世界和真实世界之间的联结。以甜蜜露营为主线，将布朗熊、可妮兔、莎莉鸡等经典人物形象全系加入露营村，进行在地化故事线形象的创新。

1. 俯视茂盛树林中的度假村
2. 萌萌的布朗熊在欢迎小朋友的到来
3. 莎莉鸡也来到了露营村
4. 梦幻蜜达号火车餐厅

1|2| 5
3|4|6

1. 镂空板引入灿烂日光
2. 阅读区
3. 户外廊桥
4. 欢乐的绳网乐园
5. 乡野风主题餐厅
6. 露营地与自然同呼吸

悠艺术中心

设计单位：MSH 设计咨询工作室
设　　计：梅松鹤
参与设计：丁维明、汪明月、梅松柏、王筝、石林俊
面　　积：1360 平方米
主要材料：瓷砖、乳胶漆、钢结构、石膏板
坐落地点：北京
完工时间：2023 年 3 月
摄　　影：王华兵

打破传统与当代的界限，呈现艺术的魅力，悠游于艺术与生活之中，探寻精神与物质的品格。悠艺术中心地处繁华喧闹的北京东三环 CBD 核心区域，毗邻团结湖公园，闹中取静。采用大量的留白来衬托馆陈艺术品，建筑注重自由立面和光影的变化，将室内空间与湖光景色融合，四季更替，艺术、建筑、自然在此交相辉映。

白色允许光和影的奢华表演，使建筑物沉浸在光线中，光线沉浸在每个角落，窗户化身镜头捕捉春夏秋冬。留白是为了激发想象，而框定是为了引导观赏者的视线。中式意境美在于景与意的“相兼”，此处窗户换作“画框”，将团结湖的绿柳茵茵圈进室内，是现代主义建筑与自然主义融合的构思。

黑色斑驳的楼梯连接传统与现代，让岁月见证艺术的魅力。建筑本身通过各个方向的白色立面，使人站在馆内任何角落，都可以看到不同方向的画作，体会不同艺术家的精神世界。馆内中央动线的墙面展出本场次最震撼的作品，画家周春芽的作品《桃花》采用分层处理画面肌理的方式，颜料流畅地延展于画布之上。画面中前景、中景与远景的桃花各具特色，笔触清晰有力，层次丰富，用色和谐明快。而建筑本身也是如此，结构有宏大、有精妙、有舒展、有紧凑。近处是盛开的桃红，远处则是蔓延的芳菲，观者仿佛已置身桃林，被这饱含生命力的盎然春意所吸引。艺术中多层次的处理手法同样适用于建筑，使建筑更具活力。

瓷器的美在于温润的质感和接近自然的本质，展陈的瓷器在中式窗景中显得格外透亮，同时通过窗口对面的借景，给瓷器界定了新的背景，使其从过去穿越千年来到现代。禅宗主张：“教外别传，不立文字；直指人心，见性成佛”。其意就是要去除一切烦琐的仪式或程序，甚至连语言都可以抛弃，只保留最本真部分，方能摒弃杂念，顿悟人生真谛。我们把艺术品之外的装饰减少到最少，利用简单的纵横交错的视觉效果将空间连接，让画作一步一景地展现。

我们希望通过空间表现宋代风雅的气韵，也是一种追求极简美学的思想，仿佛一叶扁舟，往青草更青处漫溯，又似一路孤行，往悬崖孤岭处登极。

1. 白色建筑
2. 周春芽的《桃花》盛开芳菲

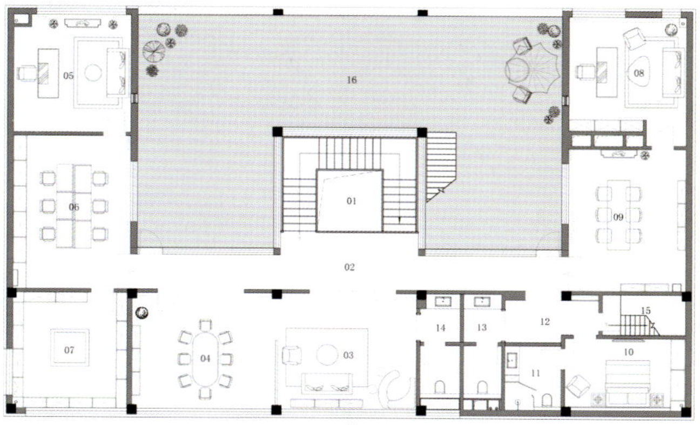

01. 楼梯间
02. 连廊
03. 会客区
04. 娱乐区
05. 财务办公室
06. 员工办公室
07. 陈列室
08. 总经理办公室
09. 艺术品鉴室
10. 客卧
11. 客卫
12. 门厅
13. 卫生间1
14. 卫生间2
15. 备用楼梯间
16. 中庭

二层平面图

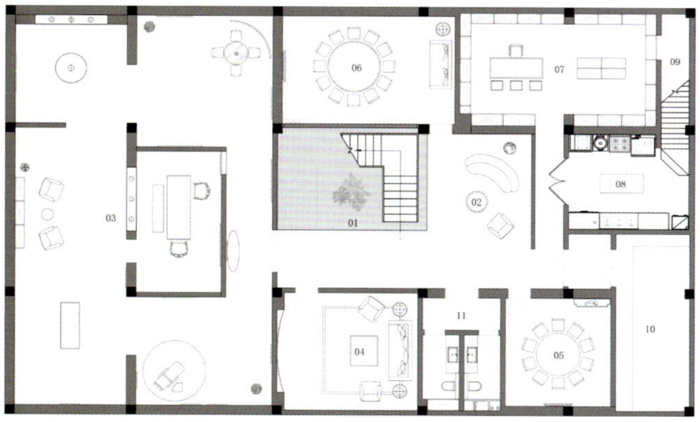

01. 楼梯间
02. 会客区
03. 生活美学空间
04. 影音室
05. 小包间
06. 大包间
07. 茅台酒体验馆
08. 厨房
09. 备用楼梯间
10. 设备区
11. 卫生间

负一层平面图

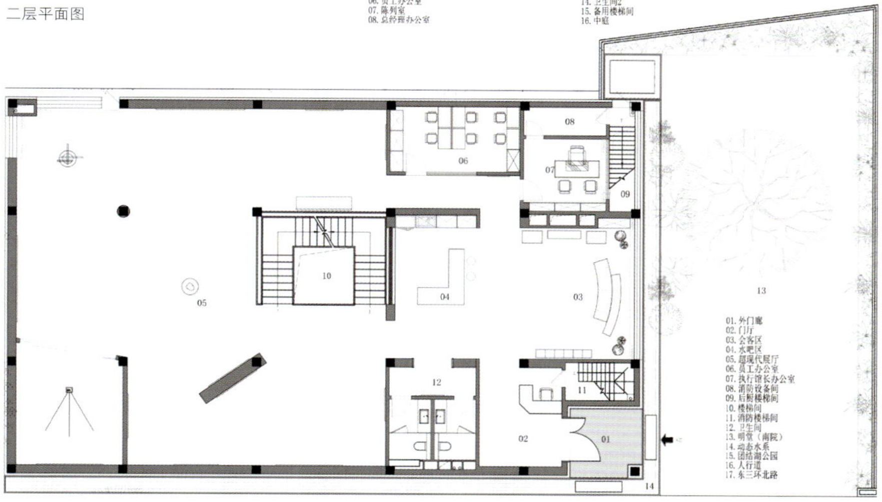

01. 外门廊
02. 门厅
03. 会客区
04. 水吧区
05. 超现代展厅
06. 员工办公室
07. 执行馆长办公室
08. 消防设备间
09. 后厨楼梯间
10. 楼梯间
11. 消防楼梯间
12. 卫生间
13. 明堂（南院）
14. 动态水系
15. 团结湖公园
16. 人行道
17. 东三环北路

一层平面图

1. 画作沉浸在光线中
2. 黑色的斑驳楼梯见证传统与现代的交汇
3、4. 站在馆内可看到不同方向的画作
5、6、7. 极简的艺术品展陈空间

如是海 · 悦空间

设计单位：深圳市水平线室内设计有限公司
设　　计：琚宾、郭达宇
参与设计：冯缘、李媛媛、刘怡、赵梦雪、聂红明、胡凯、吴鸿展、秦恺婧、王帅、莫志冰、魏来、涂嘉明、邓扬文
面　　积：2795 平方米
主要材料：肌理漆、石材、木饰面
坐落地点：河北秦皇岛
完工时间：2023 年 9 月
摄　　影：井旭峰

1、2. 一楼沙盘模型区的框景中是无际的大海
3. 洽谈区

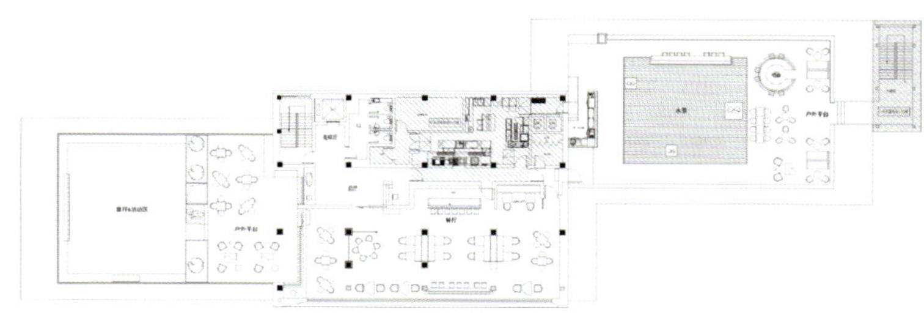

三层平面图

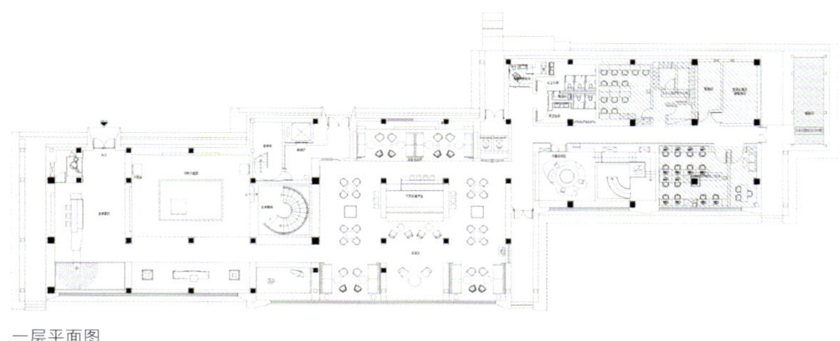

一层平面图

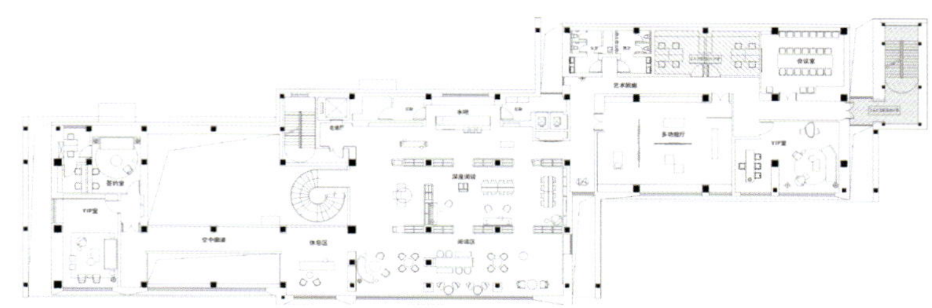

二层平面图

悦空间位于河北秦皇岛北戴河新区，作为如是海度假村一期项目的主要展示接待空间，我们希望它能承载场地的记忆，唤起对生命本真的思索、对自然的向往，以及对度假生活最直观的憧憬。

建筑以 3 个不同比例的盒子沿海岸线排列组合，交错进退的建筑关系形成对海岸线的回应。其改建自一座集商品零售和食堂功能为一体的传统配套建筑，从东侧步行至海边只需要 3 分钟。因为政策原因，须在原始结构、层高限制以及原建筑轮廓基础上进行优化。于是从室内功能与视线控制展开了室内深化设计，并与建筑设计团队共同研究建筑的开窗方式和立面关系的处理。东侧大面积开窗让光线最大限度地进入，也让人视野开阔。将人们的视线集中在看海一侧，在建筑西侧将光和视线控制起来，立面均质化的造型中分布着有节奏韵律的窗洞，让傍晚的夕阳透射进来。

我们对于空间功能排布有过许多的探讨和尝试：主入口位置对于基地与地块之间的联系，与室内功能流线的有机组合；需兼顾度假村不同业态，整个空间的交通组织如何在有限的条件下，将访客与后勤动线合理规划；在原有结构条件的限制下创造空间的唯一性，对空间情绪的控制；内部空间向外延展的画面和使用场景的把控等等，都需要综合考量并最终找到最佳解决方案。

每层空间链接着不同的业态。首层的接待空间，第一视线框景中是一望无际的大海，空间端头设置了一片水景，达到与海连接的视觉效果。右侧百年老树与灯建构而成的接待台呼应着水的倒影，情绪回归片刻宁静。左转至两层挑空的展示区，豁然开朗，视觉中央置入的艺术楼梯连接展示区与洽谈区。展示区临海一侧跨越整个空间的长廊连接起二层 VIP 空间，架空长廊穿插在巨大的落地窗前，阳光顺着天井形成优雅的光影画卷。洽谈区的家具色彩与海洋元素结合，深蓝色调在暖色空间中带入海洋般的宁静。在两侧的休息区中间部分，利用原有结构设置下沉吧台，使空间保持通透性和更好的观景视线。在首层设置儿童驻留的专属空间，在暖色系的延续下，空间局部以色彩回应海洋元素，窗外是一片绿地和沙滩。

沿着艺术楼梯向上到达二层书吧区域，被木质书柜包裹，嵌入一个深蓝色的水吧区，蓝色皮革和金属结合高透铂晶材质以及艺术灯具，构成这片区域在不同使用场景服务上的补充。沿观海面摆放着不同阅读形式的家具组合，在宁静氛围中感受光影的变化和海浪的潮涌。书吧一侧设置了多功能厅，以满足后期运营不同场景的多样性。

缓步来到顶层餐厅，两端户外区域分别营造出东方意境的水景区和西式活动的草坪区，既贴近自然，亦可作为表演和集会的场地。设计语言延续自然的石材、老木头、铂晶材料等满足功能指向的美学，傍晚时分水吧亮起朦胧的灯光，在黄昏落日时与蓝色海洋交相辉映。

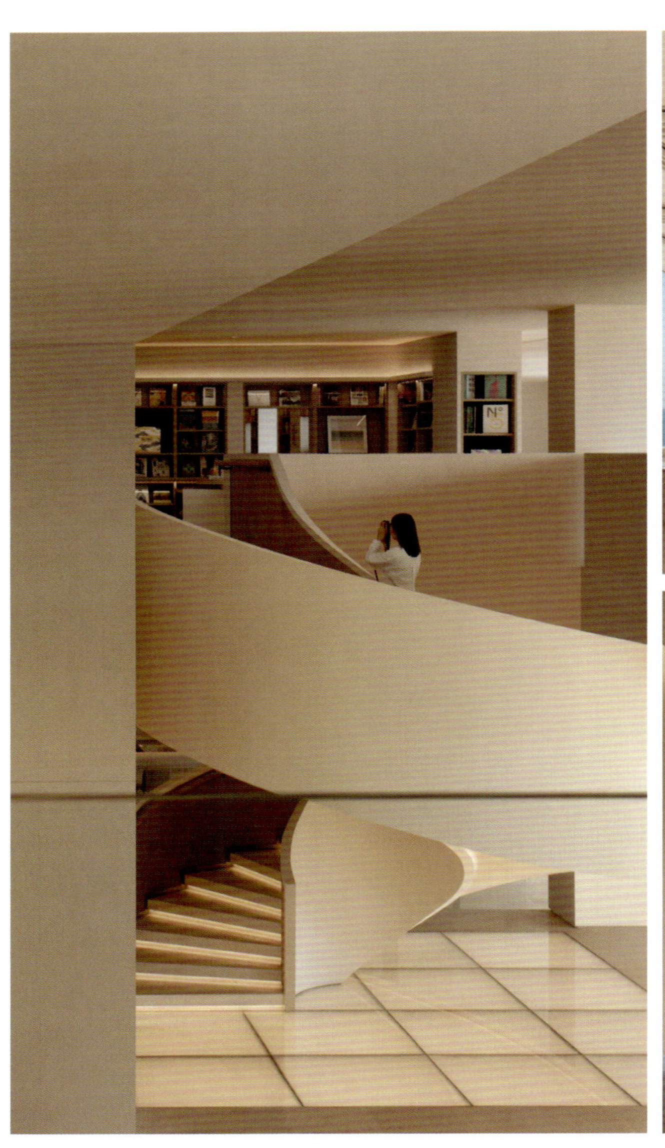

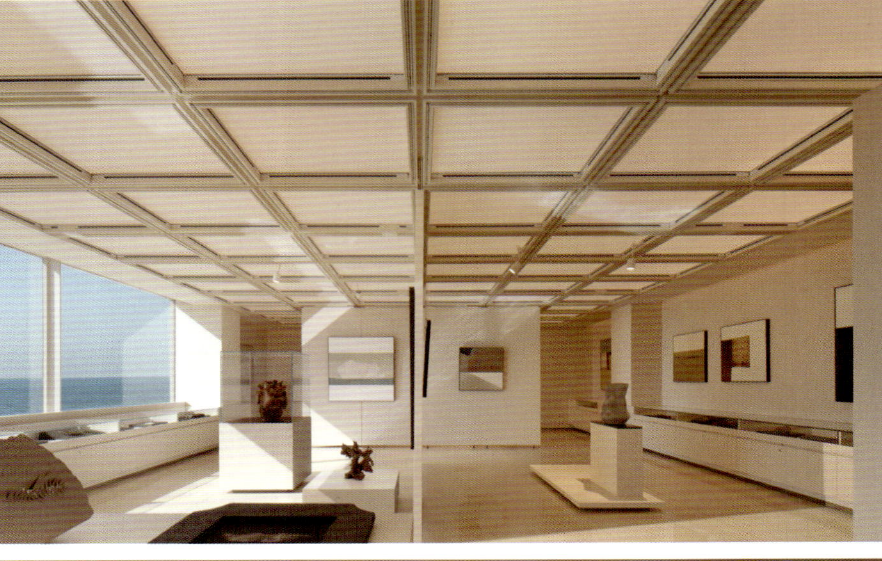

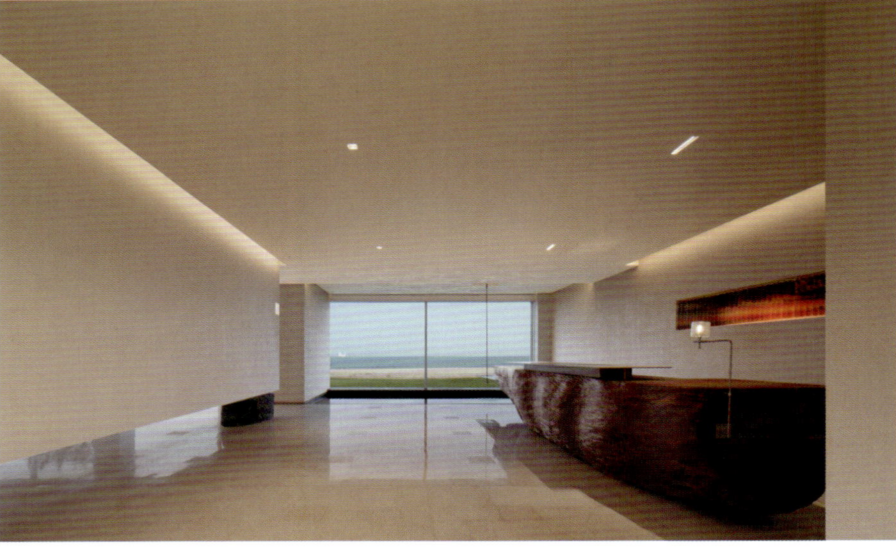

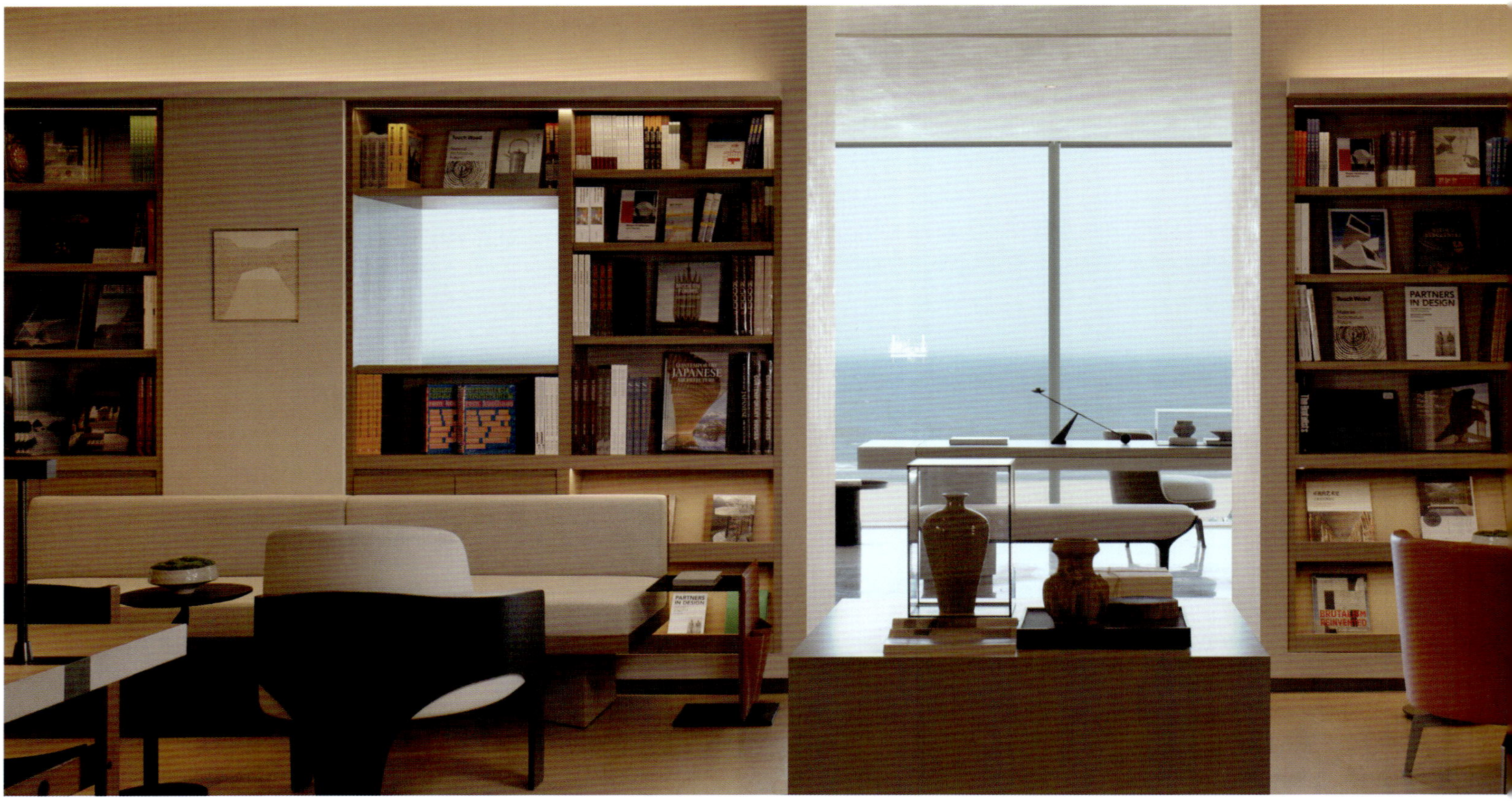
JAPANESE
PARTNERS IN DESIGN

1. 视觉中心置入楼梯
2. 二楼艺术展厅
3. 百年老树构成的接待台
4. 书吧被木质书柜所包裹
5. 三楼餐厅的局部蓝色与海洋元素契合
6. 深度阅读区
7. 露台观海

东莞中大联合口腔

设计单位：深圳东胤建筑设计公司
设　　计：胡荣
参与设计：姜南、黄玉婷
面　　积：1800 平方米
主要材料：艺术漆、木饰面，不锈钢
坐落地点：广东东莞
完工时间：2023 年 12 月
摄　　影：黄早慧

在空间中，我们尝试描述、刻画设计中无形的东西，借助物质的形式来揭示精神层面的文化思考，塑造一个无形的氛围，影响你的触觉、嗅觉及听觉。为患者提供舒缓、健康的氛围，而这些恰恰是照片难以传达的。

围合是一种有趣的空间形式，既有着对外在世界的界定，也有着对内在世界的构建，它消弭了医疗空间与患者之间的边界感，这份从内到外的宁静渗透在每一个细节里，唤醒人们对空间的感知。金属固有的感知性是对物质的渗透，以一种微弱的存在感呈现在空间中，金属与布艺相碰撞，克制的情绪稀释了过程的意义，富含着精神与物质转化的表达。

旋转楼梯是一种基于时间，关乎感觉与直觉的实践。用思考的力量去创造而非破坏，将空间精神转化为曲线的形式，模糊传统的空间界限。物与物之间产生了不可度量的感知与想象，回到内心深处最隐秘的情感层面。一条弧线走向虚无，空即是无限。结构之间的缝隙，建立起一种不需要连续性的空间关系，隐藏了试图传递信息的自我，人们在此驻足、等待与交流，承载着人文关怀。

木作于空间而言，一切都是自然而然的，当我们靠近、触摸、观摩，便能感知到这份温润内敛的自然力量，唤醒患者记忆深处最安定的情绪。古铜是一种富有生命力的材料，藏着美感与时间的印记，在匠人打磨一番后，用最接近真实的样子呈现在面前。温度是物理上的，但也可认为是心理上的，它存在于你所看见、所感受、所触及的东西中。

这是岁月的沉淀，无须刻意地重塑，传递出时间的信息和人性的温暖。

1. 建筑外立面
2、3. 冷硬金属与柔软布艺的碰撞

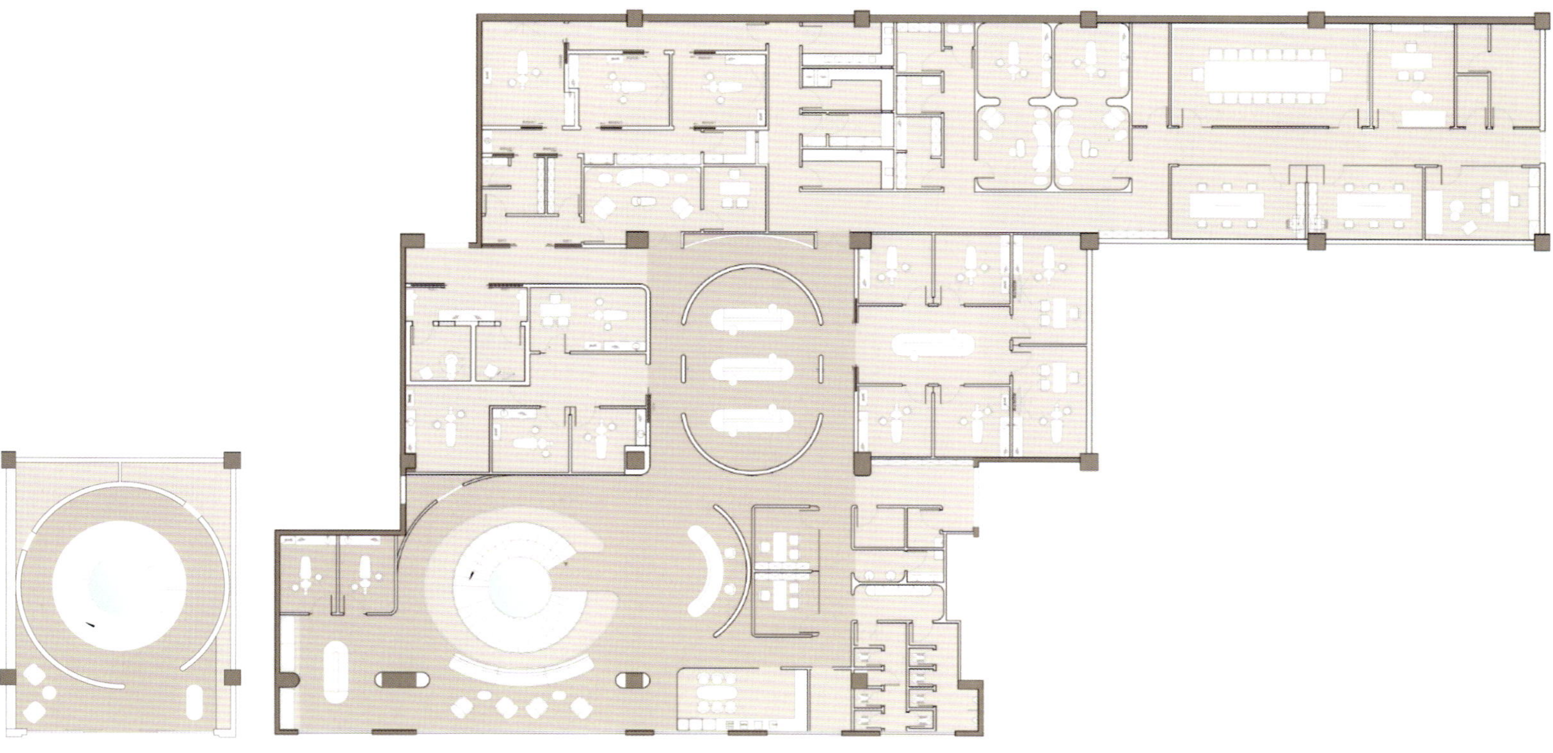

一层平面图

二层平面图

候诊大厅
WAITING HALL

中大联合口腔
ZHONGDA
UNITED DENTAL

1、3. 候诊区的暖色沙发可以缓解患者紧张情绪
2. 温柔曲线的接待台
4. 圆形顶面呼应弧形楼梯
5. 弧线过道模糊空间界限
6. 有如家居般的等候区消弭医患界限
7. 柔和色调的治疗台

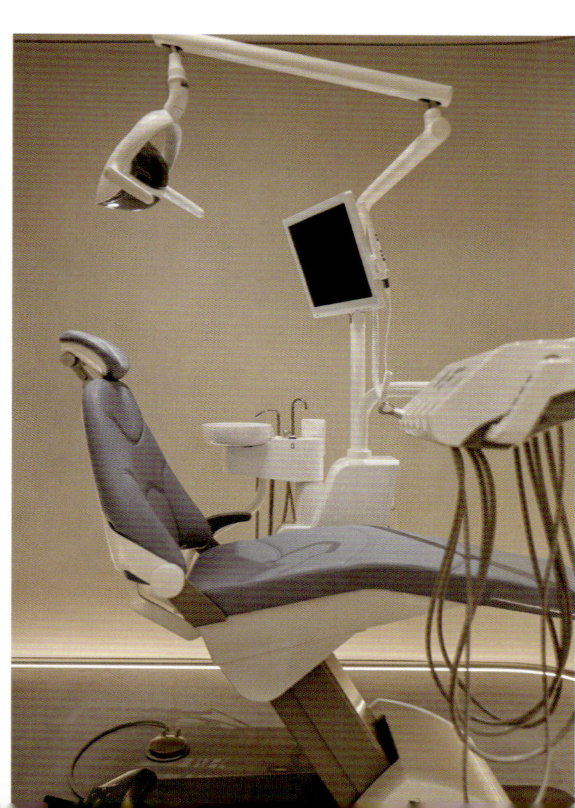

"LIFE · 胶织"——药企接待中心

设计单位：厦门一线空间
设　　计：梁青
参与设计：丁梓健、高宇珊、潘吟之
面　　积：1200 平方米
主要材料：岩板、瓷砖、水磨石、GRG
坐落地点：福建厦门
完工时间：2024 年 6 月
摄　　影：陈荣坤

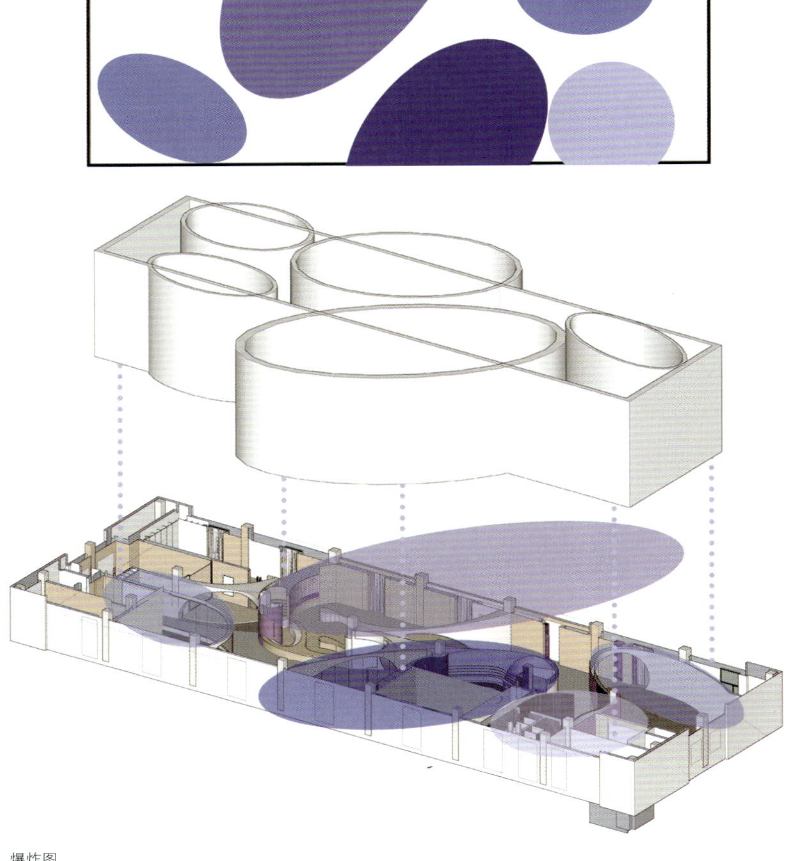

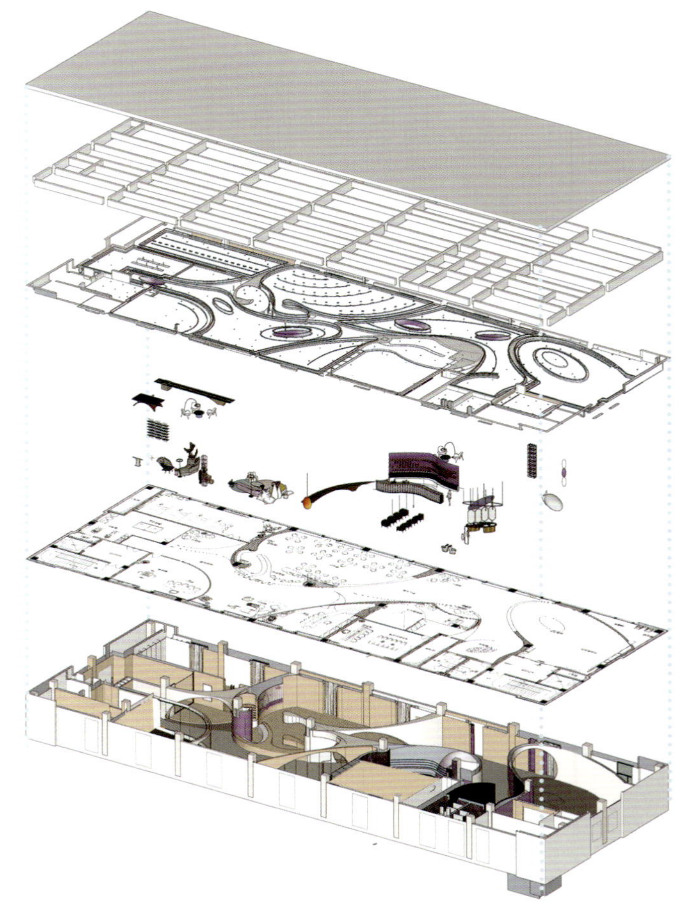

爆炸图

药企接待中心以“LIFE · 胶织”为主题概念，空间中有胶囊形状的艺术装置在吊顶上，以动态的位移表达宇宙的交织与变化。空间弧线造型跨越连接各功能区，整体概念突出统一，陈设艺术摆件和花饰以主色苍蓝为基调，进行艺术化设计与搭配，希望通过陈设之美与空间之美的完美结合，让人们感受到日常生活中的蓬勃生机。

原始空间较为方正，柱网分布呈井字形，在设计中我们把所有的柱子都做了巧妙的隐藏，似乎这个空间本来就是弧形的。吊顶上大小不一的椭圆胶囊造型装置顺着展廊动势分布，以苍蓝过渡到灰色渐变地进行艺术喷涂，借助镜面反射加强立体感，叙述空间主题语言。

展廊和主通道功能合一，有效地控制并利用了面积，空间尺度柔美而大气，多维线条墙体的交织和延伸，赋予展廊的美学展示和表达探索的力量感。接待中心设有可根据心情和情境自由选择的聊天环境，有私密的个人空间、半开放空间、全开放空间、沙龙会议空间等，满足了业主对于不同客户接待的美学场景需求。盥洗室延续了设计中想要表达的柔和与静谧，弧形镜面和苍蓝的交织，让氛围变得奇妙而唯美。

艺术可以治愈每一个瞬间，也许就是一次的相遇，让我们彼此照见，看见了日常生活的意义和永恒的美好。

1. 胶囊形状的艺术吊顶
2、4. 大小胶囊顺展廊动态分布
3. 展廊与主通道功能合一

1、2. 设有不同情境的聊天环境
3. 从苍蓝渐变到灰色进行艺术喷涂
4. 洗手间
5、6. 无处不在的弧线造型跨越连接起各个空间功能区

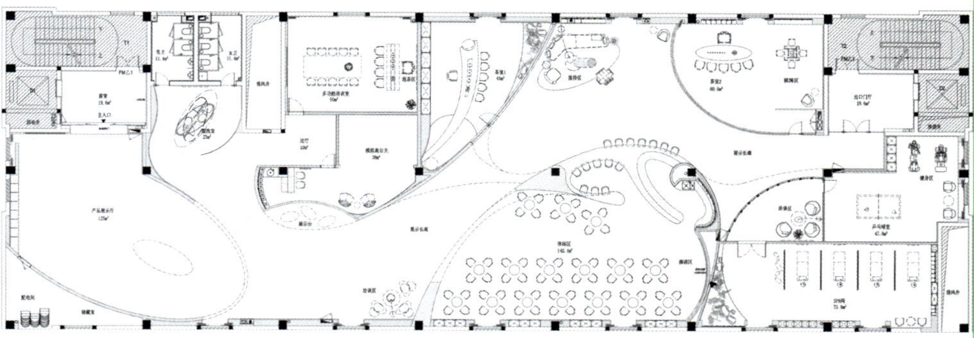

平面图

1. 空间从容而纯净
2. 生动美丽的植物墙绘
3. 磨砂亚克力以适当尺度嵌入体块中

南药活力蚂蚁门诊部

设计单位：浩澜设计机构
设　　计：李浩澜、杨奥杰
参与设计：徐晴、咸洁
面　　积：4000 平方米
主要材料：艺术漆、木饰面、石材
坐落地点：江苏南京
完工时间：2024 年 6 月
摄　　影：黑曜石空间摄影

生命是一树灿烂，它本蓬勃，用春天做饵，垂钓生命的跳跃。健康门诊的设计旨在让人们得到健康方案的同时，也能与生命来场盛大的约会，给予人生理与心理的双重包裹，目的不在于打破传统，而是用设计为场所滋养生命力。

大多数的公共空间都企图赋予其一些性格，尤其是传统的医疗空间传达出紧张忙碌的气息，想要为它赋予生命，就要更注重让松弛和自然成为环境的主角。人们在医疗空间中不再只是沉默和等待，还能有更多的阅读与诉说。

场所的质感建立和使用群体之间有着密切的关联，纯净的颜色表现出空间的从容感与开放性。墙面肌肤般的细腻且轻盈，同时进一步做了技术研讨，一些墙面涂料混入中药材如薄荷、迷迭香、薰衣草，让墙面拥有特殊肌理的同时还有一定的药用功效。暖白色吸收感官世界，让人的内心滋生广阔的意识。

光的运用是医疗空间尤为重要的一部分，首先应充分利用自然光，再结合柔和的线型灯光，从内而外透出，从高处流下，无声地勾勒空间形体，层次递进形成节奏。“治愈”被赋予了形态，并在光的调和之中获得连贯的逻辑与秩序，空间对话由此展开，绿植和植物墙绘如同代表生命力的悠扬旋律在萦绕。磨砂亚克力以恰当的尺度嵌入体块之中，装置艺术与之点缀，包容与精巧、实与虚、整与零，柔与刚的不同面向均得到融合。

在空间表达中融入更多的艺术情感，墙绘、雕塑、装置以及留白墙面，都是面对未来的艺术表达可能性。对装置艺术的选择更在意精神交叠，由自然、动物、音乐、波纹构成梦幻治愈又有生命力的故事，同时还有一定的私密指引性，让不同类型的人群感受到安全与温暖。

对生命的尊重是活力蚂蚁面对生活的最佳解药，配方有生活的诗、力量的歌、心安和自由。

PUBLIC MEDICAL EXAMINATION
MEDICAL IMAGING CENTER
RESTAURANT
RESTROOM
采血区
1
2
3

301

1. 定制柱体兼有座椅功能
2. 休闲卡座区
3. 艺术雕塑治愈人心
4、5. 灯光由内而外透出勾勒空间形体

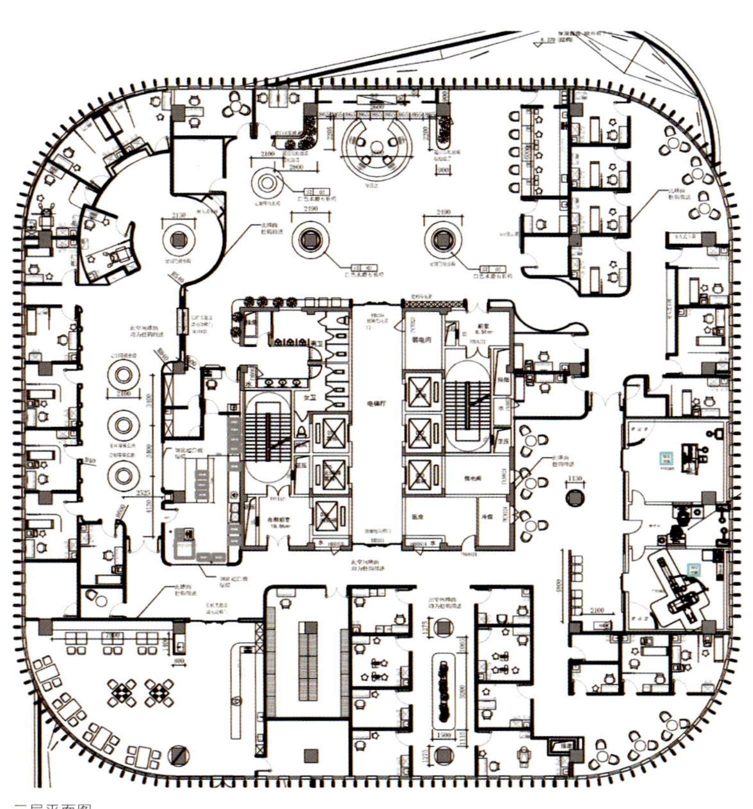

三层平面图

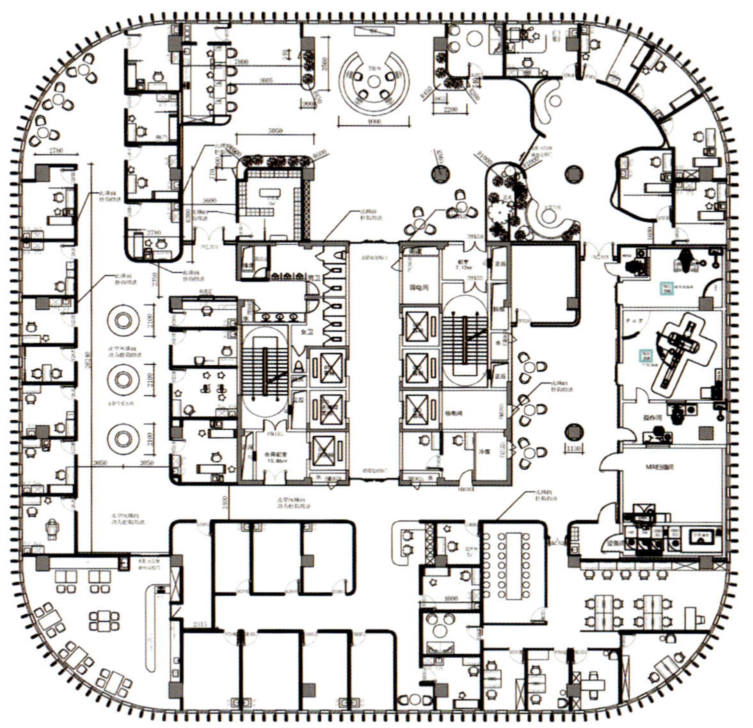

四层平面图

长春华恩医院

设计单位：伟麟装饰发展有限公司
设　　计：朱赋猷
面　　积：8000 平方米
主要材料：石材、木饰面、乳胶漆、不锈钢
坐落地点：吉林长春
完工时间：2024 年 5 月

华恩医院地处长春市，是一个旧址改造项目。本案旨在打造一个功能完善、环境舒适、具有人性化关怀且有现代医疗特色的就医空间。医院总建筑面积为 8000 平方米，涵盖了门诊、急诊、住院部、影像室、康复科等多个功能区域。设计师充分考虑到患者的就医体验、医护人员的工作效率、医疗环境所特有的就医行医动线以及医院的整体形象，力求为患者提供一个安心、舒适的治疗环境，同时为医护人员创造一个便捷、高效的工作场所。

门诊大厅宽敞而明亮，因受到原有建筑结构的限制，入口处的横梁无法改动，遂将其设计成左右对称的弧形，并将原有梁柱包裹其中，视觉上带来医院所特有的庄重感，顶面的金属灯带呼应地面的水磨石条纹。设计师为华恩医院设计的专属 Logo 标识成为视觉焦点，4 颗心组成一个雅致轻灵的中式图案，清新的绿色象征蓬勃向上的生命力、治愈的希望和喜悦，而简洁的白色代表纯净和安全感，两者的搭配寓意医院将为患者提供全方位的就医服务和温暖的心灵慰藉。

整体空间采用明快的低饱和度色调，关注患者的生理和心理需求。在白色的基础上，大量采用了柔和温暖的木纹墙面，以缓解患者的紧张情绪。处置室的奶咖色座椅和墙面相呼应，康复大厅内顶面的草绿色造型在起到分割作用的同时，也隐寓着自然的气息，天蓝色专用就医床也是由设计师精心挑选而来的。灰蓝色调的影像室、高标准手术室均按医疗统一标准来建设，医院采用的所有材料均按照 A 级消防要求来严格配备，墙顶面大量采用了硅酸钙板，防火防潮且具耐久性，其他均选用环保、节能的建筑材料和设备，来减少能源消耗。

医院住院部的走廊原有层高较低，设计师将通风管道、设备管线、灯带等全部隐藏在规则排列的长条形造型中，和墙面的长条扶手相对应，形成优美规范的秩序感，同时造成视觉上的延伸感。医院的护士站和导医台造型各异，白色灯带镶嵌其中，仿若云端般的轻盈和宁静，高处可隐藏繁杂的工作处理界面，低处则面向患者便于沟通问询，功能和美观兼而有之。设计师还贴心地在等候区配备了饮水区和洗手区，为患者提供如归家般的干净舒适区域。候诊区做了适度的隔断，白板做面，木纹板做底，转折处是柔美的弧形，高低错落的搭配足见设计师的匠心，处处皆细节。餐厅也选用了温暖的木色调，为医院职工和患者提供一个补充能量的后场。

医院入口处以 3 块不同大小的石片层叠排列，建筑左右对称，以就医大厅为主导，左右分别设为疼痛康复治疗中心和中医院。设计也有美中不足之处，因长春天气寒冷，可供选择的绿植不多，所以想打造的建筑外庭院美景未能实现，但小小的缺憾何尝不是设计中必经的呢。

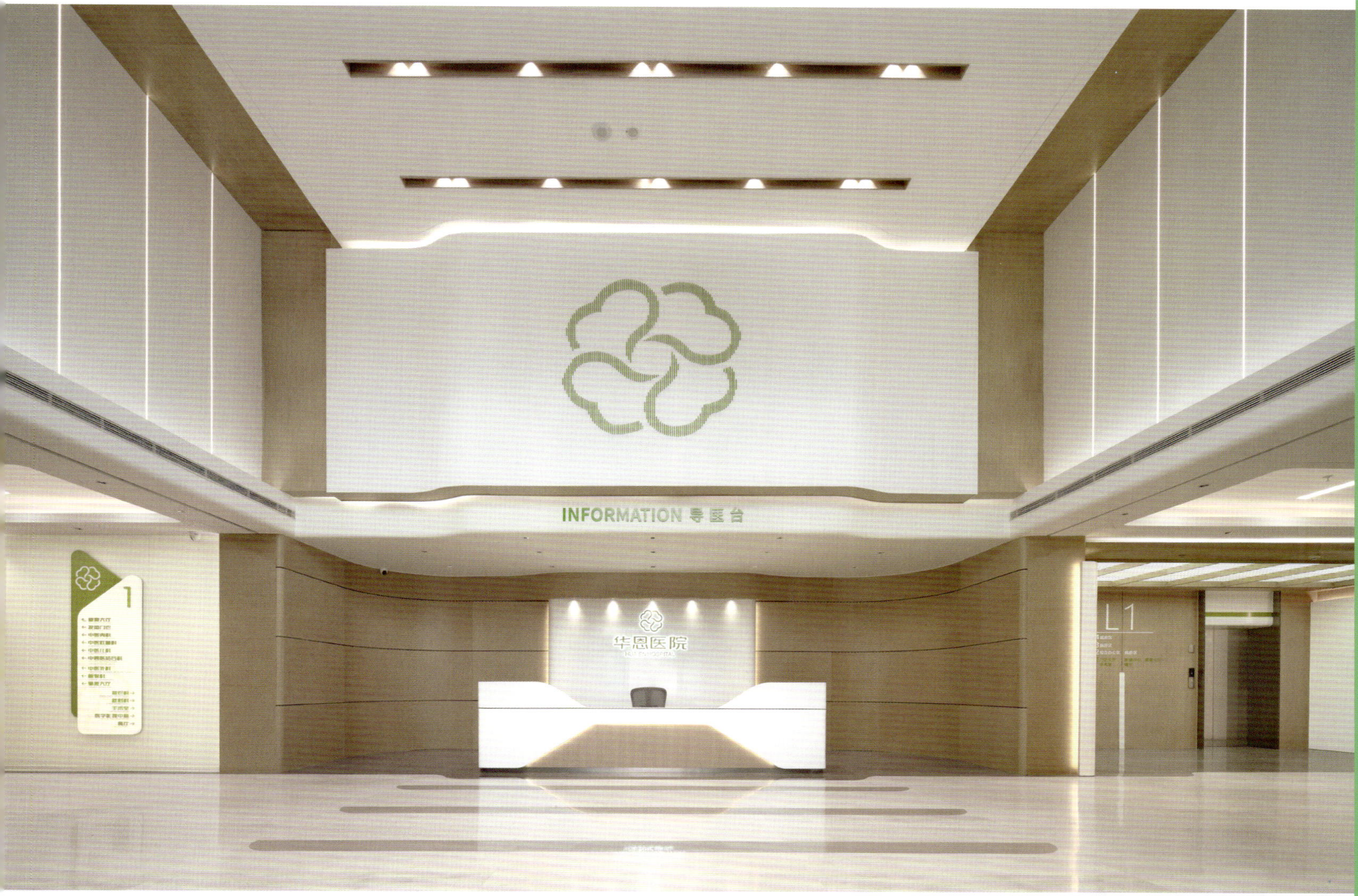

1 | 2 | 3

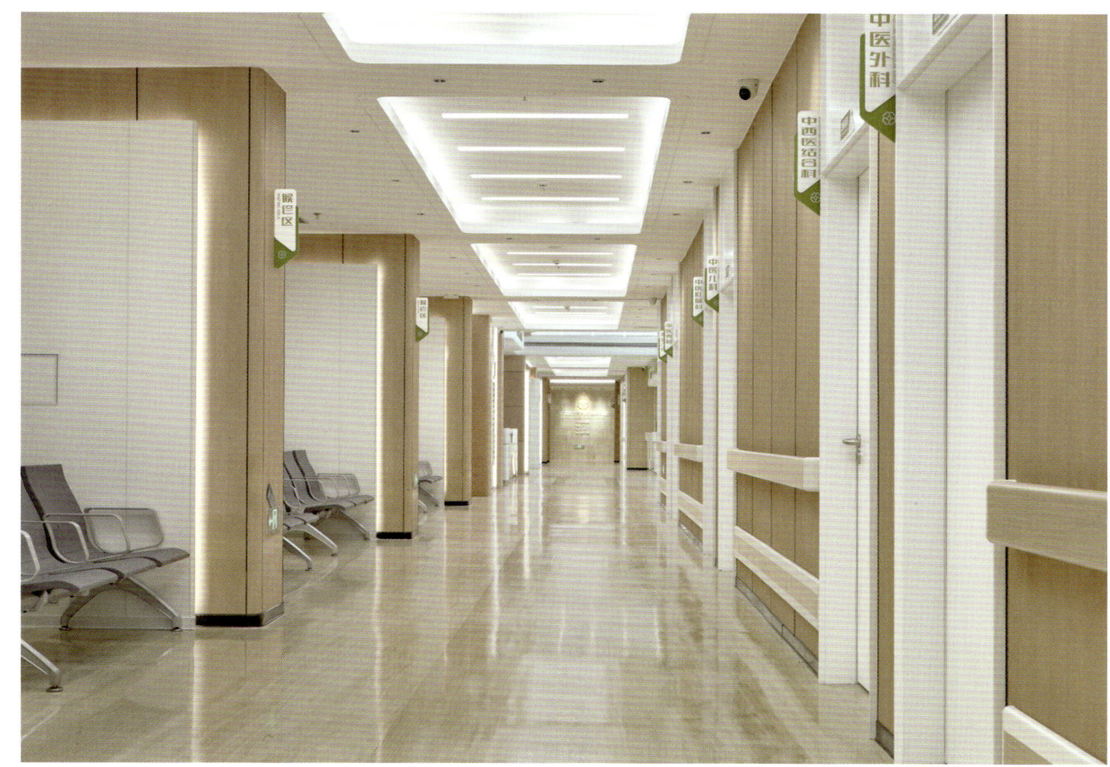

1. 医院外立面
2. 宽敞明亮的门诊大厅
3. 候诊区隔断保证了私密性

1	2	5
3		
4	6	7

1. 轻盈的导医台
2. 处置室
3. 餐厅
4. 住院部楼道
5. 康复大厅顶面草绿色寓意自然的气息
6. 手术室
7. 影像室

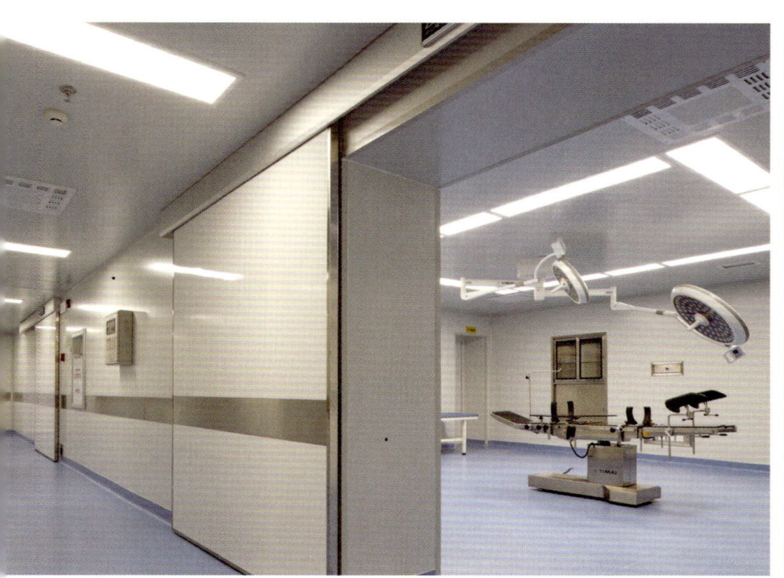

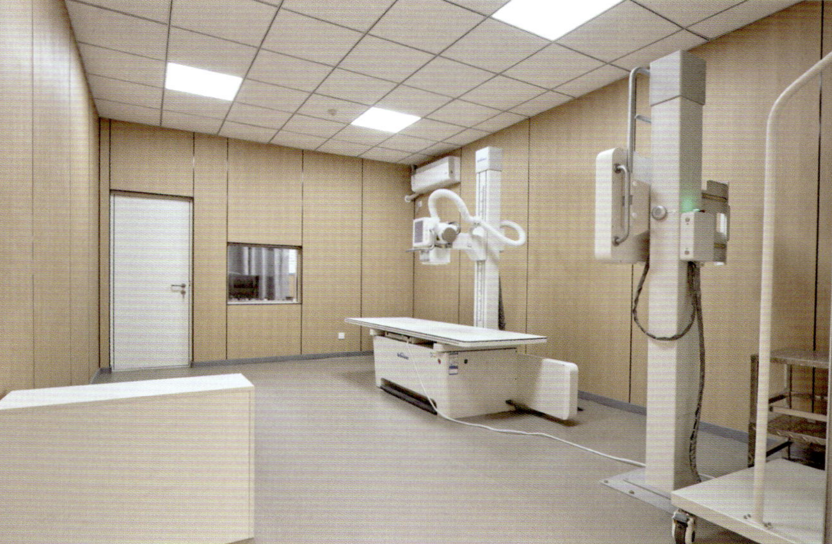

昆明乐之营地

设计单位：P A L 设计集团
设　　计：何宗宪
参与设计：江文豪、黎定中、卢俊贤
面　　积：2560 平方米
坐落地点：云南昆明
完工时间：2023 年 12 月
摄　　影：铭深圳本末堂 / 陈彦

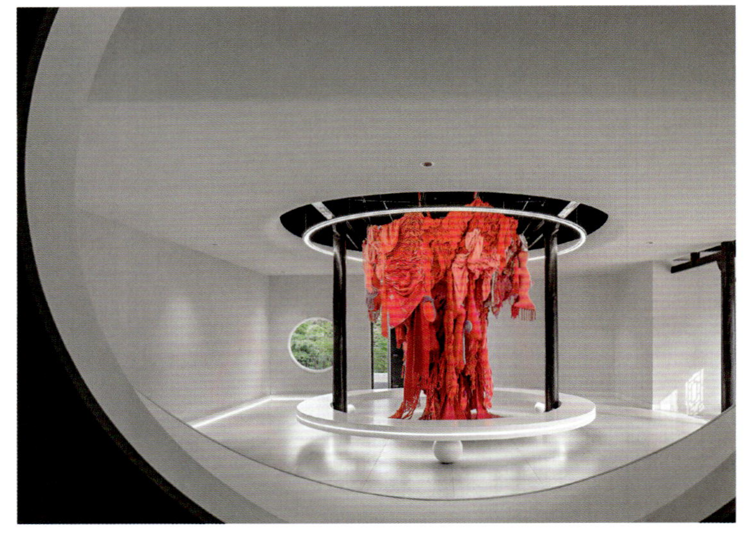

东方文化赋予自然以丰富的情感，“芳草馨院”的概念正是这种情感与自然的融合。这里不仅是一个空间，更是一个载体，承载着人们对美好生活的向往和追求，它既是“馨院”也是“心愿”。旧建筑改造如凤凰涅槃，唤醒沉睡的历史，保留其灵魂再注入现代元素、创新功能。建筑好像也可以生长绽放，讲述过去与未来交融的故事。

昆明北面，野鸭湖旁，歌乐子村，一个在自然中“生长”的营地。这里有唤醒新生的四合院，有在自然中学习的创新空间，有好玩的研学基地，有欢乐的户外活动营地，这里是亲子共同成长学习的温馨家园。我们从自然形态的“绽放”中汲取灵感，并试图以独特的方式再现和解读自然的美丽与奥秘。既要创造出童趣休闲的空间体验，又能提供似曾相识的归属感受；既要与在地的文脉产生关联，又能自成一体并孕育出新的文脉。将学习与生活搬进大自然中，通过户外教育、生态体验和科学实践，让知识的获取与自然的体验相互渗透。

设计以简约又极具创意的方式重塑了走廊，形成室内外的通透与交融。小院成为共同成长的纽带，拉近了彼此的心灵距离，成为教育和生活的双向延伸。让空间成为一个在自主与融合之间流动的混合体，与当地常见的村屋有所关联又不那么相似。水成为小院与自然连接的载体，也丰富了孩子戏水的体验感。自然是最好的科学课堂，也是最好的艺术灵感库。让身体陷进稻穗双脚踩进泥土，草被风儿吹响，树被云朵包围，在不断变动的自然节奏中，孩子可以自由地玩耍。

这里是一个生机勃勃的世界，一个绽放着创意与智慧之花的园地。我们不仅重构了一个建筑，更重构了与周遭环境的联系，重塑了生活方式。在这里父母和孩子的生活轨迹相互交织，在共同的探索和学习中拉近彼此的关系。成人在陪伴儿童成长的同时也在重新发现自我，而儿童则在游戏和探索中建构知识与世界观。

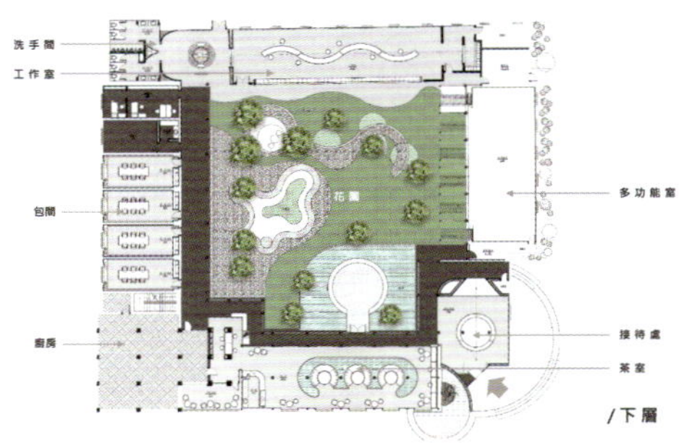

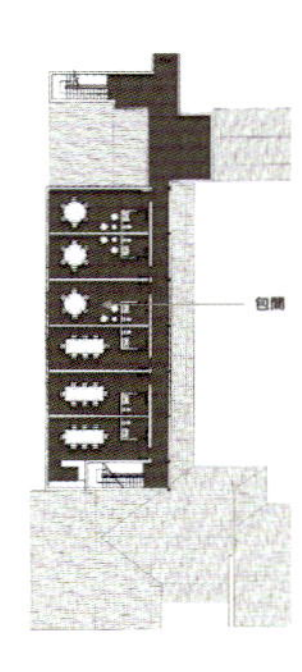

平面图

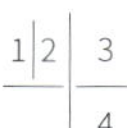

1. 建筑是无边界的探索
2. 园林式意趣空间
3. 水是与大自然连接的载体
4. 小院是孩子共同成长的纽带

1	4
2 3	5

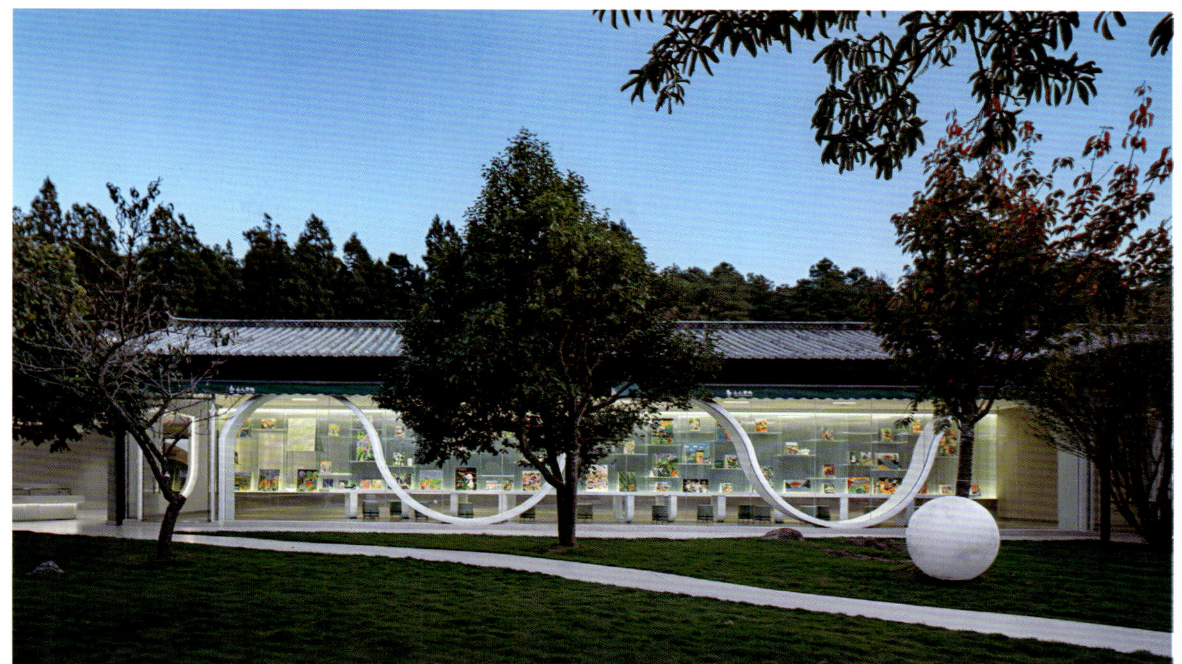

1、2. 天花板悬吊玻璃折射七彩阳光
3. 日光沐浴下的圆形洗手区
4. 灵动的曲线勾勒出建筑柔美轮廓
5. 透明的长廊沟通起室内外空间

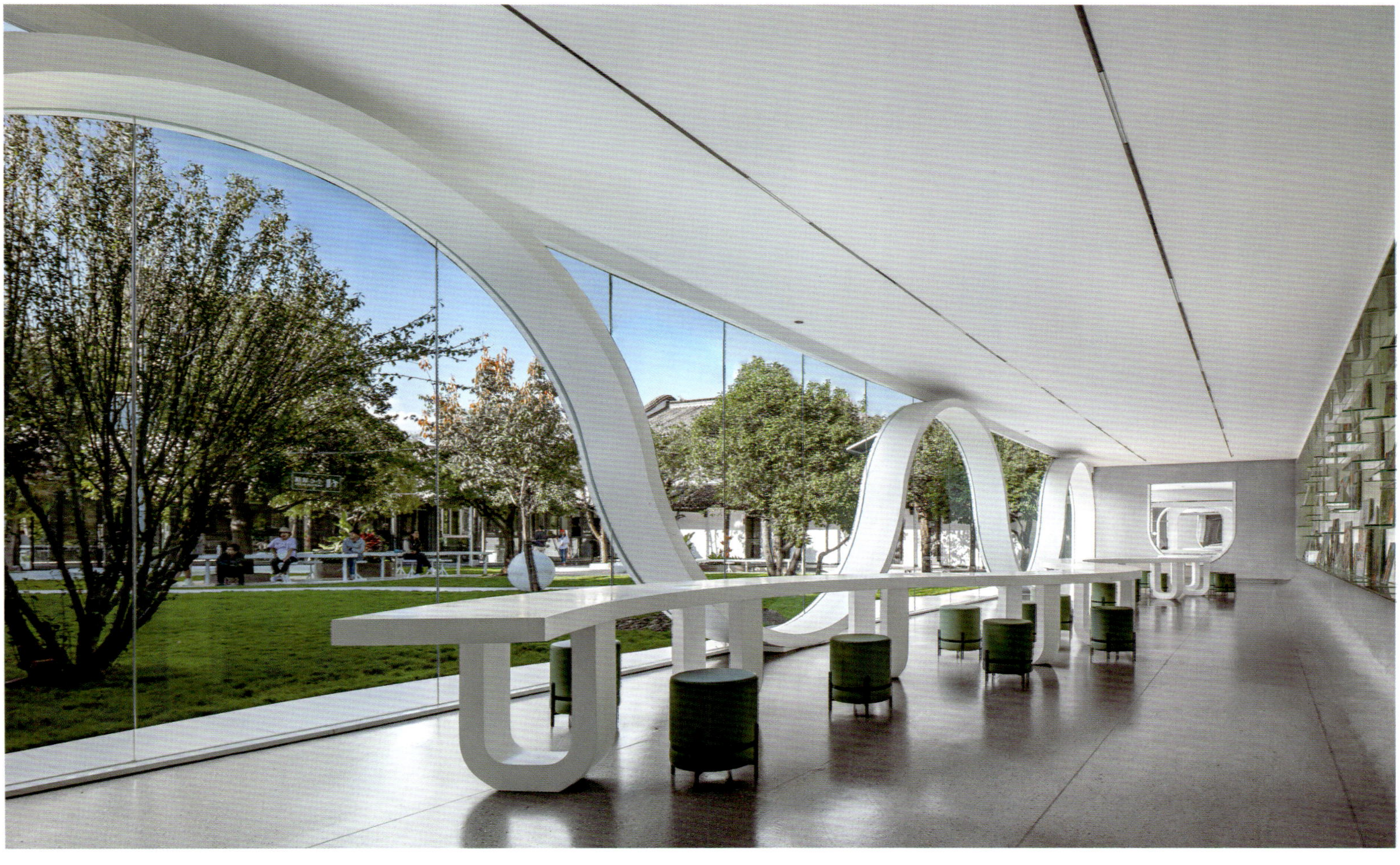

海门图书馆

设计单位：维斯创建有限公司（PplusP Creations Limited）
设　　计：廖奕权
面　　积：4800 平方米
主要材料：混凝土、艺术外墙漆、玻璃、水磨石
坐落地点：广东汕头
摄　　影：隐象建筑摄影

对一幢单体建筑而言，用什么风格去设计和用什么方法去建造其实一点儿也不重要，而怎样利用建筑去影响社群的生活才是最重要的。

主建筑形状是根据海岸线的自然形态，同时定点了园区内的重要建筑和景点，形成了两个直径分别为 150 米和 180 米的大圆圈，透过自转 360°的互相重叠而形成一种参数化数据并演变出来的形态，意味着这个园区的灵魂、精神、元素都被收集在这个建筑内。上面的吊顶按照 Logo 的两条曲线互相重叠而成，形态也像一个“人”字，意味着以人为本的精神。

中庭是建筑的心脏即中心点，鉴于万人冢的历史，在门口便向他们致敬，可走到中庭做心灵的洗涤和修行。楼梯故意做成由短到长、由长到短的一种可控制步伐的节奏，表达不安和不规律的感觉。走到二楼回到露台大钟的位置便可享受钟声带来的禅意洗涤，亦可细心聆听水滴的声音，如同回忆着过去的不安，经过善意的洗涤后安静下来，继续修行。

门口 6 根柱子是模拟人体进行 15°微微鞠躬的形态，朝向万人冢方向，低调地致敬默哀，这是建筑对历史表达敬畏的手法。同时 15°鞠躬的形态体现出孝道和处世的恭敬态度。

Logo 的设计按照建筑的平面形状来定义，同时也像打开的一本书，配合两条海岸曲线，更像一只在天空上飞翔的风筝，意味着饱读知识就可以在天空任意飞翔。另外设置的铁椅子是因为室外及门口中庭属于过渡区域，故意让人不能坐得太舒适，提示人们不要长久在此停留。

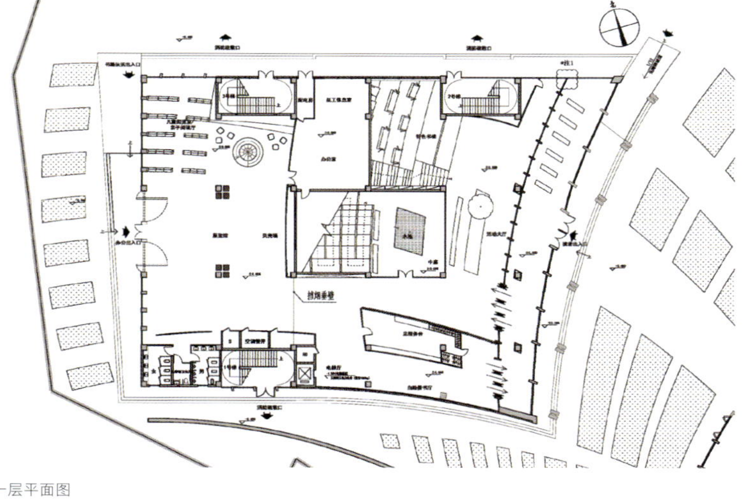

一层平面图

1 | 3
2 | 4

1. 建筑外立面模拟海岸线的自然形态
2. Logo 寓意饱读诗书可在天空任意翱翔
3. 吊顶由两条曲线重叠而成“人”字
4. 过渡区域特别设计的铁椅

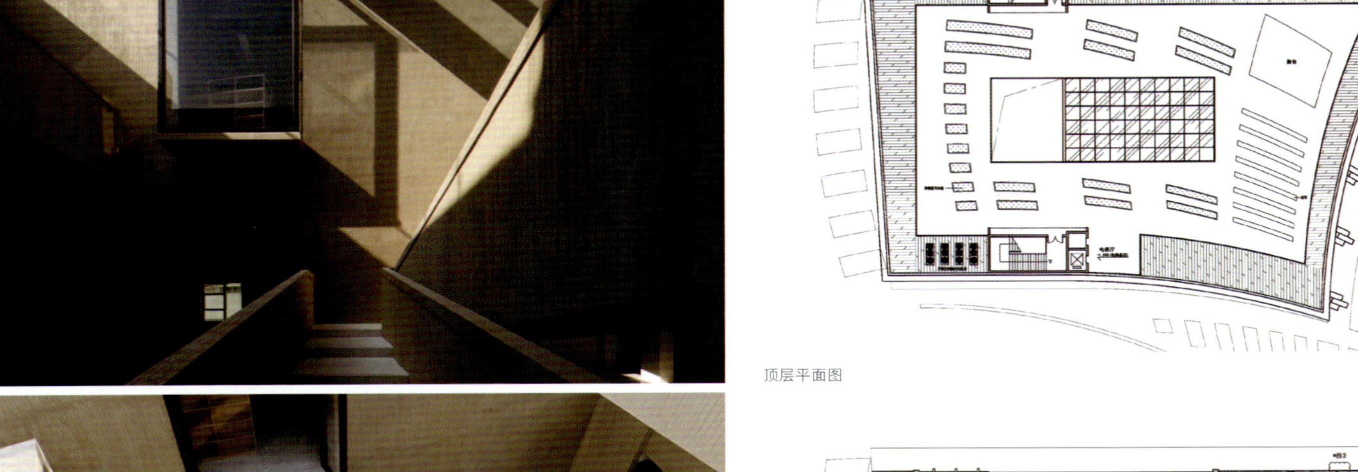

顶层平面图

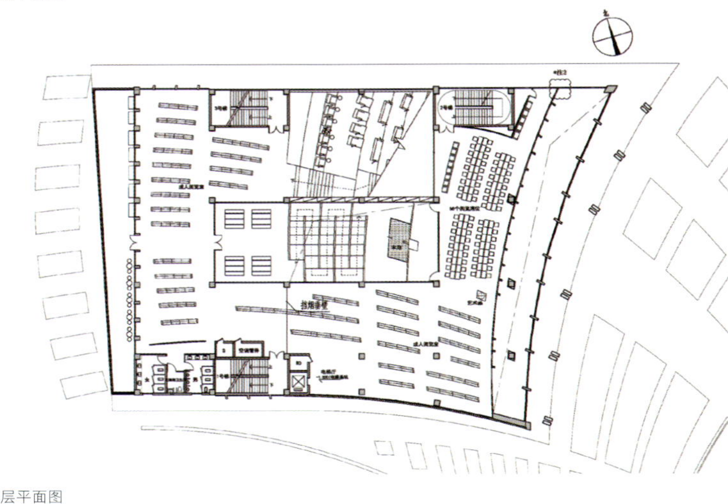

二层平面图

1、2. 曲折楼梯
3. 不同形状条窗引入更多的自然光
4. 柱子朝向万人冢方向致敬默哀
5. 图书展示柜
6. 大厅的光与影

前滩 31 演艺中心

设计单位：如恩设计研究室
设　　计：郭锡恩、胡如珊
参与设计：曹子燚、张堇盈、黄永福
面　　积：17580 平方米
主要材料：预制水磨石、工程木、洞石
坐落地点：上海
完工时间：2023 年 10 月
摄　　影：Pedro Pegenaute

迅速发展的前滩地区也被称为上海新外滩，是有望成为继陆家嘴之后的下一个商务区。前滩 31 演艺中心坐落于黄浦江畔的摩天大楼之中，内设大剧院和黑匣子展演空间，优越的地理位置使其或将成为前滩地区的建筑地标和文化目的地。

该项目的设计概念为“竞技场（Arena）”，是一种对古典原型的当代诠释。大剧院以及其前厅环廊和周围空间，均由一系列拱形元素构成。在 5 层高的中庭空间里，层叠的拱形结构呈现出强烈的视觉冲击。从任何角度望去，观众的视线都被引导至空间的上下两端，在这一过程中访客们扮演着观察者和表演者的双重身份，中庭也仿佛成为另一个舞台。剧院内部配有 2500 个座位，暖色调的橡木包裹了整个表演大厅，重复出现的拱门元素不仅呼应了竞技场的概念，也满足了剧院的声学需求。

黑匣子展演空间则是一个可提供专业会展服务的多功能空间。设计理念沿用了“黑匣子”(black box) 的字面概念，空间内部使用黑色不锈钢作为主要覆层材料。相比之下，穿过黑匣子大厅似“灯箱”的自动扶梯空间则完全由玻璃块构成，带给访客犹如穿越水晶隧道般的独特体验。演艺中心的其他配套空间同样别具一格，从古铜色覆面的洗手间，到呈现铜质曲面的电梯轿厢，再到多孔砖砌的 VIP 休息室，不同材料赋予了每个空间独一无二的风格。

在整个项目中，如恩试图摆脱传统娱乐空间设计中的繁复与奢华，转而通过触觉性材料和古典原型形式，为设计注入类似博物馆般的静谧氛围。前滩 31 演艺中心不仅是一个提供视觉和听觉享受的场所，更是一个能够激发思考和启迪的文化空间。

1. 层叠的拱形结构呈现强烈的视觉冲击
2. 售票处
3. 空间由一系列拱形元素构成

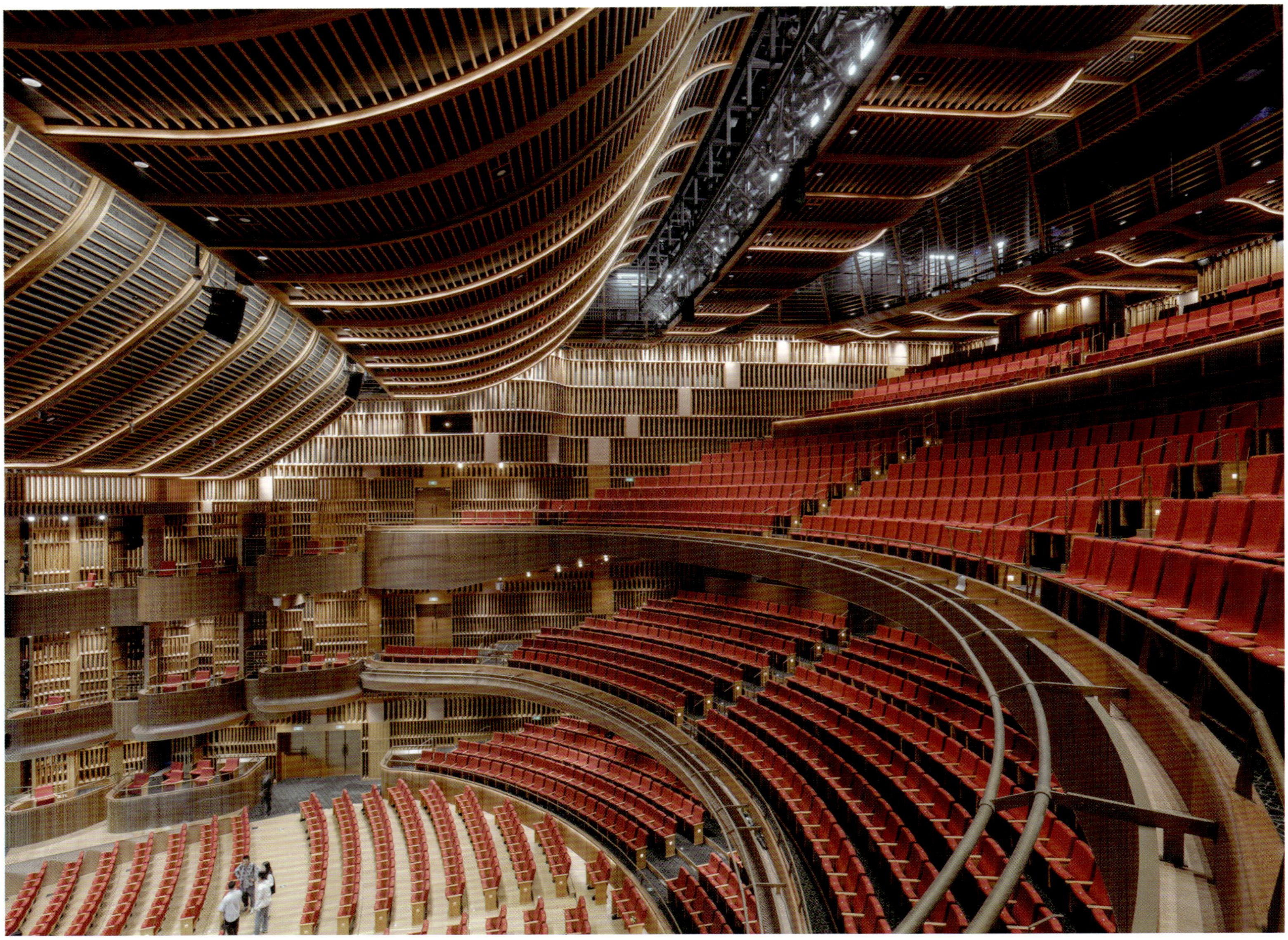

1	3
2	4 5

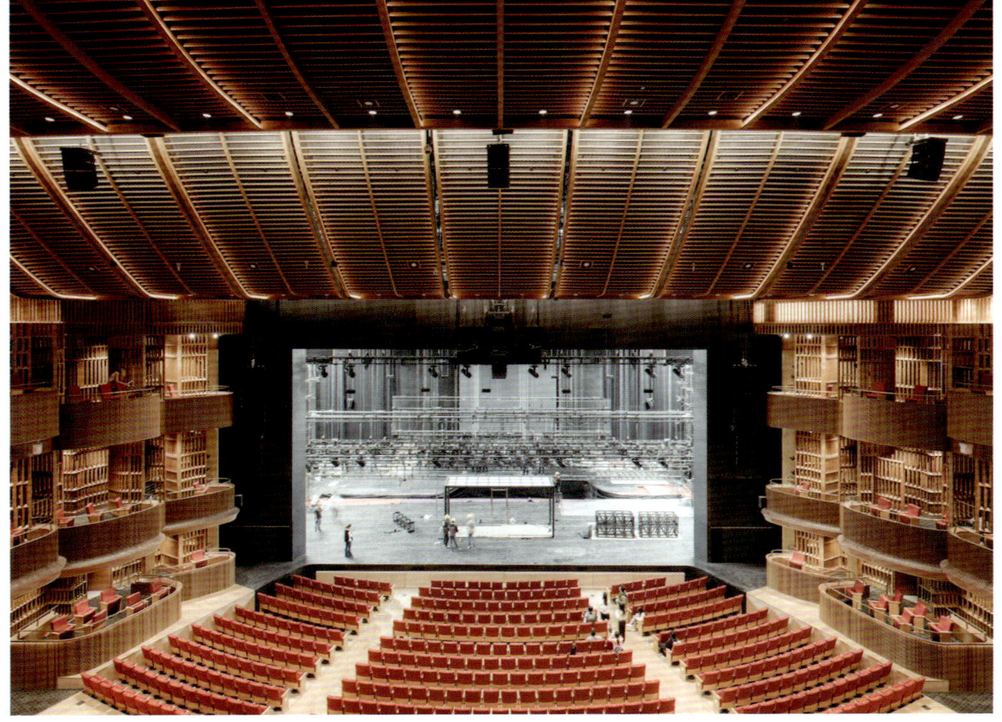

1. 暖色调橡木包裹表演大厅
2. 舞台搭建
3. 多孔砖砌的 VIP 休息室
4. 卫生间
5. 铜制曲面的电梯轿厢

天津钟书阁

设计单位：唯想国际
设　　计：李想
参与设计：吴锋、崔泽寰、程青、张智宇、肖雨婷
面　　积：1821 平方米
主要材料：红砖、钢
坐落地点：天津
完工时间：2024 年 9 月
摄　　影：SFAP

项目位于天津市意式风情区，周围林立着以红砖为特征的意大利百年建筑群落，原址是脱离周围古典语境的现代建筑，天津钟书阁需要重新改建，而红砖作为意大利古典建筑中的重要建构材料，成为其必需的设计元素。

设计师在百窗叶的交叠结构中观察到一种切割的手法，并将之转译为书店的建构秩序。百叶的空隙被引入原本密实的砖砌，材料质感由厚重变为轻盈，营造出虚实相生、彼此渗透的视觉效果。建筑中央贯穿 3 层深蓝色的钢板层级铺设，色彩从天津港口的海水中采撷，细腻的切割形态暗合海浪叠荡，海纳百川的精神与天津的城市气质互为注解。巨幅拱形门洞递进向上，仿佛海潮翻涌起圈圈波纹，寓意着书籍对知识的传播与扩散。一踏入书店，层层阶梯递升、延伸、深进，人必须登阶而上才能过渡进入书店主体，暗喻着人类对真理孜孜不倦地追求。阶梯顺势伸展出书架，迭进的形态暗示港口城市的在地特征：船只出港，多元的思想被海负载并走向深远之处。

天津钟书阁整座建筑主体仅以砖筑完成，辅以铁艺，没有冗余的干预。钢铁以其现代工业的力量，调和了红砖的古典韵味，冷暖色调的碰撞展现出视觉张力。材质的交织错落不仅作为物理结构存在，更孕育出书架形态，这些书架随着空间自然延伸，流畅地引导出座位与阶梯的布置，功能布局自然成型，体现了设计的高度整合与和谐共生。由此，展陈、休憩与交通流线等多元功能通过贯穿始终的设计逻辑融合，各元素间既相互独立又紧密相连。

砖与钢这两种结构性的建材在这里用于细腻的空间表达，不再是隐藏在装饰之下的某种“材料”，而成为建造精神的直接表达。常用矩形砖规整却单调，传统垒砌工艺尽管可以呈现一定纹路，但不可避免地被束缚在格式感里。我们从雕塑的维度推敲砖形的轮廓，完成对传统刻板形态的反叛。最终使用了约 40 万块砖，根据不同的尺度需要精细化确认每一种砖形，赋予了材料丰富的表情和微观意义上的变革。根据书店整体风格、空间布局以及功能需求，设计不同形状、不同尺寸的砖。从最初的概念草图到精细的三维模型构建，设计团队进行了无数次的模拟与验证，以确保每一个细节在实际应用中的完美呈现，同时预判并应对可能出现的各种状况。

仅以单体书架为例，因为考虑到书架在不同方位的可视性需求，所以在底部设计了连贯的摆书台，以弧形轮廓过渡。过渡趋势延伸出递增的面积，使得这一区域的砖虽同为梯形，却尺寸不同，而每种尺寸都需要单独开模。方寸之地，也有着不可忽视的投入。非常规设计要求制作方能够跟上思路，尝试去做一些无经验借鉴的事情。为了能够说明砖形的需求和强调细微差异，设计团队可能需要为一块砖提供不同角度的顶视图、剖面图、节点图。砖的制作需要工匠们手工逐块切割，保证形状达到设计要求。

以切割手法虚化建筑实体，隐喻性地传达人的认知边界亦是模糊的，因此才需要从阅读中寻求一种明晰的洞见。围绕砖材的新探，试图降低对技术的强调，而回归对形本身的思考，对材料进行根本性、原初性的革新。设计拆解西方经典建筑的空间语汇，用本土文化转译匠造内核，归根结底是城市自身的情感叙事。

1 | 2

1. 书店外观
2. 两边为陈列书架

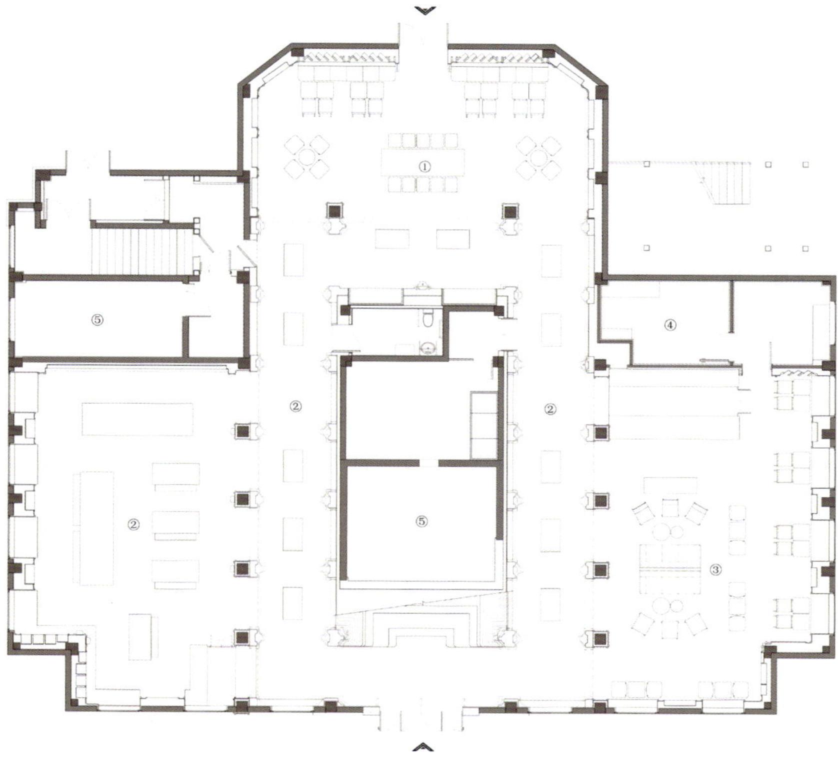

① 阅读&书籍选购区
② 书籍选购区
③ 咖啡区
④ 操作间
⑤ 储藏室

平面图

1. 深蓝色钢板延续切割的建构语言
2. 冷暖色调的碰撞
3. 红砖楼梯
4. 书架的功能细节
5、6. 书架造型从意大利古典柱式而来
7. 临窗阅览区

监控区域 请保持微笑!
东野圭吾

地理学与生活

Qeelin 东京银座旗舰店

设计单位：梁志天设计集团有限公司
设　　计：庄超峰、Mai Chongchaiyo
参与设计：Onanong Yoonaisil、周郎程
面　　积：125 平方米
坐落地点：日本东京
完工时间：2024 年 1 月
摄　　影：Nacasa & Partners

位于东京银座备受瞩目的 Qeelin 旗舰店由梁志天设计集团（SLD）呈献，展现了东方文化精髓与现代美学的完美融合，体现了品牌的核心价值。Qeelin 以其精湛工艺和对细节的精益求精而闻名，它将代表东方的符号与现代设计相交织，打造出精致独特的高级珠宝。旗舰店设计同样通过结合现代设计与水墨山水、竹子等经典东方元素，精心构建充满丰富东方文化意象的优雅空间。

坐落于东京银座人流如潮的路口交界，Qeelin 旗舰店的外观引人注目，室内设计更注入了前沿的活力氛围，让它在众多世界各地的分店中脱颖而出，独树一帜。旗舰店楼高 5 层，店内采用了象征吉祥和繁荣的红色，搭配代表财富、地位和奢华的金色作为基调，以呼应品牌对亚洲传统的赞颂，充分体现了品牌的国际形象和视野。旗舰店外立面设计由 SLD 与 Studio PDP 携手打造，由黑到红的渐变色玻璃令人眼前一亮。大胆的用色在国际知名灯光师 Tino Kwan 操刀设计的灯光效果映衬下，凸显了品牌形象，即使在活力四射的银座仍让人过目难忘。Qeelin 品牌标识和象征福禄的葫芦轮廓位于正门上方，吸引着路人的注意和好奇心，为店内的非凡体验拉开帷幕。

一层作为迎宾区和销售空间，设计从当代东方庭院中汲取灵感，纵横交错的木质屏风与黑色镜面相搭配，营造出优雅温暖的氛围。空间还设有独特的悬臂式展示柜，其形态犹如竹林，以展示精美的珠宝臻品，东方传统山水画和表现山水元素的金色地毯细腻地流露其文化内涵。沉浸式的体验在二层得到延续，反光镜和波纹玻璃墙如同优美的水流空灵而飘逸，几何形的定制展柜仿佛悬于半空。一系列别具意趣的设计尽显巧思，例如瑞士军刀般灵活多变的伸缩式旋转展示台、隐藏于魔镜下的展柜和低调的葫芦元素，与空间浑然一体，为宾客带来妙趣横生的体验。三层设有专属贵宾休息室，为品味不凡的宾客提供宁静而奢华的体验。仿效清幽的竹林庭院，采用竹帘和有色镜面，犹如在喧闹都市中的宁静绿洲。

我们的愿景不是单纯地设计一家平凡的珠宝店，而是创造一种沉浸式的体验，让宾客不知不觉地走进 Qeelin 的世界，留下深刻的体验。

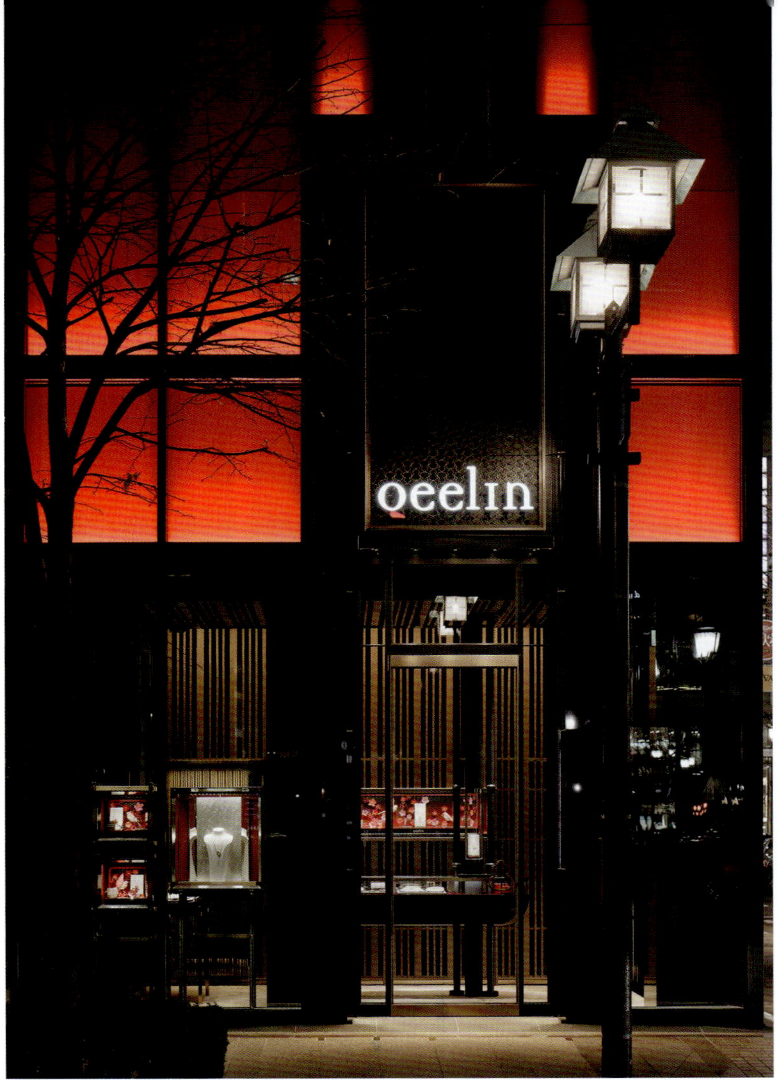

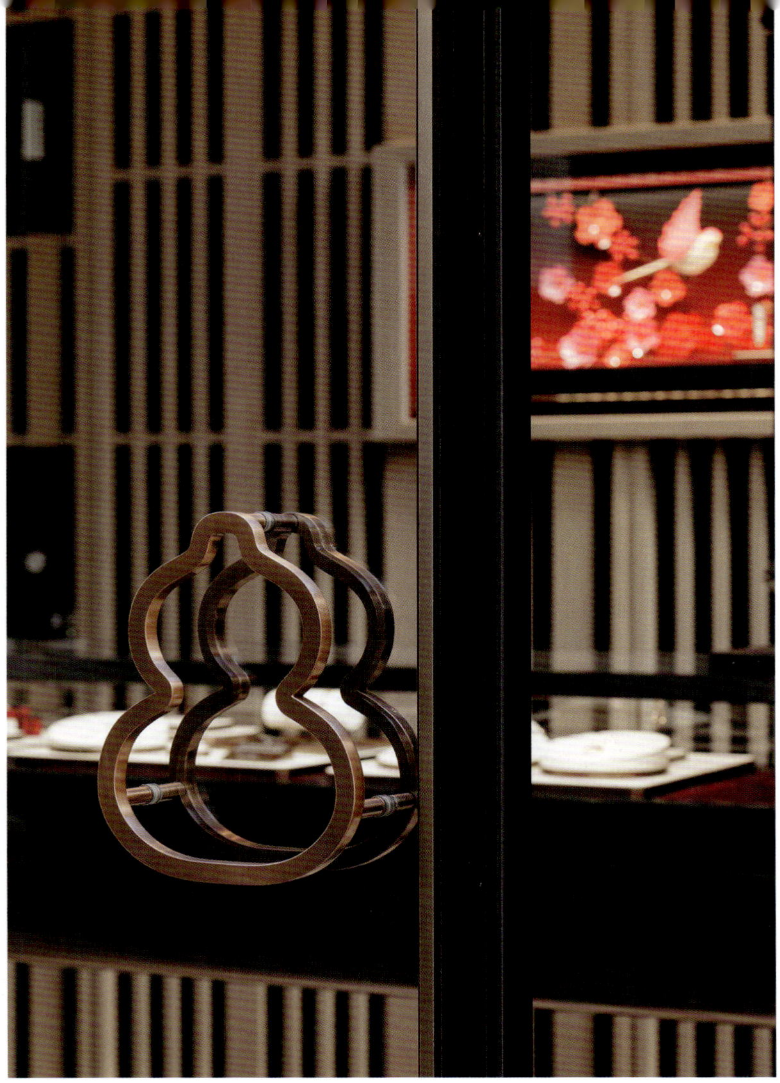

1 2 3 4

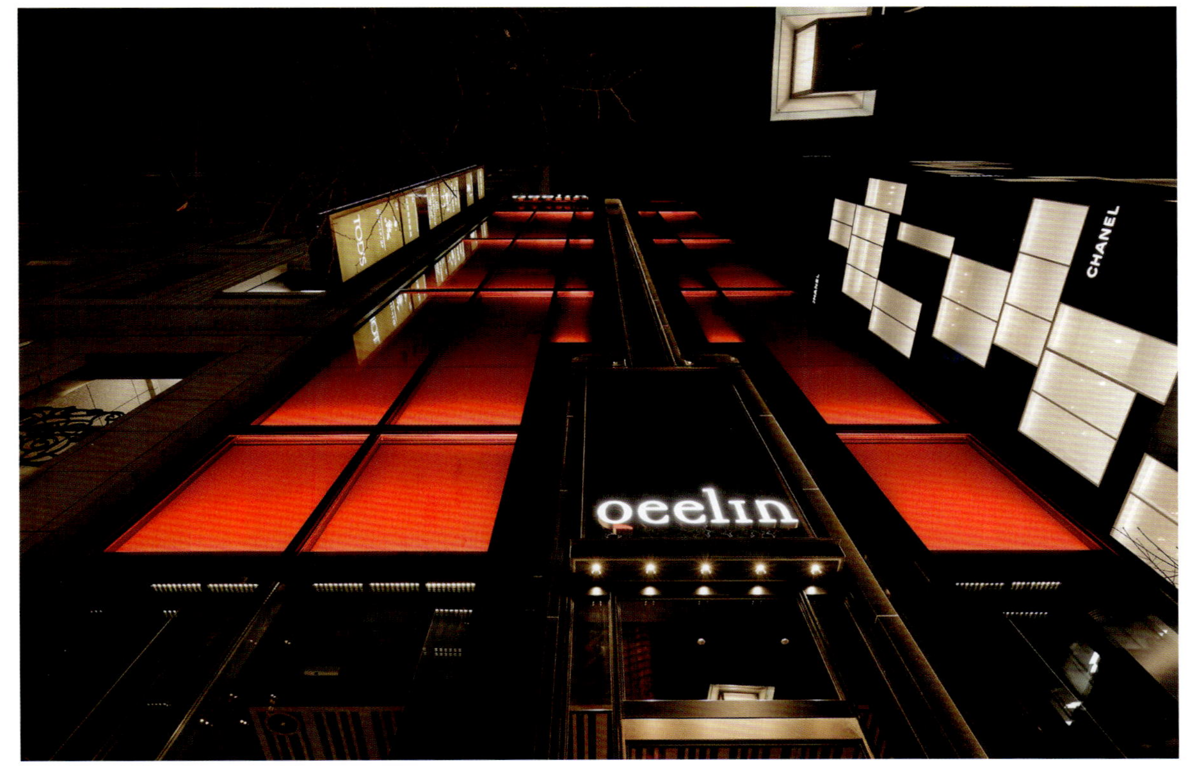

1. 旗舰店坐落于繁华的东京银座
2. 外立面由黑到红的渐变色玻璃
3. 象征福禄的葫芦轮廓
4. 红金色调的搭配象征吉祥如意

1 | 3 | 4
2 | 5

1. 可伸缩的旋转展示柜台
2. 匠心独具的悬臂展示柜
3. 黑色墙面凸显珠宝贵气
4. 精美的珠宝展示柜
5. 贵宾休息室

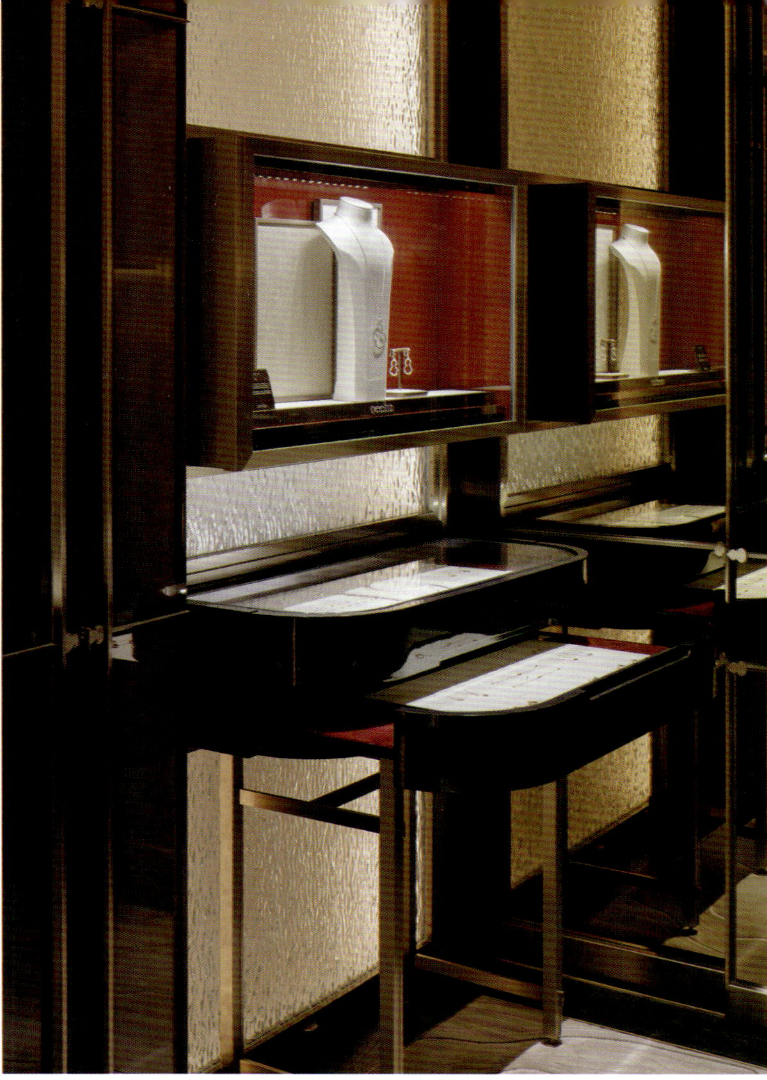

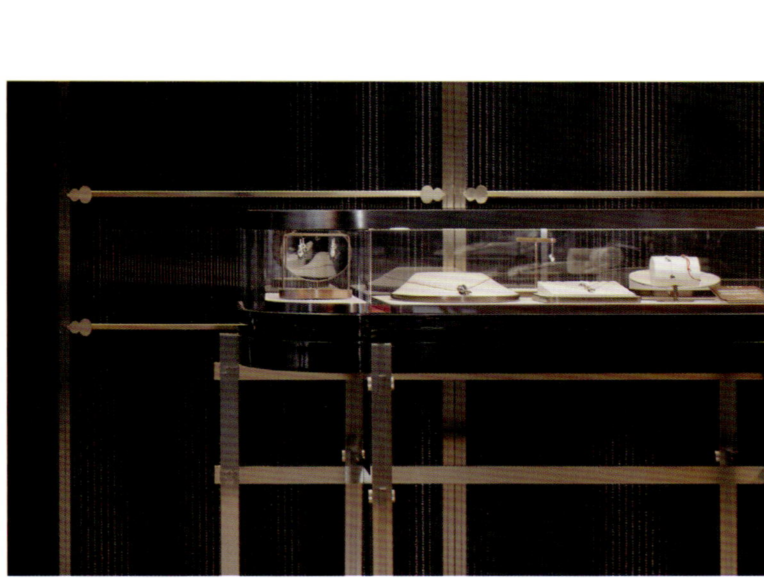

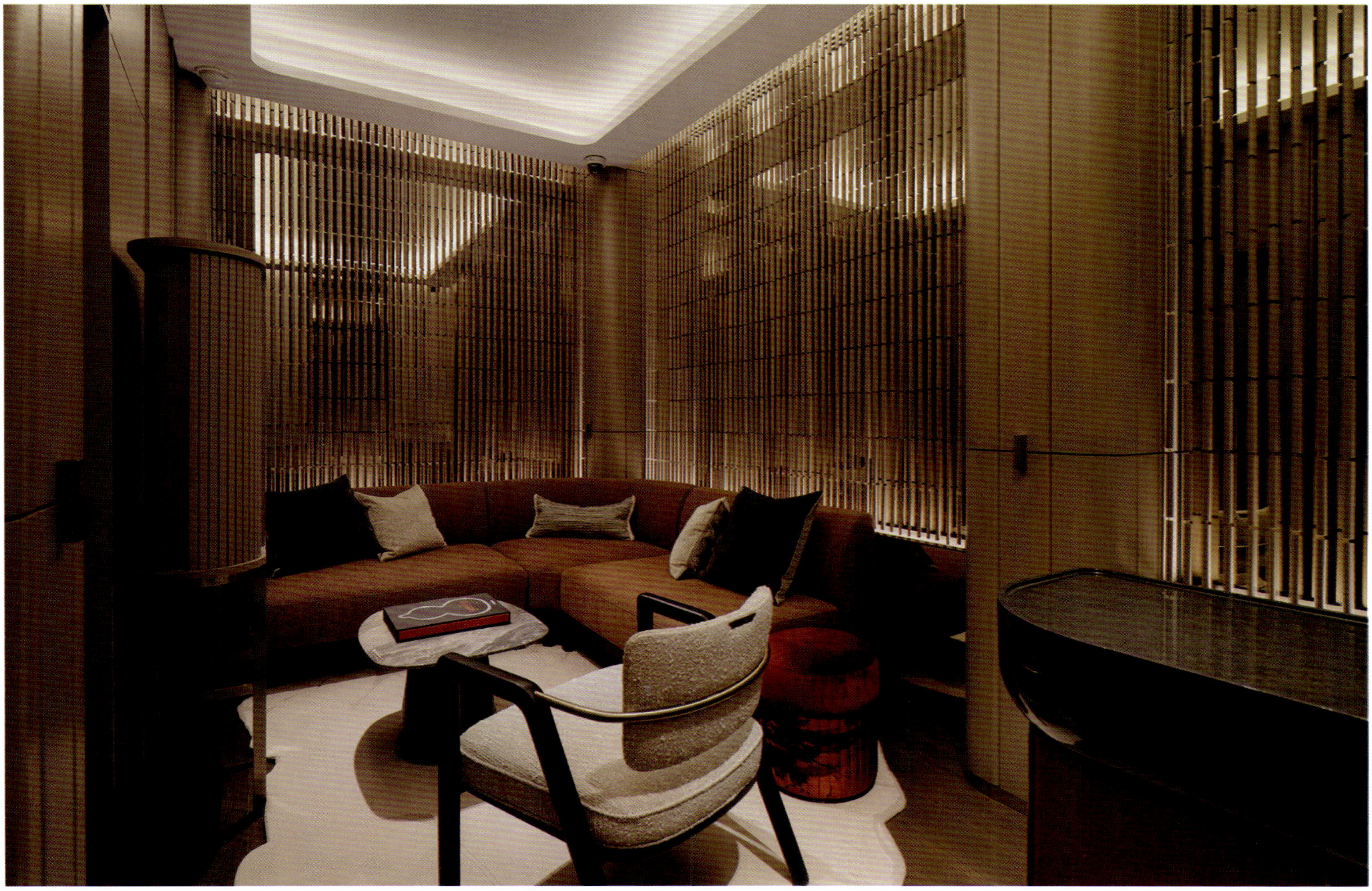

3CM 造型

设计单位：GGD 好好设计
设　　计：林彦
参与设计：丹仪
面　　积：600 平方米
主要材料：马来漆、大理石、不锈耐酸钢、有色钢、聚氯乙烯灯、超透玻、菲灵
坐落地点：广东潮州
完工时间：2023 年 6 月

1. 极具视觉张力的入口
2. 斑斓的立体接待台
3. 超级符号“3”被不断强调和重复

3CM 概念于 2013 年萌发于日本京都，这也是品牌的创世元年。第一家 3CM 概念店诞生于潮流时尚地标京都“Village”。本次落子于中国千年古城潮州是 3CM 重量级别的战略部署，将天生骄傲的国际视野以及独特的美感理念，以极具感染力的方式带到中国华南地区。

原建筑内部空间方正整齐，纵深过长而过于板正，与时尚理念背道而驰。设计师受到 Bob Haircut 的启发，其干练的构线凸显了立体几何剪裁，利落优雅而又锋芒毕露。当肩颈线的交错和发缘轮廓线的内角呈 78° 时，Bob 的魅力被发挥到极致。设计理念本着“无序空相”的原则，基于对建筑做最小的干预，用解构的抽象手法来呈现。以“空相”作为基调，意在足够包容，佐以“紫外光色”及“香港电车绿”的强烈冲撞对比，极具视觉张力，同时结合阳极氧化铝板提升空间的时尚触觉。

“Threshold”作为设计语言在建筑空间被应用伊始，如中国古典园林建筑中的“月门”以其形式化的语言与象征性的隐喻，使得“穿梭”这个行为被冠以美好的寓意。门不再只是物理界限，而是上升到精神与情感的层面。这是设计师致敬以诗意和细节著称的建筑大师卡洛斯卡帕，他在“Tomba Brion”项目里对空间形式与细节的处理，让到访者切身地感受到时间的流逝与情绪的连接。“钝三角”是最稳定的形状，意为坚不可摧，也是第一个被置入此空间的结构元素，作为连接不同区域的中间地带，形成“视觉锤”。建筑与品牌视觉系统的有机结合界定了顾客的基础动线，将整体空间进行功能区分，并承载了天光的机能。环抱姿态的候客区以银色手工漆打磨出渐变斑驳的墙面肌理，像一抹刘海般柔软，角落也成为设备的藏身之所。目之所及“皆为空相”，用这交叠错落的建构营造空间的想象力，变幻莫测娓娓道来。

“Monodzukuri”是日本传统工艺中智慧的缩影，一张白纸可以衍生出折纸艺术，一块布料也可以衍生出绚丽的和服。在此灵光加持之下，设计师希望通过阳极氧化铝板为空间创造无限丰富的可能，是生产工具更是艺术品，形成品牌唯一的空间印记。过去与未来一直是站在时间轴两端的角色，通过“月门”里模糊的镜像，让顾客在穿越的同时感受到“对景”间的微妙变化。“曲动的发丝”作为重要的设计线索贯彻整场，超级符号“3”的提炼将进一步刻入大众的意识流。把空间进行切割、重组，呈现出疏离却又统一的不确定性，多层次体块之间的关系让视线贯穿，氛围严肃且活泼。

项目中主张“低饱和色”，呈现一种不对称却包容的美学，让空间变得有趣且灵动。人们的五感被唤醒。划分出客侯区为 VIP 提供舒适的等候空间，一双“圆满之手”分别了里外，护住了焦躁也遮蔽了混沌，营造如会客厅般的轻松社交场域。凹凸幻化的荧幕是设计师埋下的荒诞趣怪，放大或缩小亦妙趣横生，条形界面刻画出的逻辑秩序感将视觉层层递进。

地处多元文化集界，3CM 是特立独行的存在，在满足其社会价值的同时，成为商圈内一件醒目的公共艺术品。在有着厚重传统文化底色的大地上，这是兼容各种情绪的玩味。

1	3
2	4

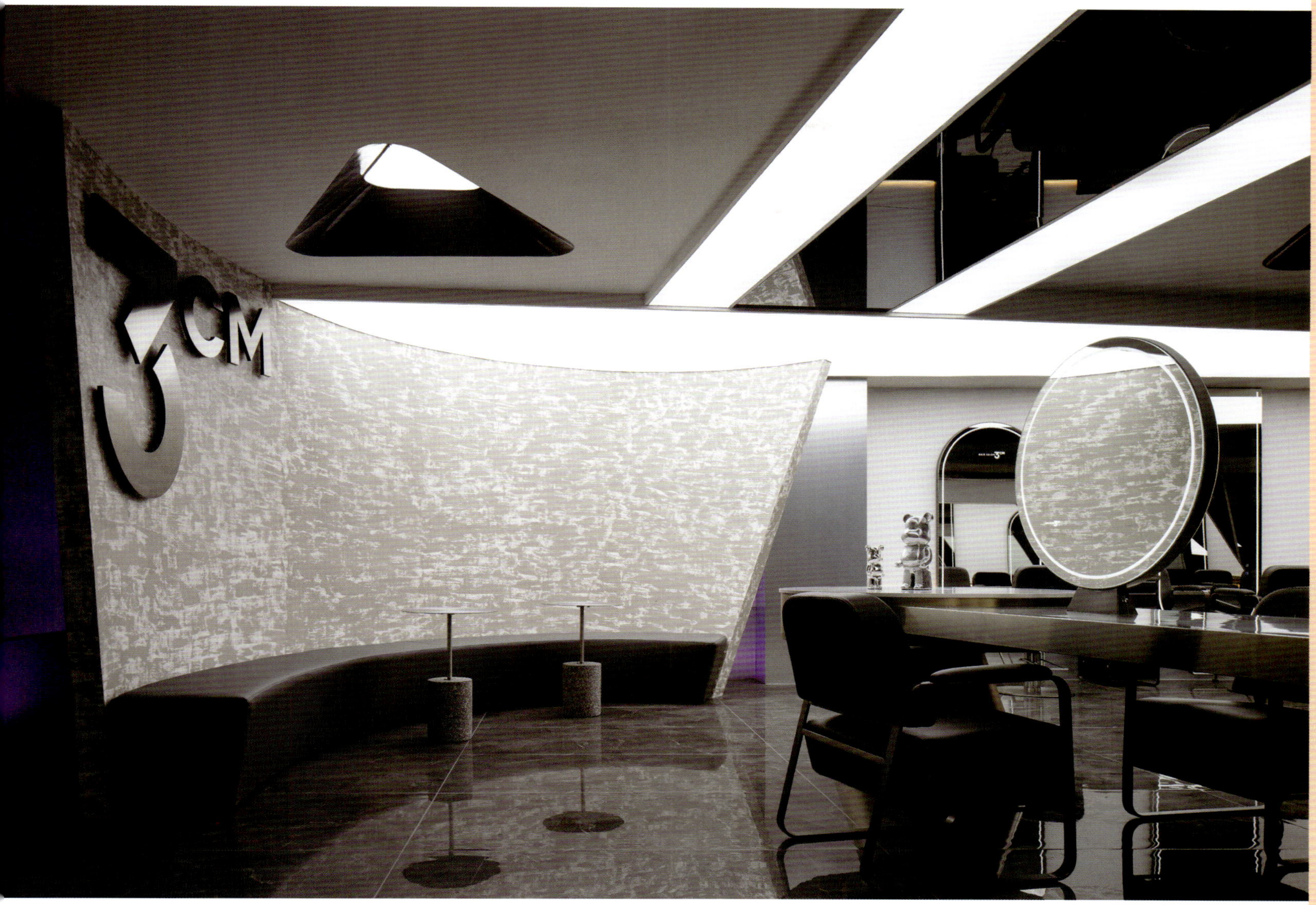

1. 钝三角结构元素被植入空间
2. "紫外光色"与"电车绿色"的强烈对比
3. 环抱姿态的候客区
4. 洗头区

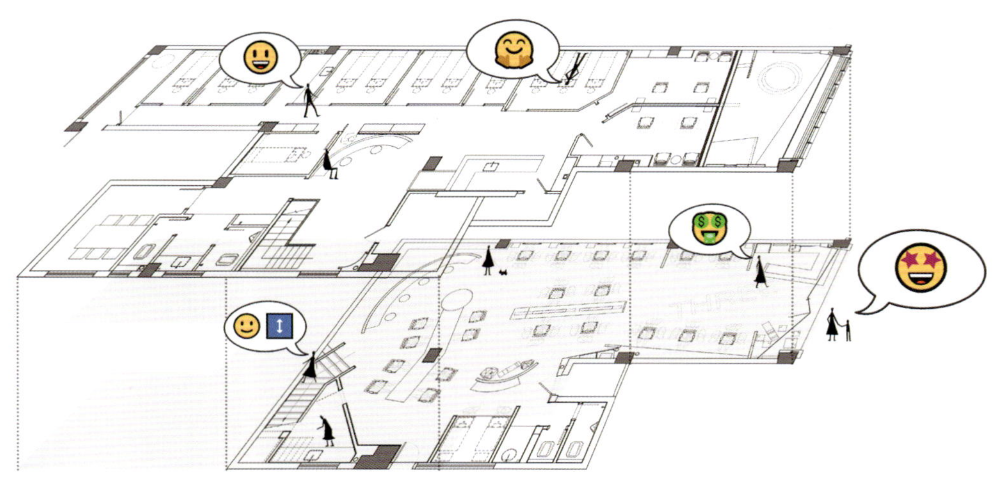

平面图

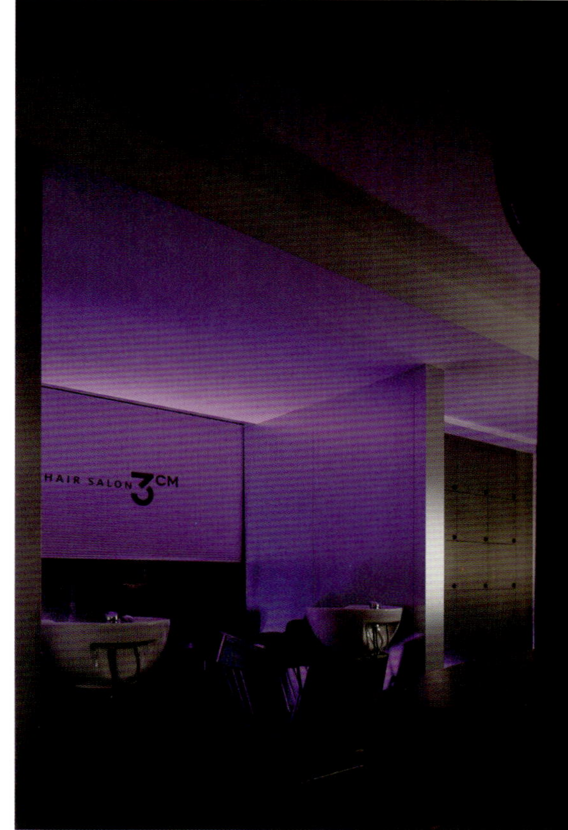

NINETEEN FORTY

永久 1940 NINETEEN FORTY

设计单位：杭州观堂室内设计有限公司
设　　计：张健
参与设计：杜仲甫、张奇峰
面　　积：280 平方米
主要材料：水磨石、肌理涂料、金属板、不锈钢
坐落地点：上海
完工时间：2023 年 10 月
摄　　影：黑水

上海永久自行车公司是中国最早的自行车制造商之一，20 世纪七八十年代风靡的二八大杠是中国人深刻的生活方式与美好的回忆。如今，“永久 1940”作为永久自行车母公司中路股份公司成立的自行车品牌，以全新的姿态迸发出新鲜的文化。永久 1940 NINETEEN FORTY 线下首店以自主研发的两轮车产品与骑行文化为纽带，打造具有上海海派特色的产品、空间和文化，构建大众与品牌之间的互动和联结，成为生活方式的品质符号。

室内区域采用裸坯手法，将空间顶面原有粉刷层铲掉，剥离至混凝土显现的状态，让空间呈现自然轻松的氛围。复古绿色作为本案的主要色彩，从外立面延伸至室内，将空间连为一体。南侧主外立面设计上突出“自行车”元素，将 1940 旗下自主研发的 Scram 小轮车和 Mixte 法式车作为道具展示于窗台及雨檐之上。窗台采用折叠玻璃可完全打开，置放于上的自行车就像走秀台上的焦点，内外通透均可望见，搭配绚丽的色彩而成为吸睛点。结合店铺大开间外立面，门头采取了一体化设计，内藏跨度 18 米的雨篷，同时继续往东延伸，将发光 Logo 雕刻在内，Logo 之上的空位成为天然展示台。一辆银色的 Scram 登上空中舞台，日升月落，墙上的车影随着光线变化慢慢游走。

店铺东西两侧均为实墙，南北间距大，导致中间区域采光不足。于是拆除了北面原有的非承重石材装饰面，改为通透的玻璃窗面，尽可能将自然光线引入室内。建筑体内原有 4 根混凝土柱，用碳纤维加固并在柱间围合造景，用鲜活的绿植和粗犷的山石营造户外气息。在周边围摆一圈桌椅，可边用餐边工作，空间节奏有张有弛。

门店为顾客提供定制化的服务，北侧特意辟出一块区域作为主理人工作间，里面的配件琳琅满目，车辆的组装、维修、改装、洗车等等都可以在这里完成。工作间衔接北立面，设计为可打开的折叠窗，主理人可边操作边与车友们交流，成为骑行爱好者的一大聚点。值得一提的是，店内有几乎市面上找不到的小众配件品牌，展示存放有各种类型的改装成车，满足不同骑行者的独特品味和需求。

CAKE 是来自瑞典的高端电动车品牌，以极简的设计风格、强大的越野动力、零排放环保理念而著称，永久 1940 与 CAKE 达成战略合作，从而推动中国电动单车浪潮。店铺内有一片专门的 CAKE 展示与销售区域，延续其品牌一贯的简洁素雅风格，采用小白瓷砖贴墙、水磨石制作地面，从而让产品本身更突出。

作为户外骑行者的全方位社交空间，店里还提供简餐轻食。水泥裸顶、不锈钢台面、简洁的咖啡设备、用 Brooks 经典皮椅改造的吧凳、地面镶嵌的自行车链条，一切都让骑行变得更加有趣。

国货当自强，永久复归来。“永久 1940”以骑行为载体，担负起承载、振兴、发扬、革新永久作为海派国民老品牌的重任。

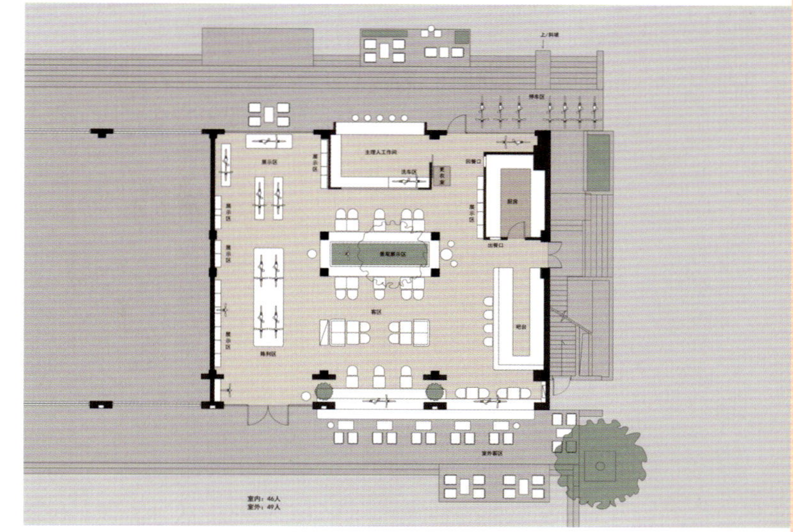
平面图

1 | 2 3

1. 店面入口
2. 旗下自行车作为道具展示在窗台上
3. 窗台采用折叠玻璃可完全打开

1. 琳琅满目的骑行配件
2. 以裸胚手法展现自然轻松的氛围
3. 银灰色吧台
4. 店内提供简餐轻食
5. 在 4 根混凝土柱子内围合造景

心生自洽，行至沐茶

设计单位：无隅制造
设　　计：刘刚、权威
参与设计：王馨悦、刘萌、孙祥宇
面　　积：108 平方米
主要材料：微水泥、水洗石、天然洞石、镜面不锈钢、艺术涂料
坐落地点：辽宁沈阳
完工时间：2024 年 7 月
摄　　影：TOPIA 图派视觉

沐茶从未把美定义成特定的样子，在这个自在无拘的美学空间里，美的定义被彻底打破并重新塑造，充满着理性、智性的优雅姿态，等待“她”去探索、去感知、去创造，并呈现每一天的美好。

空间的尺度源于功能的需求，入口处的通道打破直角的锐利，运用曲线、体块穿插的设计手法，促使其向多维空间转换与流动。增强空间的层次感与立体感，缓解人们初入空间的拘谨，形成过渡空间的舒适感。每一隅都用心斟酌，颠覆传统体系的固有框架，实现设计的自然生长与演变。墙面的留白成为光线的载体，巧妙地将四季的温度悄然引入室内，光与影的交织充满生命的韵律。

线条的灵动、体块的错落有致以及多样化的材质，赋予了空间丰富的层次感和细腻的情感表达，与几何之美相互交织，形成和谐而富有张力的视觉效果。衣物如艺术品般精心陈列于此，等待被发现与欣赏。洞石的选材和色泽清淡柔和，纹理自然流畅，层次感丰富，秉持自然原始的风貌，与生俱来的高级感营造优雅氛围。镜，景也。一切美好皆在镜中如诗如画般缓缓流动，倒映出镜前的多面自我，既展现外在形态，又映照出内心的情感与思绪。

与一般买手店不同，沐茶在不同的领域肆意尝试、探索。情绪之下，感官之上，向外展现自我，向内探寻真我，构建身与心的自由。试衣区设置在空间尽头，一个自在与从容的小天地，可尽情享受试穿的乐趣。空间另设有洽谈、休息空间，以借景的手法将鲜活的场景融入室内，模糊边界的同时创造动态展窗。空间的语言非常简单，利用几何、结构、光线营造出与人产生共鸣的意境氛围，去除烦冗的装饰，传达出自由的空间气息。咖啡馆成为融汇自然气息与时光流转之韵的绝佳场所，空间线条流畅而干净，材料的选择也极具质感与温度，梦幻而宁静。

种种和谐而契合的场景关系，增强品牌认同感的同时形成循序渐进的品牌烙印。玻璃的通透感是人与空间、品牌链接的初始感知，将视觉的界限打破，赋予空间以延伸感，让品牌形象更加鲜明立体，成为视觉的享受与心灵的触动。

1 | 2
3

1、2. 入口处的体块穿插增强空间层次感
3. 休息区

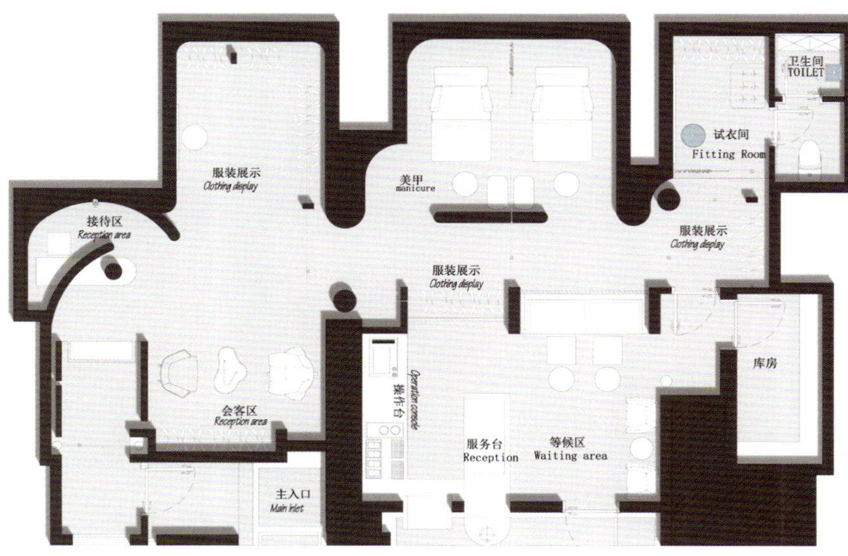

平面图

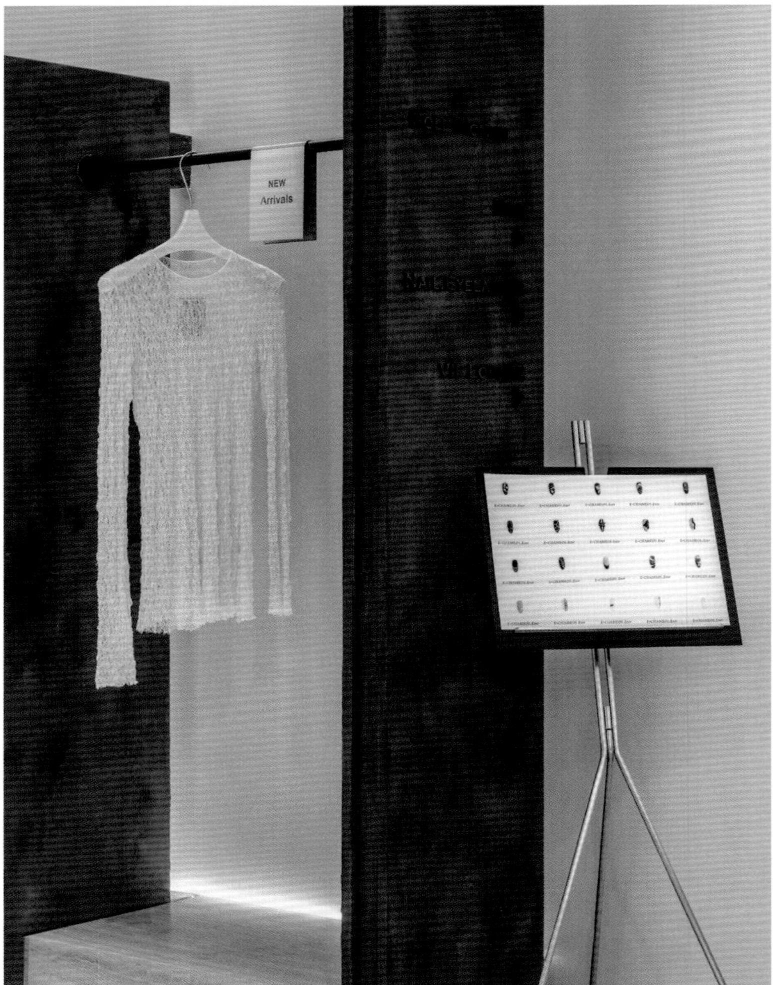
NEW
Arrivals

1 | 4
2 3 | 5

1. 洞石色泽清淡纹理细腻
2、3. 衣服如艺术品般被精心陈列
4. 窗洞借入鲜活美景
5. 大片的墙面留白成为光线的载体

费罗娜新概念展厅

设计单位：正方良行设计
设　　计：徐庆良
参与设计：黄缵全、彭伟赞、黄伟奇
面　　积：550 平方米
主要材料：拉丝不锈钢、镜面不锈钢、费罗娜水泥瓷砖、地毯
坐落地点：广东佛山
摄　　影：覃昭量

费罗娜品牌灵感来源于阿西莫夫的科幻小说《星空暗流》，在新的品牌节点，需要重新构建具有未来感、科技感的高端零售式总部展厅，诠释费罗娜的创造力、先锋性、艺术性的品牌理念。从设计构思开始，打破瓷砖展厅的传统束缚，将低频消费的瓷砖产品向高频消费的高端零售展陈模式转变，打造结合商业新零售与科技艺术的沉浸式体验空间，吸引千禧时代目光，同频年轻消费审美。

展厅原空间呈扇形结构，平面设计因地制宜，采用放射状的展示陈列布局。进入定向的出入口后，可在陈列架之间自由穿梭，“去动线化”的设计赋予了空间最大的自由度。各种距离的弧线在平面或立面关系中交错呈现，融入整体的空间氛围之中，同时找到充满平衡感的韵律。落地玻璃窗外的光线通过展墙围合的门道照射进展厅，立体而灵动，贯彻空间的通透感，赋予展厅更无拘的自述力。

14 面展墙展示着不同规格的产品，通过金属插件调节，可灵活地展示产品。展墙上方是多媒体数字屏，节奏感的音乐，屏幕上交相辉映犹如银河的产品纹理循环滚动，球型灯饰如同悬浮着的星球，令人遐想如置身于宇宙空间。展架跳脱出传统的木料和绒布组合，全展厅拉丝不锈钢金属的运用，不仅营造出一种炫酷的未来科技感，也是品牌和设计师绿色环保理念的体现。用户产品挑选区域铺上的地毯，是冷暖材质触感的碰撞，给人以独特的感官体验。

展厅中央的岛台是视觉中心点，品牌方链接新时代年轻人的品味喜好，打造新颖的品牌跨界周边产品，与年轻消费者共鸣。岛台空间打造成新商业零售场景，以“小样车”形式展现品牌创意周边产品。展厅同时设有直播间，以年轻人青睐的线上沟通方式，拓展品牌受众疆域。

立面图 1

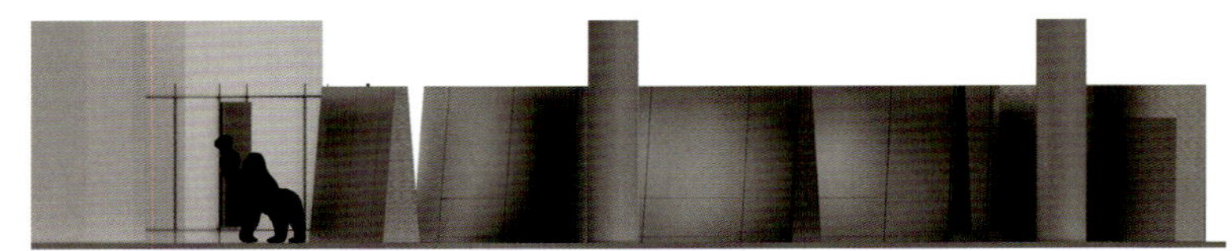
立面图 2

鸟瞰图

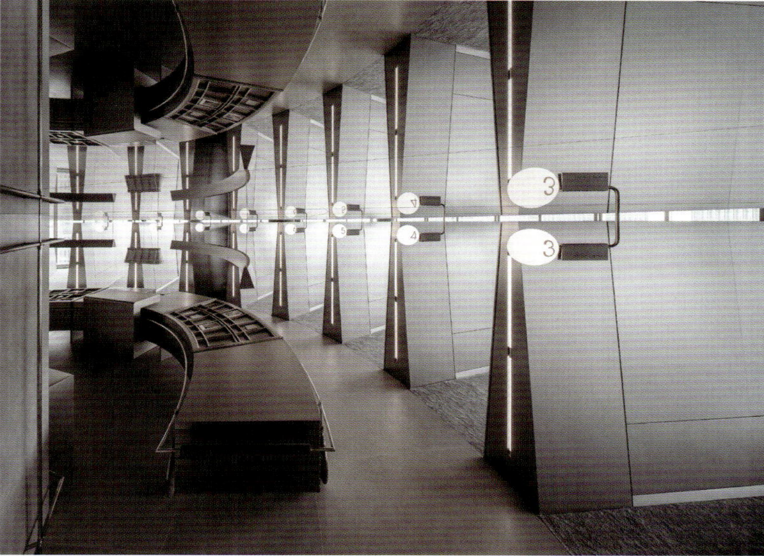

1. 岛台是视觉中心点
2、3. 放射状的展示陈列布局
4. 球形灯饰如星球悬浮

1 2 4 5
3 6 7

1. 展墙展示不同规格产品
2. 小样车
3. 产品介绍区域
4、5. 光线通过围合处照射进来
6. 拉丝不锈钢金属营造出一种未来科技感
7. 空间透视

路易斯兰展厅

设计单位：宁波古木子月装饰设计有限公司
设　　计：李财赋
参与设计：纪凯
面　　积：100 平方米
主要材料：艺术涂料
坐落地点：浙江宁波
完工时间：2023 年 3 月
摄　　影：徐义稳

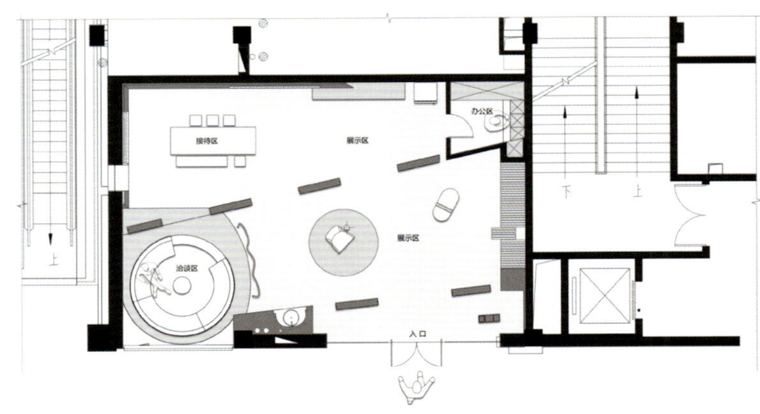

平面图

1988 年，法国后现代主义哲学家德勒兹在他的著作《褶子》中提到，世界的存在就像折纸一样，以“折叠”为基本形式铺展开来，而“折叠”在建筑和空间设计中就是艺术和情感的表达，它超越功能、意义和理性。随着生活方式的不断升级，折叠概念被设计师不断提取再表达，最终成为推进人居生活追求更便捷及全能性发展的动力。

路易斯兰展厅就是一个折叠空间的设计项目，以折叠，至无限。区别于常规的功能切割方式，设计理念以折纸为出发点，在建筑内部空间用全新的形态语言，以折叠形式呈现了“透与轻”的属性，空间布局既简单又灵动。从布局、造型、形式到出乎意料的转折，设计师最大化设计空间，利用折叠延展出更多可能。

所谓的折叠，不仅应从形态展示上契合，更要保持空间连贯性与整体性。在整体视觉上，为了打破传统框架结构压抑和墙壁的厚重感，重点着墨于如何把承重部分隐藏到“纸”上，在轻盈的空间里营造出折叠感。从墙面折到顶部再迂回墙面，形成墙面和屋顶的连续构造，能够适应各种不同的场景和需求，在美感与实用性之间取得平衡。

玄关处的移动门左右移动，徐徐拉开空间序幕，接待厅与墙体形成异形，被带入折纸理念，不失亮点地抓住来访者视线。从大门到背景墙及天花的延伸，展厅运用了大量几何形态的造型元素，营造出明快轻松的调性。结合多元化运营的思路，在保证展厅原有功能的基础上，灵巧的线条在空间内动态延伸，于起承转合间如折纸般徐徐叠成出彩的模样。

镜面元素让空间延展得到更大的补足，线条在镜面折射中延展出戏剧性的视觉效果，加强空间的互动性。简约的陈列功能、储物功能、照明功能随着空间的折痕一一陈列铺开，随着光线呈现出不同的形态。这种随机性的趣味，使细节落地有变化而不张扬。休闲区也同步采用大量的镜面和玻璃材质，纯净的材料质感让人可以通过触觉获得更多体验。

设计师旨在营造一个简洁大方的趣味空间，摒弃所有花里胡哨的装饰，巧妙利用照明来给空间注入生命力。从整体到细节，不同形态的照明设计穿插在各个角落，变幻莫测的自然光从天窗引进来，形成构建空间精神场所的非物质语义。方形大落地窗的加入让有限的空间变得无限起来，室内的静物也随着光线推移而不断变换，随着角度的改变，被摄体表面的质感描写、阴影的均衡都将氛围感直接拉满。

不做浮于表面的空间设计，而是专注于做空间的情绪设计。在进行创意输出、折叠设计的同时，也在不断地叠加空间的功能，实现结构上的无限可能及人文艺术的紧密关系，让视觉达到高度的同时五感也同步拔高，同时有意将自然光线变化与公共空间的电梯升降形成奇妙地互动。关于路易斯兰展厅，更是希望让每个到访者在拜访空间后所留下的足迹都会变成不同意义贯穿在空间里，让其最终成为德勒兹所说的成为超越功能、意义和理性的存在。

1. 玄关处移门可左右移动
2、3. 巧妙利用照明给空间注入生命力
4. 简洁大方的趣味空间

1	4 5
2 3	6

1、3. 猫咪造型的雕塑在室内游走
2. 红色座椅点亮素色空间
4、5. 镜面折射衍生出戏剧般的视觉效果
6. 墙顶面形成连续构造

民艺廊

设计单位：杭州陈飞波室内设计事务所
设　　计：陈飞波
参与设计：苏子文
面　　积：180 平方米
主要材料：天然木、大漆、石材、藤编质感漆
坐落地点：浙江杭州
完工时间：2024 年 3 月
摄　　影：黑曜石空间摄影

1. 位于水边的连廊建筑
2.3. 朴素的空间入口
4.5. 各色物品历经岁月的打磨

项目位于杭州西溪湿地自然人文景观区“邬家湾”。这里汇集了浙、皖、赣等地的典型建筑，被称为“杭州江南明清古建筑博物馆”。民艺廊是一个新生的民艺收藏空间，位于其中一栋水边连廊建筑，装饰以不破坏古建筑为前提，保留了原汁原味的江南文化风貌，同时室内结合业主多年收藏的民艺藏品，呈现出松弛、本土、民间、当代审美相融合的空间艺术感。

设计理念是寻找普通生活中的美感，赋予现成物品以新的生命价值和艺术形态。民艺品都是些平常人的劳作成果，作者大多无名却真诚、朴素且自我愉悦，但凡用力认真地生活过，就过出了优雅，优雅了就会有些许诗意。这些物品经历岁月的磋磨流传下来，或被使用或被搁置，默默无闻背后却是些未被讲述的故事，静静观看或许会有瞬间的共鸣，这是一种时空停留的感觉，让人心情瞬间平静。

材料多使用天然的木、大漆、石材、藤编等，这些民间而日常的材质触感呼应了民艺品所带来的时间温度。民艺廊在功能分区上，形成了一个展示和休憩混搭的空间，以非固态手法化解模糊地带，将无序和有机关联。展品有集中摆放，也有散落在各个功能区域，物尽其用。移动拉门同时承载着材料展示的作用，可以定期更换材料，墙面的壁纸也会随心情变换颜色和图案。所有陈列的物品可售可观赏，多数独此一件，隔几个月店铺也许又会呈现完全不同的形态，结合不定期的小展，物品随每一期的主题而更迭。人们休憩的同时，可以去体验主人提供的沉浸式、有时空变换的场域空间。

民艺廊启发我们去看见生活中普通物品的美，民艺是审美的轻松地带，中国民间有很多美好的东西，在民艺廊去看见“中国东西”之美。

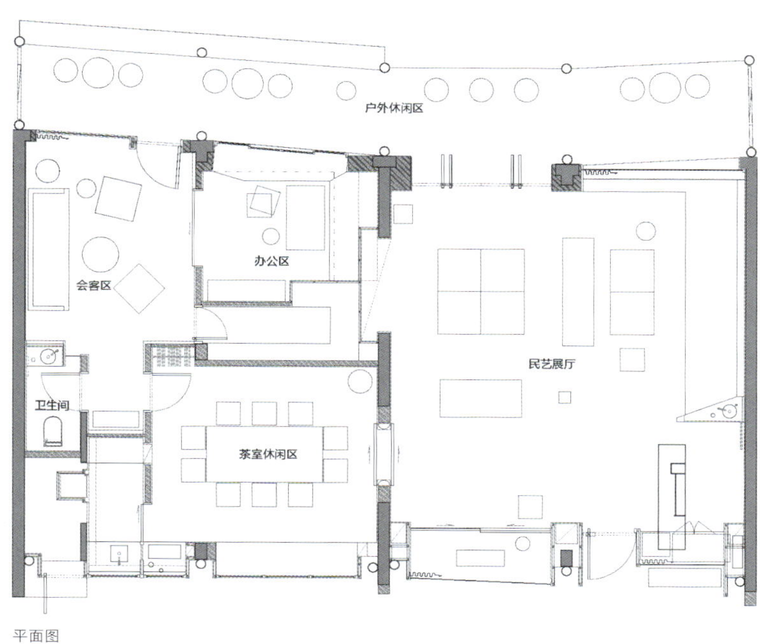

平面图

1		4	5
2	3	6	7

1、2. 天然材料带来时间的温度和沉淀
3. 破损也是一种美
4. 平常人的劳作成果成为民艺品
5. 移动拉门
6. 松弛的空间艺术感
7. 户外露台

超验之形

设计单位：南京登胜空间设计有限公司
设　　计：陶胜
参与设计：张奕、文平原、魏露茵
面　　积：1500 平方米
主要材料：艺术涂料、镜面铝塑板、微水泥
坐落地点：广东佛山
完工时间：2023 年 12 月
摄　　影：章昭量

佛山时代 TIC 全球创客小镇是集聚佛山市民的新地标，崭新的安格尔全球营销中心坐落于此，在登胜设计的艺术加持之下，搭乘城市活力的新引擎，完成了门窗行业面向数字化与智能化的转型和升级，既满足了日常的高效运营需求，又孵化出企业窗口的参观需求。

原始场地方正而单调，需将其一分为二，一部分用来办公，一部分用来陈列。整体规划后留给展厅的建筑面积有 1200 平方米，那么真正的问题就是如何将一个通畅直白的场地构建成动线丰富、惊喜叠加的艺术展厅，这是首先要解决的问题。前厅开阔而明亮，金属质感的接待台纯净简洁，梳理出清透的心境。灰、白、加上低饱和度的蓝，3 种色彩相互交织，温柔的光线相互映照。结合品牌愿景和结构思考，最终决定将思路围绕品牌的名称展开。Angle，既是安格尔的英文名称，也是诠释“角度”的英文单词。

为了全面展示安格尔的全系产品，空间里设置了多个门窗综合展区，形态与功能各异，包括内开窗展示区、外开窗展示区、入户门展示区、智能门窗展示区、大型窗展示区、门窗综合展示区、工艺展示区以及功能测试区。简洁的设置如行云流水般，见不到任何刻意附加的元素，也没有奇形怪状的突兀摆设，有的只是轻盈通透的空间结构本身和内外连续流通的氛围感。

设计师将字母“A”提取成空间元素，让一切设计概念围绕这个并不单一的“三角形”展开，用变化的结构布局制导出全新的空间动线。空间将几何的简洁氛围美体现得淋漓尽致，配合贯穿整个空间的镜面天花板反射，成功营造出科学的前卫感。A 形三角的符号无处不在，是指引、是包裹，也是空间的叙事手法，将想要讲述的故事情节向前、向上推进，像蓬勃的生命力。三角形墙面，三角形窗口，三角形展示空间和三角形切割元素，一起延伸出了三角形的空间动线。

越过前厅，水吧区成为中轴线的拐点，既指引着前进的方向，也体现着现代设计的独特魅力。线条简洁、造型独特，黑色与灰色调的和谐统一，既有实体的质感也有抽象的写意。抵达内心深处的路径一定是由光铺就的，在每一个结构的缝隙把光投射进去，让空间与光相互作用。穿过窗户，越过墙体，细腻地勾勒出空间的纹理，投射在地面形成引人注目的影子，创造出精确而又丰富的美感。

常规逻辑下，商业空间里的“景观”，往往被装扮得浓墨重彩，而登胜空间设计恰恰反其道而行之，对该场地没有进行过多的渲染，而是用单一的图形元素贯穿始终，让这个门窗展厅惊艳亮相，成功唤醒了一个蕴藏多样化功能的艺术体验空间。

1. 金属质感的接待台
2. 开阔的前厅
3. 过道
4. 在结构缝隙把光投射进去
5. 灰白色和低饱和度蓝色相互交织

1. 门窗展厅
2. 工法区
3. 空间以线和面的切割重塑形态
4. 棱角分明，表达企业的进取精神

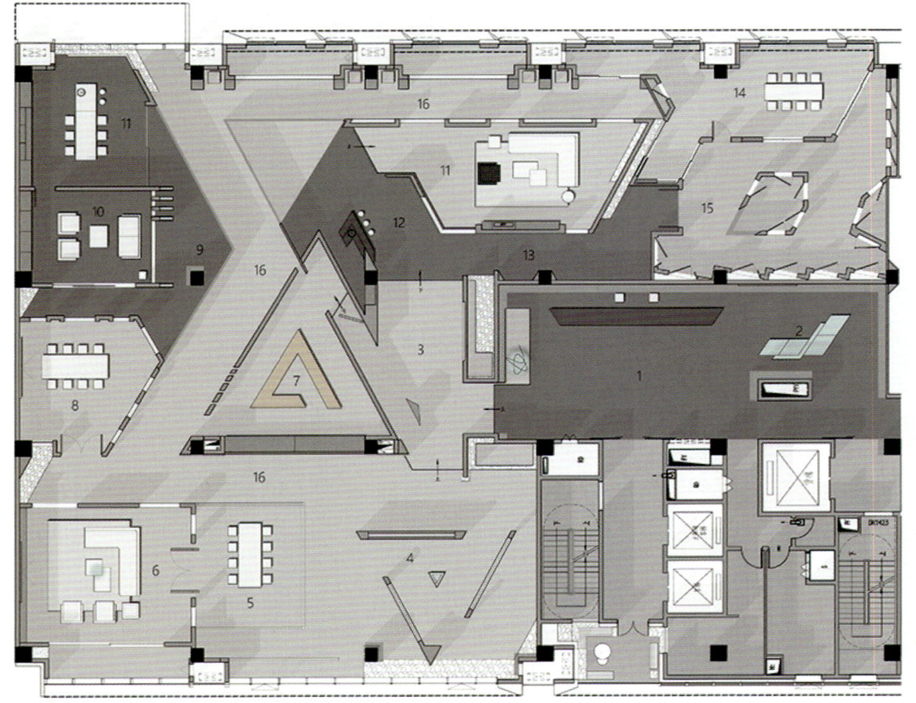

平面图

Mutina 展厅

设计单位：陌野设计
设　　计：朱洁媚、缪永乐
参与设计：于清风
面　　积：450 平方米
主要材料：手工砖、水洗砂、不锈钢、乳胶漆
坐落地点：浙江嘉兴
完工时间：2023 年 10 月
摄　　影：赵龙

它是产品，是艺术品，也是一座空间艺术馆。意大利设计品牌 Mutina 中国首家独立门店在浙江嘉兴呈现。陌野设计的最终呈现取代了传统陶瓷的销售展示，却极具包容性地通过艺术策展的形式铺陈作品，利用空间自然的特点巧妙结合产品，使其成为空间的一部分。设计以自然与光影为理念，一改原本平淡与存在劣势的空间形态，挖掘原有空间特点，用理性且克制的设计表达重塑外立面，呈现品牌质感。通过重新梳理迂回有致的场地动线，以高差丰富空间游览意趣，过滤外界喧嚣，抵达内部平和。通过一面静水与观赏式平台形成对望，瞬间建构起空间的宁静与悠然。

手工陶瓷的质感展现了原始和自然之美，不论坚韧创作的工匠精神，还是朴素宁静的灵感场域，皆成为我们想要传达的品牌观念。设计坚持以质感天然的统一材质装饰外部所见之处，透过肌理的细腻感知传递对美与艺术的共鸣。

利用偏轴门延伸室内外，开启返璞归真的体验之旅。自然光影流淌于室内，松弛地漫步其中，感受秩序与自由。光影随着时间推移抚摸过场地的每一处，更显灵动的生命力与恒久的美。阴翳与光明的相汇处，通过延展至建筑外立面，融入 9 米长的一体化玻璃巨幕，让外部的自然与光影渗透室内，长窗令外部的植物绿意与四季风光一览无余，同时延伸空间的通透感与呼吸感。

在温暖平和的空间底色上，低调而克制地融入产品展示，使其以自然的状态呈现，在混凝土的质感中让温柔与粗犷找到了更好的结合，营造出平静舒展的松弛感。在可诗意化使用的材料之外，产品本身更是一件室内装饰艺术品，为空间建构趣味、色彩、生命力。

设计消除了空间的界限感，从而引发客户产生新的行为，以艺术化的策展形式呈现独一无二的展厅氛围。墙上以吊线轻盈地悬挂产品，如同艺术画作般，人们可以自由地观赏、解读。室内不存在多余的墙体阻挡，容纳充裕的行走空间。裸露而不加修饰的建筑柱体还原材料的本真与天然色彩，也让时间留下痕迹。陶瓷作品不露痕迹地铺陈在其中，糅合进空间里。

空间中吧台的材质选择了 Fringe 系列产品，两种宽度间隔的平行线刻在吧台表面，形成砖状结构。疏密不同的平行线条选用对比色的环氧填缝剂勾勒，通过线条颜色和大小的简单改变，自由组成多种无接缝图案，带来强烈的秩序感。

一如 Mutina 品牌的创办初心：打破人们对陶瓷的原有认知与墨守成规的使用，探索并挖掘陶瓷的潜力。

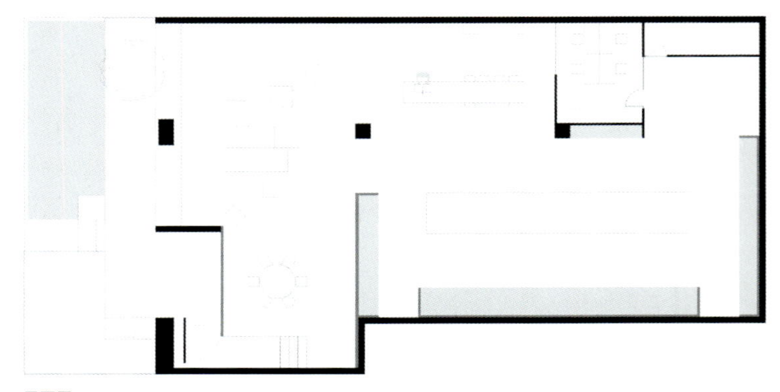

平面图

1 | 2
3 | 4

1. 宁静悠然的外立面
2. 阴翳与光明相交汇
3、4. 自然光影流淌在室内

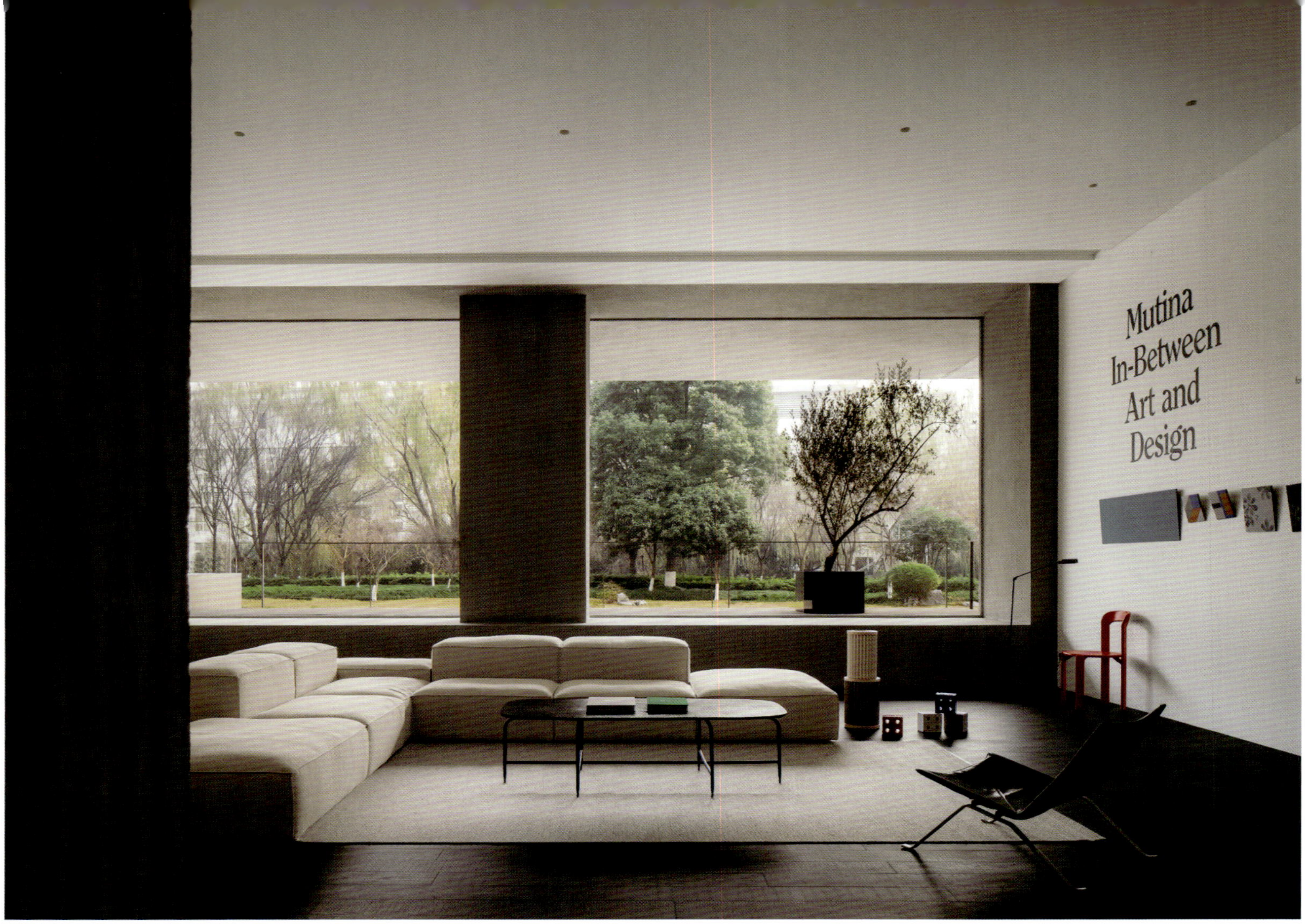
Mutina
In-Between
Art and
Design

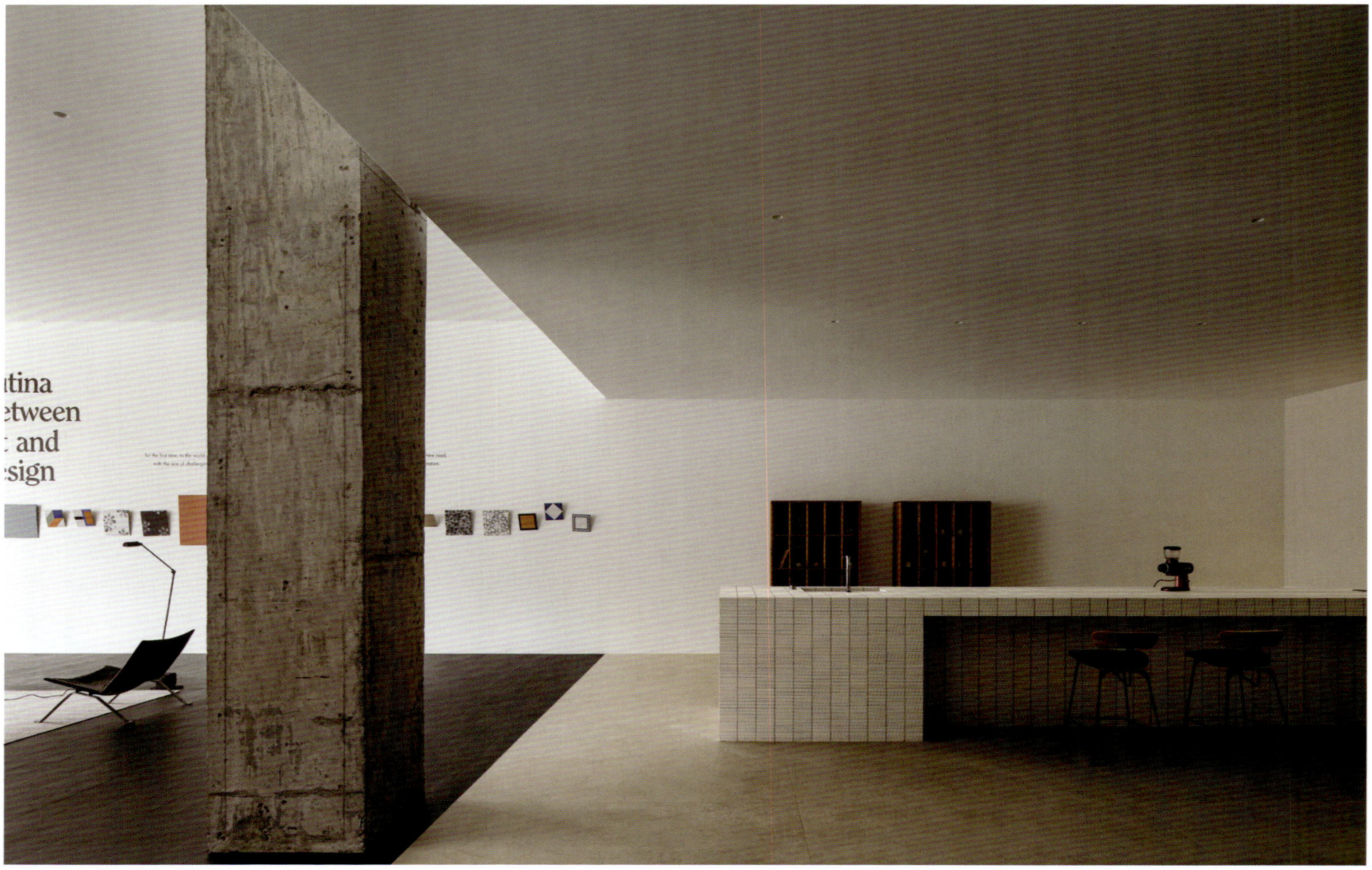

1. 一体化玻璃巨幕让四季渗透
2. 平行线刻在吧台表面形成砖状结构
3. 镂空手工砖温暖而质朴
4、5. 产品如同可爱的画作

小梅沙艺术中心

设计单位：于强室内建筑师事务所
设　　计：于强
面　　积：2000 平方米
主要材料：人造石、艺术漆、复合铝板、木饰面、Led 电子屏、树脂玻璃
坐落地点：广东深圳
完工时间：2023 年 9 月
摄　　影：黄早慧、周伟

对于拥有 260.5 千米海岸线的深圳，海从来不是奢侈的资源，奢侈的是那个驱车将城市抛在身后光脚亲吻细沙的假日。山海间的小梅沙是人们对美好的理解。设计伊始，关于小梅沙艺术中心的艺术性探索，便不限于将空间简单地打造为盛放艺术的容器，更包含着空间与艺术相结合的创新尝试。

一层融合展览、装置、多媒体等艺术媒介，传递小梅沙片区的艺术影响；负一层交融咖啡、花艺、绘画、沙龙等多元场景，在山海之间搭建都市度假的生活主场。前厅墙角破开一处流动的虚拟屏，以主动置景化解转角对视觉的打扰，绚丽的想象从墙体流向远处，有关空间与艺术、虚拟与在场的创意满溢整个空间。

设计团队引鉴建筑的手法，将两层空间的中部打通，在原本矩形的体量内植入一个椭圆形态，以此呼应建筑“鲸”的流线形态。将中部挑空的椭圆环形垂直转向，以此搭建空中廊桥，顺势嵌入双 C 结构，建构连通廊桥的半封闭式多媒体展厅，“梅沙之瞳”至此诞生。内外双曲面显屏作为艺术载体，亦是艺术本身。视听感受在内环绕结构的强烈包裹之下，如同陷入艺术的旋涡，遐思抵达未至之境。对视“梅沙之瞳”，点点灯光如星空的轨迹，高低阵列的格栅赋予形体动态的视效，思绪跟随幻变的数字光环自由运转，进入新兴艺术的浩瀚“视界”。

洄游漫步，蜿蜒寻趣，以多样的空间互动一步步叠加行进的趣味，沉浸的体验感随空间变化逐渐递增。场域外圈的洄游长廊作为艺术展示的重要空间，最大限度地引入自然光，为空间打上朦胧、柔和的光感，以融合未来复杂多元的展演形态。为打造艺术与生活的复合场域，设计团队打破原本通畅直白的场地，重新构建空间与人的秩序，以创造意犹未尽的动线体验。

中部挑空的设计打开了移步换景的通透视角，上下贯通，四面开敞，漫步其中体会“仰止艺术，俯拾生活”的独特意境。从艺术长梯旋转下至负一层生活场域，延续中心扩展的曲线布局，有效激活空间的流动，身体在不同的场景之间流动，松弛的感受自然随之漂浮。艺术与生活之外，小梅沙艺术中心同样承载着文旅服务、功能展示、信息咨询等辐射片区的多重功能。设计团队在艺术与生活的浪漫之上，对整体性布局做理性思考，以承接每一份远道而来的憧憬。

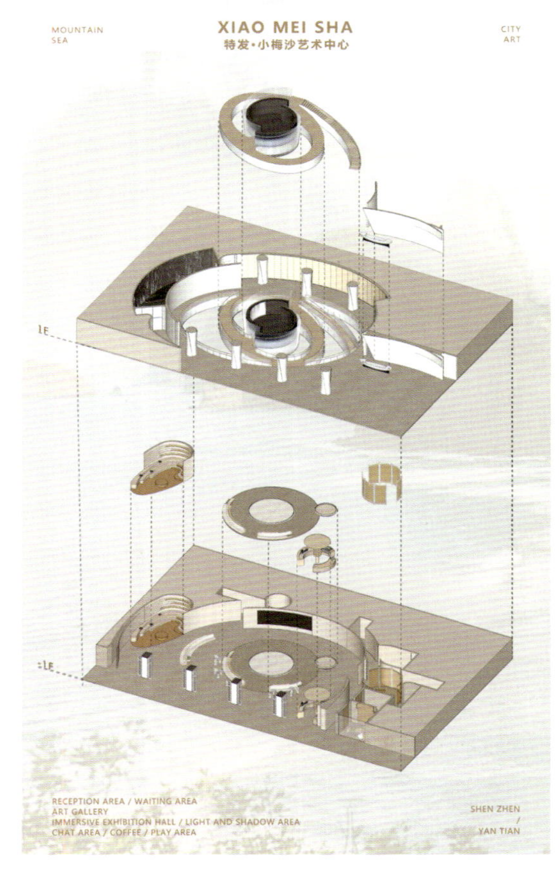

轴侧图

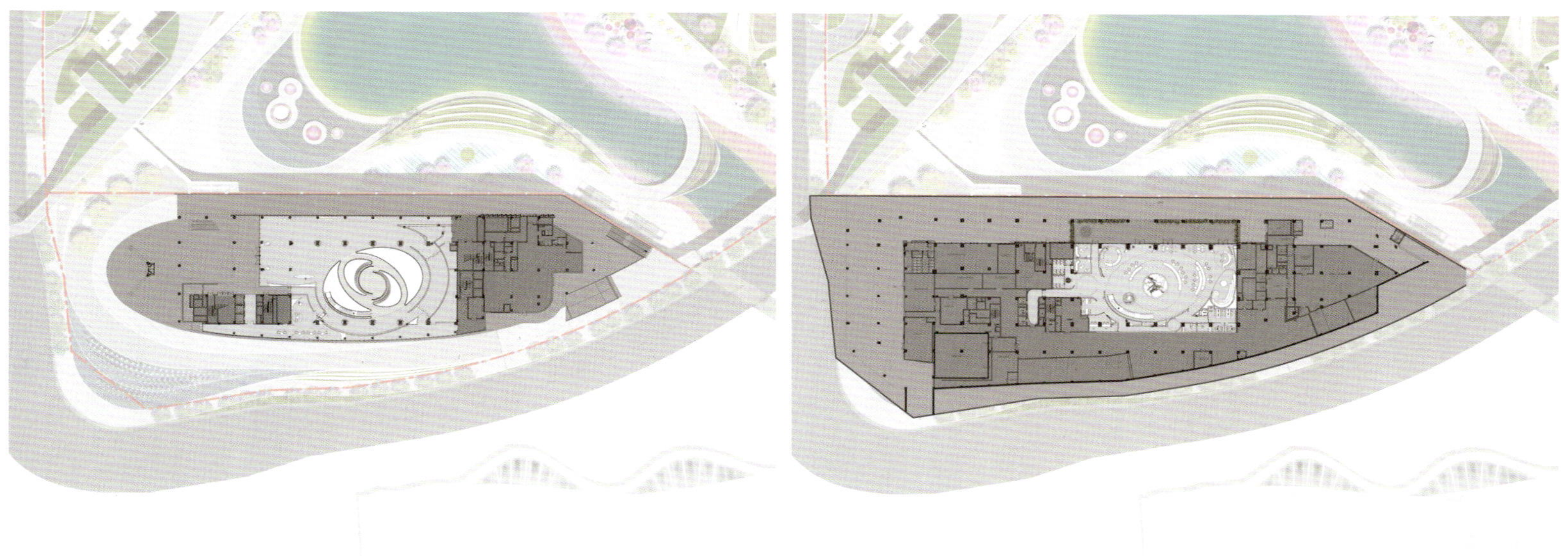

平面图 1

平面图 2

1. 建筑外立面
2. 前厅墙角开一处流动的虚拟屏
3. 两层空间中部被打通
4. 以椭圆形态搭建起空中廊桥

1	3	4
2	5	

1. 高低阵列的格栅赋予空间动态视效
2. 咖啡吧台
3. 悬浮楼梯
4. 亲子活动区
5. 局部空间

恒洁 H-SPACE 展厅

设计单位：汤物臣 · 肯文设计事务所
设　　计：谢英凯
参与设计：王诗欣、汤泽凡
面　　积：329 平方米
坐落地点：广东广州
完工时间：2023 年 12 月
摄　　影：不二山人

在 H-SPACE 展馆设计上，我们引入生活美学馆的游览概念，将产品艺术化融入于参观动线上，以恒洁卫浴产品的场景体验为基点，提出极致产品化的概念，重新定义展示产品的表达方式。消弭思维的界限，用艺术的手法抛砖引玉，用 10% 的产品语境表达 100% 的生活方式，传达不一样的质感与美学理念。

中华传统的天文观测仪器日晷通常由铜制的指针和石制的圆盘组成，利用太阳投射的影子来测定时刻。我们自日晷中提取设计符号，利用“圆”的概念作为 H-SPACE 的核心设计元素。“圆”是最柔和的形状，是万物与自然周而复始的象征，沉浸其中不免感受到被建筑温柔地包裹。

空间线条由外向内延伸，作为入口空间的亮点，采用黑白灰 3 种颜色的花洒，通过金属构件连接组成蒲公英的形式，打破传统的形式主义，用艺术装置的形式去呈现品牌产品，表达不一样的质感与美学理念。在 H-SPACE 的光影空间里，空间顶上排列有序的 H 间隙将光影切割投射在墙面上，空间生命力在光影流动间得到演绎。向上望去，犹如沐浴在圣洁的光辉中，心灵因此得到洗涤。

穿越到未来主义的现代实验室，将品牌产品 R9 一一拆解，包括机械臂、零配件、胚料釉面等的展示，高端智能的科技氛围在空间中巧妙流动，科幻的美感就此诞生。从开放对外到回归自我，再到未来探索。从空间动线到产品展示，通过时间逻辑的游走体验动线，串联起各个体验空间，从而逐步强化品牌“H”这一超级符号的生活方式及文化输出，满足了本次展馆的 N 种需求。

1

2|3|4

1. 展厅外立面
2. 企业产品展示区
3、4. 空间线条由外向内延伸

1、2. 顶部排列有序的 H 间隙将光影切割投射在墙面上
3、4. 高端智能的现代实验室展示
5. 以黑白灰花洒通过金属构件组合成蒲公英形态

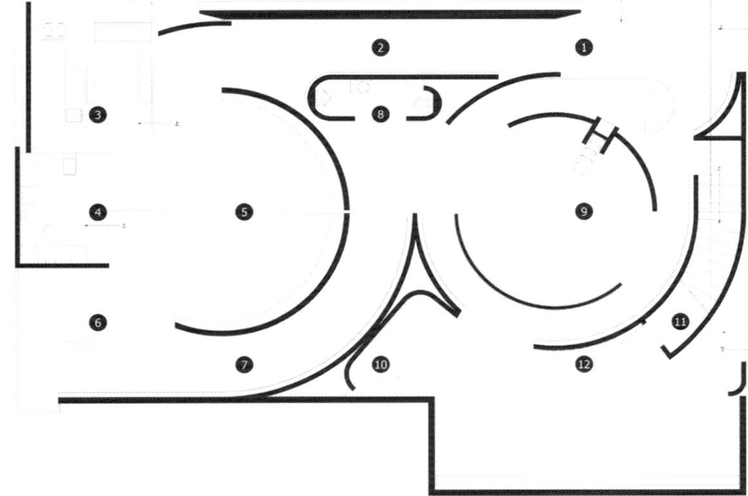

1.接待前台 2.产品原料装置体验区 3.休闲区 4.产品展示区
5.全场景巨幕体验区 6.绿色环保模型展示区 7.旋钮产品展示空间
8.产品装置化展示空间 9.产品装置化体验空间 10.数字空间 11.储物间
12.未来生活实验室

一层平面图

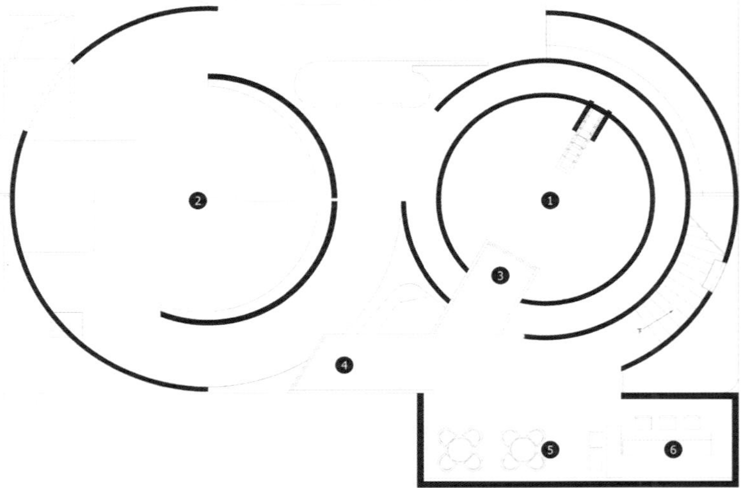

1.中空 2.中空 3.观景平台 4.观景平台 5.VIP洽谈区
6.水吧台

二层平面图

恒洁HEGII

九州溧阳国际康养城

设计单位：深圳市春山秋水设计有限公司
设　　计：韦金晶
参与设计：吴雄强、李濠安、李日进
面　　积：1998 平方米
主要材料：木饰面、木纹铝板、花岗岩、竹编、玉石、石材、不锈钢
坐落地点：江苏常州
完工时间：2023 年 12 月
摄　　影：吴鉴泉

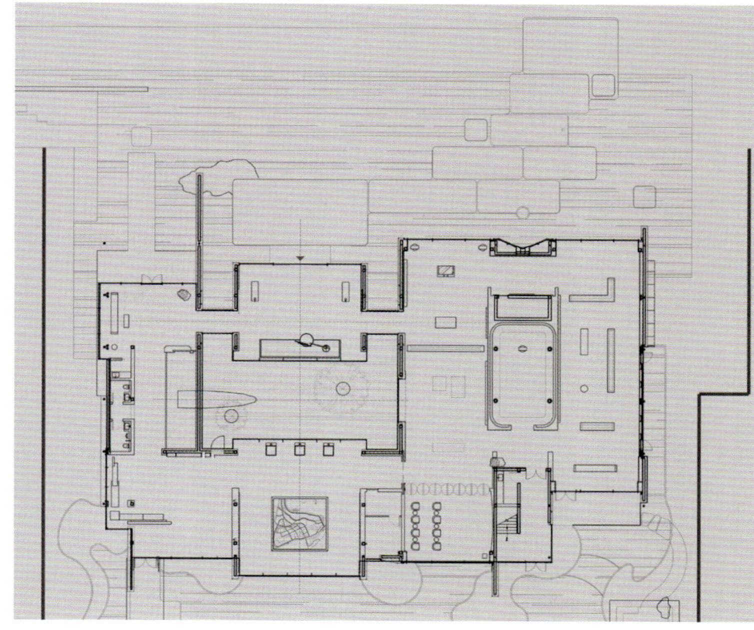

A 馆平面图

1 | 3
2 | 4/5

1. 屋檐使建筑有了轻盈的姿态
2. 玻璃墙面与屋顶相衔接
3. 流动水景
4. 温润美玉寓意吉祥安康
5. 以溧阳传统竹编装饰墙面

九州溧阳国际康养城深谙生活的适意之道，在常州溧阳这座千年古邑，于“三山一水六分田”的江南画卷中抒写东方意蕴，铸造一处蕴藏理想康养生活的美学馆。

屋顶出檐深远，使建筑有了轻盈的姿态。跨过小桥，迈入明亮而温润的前厅，以玻璃墙面与屋顶衔接，通透的质感活跃在空间里。挑高屋顶富有层次，采用自然暖木色渲染平和的气息。以溧阳传统竹编装饰墙面，增添几分山林野趣，更以玉石装置点缀其间，让流动的水赋予静态空间灵动性。

气韵流动，移步换景。以玻璃作为围合，模糊空间的内外关系，将中庭园林引入室内。内部着重于空间序列的表达，通过屏风门等设计，使内部空间最大限度地实现连贯和融合。

洽谈区采用简约的原木构造，以纯净的木色诠释素雅的东方之美。增大屋顶灯带面积，让柔和的光照在空间中弥漫，增加轻松的度假氛围。吧台嵌入绿纹石材，利用景观小品营造“苔痕上阶绿，草色入帘青”的清幽意境。休息区布局疏落有致，与中庭园林连通，坐观山水，踱步其间，漫享悠闲时光。

以晶莹石材铺设步梯，超乎常规的叠放形态，在功能之外更显自然意趣和清幽之感。二层独立书吧以大尺度勾勒出层次感，延续原木与竹编的素净雅致。桌椅与阶梯式休息区结合，令空间在功能上摆脱约束感，营造自由随心的公共空间。

东侧私宴厅营造私密氛围时，亦注重内外空间的融合，湖光山色一览无余。西侧 VIP 茶室与内庭衔接，静辟一处逍遥之所，幽幽茶香宁静致远。夜幕降临，灯影绰绰，使得室内空间也成为被看的风景。

1. 以屏风区隔空间
2、3. 室内外界限被模糊
4、5. 空间布局疏落有致
6. 吧台嵌入绿纹石材营造清幽意境

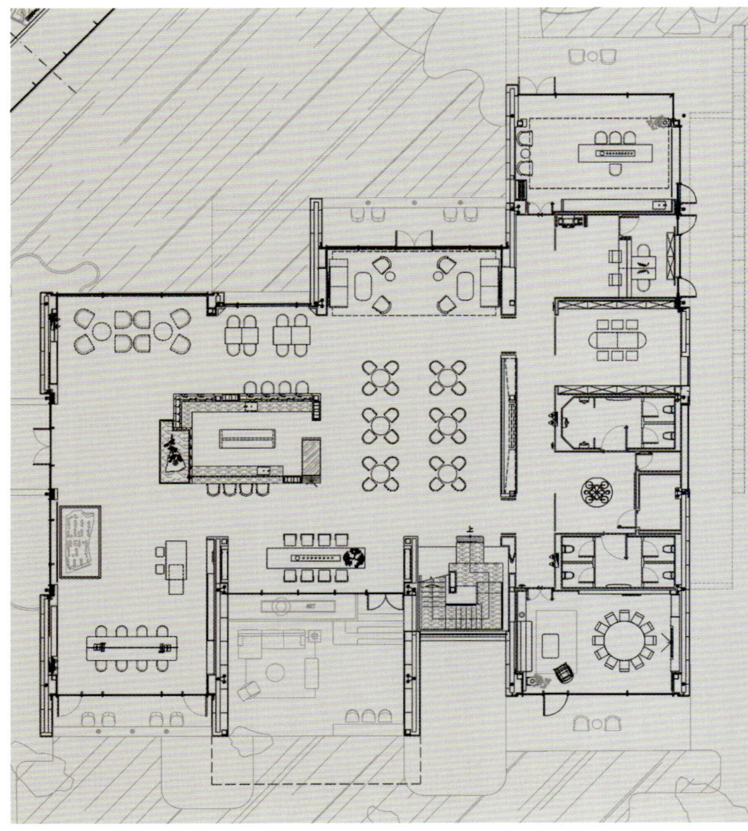

B 馆一层平面图

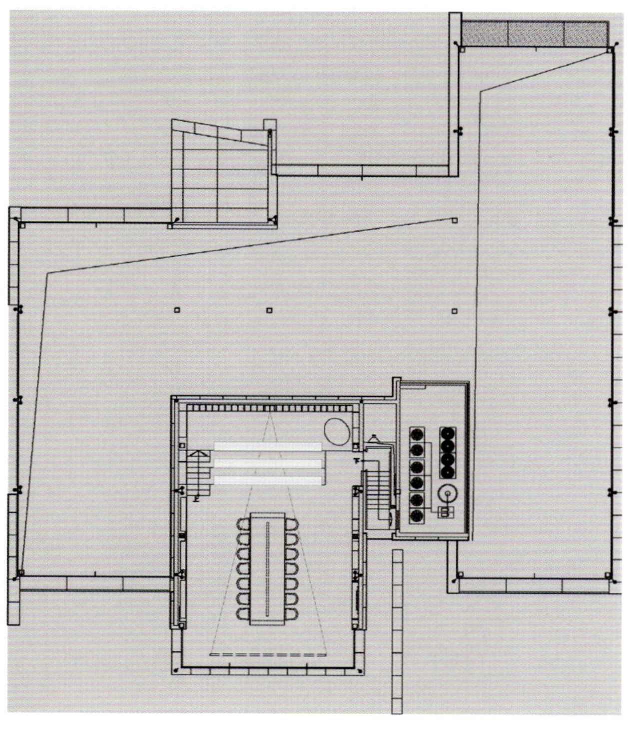

B 馆二层平面图

1	3 4
2	5

1、2. 书吧延续原木和竹编的素雅
3. 包房
4. 茶室与内庭相接
5. 晶莹步梯的叠放超乎常规

协锐园展厅

设计单位：深点设计
设　　计：郑小馆
参与设计：黄家祺、林泽锨
面　　积：246 平方米
主要材料：岩板、金属、涂料
坐落地点：广东佛山
完工时间：2023 年 10 月
摄　　影：重启创意

山水画卷，浸润心间绮梦。寻查找觅，造就瑰丽园林。一园一世界、一板一小品。该设计打破传统岩板展厅的固有模式，以造园的形式，营造专属协锐岩板的沉浸式逛园体验。秩序感的递进场景和层层空间的过渡，把情感变化展现得淋漓尽致。灯光提供五感的实境体验，重新定义岩板新风尚，精心打造入情入境的室内桃源。

大自然的鬼斧神工雕琢出神舟大地的旖旎神奇，入园前，一尊名为《祈祷》的女孩雕塑聚焦目光，用整根香樟木雕刻而成，透过岩板洞口，看到的不仅是浑然天成的技艺，更是对生活的美好祈愿。心如镜湖，源于敬畏，繁华一瞬归于善良本身，在祈祷墙上找到答案。

不拘一格才能长袖善舞，长达 15 米的廊道，在设计构成上采用协锐新品系列“摩天青”岩板制作成灯柱，云蒸霞蔚万里路，似拥流光万千，在自然光与人造光的双重沐浴下，仿佛得到了情绪与心灵上的安抚。用岩板做地基石则赋予其新的生命力，华丽转身间，旭日东升正当时，一份永不畏惧、勇往直前的入世精神油然而生。

从时间簿中探寻到竹子的风韵，沿袭怡情养性的不变情怀去穿廊达阁。阁中的葱郁竹影似真竹化身，巧用岩板制成，清雅出尘的气韵皆是美好。胡桃木雕屹立中央，光晕漾影听取蝉鸣。

一份安静，一份淡泊，一切皆安。屏安谐音为“平安”，木雕与烛灯置于岩板制作的屏风内部。身处亭中，时而观赏东方瑰宝，时而观看流水瀑布似画卷，时而品尝人生的源泉，时而斜倚窗台抚今追昔。

名为《协锐山》的“山体”汇聚势能似能将时间凝固，一览纵山小。空间布局上是一个下沉的卡座，通过岩板切割山体造型的工艺，层叠呼应，灯光闪耀，且听山间弦音。仿佛摒弃了世间尘埃，在烟雾弥漫中踱步，竹影摇动人心，这是人与自然的对望，是冥想放空的天地。

一段岁月沉淀，一种魅力绽放。置身“室内桃源”，侧耳听风揽月，领略山水园林，唤醒生活美好，品味不凡世界。

1 | 2
--- | 3

1、2. 打造有秩序感的递进场景
3. 灯柱廊道

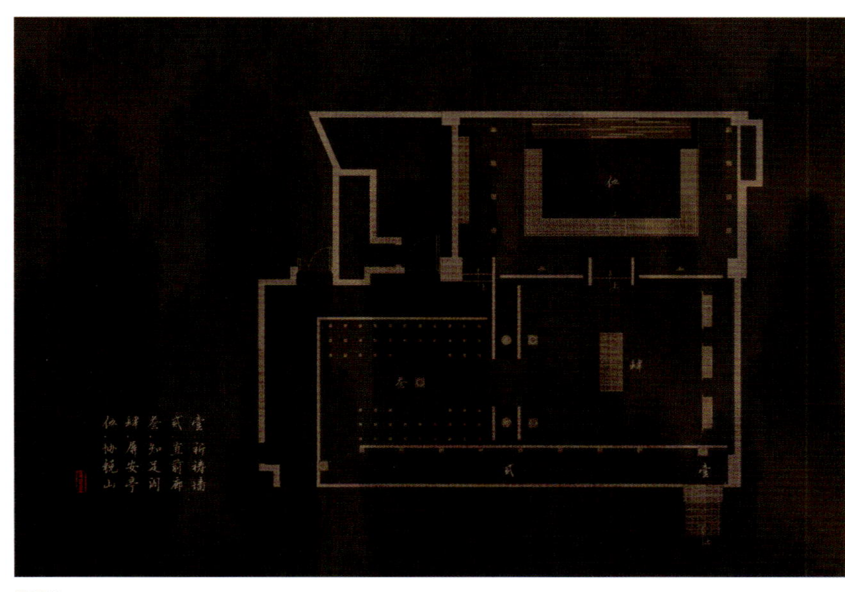

平面图

1. 岩板被切割成层叠的山体形态
2. 序列空间
3. 空间以造园的形式营造出沉浸式体验感
4. “祈祷”雕塑用香樟木雕刻而成
5、6. 木雕和烛灯置于岩板屏风内部

西岸漩心

设计单位：Wutopia Lab
设　　计：俞挺
参与设计：孙丽然、潘大力、况舟
面　　积：4500 平方米
主要材料：大理石、有机磨石、GRG
坐落地点：上海
完工时间：2023 年 11 月
摄　　影：CreatAR Images

本案设计师将“漩涡”作为主题架构了整个室内设计的情节。高达 10 米的一层墙体是振奋人心的漩涡主体，大理石漩涡里则是一个简洁的可用来设展、做秀场和举办发布会的多功能活动展厅。漩涡的花纹体现在环廊地坪的划分，也形成了层次丰富的天花。不同层次的花纹极好地隐藏了外立面和展厅外墙之间的结构和设备管线，让漩涡在视觉上和外立面不粘连。漩涡成为视觉的主宰要素，把具有象征意义的张力最大化地表现出来。

西岸漩心地下室安排了公共走廊、公共卫生间、多人化妆间和 VIP 化妆间，它们是漩涡之下的水底世界。在走廊营建体验海底光线的同时，用 3 种不同颜色的电镀石和珊瑚红石材构建了地下一层珊瑚礁的象征意义。二楼是项目展厅，它是漩涡褪去后平静而泛着涟漪的水面和礁岸。从被称为白崖的序厅进入二楼，可以沿着表达徐光启光辉一生的长卷，也可以直接进入水光潋滟的主体空间。

广阔的水面就是展示模型的大厅，也是对曲折礁岸的提炼，大厅呈现一个海棠如意的形状，如意的一个缺口就是卫生间的前厅，设计师在这个面对大厅敞开的空间中央设置了一个大理石台盆，里面水浪翻滚，这个造景就是缩小的漩涡。作为巨浪的漩涡是利用五轴机床立体雕刻大理石然后拼装形成，它的确创造了一种巴洛克的视觉，大理石以固体形态表达出了一种动态流体的力量。站在建筑外可以看到它似乎一直在旋转，和立面的飘带形成一种奇妙的平衡。

展厅的中文名“西岸漩心”出自诗句“水理漩洑，鹏风翱翔”，这充满力量与动态的文字可以帮助观众结合建筑与室内设计所呈现的水浪、漩涡、飘带、星辰与轨道等自然形态，理解到人就像是星辰，可以围绕轨道在建筑外上下环行。

1 | 3/4 | 5
2 | 6

1. 盘旋纵横的建筑外立面
2. 立面飘带表达出动态的力量感
3. 一楼中心展厅
4. 品牌通道
5. VIP 化妆间
6. 二楼项目展厅

❶ Rogue Wave Ambulatory 巨浪环廊　❷ Multi-purpose Hall 活动展厅　❸ VVIP Dressing Room VVIP化妆间

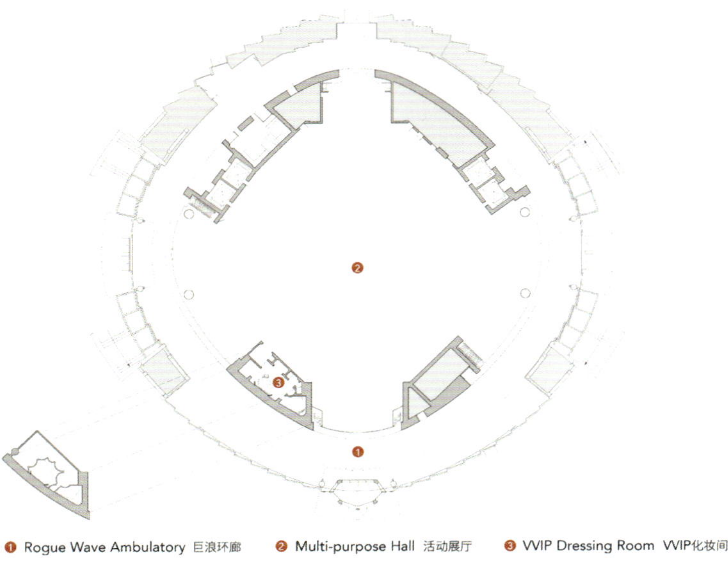

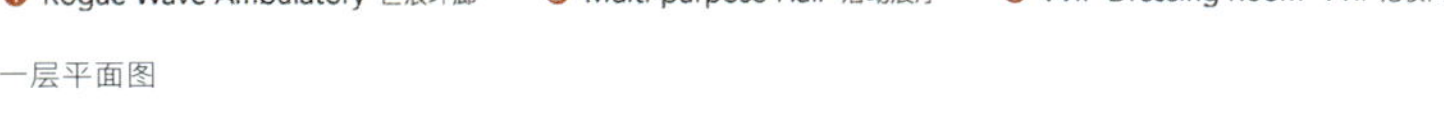

一层平面图

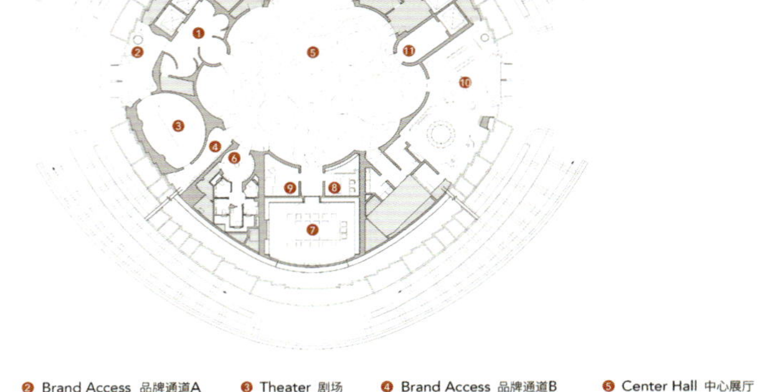

❶ Lobby 序厅　❷ Brand Access 品牌通道A　❸ Theater 剧场　❹ Brand Access 品牌通道B　❺ Center Hall 中心展厅
❻ Restroom 卫生间　❼ ❽ ❾ Meeting Room 会议室　❿ VIP Lounge VIP休息厅　⓫ VIP Lobby VIP电梯厅

二层平面图

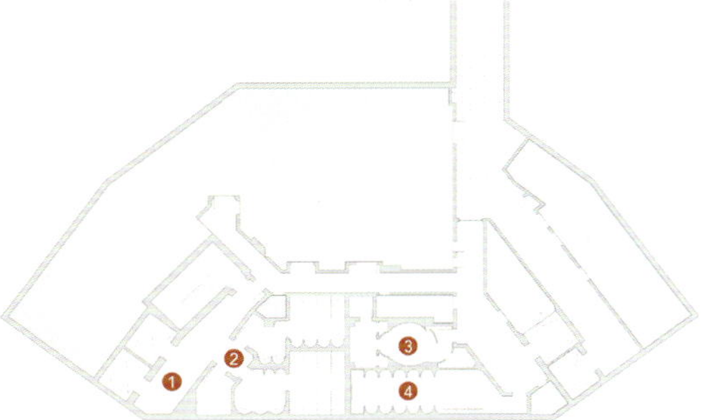

负一层平面图

1. 巨浪墙面
2. 二楼序厅
3. 二楼公共卫生间
4. 负一楼公共卫生间

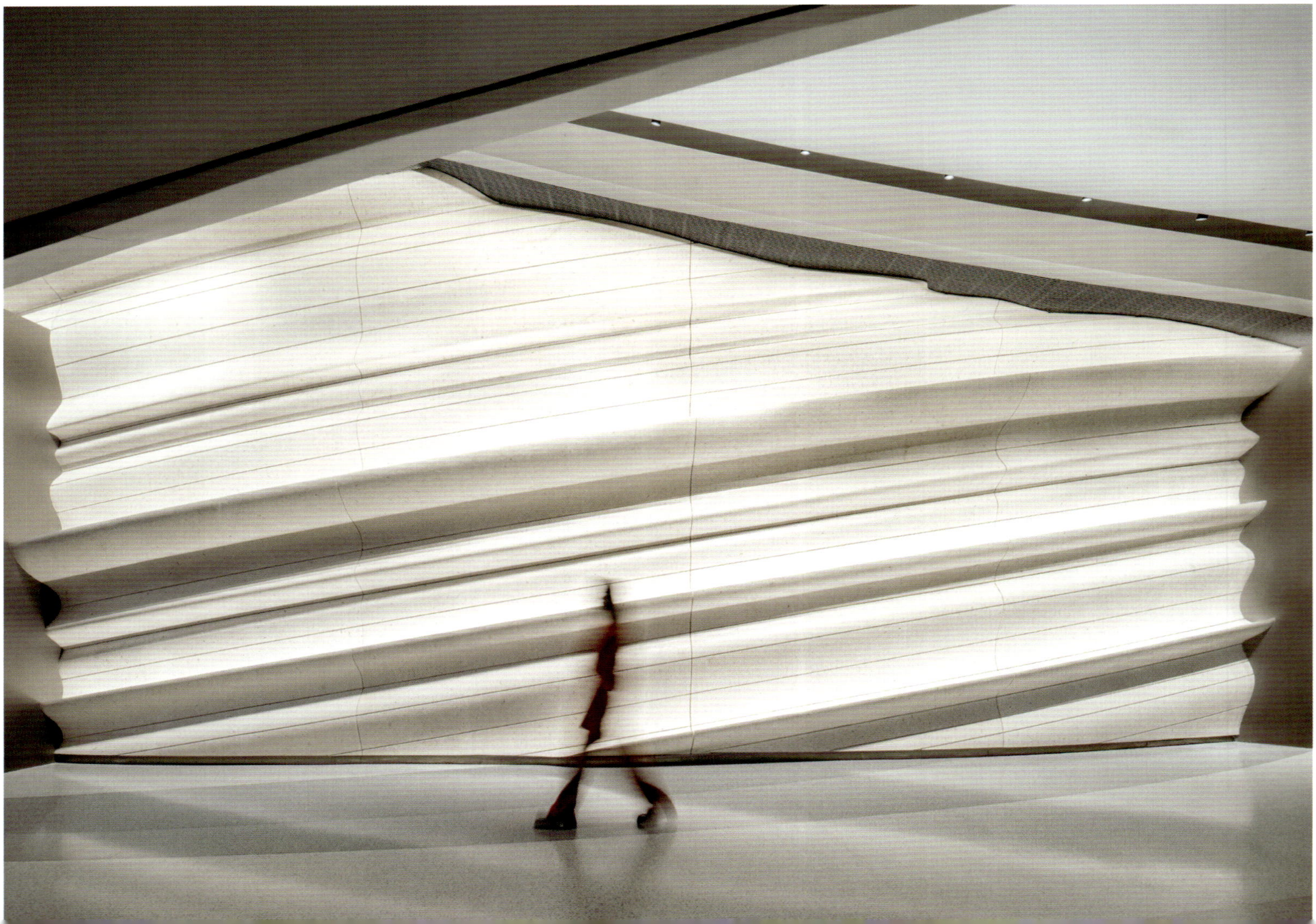

45°侧光

设计单位：管芸芸建筑设计事务所
设　　计：管芸芸
参与设计：吴歌、韩甜甜
面　　积：209 平方米
主要材料：艺术涂料、微水泥、文化石
坐落地点：江苏无锡
完工时间：2023 年 3 月
摄　　影：徐义稳

45° 侧光能产生良好的光和影的相互作用，比例均衡。形态中丰富的影调体现出一种立体效果，表面结构被微妙地表现出来，因此也被称为“自然光”。

灯光展厅是通过艺术性和表现力营造出的一个独特、富有感染力的展示空间。本案设计中我们注重光的颜色、亮度、温度等多重属性的综合运用，以契合展厅主题，增强产品的表现力，同时提升观众的沉浸感和体验感。设计采用最简单的现代极简风格，颜色以白色为主调，黑色为点缀。墙面饰以艺术涂料，地面微水泥，让空间简约纯净。

设计手法上运用大量的圆弧，结合线灯弧度的韧性，一方面让空间多了一些律动和柔美，从而活跃起来，另一方面展示出线灯的几种可能，让体验者身在其中更能体会到灯光带来的空间享受。

灯光展厅的设计不仅是一种功能性设计，更是一种艺术表现。我们注重光的层次感和动态效果，通过多重光的投射和照度的变化营造出丰富的光影效果。同时还利用光色的变化来衬托空间氛围，使观众在参观的过程中直观感受到光与影交织的艺术魅力。

1	3
2	4

1、3. 空间以白色为主调
2、4. 运用大量圆弧让空间律动起来

12570
3300
1120
1180
6630
客户体验区
壁灯展示区
线槽灯展示区
开关面板展示区
洽谈区1
光纤展示区
产品展示区
上
12570

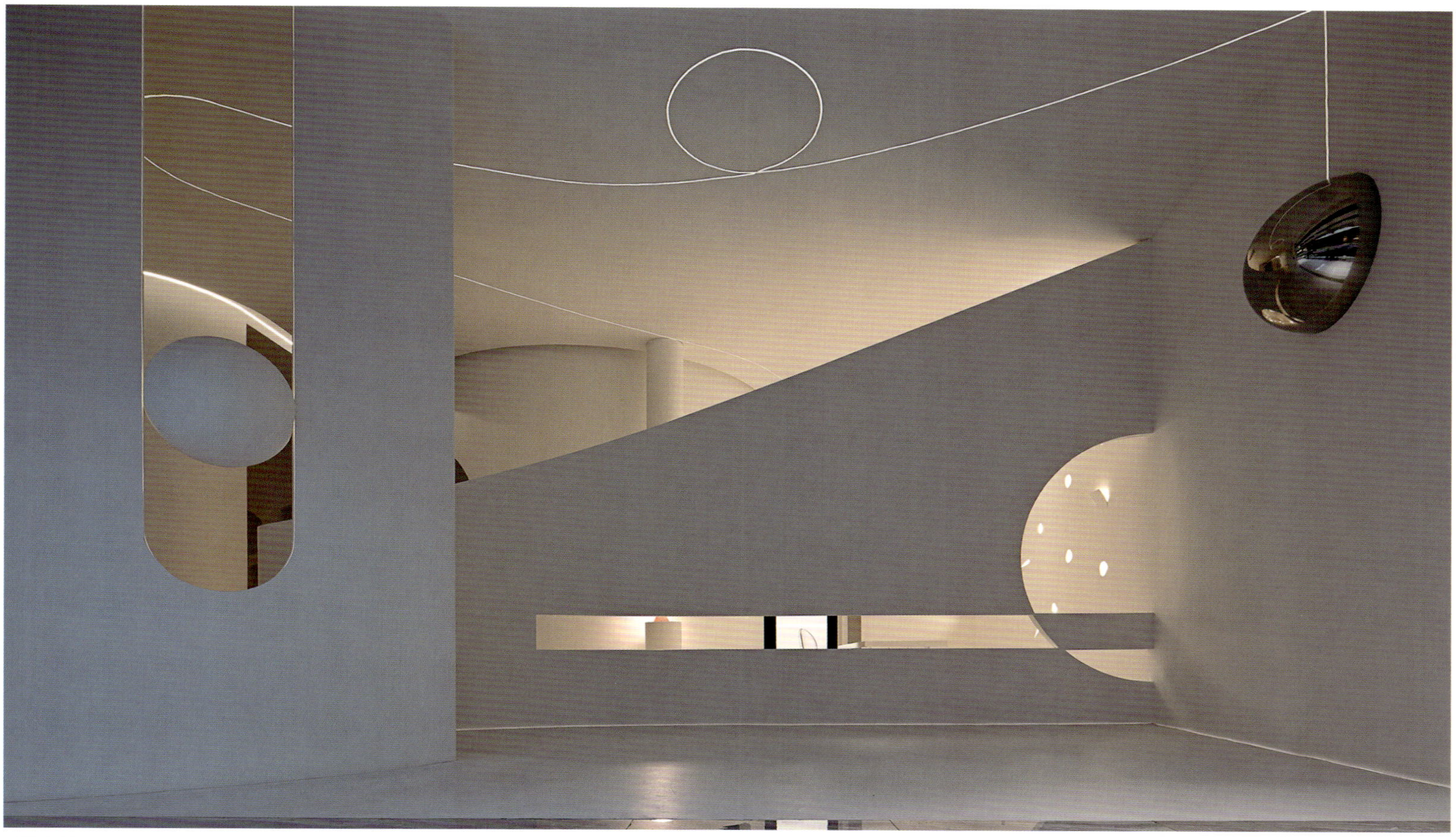

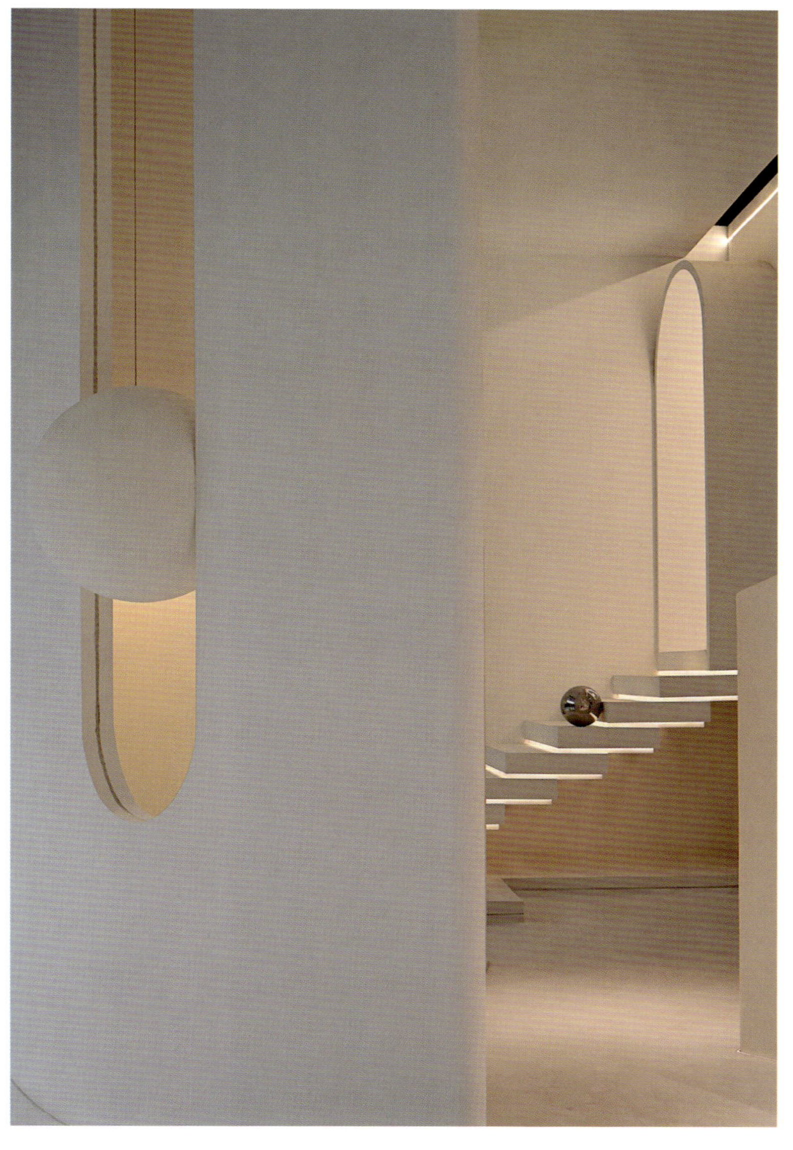

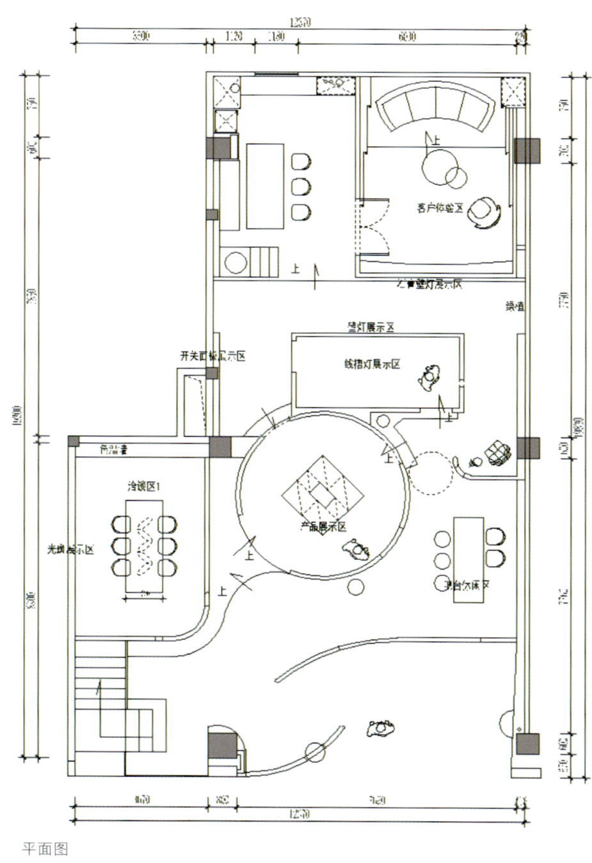

平面图

1|2 / 3 | 4|5

1. 光色变化衬托梦幻空间
2、3. 45°光影营造立体效果
4、5. 丰富的多重光投影

檀雀

设计单位：杭州一影建筑设计有限公司
设　　计：吴召影
面　　积：450 平方米
主要材料：水泥、铁、火烧板
坐落地点：江西景德镇
完工时间：2023 年 10 月
摄　　影：阿盛、吴召影

1. 庭院景观
2. 水泥砂浆是建筑的面孔
3、4. 立面的细部线条使建筑立体而深邃

檀雀 TANCHUR 艺术展厅建筑位于瓷都景德镇，在江南水乡的怀抱中静静矗立，承载着时光的沉淀，诉说着岁月的故事。它与这片古老而富有灵性的土地相依相存，与这片富有诗意的土地共同谱写一曲关于光影和细部之美的诗篇。建筑仿佛一件精雕细琢的艺术品，以后现代主义的简约风格为主基调，汲取线条的灵感，将建筑物打磨成一尊雕塑。细部线条表现出丰富的层次感与节奏感，线条序列叠级、扩张、收缩，多重韵律交相辉映，原有的单纯立面变得立体而深邃，引领人们穿越时光的隧道，感受背后的文化沉淀。无论晨曦中的微光洒落，还是夜幕中灯光的勾勒，它不仅是独立存在的实体，更是与周遭环境的完美对话者。

“太阳从未知道它有多美，直到它照在建筑物的墙上。”这是建筑师路易斯康抒情的言辞。在这座建筑的每一寸空间，阳光投下的影子翩翩起舞。建筑师巧妙利用建筑的结构，通过空间的几何切割，将阳光引导至内部空间，使整个展厅如一幅巨大的画布，记录时光的变幻。细节是建筑精致的灵魂，水泥砂浆是建筑的“面孔”，借以独特的工艺使其不再单调，而是呈现出独特的纹理和原始的轮廓。墙面的处理不仅是简单的表面粉饰，更是对材料本身的艺术演绎。每一块构件都经过精雕细琢，呈现出优雅的线条和严谨的比例，使整个建筑呈现出流畅而富有层次的质感。

建筑不仅是外观上的雕塑，更是精神的表达，与周围的自然环境互为映衬，巧妙地融入大山、水域与天空的怀抱，形成一种奇妙的和谐。大山是建筑的坚实支撑，水域是建筑的灵魂源泉，天空是建筑的灵感之源，在变化的光与影之间呈现出神秘而美妙的光景。几何构筑的楼梯充满强烈的体积感与精神性，经由这座“楼梯雕塑”进入一个全新的二层空间，仿佛穿越进了一个能够启迪灵魂的世界。红色灯光为空间带来几分戏剧性，人工与自然在此融合，展品的灵动与精神共鸣。雕刻时光的线条，建筑的细致之道，空间的精神共振，构成了这座展厅的精髓。展厅不仅是一个容纳艺术的场所，更是一个与时光共舞的艺术殿堂，这是一场对艺术的敬意，也是对生活深深的拥抱。

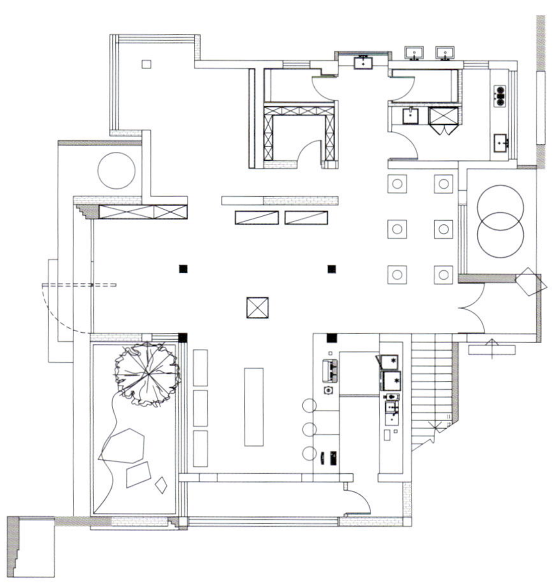

一层平面图

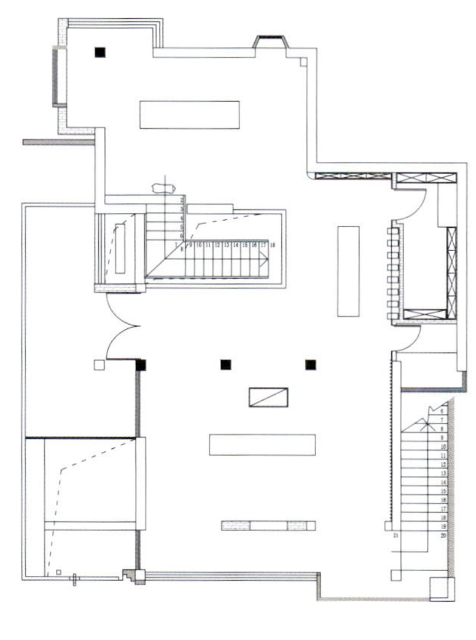

二层平面图

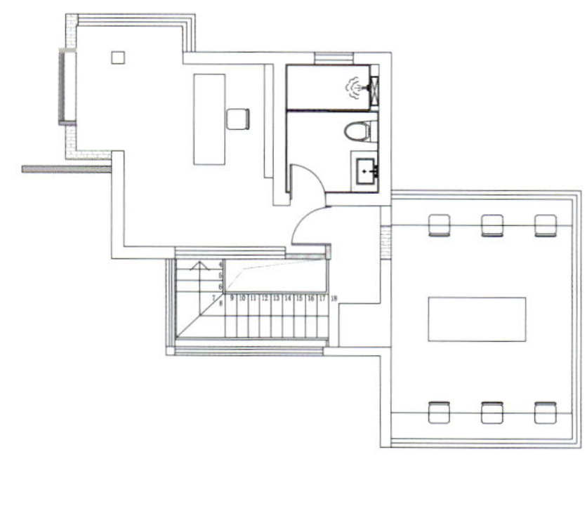

三层平面图

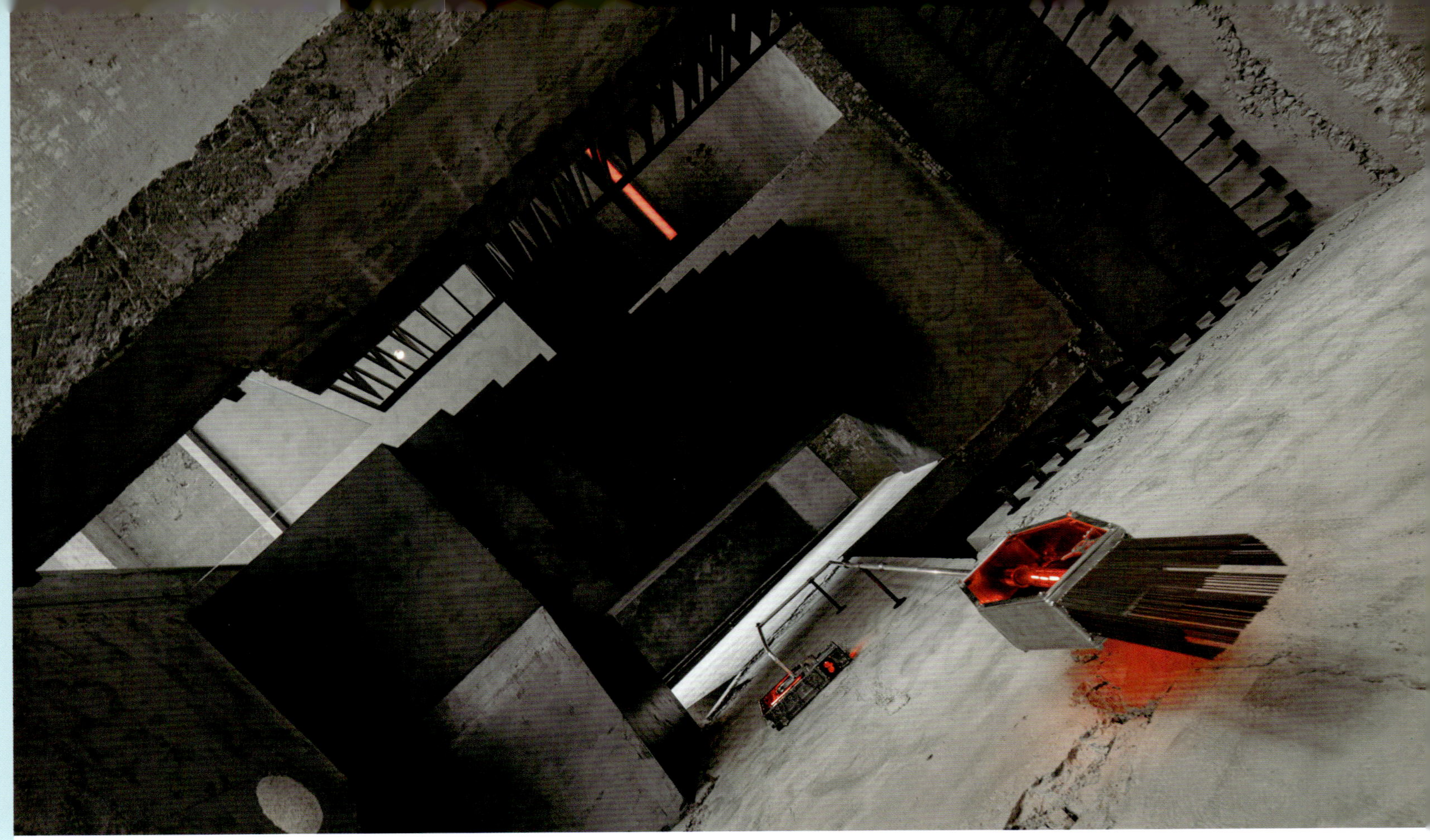

1	5|6
2|3|4	7|8

1. 几何楼梯充满强烈的精神性
2、3、4. 几何切割的空间引入阳光和风景
5、6. 富有戏剧性的红色灯光
7、8. 顶部直线灯带指引方向

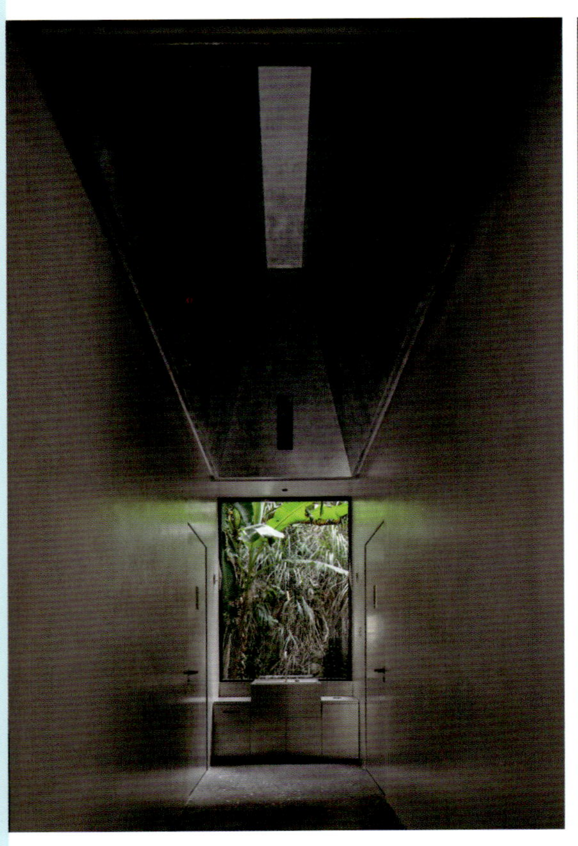

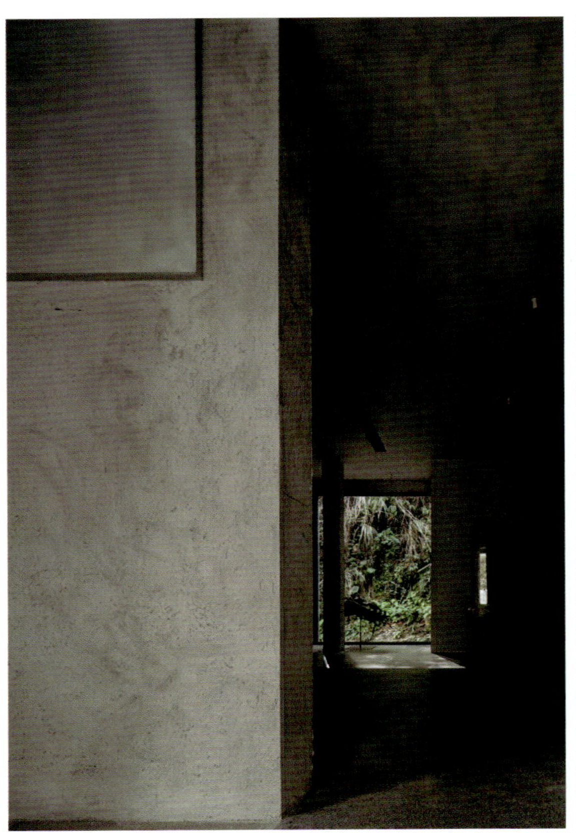

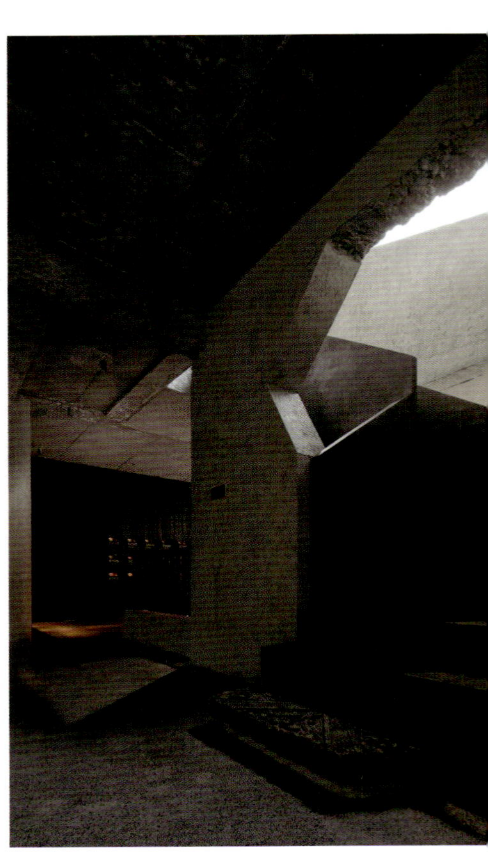

Rimadesio 上海，永恒与变化

设计单位：OUTIN.DESIGN 正反设计
设　　计：王琛
参与设计：SIBAN.Studio
面　　积：350 平方米
坐落地点：上海
完工时间：2024 年 6 月
摄　　影：Wen Studio

宇宙间永恒的真理是一切都处于变化与新生之中。Rimadesio 的独特愿景由多种元素构成，包括技术创新、风格研究和环境意识，旨在为各种空间提供功能性家具和细分解决方案。起居区的模块化系统、书柜、门、步入式衣柜、护墙板以及日益丰富的配件系列。它以“理解社会正在发生变化”的技术方法持续叩问及敞开应答“什么是永恒？”

Rimadesio 中国区新店落位于上海 COLUMBIA CIRCLE（上生新所），这里各式各样的建筑、品牌以独有的方式和谐共生，凭借创意不断反哺城市更新，衔接起过去、现在与将来。正反设计将品牌空间的秩序叠合于 Rimdesio 的产品秩序之中，并以其现代主义设计下的建筑产品，在超越现实与适应未来的维度上，指引了多元生活方式的可能方向。四组墙板系统的组合，迭代了厚实恢宏的隔断体量，勾勒了一处处“叠合”的多元生活场域。

动线模拟了 Rimadesio 严谨且开放的秩序，内部则被理解为所有外部现象在其中照面的形式，即人们的行为方式和生活方式变换后，出现并可继续的新空间呈现形式。建筑产品的数量和定位感允许创建多种配置，极简形状的重复为搁架系统带来了运动感和节奏感。当你通过几何学的视角重新想象这些熟悉的形状，锐利、精确的硬质线条渐变为自然优雅、流畅的软线边缘，强调了留白和舒适性带来的内敛氛围，展现了东方哲学的“和”精神。

Rimadesio 产品的反射特性描绘了物质空间的生活轮廓，镜中映像和玻璃的反射将为空间添加缺失的部分和反映现有的部分，以创建完整性。这种虚幻的反射，展现着室外城市图像与室内体验图像之间的交替，也强调对花园、阳光、季节等的关注，使访客与物体之间产生了一种有趣的互动。花园则被理解为人类与自然之间的媒介，一种简洁而抒情的景观，模糊了室内与室外之间的界限。纹理、材料、光影、透视和自然交织于对品牌特性的探索。展陈艺术的“概念转向”，讲述了艺术与经典产品的对话，在产品物理边界的消退中凝练出一种品牌视觉综合。

OUTIN.DESIGN 正反设计的核心在于现实性，每处场域都遵循对产品规律和物质的关注，并赋予访客参与关于塑造 Rimadesio 品牌生活的可能。

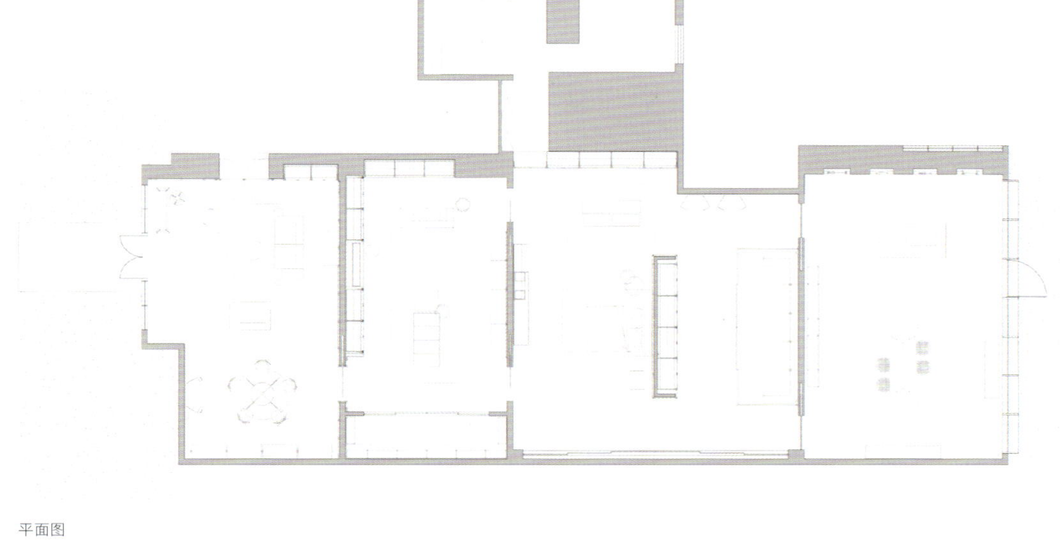
平面图

1. 绿植包裹的展厅入口
2、3. 极简形状为搁架系统带来运动感
4. 空间以家居模块化系统来创造可能

1.2. 产品可创建多样化的配置
3、4、5、6. 局部留白展现东方哲学
7、8、9. 空间严谨的动线表达开放的姿态

1/2 3 | 5 / 4 | 6 7

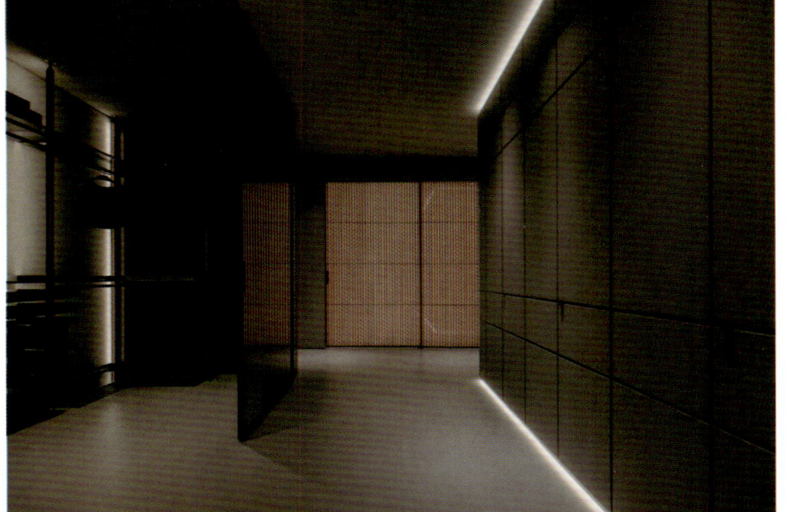

1.2. 叠合的多元生活场景
3、4. 轻盈的格栅移门分割卧室和衣帽间
5、6. 在与艺术的对话中凝练出新的品牌视觉
7. 轻质隔板取代厚重隔断

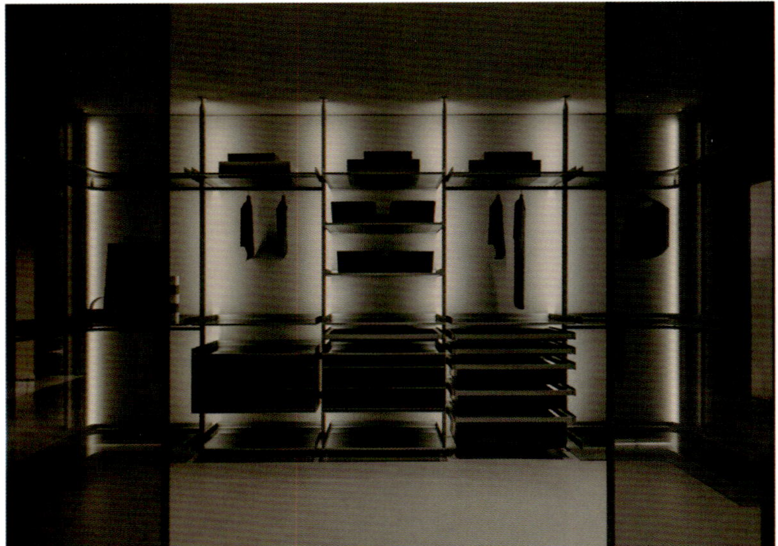

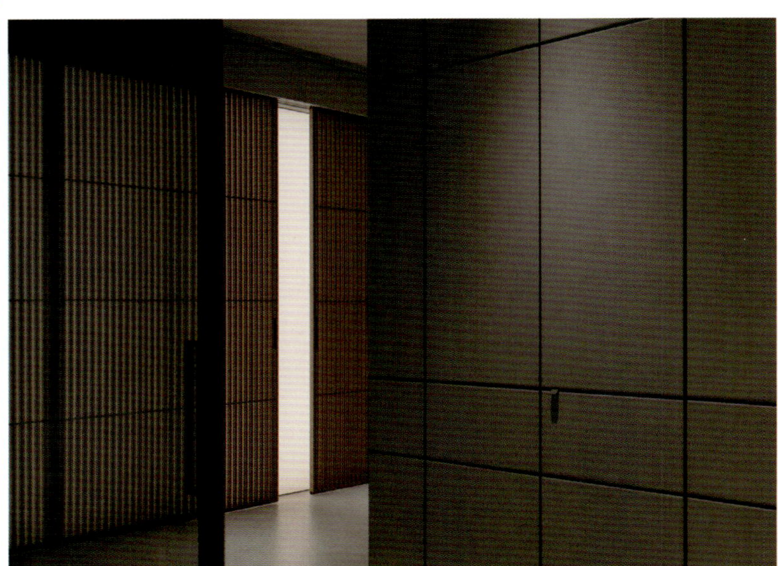

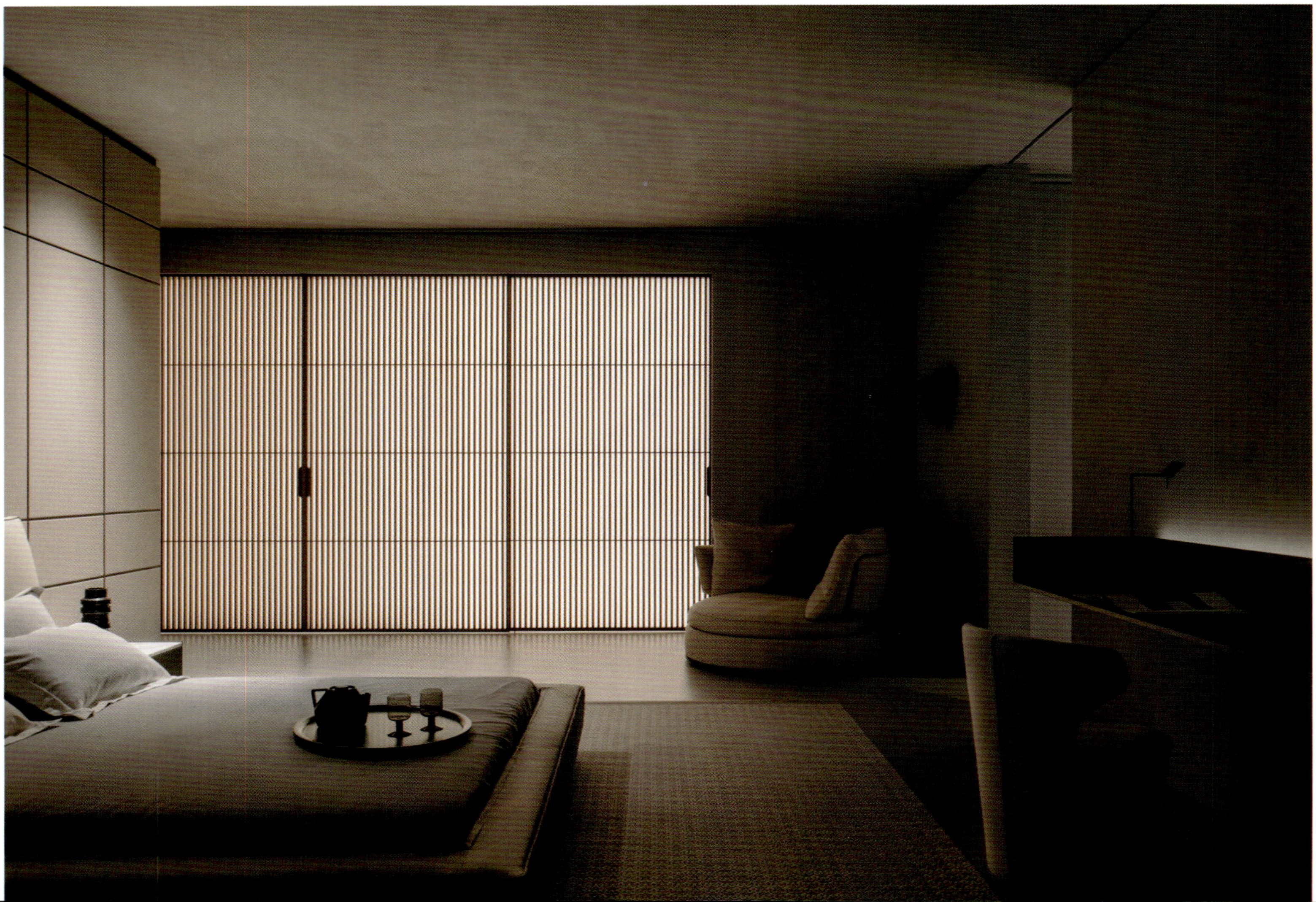

意大利 MARAZZI GRANDE 岩板展厅

设计单位：深圳乔里设计
设　　计：黄柏榕
参与设计：徐志恒、黄雨涵、黄桂雄
面　　积：175 平方米
主要材料：岩板、木饰面、大理石、镜子
坐落地点：广东深圳
完工时间：2024 年 5 月
摄　　影：不二山人

1 | 4 | 5
2 | 3

1. 以自然形态的石块置于展厅入口
2. 镜面带来多维度视角
3. 地火化身为具象的指引
4. 纯净的内部空间
5. 微光自巨石间隙穿透而过

峡谷深邃，若时光裂缝；光线照射，看见生命坚韧；风吟水滴，拂去尘世尘嚣。岩板，自然与工艺的融合体，在静默中交织、融合、碰撞，最终铸就成时间维度的另一种原生秩序美。意大利 MARAZZI GRANDE 岩板展厅，由自然意象为构想，依据岩板特性在空间上进行铺展与深化，在相互的张力之下联动、交互、勾勒，不设定既有定义，经由设计的语境将其视觉性、创造性、精神性完全释放，引领来访者深层进入，更新想象。

作为展厅的序启，门头以自然中常见的“狭径”为灵感。取自然形态的荒料石块置于入口，如深邃峡谷间矗立的巍峨巨石，以冷峻强势的姿态，述说着亿万年地壳运动的壮阔史诗。在具象的覆盖之下，同时折射出品牌的渊源绵长。直线勾勒出坚韧轮廓，微光自石隙穿透，建筑的体块与力量感带来视觉上的强烈反差。细腻入微的纹理随着光线变化流动，一种野性的、神秘的、原始的生命张力豁然，以不可阻挡的姿态唤醒种种联想。

投过镜面的方式与解构手法，以多维视角去剖析并建构岩板的多种姿态，挖掘其存在于物象中的诗性。思绪在平面与立体之间肆意流动，仿若置身于平行时空里的镜像，漫延、叠加、荡漾、脱离，冲破空间的桎梏。在没有明确的物理界限中，火种化身为具象的指引，如风般自由不羁，又隐喻着纯粹的技艺之美。

岩板之美，在于它巧妙地拒绝了自然界的原始粗糙，以时长的积累为代价，换取了感官上的极致平滑与纯净，成为一种介于物质与观念之间的可见宣言。进入多功能区，视觉的自主性得到前所未有的释放，以全新姿态刻画出纯粹的艺术美感。色彩与光影在随意游走，时间的流动被凝固成永恒的艺术，轻盈与厚重，聚焦与穿透，空间中呈现一种超脱于现实的静谧幻象。

设计的独特性在于打破了物理与创意的边界，不困于形式的堆砌，原始场地的结构柱子纳入，其真实粗犷的质地成为艺术装置般的存在，与均一秩序的岩板之间构成对话。内嵌的一体化洗手台面，如同一颗完整矿石被投入其中，呈现出和谐共生的生活场景。光影与结构折叠变化，散发柔和温暖的气息，延伸出另一种天然的秩序美。层层衔接的设计构成空间的相对关系，直线横亘，以直观而富有力量的形式构建出契合品牌定位的视觉符号。超大吧台微妙地模糊了空间界限，作为功能性的具体补充，满足于日常的多样化需求。

意大利 MARAZZI GRANDE 岩板，以技术之名和对自然万象的提炼与升华，回应着对美化生活的向往。

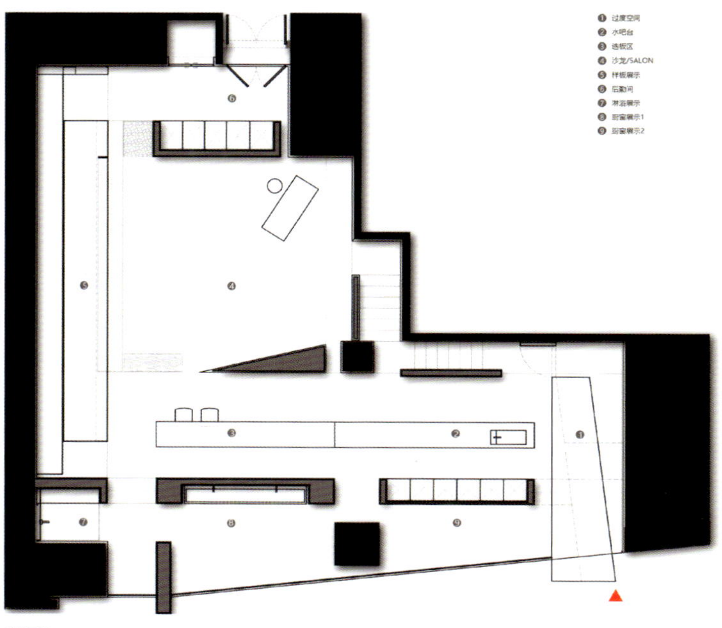

平面图

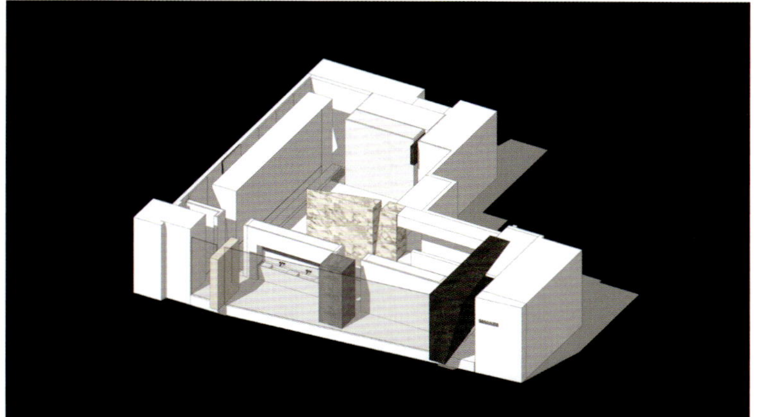

模型图

1	3
2	4

1. 空间以直线勾勒出坚毅轮廓
2. 超大吧台满足日常需求
3、4. 充满力量的体块和细腻纹理材质形成反差

玫瑰岛展厅

设计单位：浩澜设计机构
设　　计：李浩澜、徐晴
面　　积：500 平方米
主要材料：玻璃、镜面
坐落地点：江苏南京
完工时间：2024 年 10 月
摄　　影：黑曜石空间摄影

玫瑰、星空、原野、沧海，外立面充满诗性的设计，意图让遇见的人拥抱浪漫。入口处巨大的发光 Logo 映衬着玫红色的独立淋浴房，品牌 Logo 如同钻石般闪耀，玫瑰椅下的灯带似水面泛起涟漪。立体感官与三维荧幕结合，把流动的人潮当作秀场，将空间自然延伸至展厅内部，步入展厅，先是一面水幕，现实与梦幻因水幕而相隔，若隐若现的视觉冲突调动感官从而延迟体验者的驻足时间，以非常规手段点燃体验者的探知欲望。带着梦幻的感觉首先步入卫生间实景展示区，玫瑰岛呈现出不同风格的卫浴空间，既拥有使用和体验的系统性，又从创意、实用、工艺的角度斩断销售的生硬感，留足对私密生活的幻想空间，亦是诠释玫瑰岛对卫浴生活方式的收藏。链接实景展示区是集中的淋浴房展示空间，这里体现了淋浴房的不同工艺和技术，提供了更加专业的呈现和更多的选择。

在生活中镶嵌自然，在生命中适当留白，这是对全景门最直观的表达。简约的设计令空间模糊界限，全景门是各个空间的界限，又是空间之间的纽带。客厅、茶室、厨房由全景门隔离却不分离，高度达到视觉的统一性。通过设计置入产品功能，“隐”其形、“隐”其声、“隐”其烦琐，搭建多种全景门使用方式，模拟空间自由的姿态。

光与浪漫是非卖品，却又饱含着最珍贵的渴望。光影与色彩的对冲交织出丰富多样的体验，也搭建了明确的区域划分，让不同的产品展示空间独立又相互渗透。简约而有秩序的设计，加固了体验者对产品功能及艺术性的踏实感。水以沉静之姿照岁月流转，生活慢慢亦漫漫，流水为引贯穿空间始终，自由而鲜活。

玫瑰既是品牌的 Logo，又是浪漫的符号，从进门开始，玫瑰的图形便以不同形式贯穿始终，给人留下美好浪漫的印象。我们的相遇是一个故事，时光如隧道，玫瑰为始终，浪漫在此称为永恒，这是产品对美与艺术的最好定义，故事的开头与结尾都已谱写。

1 2

1. 浪漫玫瑰是品牌符号
2. 全景门既是空间界限又是纽带

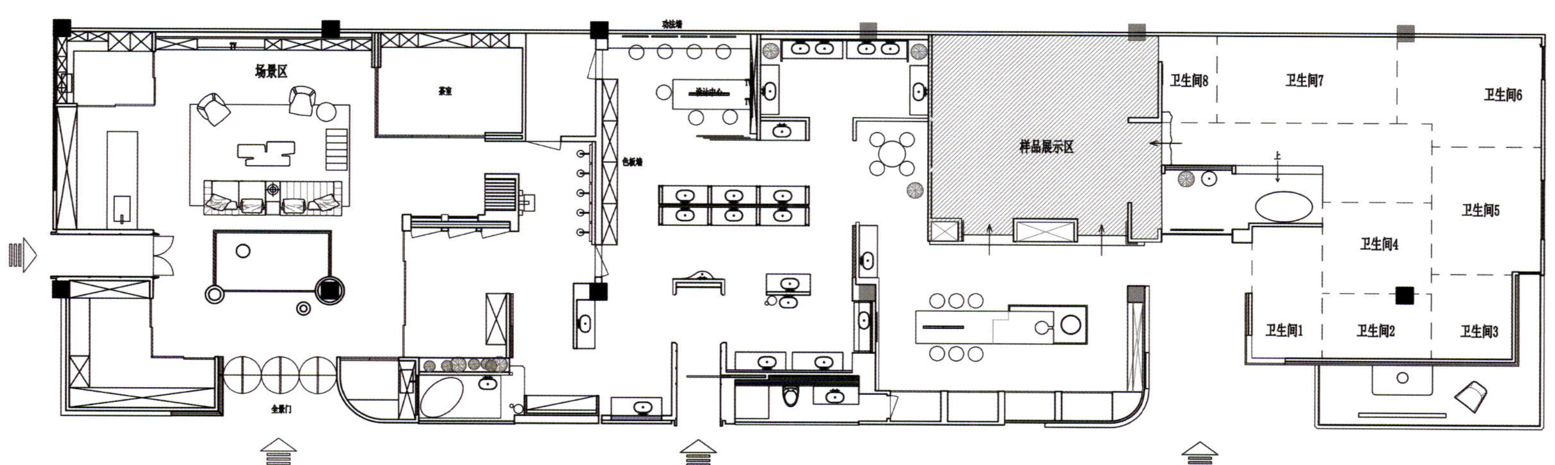

平面图

1、2. 富有诗意的外立面
3. 淋浴房展示区
4. 局部空间
5、6. 抽象雕塑和画作为空间注入艺术气息

To pick a symbolic flower of love, fragrance, and romance, ROSE is the answer.
cenery, many would think of an island
mind and body, it should be ROSERY.

华润置地
三亚海棠悦府

设计单位：上海无间建筑设计有限公司
设　　计：吴滨
参与设计：刘方达、张念山、高怡君、莫濛诚、王立成、
周伟、洪奕敏、汪玲飞、吴淑烨
面　　积：4000 平方米
主要材料：竹木重组、浅色柚木、镀色古铜、西班牙砂岩、
印尼火山岩、中国黑石材、预制混凝土、白色肌理涂料
坐落地点：海南三亚
完工时间：2023 年 12 月
摄　　影：如你所见 / 王厅、SHIDAI

完整的设计是“时”与“空”的行旅，无间设计以“摩登东方”为基质语言，营造一个极具故事性的设计沙龙，成为一座花园中的花园，透过策展式的空间策略铺陈出关于旅居的记忆。华润海棠湾位于三亚，水边而立，海滩相依，地形独特。我们将“度假、社交、地域、居所”视为设计思考的不同维度着陆点，以此确立了“谧林庄园”的空间概念。追随海边的自然脉络，沿着精心设置的景观轴线功能区域依次落座，远眺海天一色，呈现出与周边环境融合的独特场域形态。以独特的热带庄园景观形态，构建一种悄然步入私家庄园前的自然暗示，以人为核心构筑亲和的空间尺度。水石相间，旅者沿水面石板汀步渐行渐远，步入净高 5 米的接待大堂，高大的尺度和细腻的材质形成强烈的对比。在这片屋檐下，室内外的边界被打破，风声、水流穿梭在一个个灰色空间，融和热带的度假感受，音乐、气味、甚至是微妙的温度变化都成为线索，打开海棠湾的空间旅程序列。

设计并非一味地追求海滨建筑的开阔之感，而以摩登东方的曲折萦回引导空间动线。中庭由柱廊围合而成，以白色西班牙砂岩石为边界，中心一弯深邃的水池营造多重虚实空间。徜徉于柱廊间，水波微漾，全场气韵形成汇聚再又扩散流通，砂岩石的刚性因此而柔和。水以其主体形式流淌于空间的缝隙与洞口之中，不时出现又隐匿不见，以意想不到的趣味形式显现。汀步漂浮于水面，形态并不规则，角度的多变与精致的构件叠加组合，呈现对无知边界的空间趣味。

沙盘区是我们将空间理解为隐藏于粗犷石柱之间的一座东方茶室，将茶室形式进行转译后再重构，飘浮的黄铜金属基座与地面脱开，延展飘逸的薄金属板吊顶悬浮于视线上方，再以 4 支木构方柱构件性的支撑达到稳定与仪式感的表达。楼梯步道徐徐上升，其非常规的形态在温暖微弱的灯光下盘旋蜿蜒，引导旅者向前探索，暗示着前方旅程的未知与奇妙。

在风格与体验上对度假这一思考点以更强烈、多维度的形式给出回应。无集画廊是一座“第三自然”美术馆，居于花园中与山海相遇。建筑内外的孔洞动态而不规则，似大自然中随处可见的洞穴，与艺术品装置产生隐秘暗涌的力量。大小不一的孔洞将自然光线引入，人们通过孔洞望向天空、眺望大海。在咖啡厅的氛围下，社交感与地域归属之情在无言间凝聚。半高烛光投下柔和的光晕，南洋风情的沙发椅、石材细雕的餐桌，角落里点缀的热带植物共同勾勒出空间的温馨与舒适。

4 个廊亭与水景的组合形成序列，将室内空间与功能引导向室外，呈现一种连贯的延展。阳光和微风穿过重组竹材制作的华夫格木格栅，沿着建筑的中轴线廊吧蜿蜒而出，指向广阔的大海。在游览的端头以“华榿”私宴作为巡游的高潮，深浅不一的木材交织围合出沉浸感，特别定制的家具与艺术品组合形成强烈的视觉冲击。

无间设计通过建筑反思地域与文脉，制造有意义的情绪效应，在后地产时代创造一座联结自然与艺术的“精神岛屿”。密林里的花园中，现实与未来交织，美好的记忆在持续被创造。

①接待大堂
②无集艺廊
③后院
④水苑
⑤无集咖啡厅
⑥酒吧
⑦烘焙
⑧廊吧
⑨景观楼梯
⑩洗手间
⑪电梯厅
⑫地库大堂
⑬沙盘艺廊
⑭廊亭
⑮深度洽谈
⑯财务室
⑰签约室
⑱招商空间
⑲过厅

售楼处负一层平面图

①电梯厅
②回廊
③水苑上空
④前厅
⑤健康中心
⑥瑜伽
⑦更衣室
⑧华樘
⑨酒窖
⑩私宴洗手间
⑪水吧
⑫楼王专属通道
⑬景观楼梯
⑭备餐区
⑮走廊
⑯储物间
⑰水榭
⑱休息区

售楼处一层平面图

1. 漫步水面石板
2. 中庭由高大廊柱围合而成

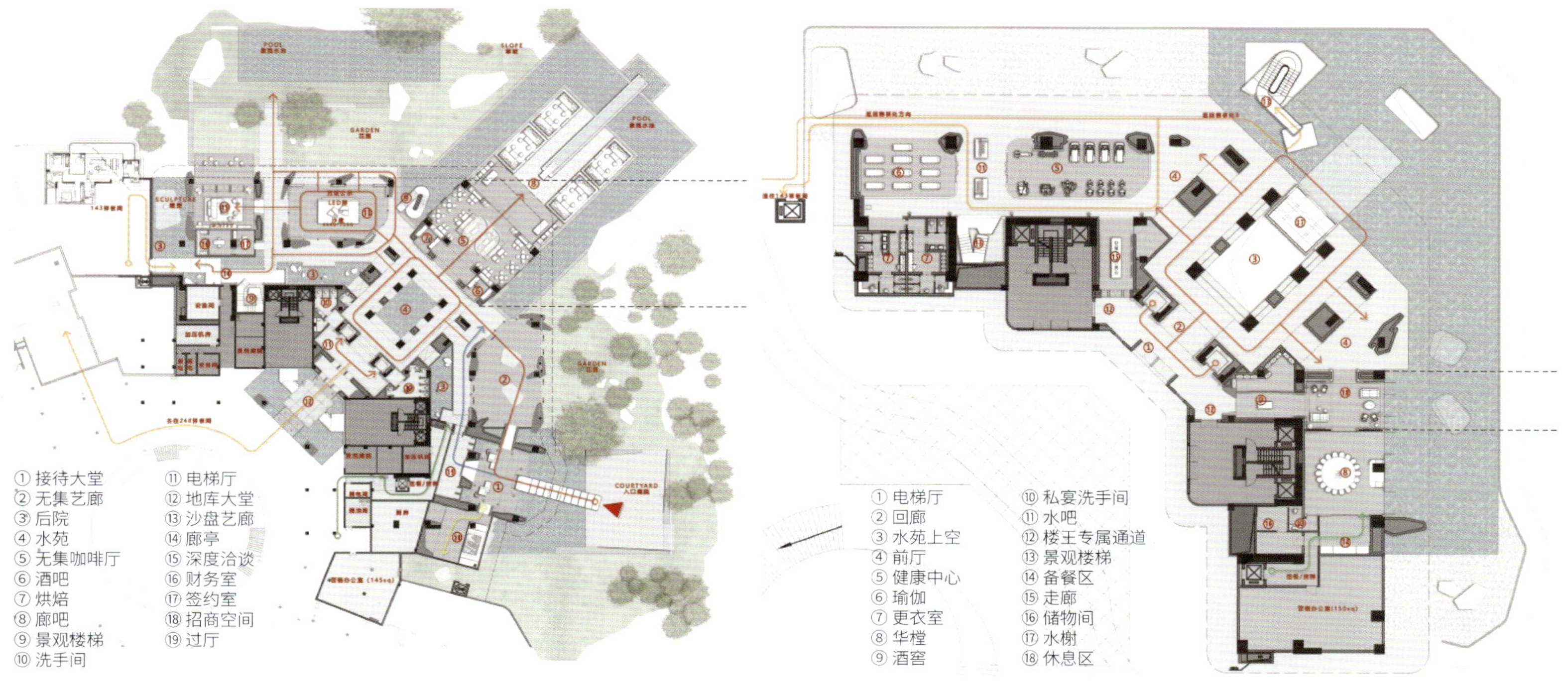

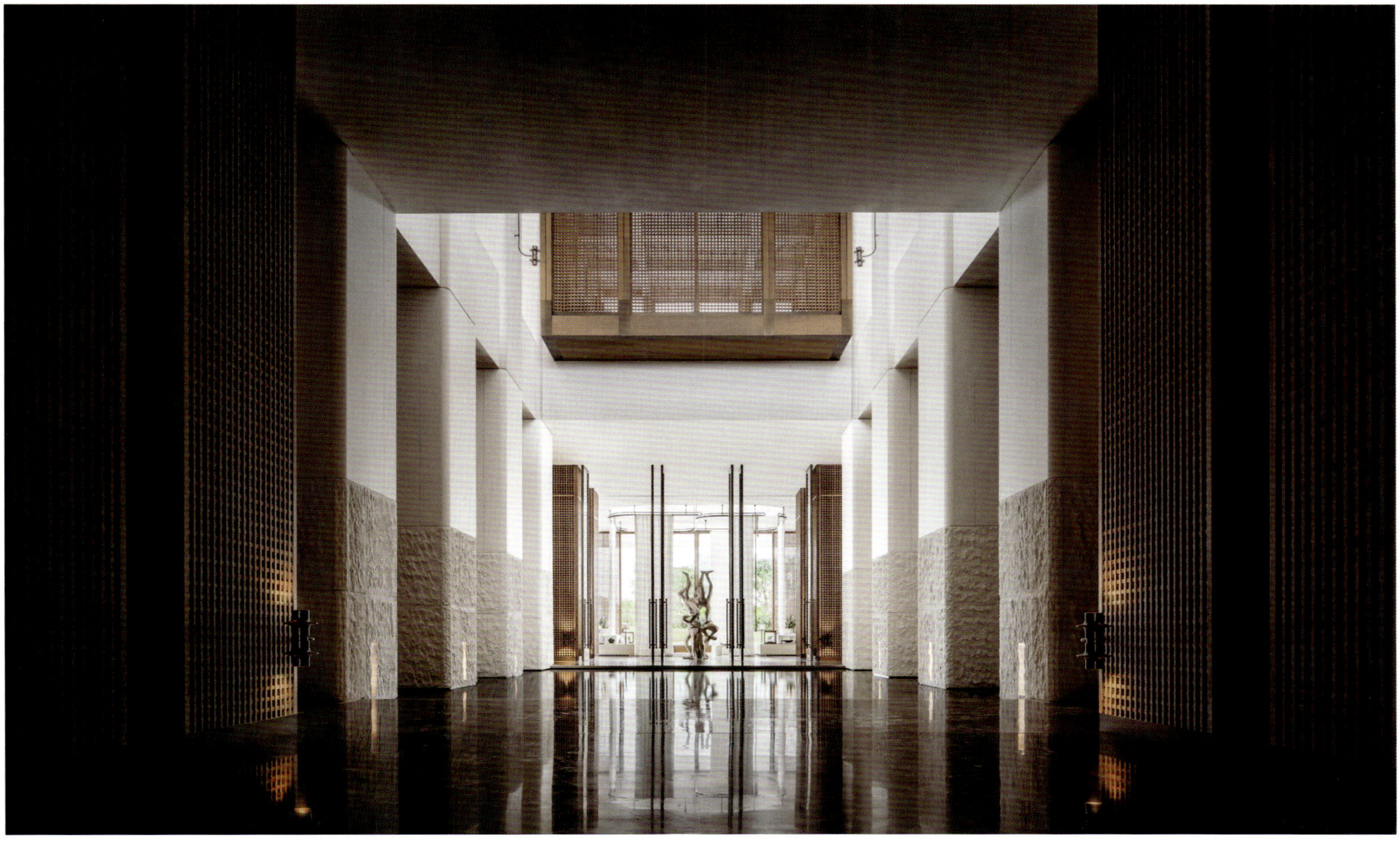

1 | 5
2/3 | 4 | 6 | 7

1. 以白色西班牙砂岩石为边界
2、3、4. 微波荡漾的水池营造多重虚实空间
5. 洽谈区
6. 木质围合的私宴区
7. 非常规形态的楼梯

1. 一派南洋风光
2、3. 艺廊大小不一的孔洞像自然界的洞穴
4. 阳光和微风穿过木格栅
5、6. 碧池蓝天享活力时光

台州建发 · 养云

设计单位：维几设计
设　　计：黄全
面　　积：688 平方米
主要材料：天青色石材、木饰面、金属
坐落地点：浙江台州
完工时间：2024 年 1 月
摄　　影：404NF STUDIO

台州位于东海之滨，倚山而立，向海而生，铸造了其刚柔并济的城市性格。台州作为宋文化盛极之时的富集之地，千年雕琢的艺术之光更是在包容多元的性格中不断被点亮、更新，散落在城市的肌理中。建发 · 养云落址于台州椒江区，设计师在精研宋代建筑与文化精神的基础上，结合当代人的居住需求，以“轻、闲、霁、金”的匠造手法，对产品进行了文化溯源与转译，呈现出清新儒雅的雅士居所。

初入前厅，对称式的布局营造出沉稳大气的氛围，背景墙以一幅“山水画卷”正式拉开了“宋游”的序幕，将马远的《十二水图之层波叠浪》雕刻于鳞次栉比的格栅上，通过精炼抽象的手法描述了徐徐的水面与粼粼波光。

接待区以雅致的玉色接待台搭配墨色地面，呈现出中式礼序感，背景墙汲取了“汝窑”的天青色，在明媚的光照下，颜色青中泛黄，宛如雨后天晴拨开云雾后青蓝色的天空。搭配金色勾边的宋韵构件，再现了绝美的天青汝窑镀金边。

一隅小景，繁花似锦处，裹挟着江南水乡的柔情秀丽，万物静观皆自在。家具陈设选择简洁素雅的线形家具，搭配造型简约的宋氏器物，强调线条感，富有几何极简之美。步入游园之境，闲庭信步地游走在生活场，置身于此处与彼处。提取山石、微物为一境，于理性的结构形态中描绘东方之韵，让身心遁入空无的边界中。夜幕初升，以山林为佐，旁临曲池，石脚显露。天青色的柜壁映衬着暖光，在夜幕下更显清朗雅致，与三五好友于临窗雅座共叙对饮，体会“眼前无长物，窗下有清风”的诗意景致。

引画里寻居，藏诗中筑园。洽谈区延续了建筑的非对称屋顶，将宋氏建筑的流畅舒展呈现于此，如一幅画卷徐徐展开。水吧区融合天青色石材与金属细节勾边，打造清新飘逸的吧台，澄静淡雅的色调如婉约派的宋词，包藏着对生活的温热情怀。

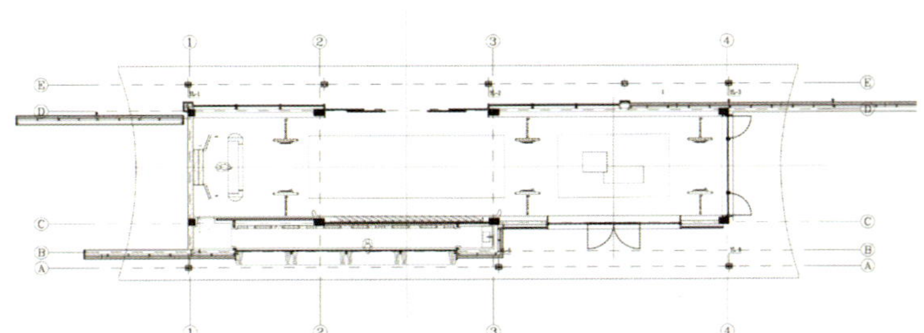
前厅平面图

1 | 2/3

1. 大气外立面
2. 背景墙以一副“山水画卷”拉开了游园序幕
3. 流畅舒展的非对称屋顶

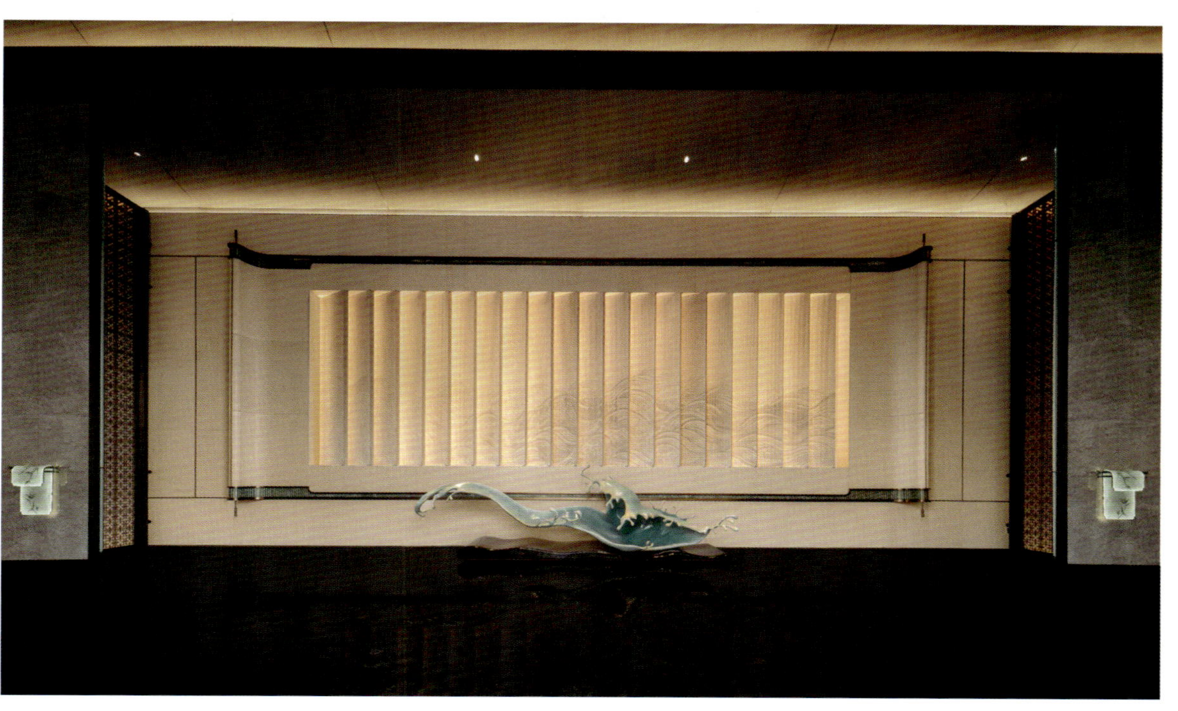

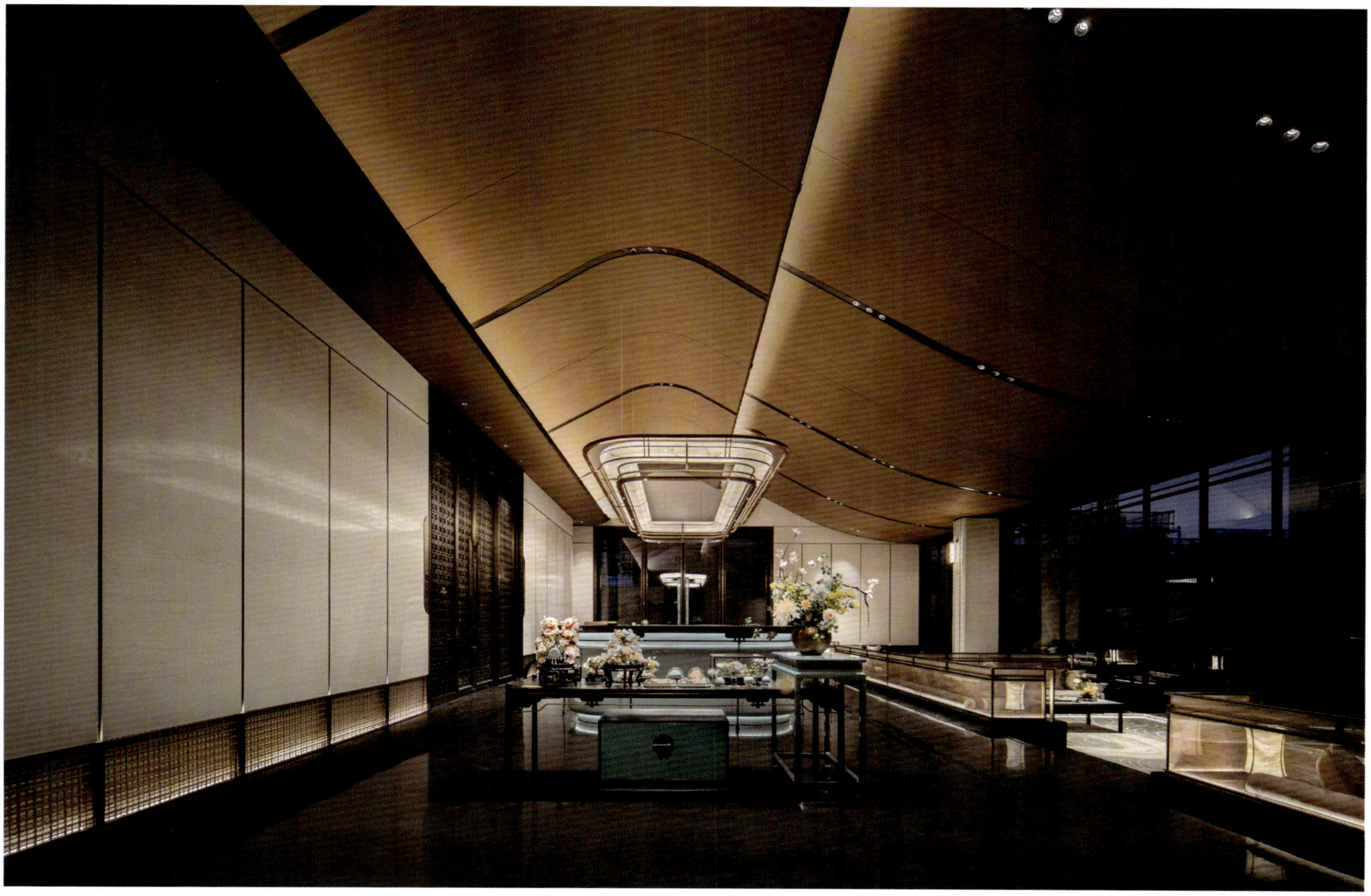

17800
1325
1325 1200 1100
8000
5200
1200 900 200
4400
9600
4750
28400
4650
4650
4750
2700
1950
1325 1200
9700
4600
1200 1100
19125
G
F
E
D
C
B
A

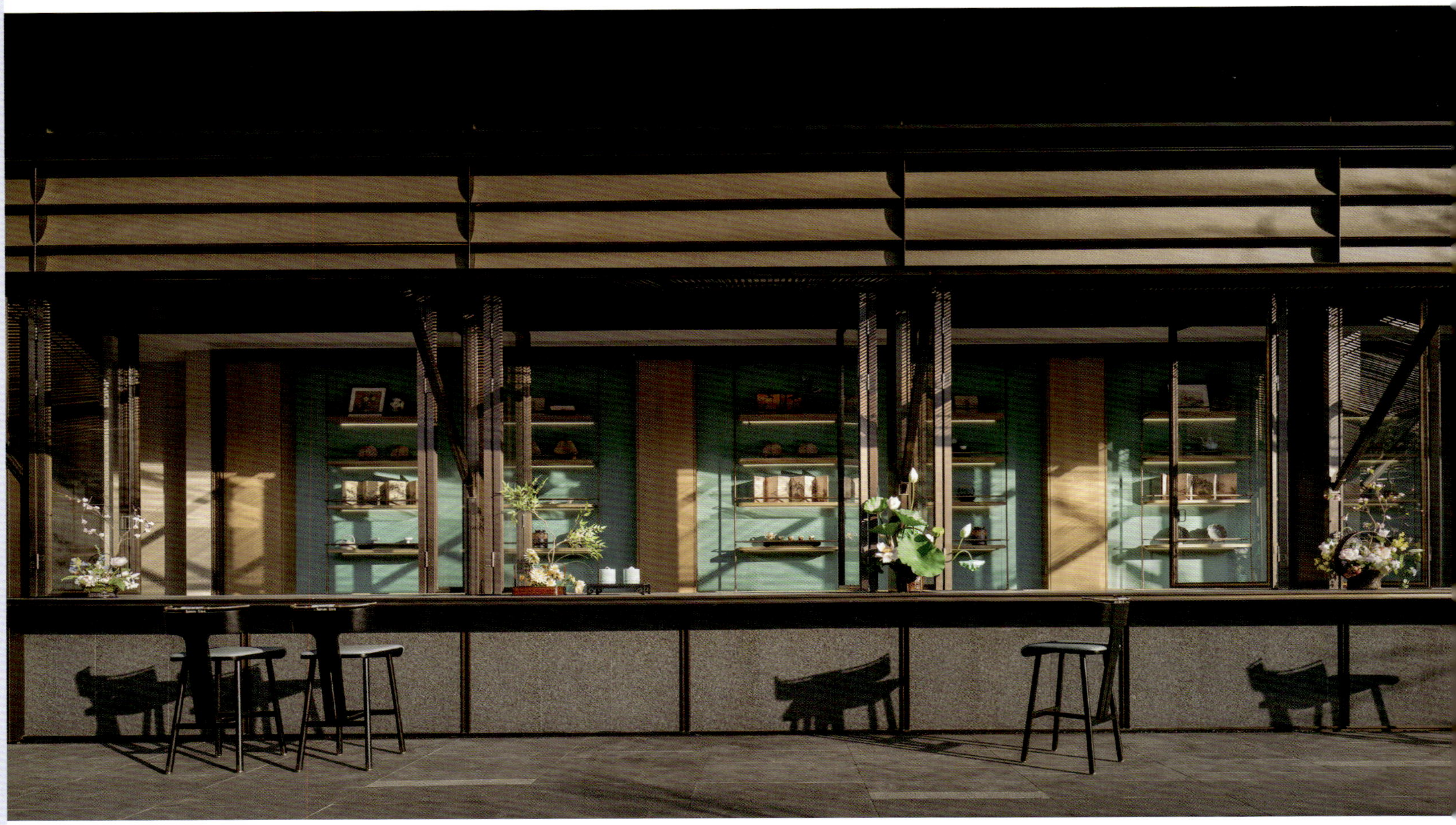

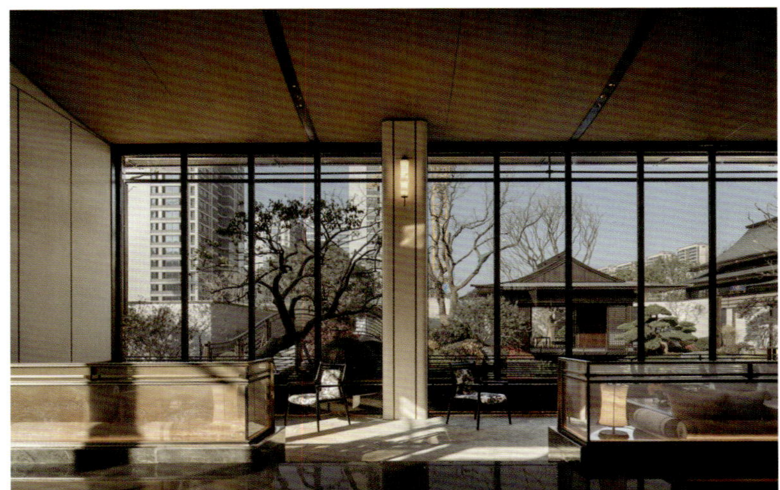

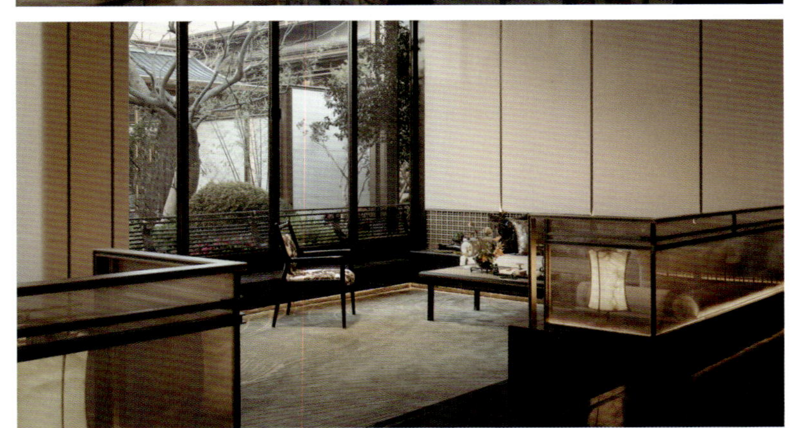

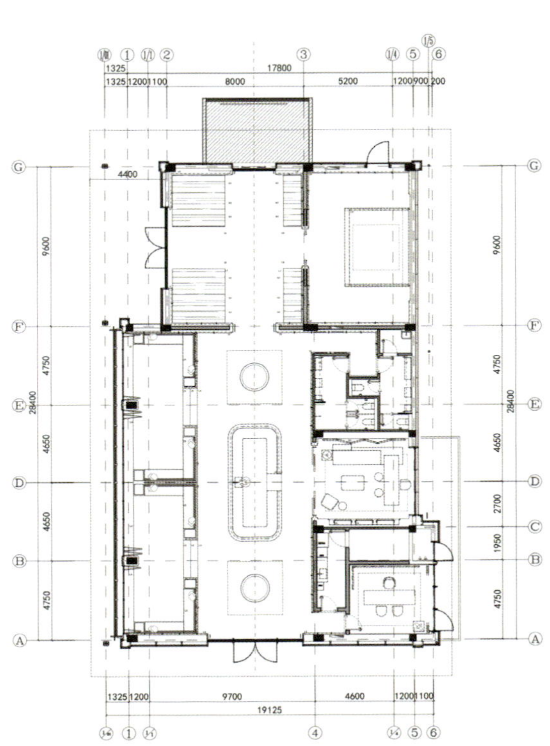

洽谈区平面图

1	4
2/3	5 6

1. 天青色壁柜更显清朗雅致
2、3. 临窗赏景共赴山水雅集
4. 玉色接待台搭配墨色地面表达中式礼仪
5、6. 空间如婉约派宋词

丽水绿城湖境云庐云涧会客厅

设计单位：深圳市春山秋水设计有限公司
设　　计：韦金晶、韦耀程
参与设计：吴雄强、陈昌乐
面　　积：352 平方米
主要材料：冰裂纹烤漆板、玉石、皮编、透光膜、夹丝玻璃、肌理漆、木饰面
坐落地点：浙江丽水
完工时间：2024 年 3 月
摄　　影：覃昭量

宋韵之美，历久弥深。绿城湖境云庐艺术馆于山水之境，为丽水起笔一段当代隐逸的生活画卷，将“言有尽，意无穷”的宋韵文化与自然之美融合，幻成线下沉浸式、可体验的场景，于当代重塑新宋式风雅生活。

一层以无界设计消弭室内与室外的边界，将空间与山水园林勾连，构建出一个清、静、和、寂的世界。天青色作为空间的主色如水彩般濡湿、浸透、调和于屏风及空间体块中，辅以简淡的笔法、坚实爽朗的浅染，于空间内呈现山隐水迢的清幽画境。展台之上繁花绽放，青瓷等宋代器物和艺术品一一呈现，复现宋代的极简美学典范。

二层以现代设计手法，将宋人的风雅之兴与当代文化接洽、融合。柔和流动的弧线设计辅以布置的拙朴之物，烘托精致静雅的气息。灰褐、米白、素白与天青色呼应，实现舒适与优雅的平衡。经由书画、陶瓷的陈列，实现从物理空间到人本精神的回归。

静坐于此自有静水流深的从容，流连其间，沉浸在雅俗共生的艺术美学之中。此为雅集，更是当代生活应有之风神气韵。

1. 建筑与山水园林相关联
2. 当代隐逸的生活画卷
3. 清雅茶室

1. 艺术楼梯
2. 电梯厅
3. 文化展示
4. 洽谈区
5. VIP室
6. 茶室
0 35 70 140 280

二层平面图

1. 接待
2. 丽水文化展示
3. 宋文化展示
4. 艺术楼梯
5. 电梯厅
6. 女卫生间
7. 男卫生间
8. 无障碍卫生间
0 35 70 140 280

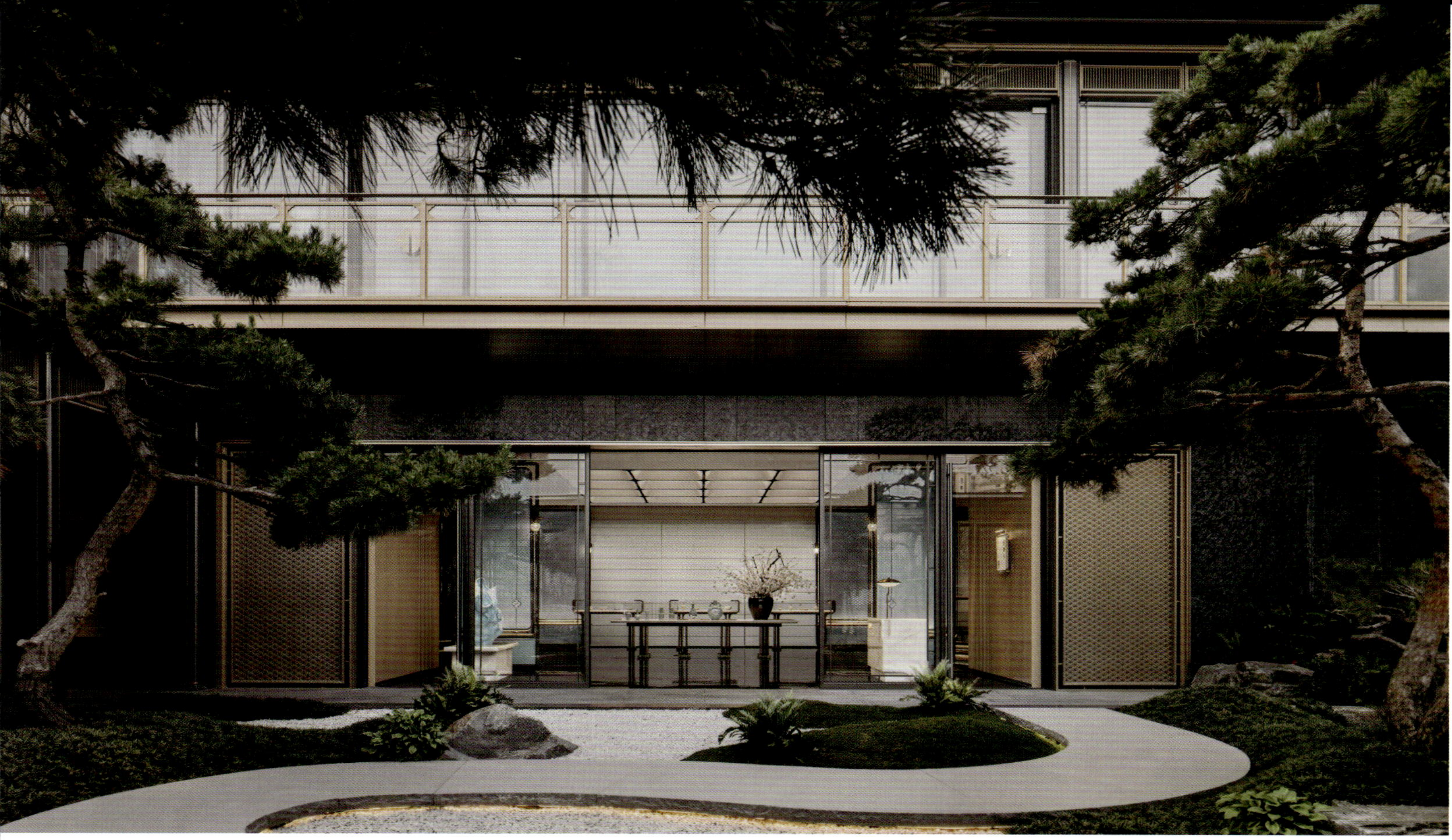

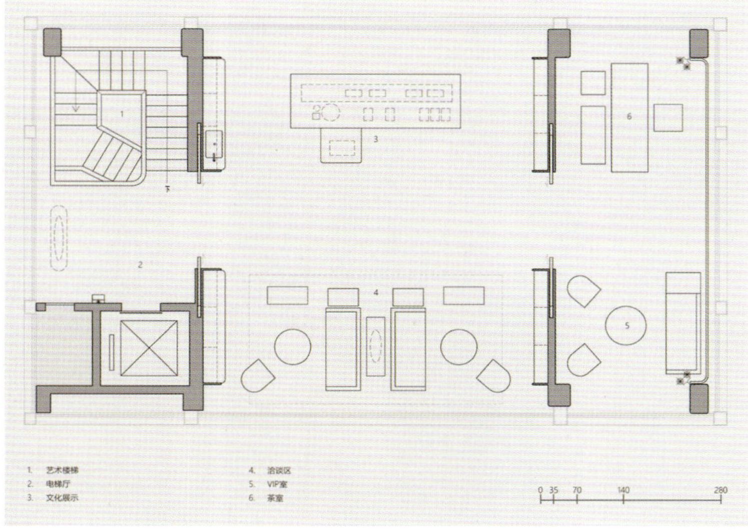

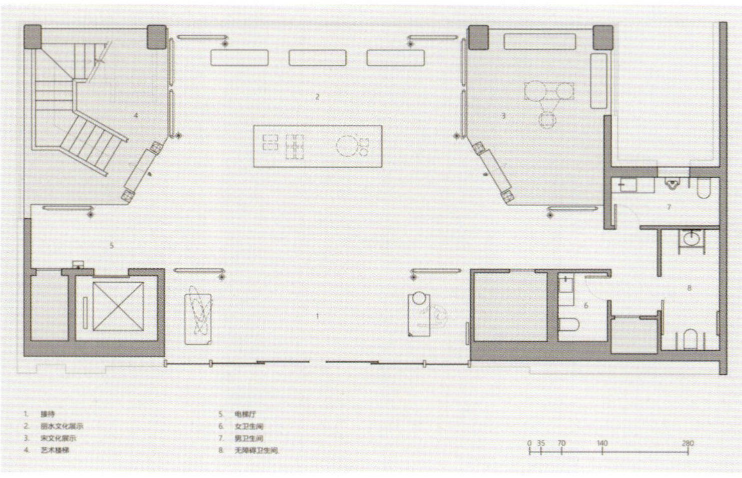

一层平面图

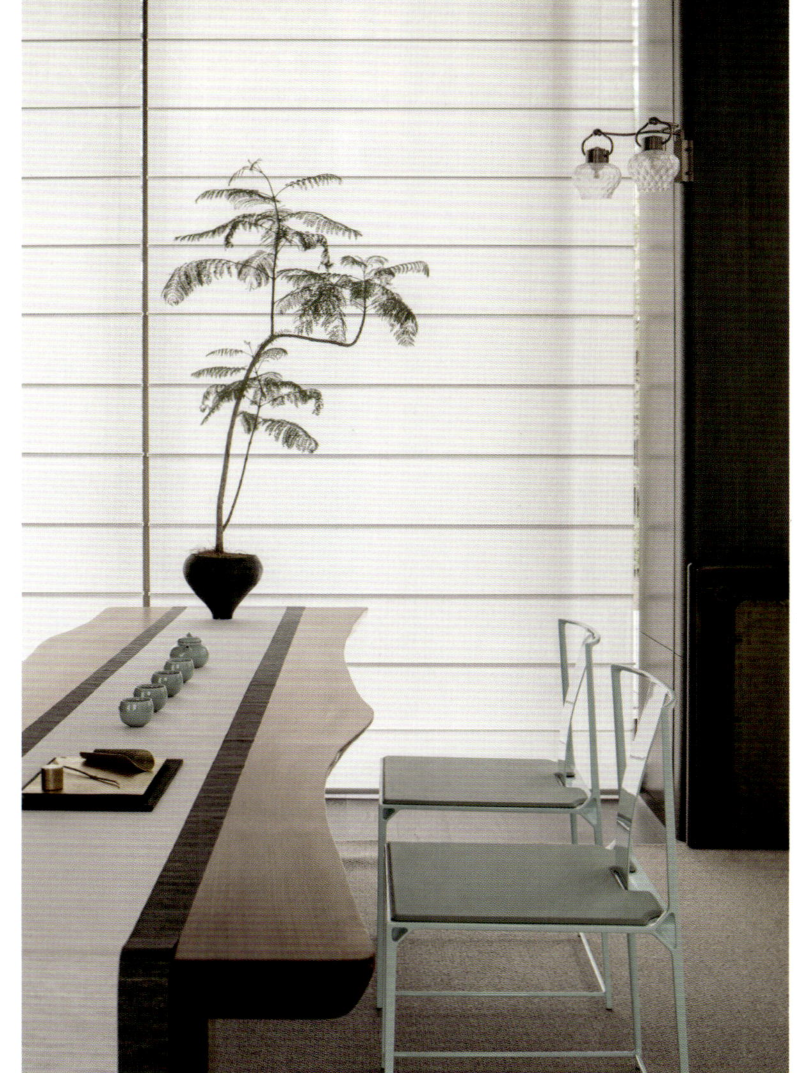

1 3|4
2 5

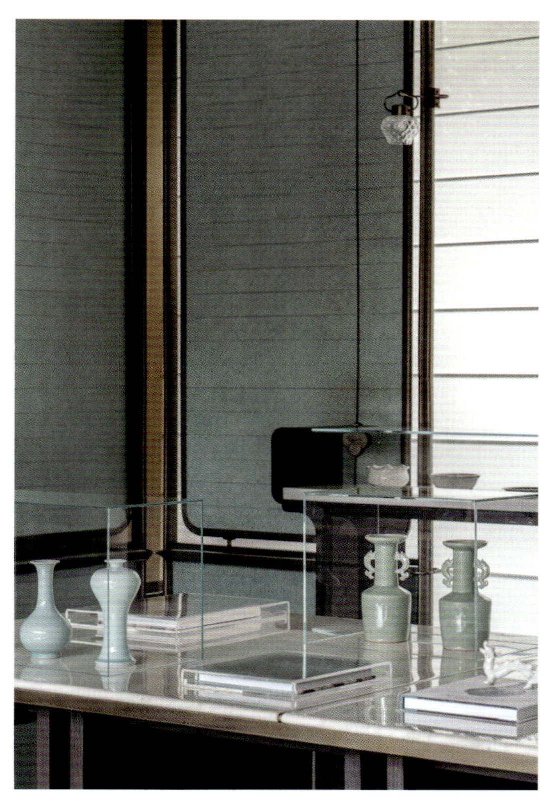

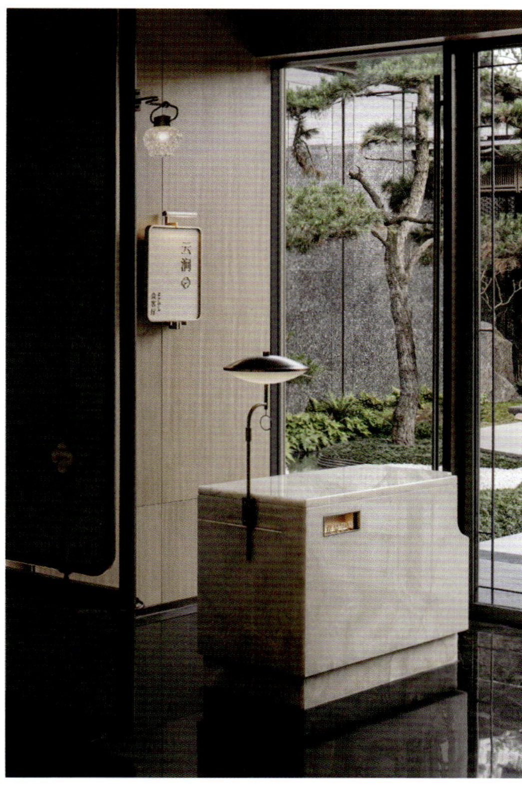

1. 把天青色如水彩般调和在屏风中
2、5. 二楼洽谈区以现代手法融合宋式风雅
3. 展台内的宋式器物
4. 会客厅前台

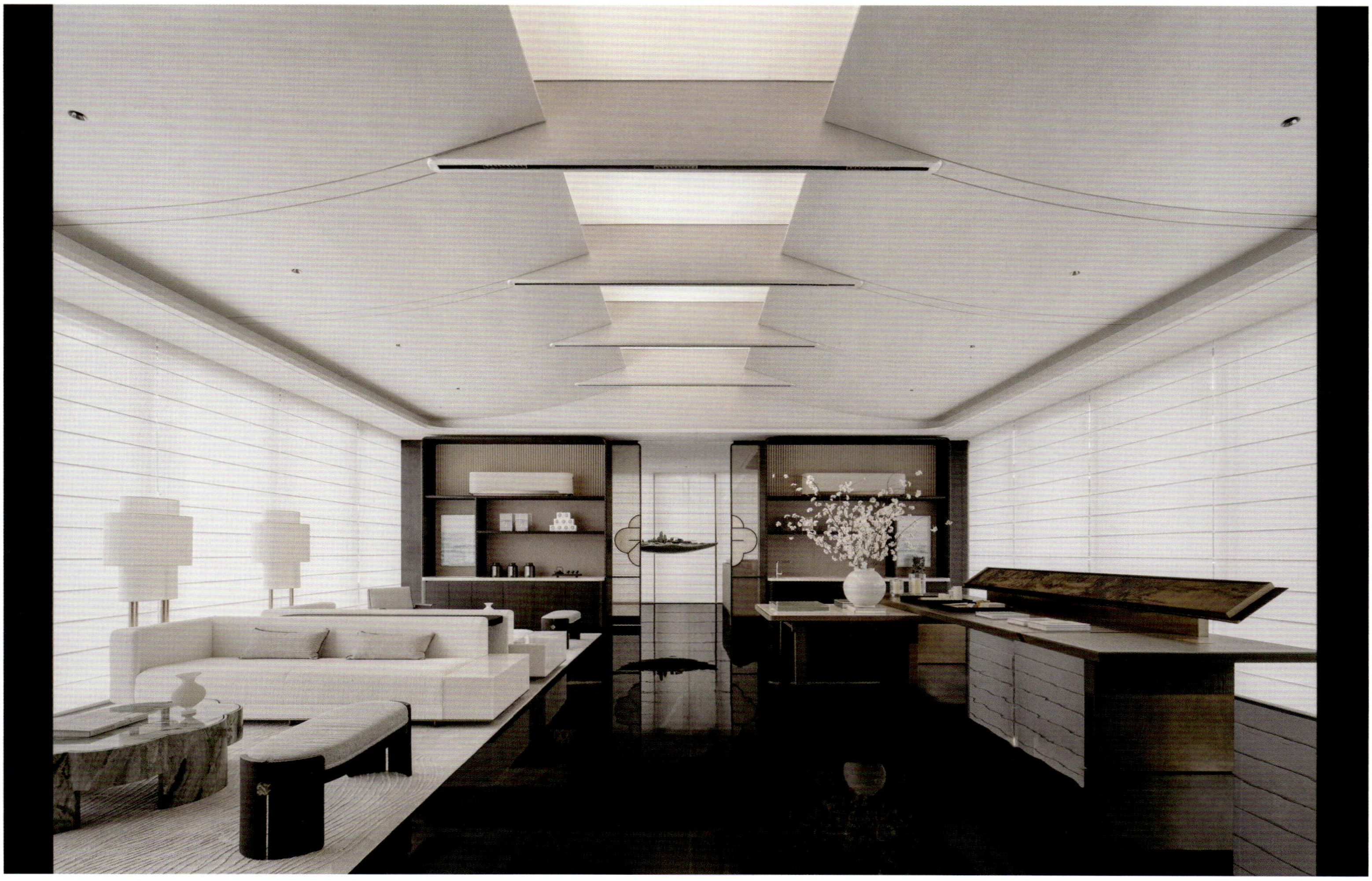

重庆电建西永泷悦长安营销中心

设计单位：深圳市盘石室内设计有限公司
设　　计：吴文粒、陆伟英
面　　积：650 平方米
主要材料：古清玉石石材、百达翡翠奢石石材、木饰面、定制墙布、乱纹古铜不锈钢、夹绢玻璃
坐落地点：重庆
完工时间：2023 年 11 月
摄　　影：一千度视觉摄影

青绿千载，山河无垠，穿过浩瀚的时间长河，宋风雅韵流转于匠意营造中，回响在巴渝大地上。本案是由盘石设计联袂中国电建地产精心迭代的宋式 3.0 作品，是对宋式风格的再次深度探索。从宋式 1.0 清韵阶庭的宋式风格，到 2.0 高新泷悦长安的宋式场景打造，直至宋式 3.0 西永泷悦长安的纯正宋式生活体验，这是一次宋式美学与现代生活融合的全面演绎，为居者续写宋式生活美学的新篇章。

如画漏窗，应景而设。玉石松青迎客立，枝繁叶茂意盎然，看似无声却有声。循着这含蓄而隽永的韵律，入园、入境，沉醉于雅宋山水间。取八斗藻井之形，融麒麟吐玉书之典，化繁为简，营造出生活的仪式感和精致感。匠心独运的形意演绎，承载着时间的印记，铺展开璀璨的画卷。“磨润色先生之腹，濡藏锋都尉之头，引书媒而黯黯，入文亩以休休。”古人对文房四宝的赞歌仿佛一直萦绕在四周。一角一隅，无拘内外，笔墨纸砚，雅俗共赏，充盈着传统文化的独特魅力，绽放出朴素器物与心灵对话的智慧灵光。

婆娑光影下，一缕轻烟袅袅升起，琴声悠扬，如缕不绝，使人进入物我两忘的想象天地。一室、一琴、一香，好一番古韵悠情，好一道诗画风景。不经意间《千里江山图》的峰峦叠翠就闯入视线，揽群山起伏，观江河烟波，千古画卷的浩大与精微，将大宋雅韵注入每一个角落。两侧屏风以虚实相生的形式相呼应，实如画中山峦稳重而坚定，虚若山间云雾轻盈而飘逸。把从画卷中凝练出的千山绿和琉璃黄这两种传统色融入空间场景，居游其中，一纹一理皆气韵，一物一景皆意境。梦序西园，湖影宋宴，在灯火阑珊处暂忘尘世纷扰，一切已然入画。曲水流觞，光影朦胧，觥筹交错，且饮且谈，每一刻都是风雅时，每一处都有丹青意。

1. 入口两侧青松迎客而立
2. 以山水为骨的璀璨画卷徐徐铺开
3. 洞中有景的层叠意趣

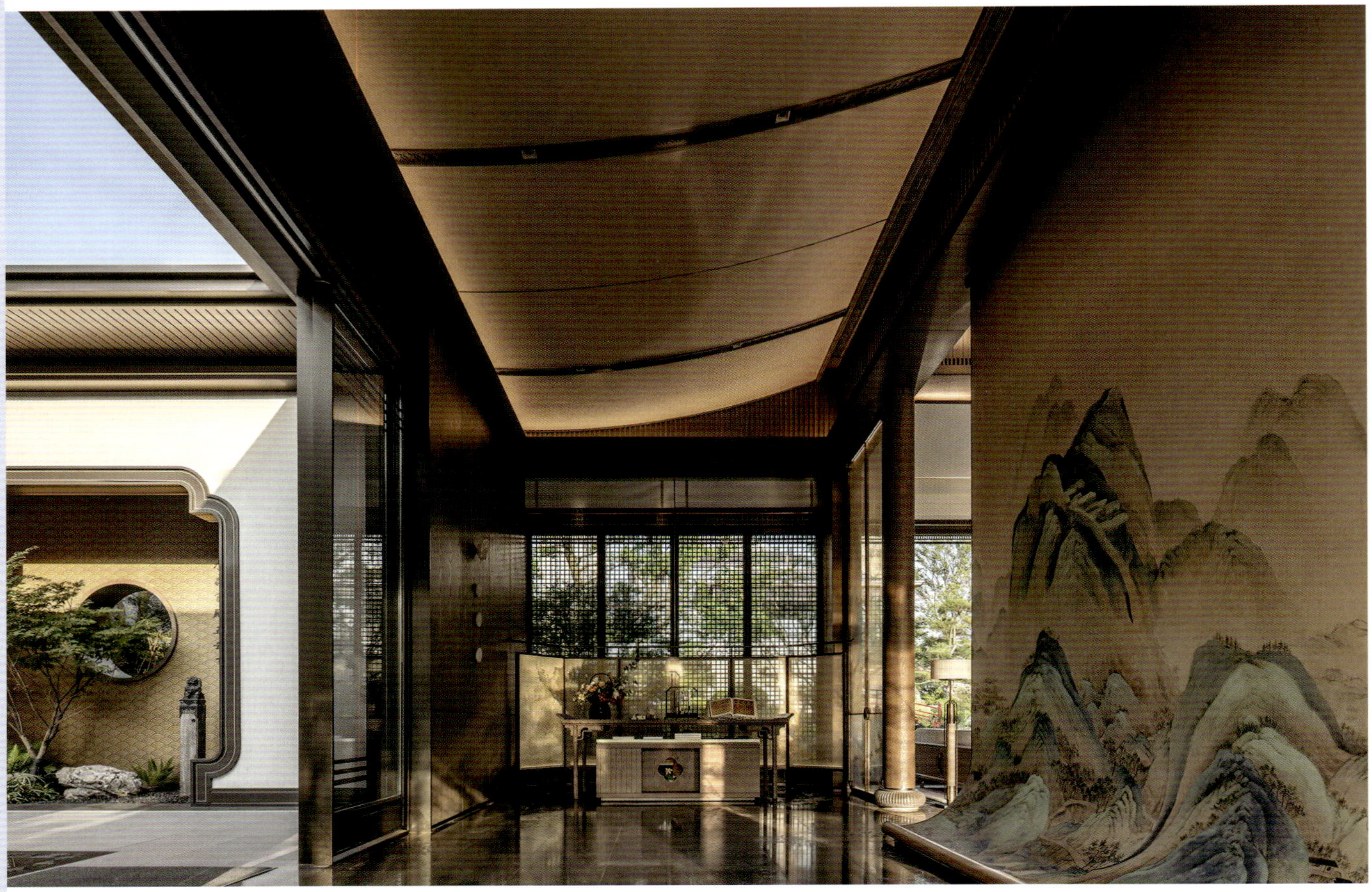

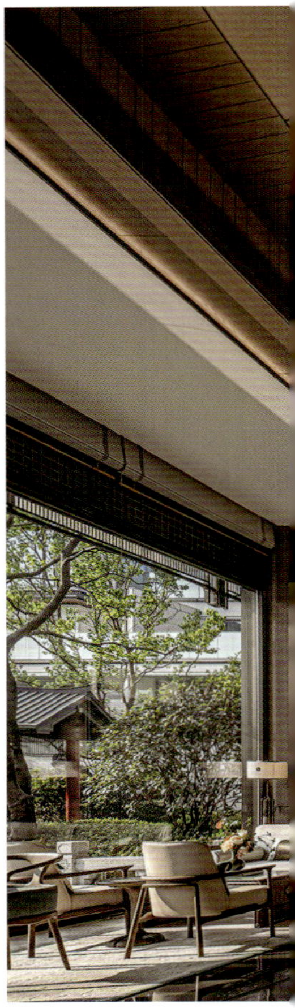

1|2|3
4 | 5

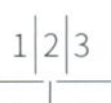

1. 纵览《千里江山图》的峰峦叠嶂
2. 把画卷中提炼的琉璃黄和千山绿色彩融入场景
3. 接待前台
4. 两侧屏风虚实相生
5. 大幅落地窗引来诗画美景

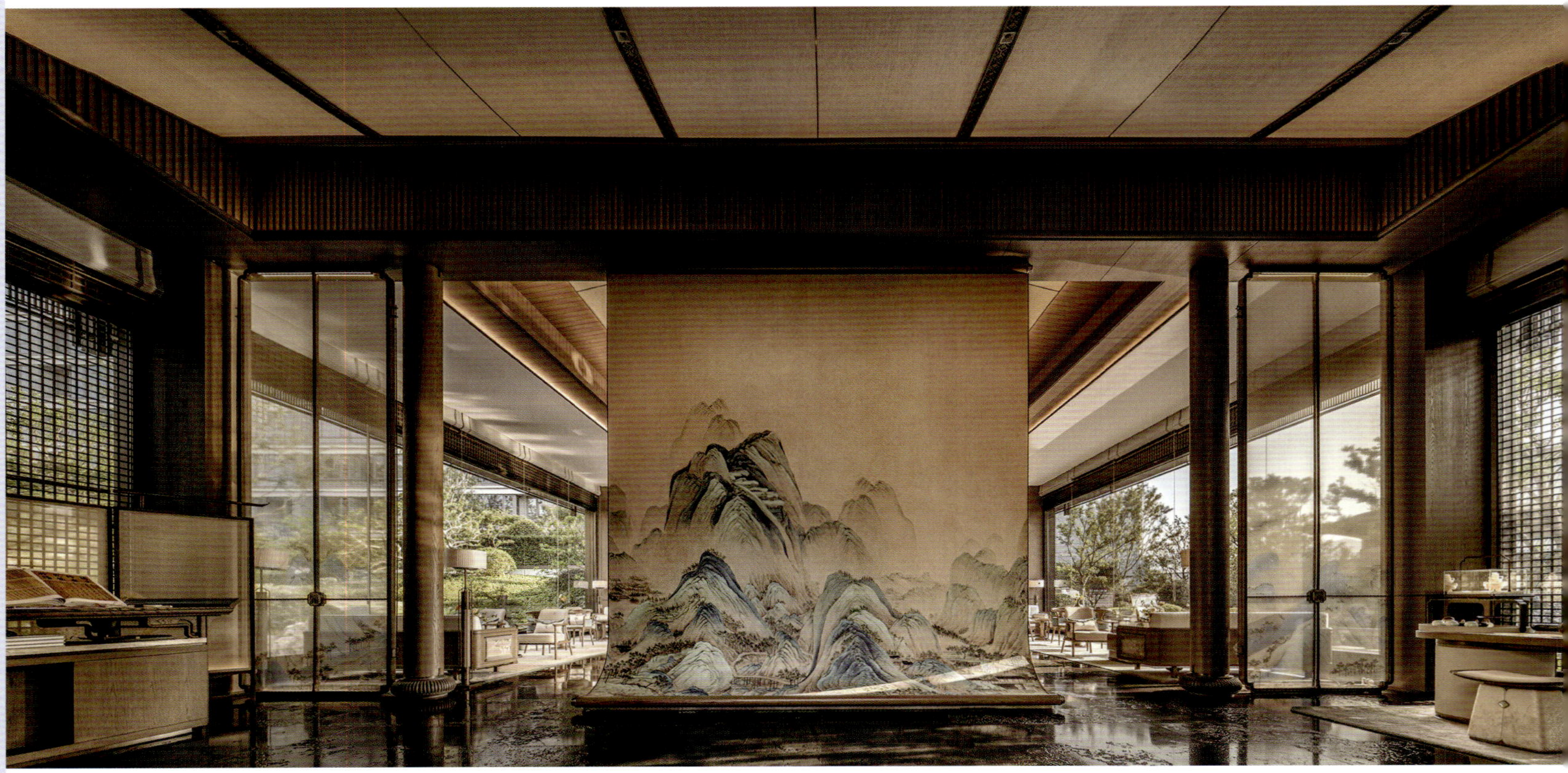

弘安里

设计单位：上海无间建筑设计有限公司
设　　计：吴滨
参与设计：刘方达、洪奕敏、高颖、侯冠州、刘依伦、莫濠诚、董奕君
面　　积：600 平方米
主要材料：意大利石灰岩、山纹定制木饰面、卡拉卡白大理石、玉石、古铜金属板、真皮地板、金箔、大漆
坐落地点：上海
完工时间：2023 年 11 月
摄　　影：钟子鸣 Jerry

石库门作为上海东西交融的文化符号，其独特的城市形态与所承载的城市生活，深蕴着上海近代城市的文脉。无间设计赋予生活以东方意趣，雕琢出丰盈的日常，往昔熙攘的里弄光阴仿佛触手可及。回应里弄生活中的亲密感与边界感，重新梳理空间内外连接，将传统石库门建筑中“正厅—天井—偏厅”的空间关系赋予现代化演绎，同时延续旧时上海的场地记忆。

一扣、一推、一掩，视野在踏入玄关的那一刻豁然舒展，客厅与庭院融为一体，空间交织共生，顶部弧度优雅的拉梅曲线与下方一起包容出“天圆地方”的开阔空间。无间“海上”系列主沙发置于客厅中央，月白色与黛色巧妙呼应了大漆案几，而泼墨地毯则蕴含无尽的诗意。临案而坐阅书鉴古，后方的《无题》画作与底部泼墨空间相照应，闲散而舒适。黄铜蚀刻台面的肌理变化不息，与造型别致的木雕摆件暗生趣味。

客厅与餐室融合为一体，暖黄色大理石餐桌配以白橡木染深制成的座椅，冷暖相宜。穿廊而过到达茶室，案上微粉的花蕊与杯中流转的茶液相沁，墨笔字帖与白釉茶壶有清瘦古朴之美。自然光在触感温润的玉石马赛克墙上投下一道泾渭分明的暗影，石墨色木制屏风与之交叠仿佛是晨昏交替。炉上茶氤袅袅腾起如林间晨雾。中国园林讲究造景如“造境”，如此以为乐。

负一层主要由沙龙和酒吧区构成，开放式吧台灰色玛瑙般的大理石台面纹路似海浪，柜墙上流金的酒液散发着柔和的光。沙龙一角通向主人的音乐厅，越过略显隐谧的入口向内探视，刚好落在《看》这幅岩彩作品上，画笔与色彩交织奇思，象征一个精神性空间的开端，缓缓流动的音乐是宁静的和弦。麂色沙发后是一个半开放的博物馆空间，温暖的壁炉配上玉色茶几和金属烛台，淡淡的熏香味松弛而宁静。顺着私人藏品空间往右手边是一间小型美术馆，进入的光线与浅色背景浓淡得宜，颇得神性，如同进入维米尔画作中的私人世界。整个负一层空间亦是一件艺术品，完整而自由，形成一个精神的所在。二层和三层是更为生活化的居住空间。二层的家庭室面窗而设，以浅色木调为主，辅以金属及陶艺陈设，融入旧时光里的书卷气息，屋外上海老宅的景色在郁郁葱葱间尽收眼底。三层的主人居室在光影碎片中弥漫着慵懒的诗意，衣帽间两侧分别置有安宁享受的汤屋及功能完备的化妆厢，将一切回归至“居”的原点，形成一个有机的会呼吸的整体。

东西方的生活方式，古老与现代，在光阴的点滴中凝汇，再现在石库门的一院一落，耳语着新的生活启示。

1. 顶面优雅弧度与下方一起包容出天圆地方的开敞空间
2. 客厅与庭院交织共生
3. 沙龙区

负二层平面图　负一层平面图　一层平面图　二层平面图　三层平面图

1	4/5	6
2 3	7	8

1. 吧台灰色玛瑙般的大理石台面纹路似海浪
2. 家庭活动室以浅米色调为主
3. 茶室触感温润的玉石马赛克墙面
4. 洞口光线将观者引入艺术的维度
5. 影音空间
6. 主卧前厅金箔顶灯折射出柔光
7. 温馨客卧
8. 主卧房

绿城杭州 · 芝澜月华轩

1. 老钱风格的空间整体
2. 客厅与露台相接
3. 黑白拼花地砖限定门厅区域
4. 餐厅

设计单位：飞视设计
设　　计：张力
参与设计：甘耀云、吴紫雁、李洪、王垚、钟琦旦
面　　积：379 平方米
主要材料：石材、大理石、影木、编织皮革、艺术壁纸、拼花木地板
坐落地点：浙江杭州
完工时间：2023 年 10 月
摄　　影：张麒麟

此时此室，回归经典。住宅不止于风格，更是万般生活。本案以“老钱风”为空间调性，模拟大家族繁荣更替的故事氛围，塑造沉稳复古和庄严优雅的空间调性。

圆是完美的象征，门厅圆顶之间点缀着奢华的装饰灯，强调空间华丽庄重的风格，在入口的序列感之外又增加了几分仪式感。地面黑白交叠的拼花地砖限定了门厅区域，空间的层次变化由繁到简，拉动视线向内探索。

视线入内，是一场有关审美和品质的经典对弈。古朴稳重的黑色悬挂式壁炉彰显高贵气质，硬质的哑光金属与黑色大理石圆台明暗交辉。质感亮泽的石材奠定了空间基调，而铺设的软装明确了老派雍容的居住内涵，经典的陈设与家具在风格和材质上有着丰富的变化。在时间的流逝下，共同展现岁月沉淀下的质感与底蕴。

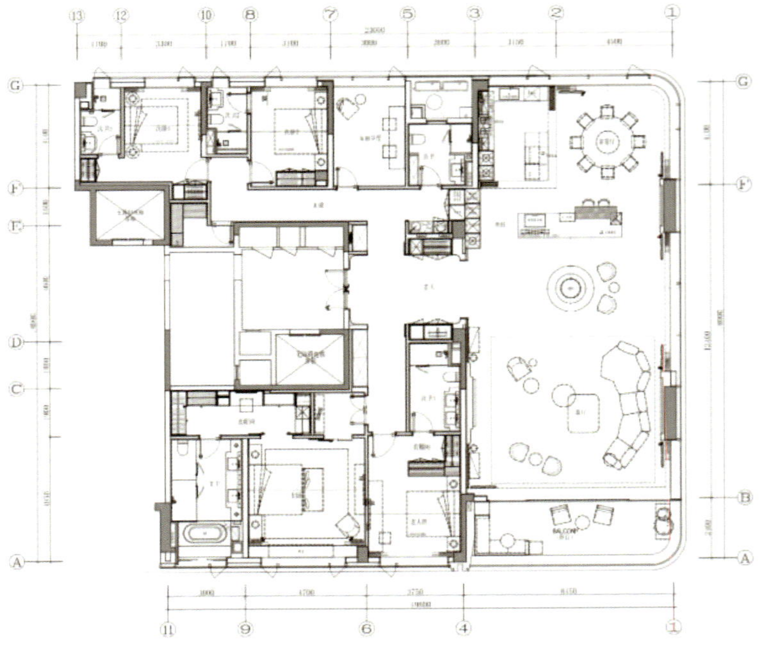

平面图

1	3
2	4 5

1. 红色地毯塑造沉稳复古风
2. 椅子色调与抽象装饰画色块相呼应
3. 宽敞的卧室以奢华吊灯装点
4. 卧室一角
5. 局部空间

保利 · 璞悦

设计单位：LSD 室内设计
设　　计：葛亚曦
面　　积：360 平方米
主要材料：木饰面、墙布、皮革、金属、奢石
坐落地点：河南郑州
完工时间：2023 年 9 月
摄　　影：见筑工作室

在设计开展前，设计师希望在风格之上强调基于“人”的思考，发掘共性和个性需求。让“物”不再成为空间最重要的符号表达，而是还原生活中最初的、丰富的感知，解构并使其回归当代共相，服务于现实生活。郑州保利璞悦擅长将酒店与豪宅进行折中，酒店的永恒命题就是非日常感的营造，将其转化到居住语境下，设计的呈现方式就不仅局限于美学或功能，更关乎如何通过环境来引导居住者的行为。

设想，家也可以成为一个具备“漫游”潜质的空间，用共相包容不同文化背景下的异化表象形式，通过日常难以截取的体验片段融入空间的交互模式。在平面布局中以弱边界化的空间构成，打破动静分区的间隔等设计手法，使居住空间拥有更多非日常的场景化体验。

会客厅的层高约 5.6 米，两侧 360° 环绕窗景让北龙湖的景色一览无余，天光成为塑造空间的自然造物之一。主背景运用大面积绿色奢石和局部古铜金属，让视觉中心聚焦，增加酒店般的品质格调。基于会客厅挑空开阔的尺度，软装整体形态以主背景为中心聚拢，采用低矮的家具衬托空间的气势与层次感。会客厅、餐厅与阳台形成连贯的洄游动线，通过布局的仪式感营造酒店式的会客场景。餐厅选用中古餐椅，搭配玉石、竹节等含有自然元素的配饰，让自然审美与文化气质相呼应。

空间的功能构成以实用性为前提，打破传统主次卧的格局，在顶跃户型中打造“双主卧”的空间分布。卧室以酒店套房的形式布局，整体质感的体现通过细节的雕琢来呈现。兴趣房与女孩房串联，两个空间可开可合，相互交叠又相对独立。作为家庭的爱好核心，家庭成员的日常交互从音乐中传递。家庭室是家人共同创作互动的区域，与主卧连通形成大开间。动和静的重组打造也是“可居可游”的设计重点之一，每个空间并不完全独立分开，可以在日常行为中产生互动。

1 2 3 4

1. 两侧环绕窗景让湖景一览无余
2. 空间布局弱化了边界
3. 主背景是大面积绿色奢石
4. 楼梯

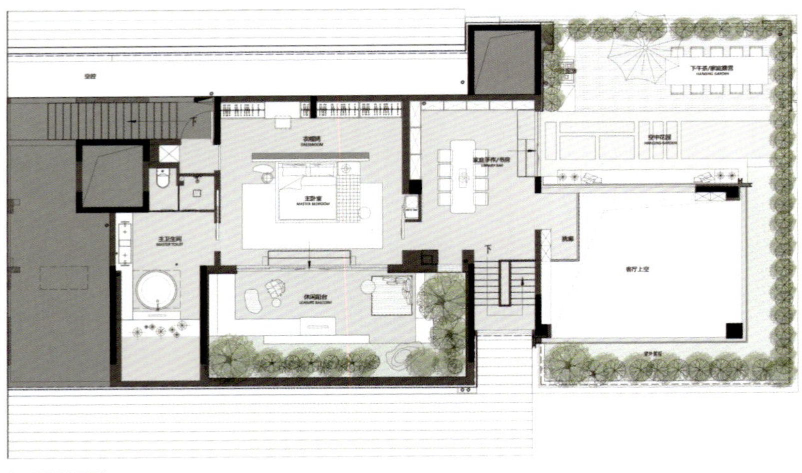

阁顶层平面图

顶层平面图

1	3
2	4

1. 茶室
2. 书写室
3. 女孩卧房与兴趣房相串联
4. 卧室以酒店套房的形式布局

宸嘉发展成都嘉佰道

设计单位：北京居其室内
设　　计：戴昆
面　　积：85 平方米
主要材料：石材、金属发光层板
坐落地点：四川成都
摄　　影：朱迪

自然是伟大的疗愈者，我们也在逐步探索与自然之间的共生关系。本案设计灵感来源于“竹”，这是成都的经典元素符号。竹子清秀素雅，同时还有节节高升的美好寓意。将竹子作为主题巧妙贯穿在整个设计中，达到还原自然的设计再升级。

玄关部分的背景墙将竹节元素进行拆分重组，玄关桌上的花器像竹筒的形状，错落的灯光氛围赋予强烈的入户仪式感。客餐厅部分采用开放式布局，通过远端落地窗将景色融入室内。选取暖灰色系木作搭配米白色皮革硬包，清新淡雅的绿色调带来通透的呼吸感。值得一提的是客厅单椅进行了更加艺术化的升级，成为一个亮点。另外一个亮点是艺术家陈澈的原作《未知生长》，它是“自然乌托邦”系列中的一幅，变幻绚烂的线条像是丛林中的自然光斑，亦真亦幻，带有超现实的梦境感。

客厅与西式厨房采用整面隐蔽式储物柜，在满足功能需求的基础上使整体背景更加规整。西式厨房凹龛处使用大面积苔藓色石材，模拟竹的生长环境，搭配金属发光层板，提升空间氛围感。客厅的屏风和餐厅的艺术雕塑均融入了竹元素，将竹节或竹筒进行重构和材质转化，从而形成了独特的艺术品，反复加深竹文化这一主题印象，承载场景与自然的共鸣。

主卧主要采用色彩谱曲，用硬装来强化竹的印象并作为曲的章节，用软装填入色彩的音符。柔和木色和清新绿色营造出柔和放松的空间体验，背景墙延续了竹林的意向，金属结构模仿竹节的自然结构，更显精致优雅，与入户玄关形成空间的呼应，使整体空间达到一个完整性。衣帽柜的玻璃金属柜门提升了通透感，地毯上采用更直观的竹叶符号来表现，让人的情绪最终到达一片宁静的城市绿洲。客房部分延续了整体空间的色彩和主题调性，同时增加了花艺和香氛，墙饰是不断重复的花瓣和叶子，看似重复但却独一无二。

厨房空间的柜体选用烤漆柜门板，高光质感可以放大空间感受，同时与客餐厅色彩呼应。柜体有精细的分项收纳，立体增容，提高使用的便利性，希望给业主增加烹饪的愉悦度。

1 | 2 | 3

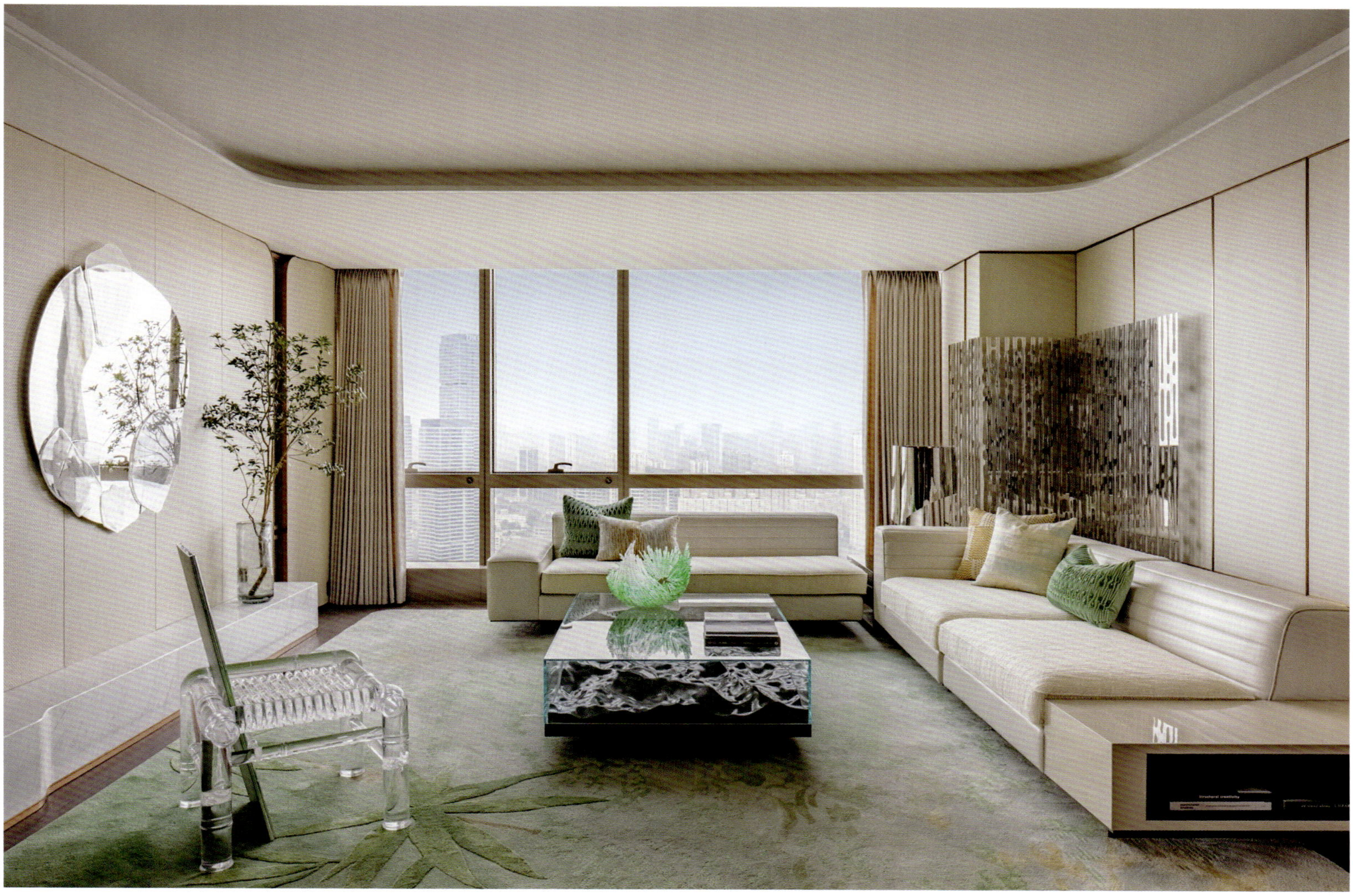

1. 客餐厅区域采用整面隐蔽式储物柜
2. 落地窗带来通透的呼吸感
3. 屏风模拟竹形态成为独特的艺术品

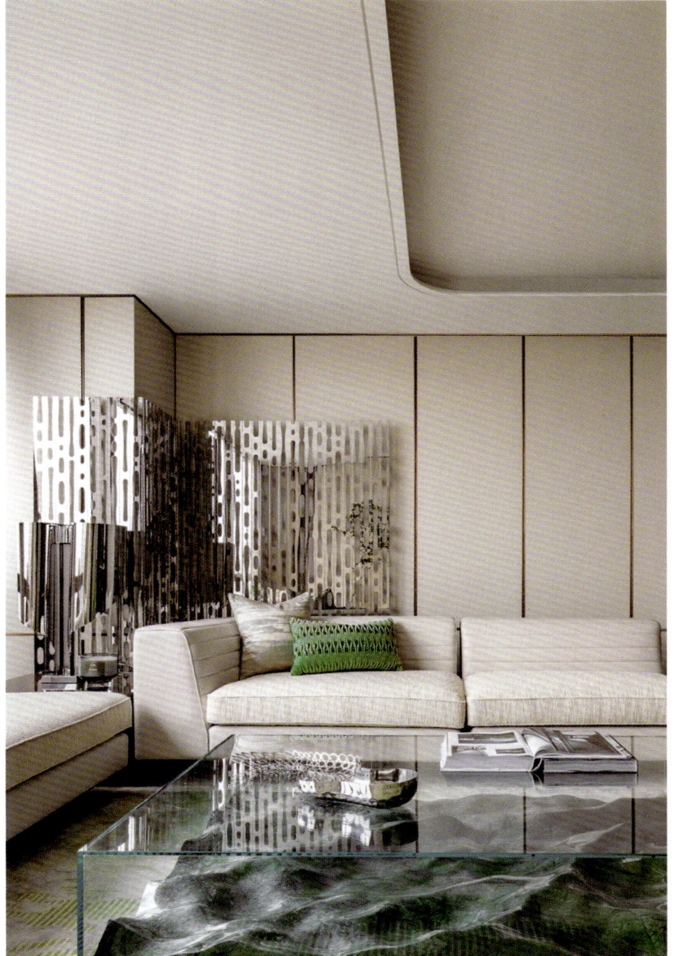

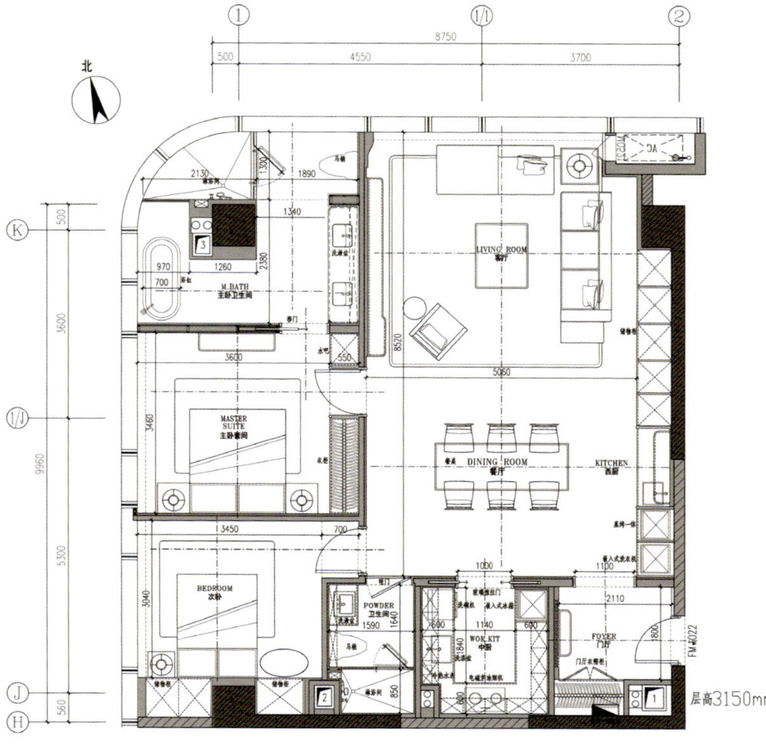

平面图

1 | 2|3 / 4

1. 竹筒元素被串联成柔美灯饰
2. 玄关将竹节元素拆分重组
3. 清新绿色织物营造放松的卧室氛围
4. 通透感的卫生间

厦门帝景苑大堂

设计单位：P A L 设计集团
设　　计：何宗宪
参与设计：林静榕、王亮
面　　积：1500 平方米
坐落地点：福建厦门
完工时间：2023 年 2 月
摄　　影：深圳本末堂 / 陈彦铭

厦门帝景苑位于城市为之骄傲的位置，坐拥一线湖景，打造优雅的生活方式。建筑与音乐共鸣，艺术与环境同体，音乐创造出某种无形之物，通过在空间内部的穿行逐步铺陈开来，利用节奏的高低起伏，虚实进退的变化，来表现音乐般抑扬顿挫的律动和旋律感。

这座大堂是显赫的门庭，错落的曲线，细腻的石材纹理，内敛的光影，组合堆叠出丰富的视觉层次，辅以精致的艺术点缀，雕刻如私人客厅般的亲切与归属感。室内空间兼具现代与古典的气质，伴随着空间的收放形成一种韵律，表达出交响乐般的浪漫、大气、恢宏。在现代主义的表皮下，包裹着的是古典主义优雅的音乐内核。阳光穿过门上的图案照亮一道道拱门，接受光的洗礼，拱在光芒中荣耀起来，归家的步伐变得神圣。以不同粗细的黑线勾勒秩序感与现代感，通透的玻璃让视觉得以延展，塑造雅致的尊尚空间。

空间中的结构柱变成一道道拱，这些拱把建筑的两条单线变成一个面，在面的推进下，空间变得更加深邃。以横纵多变的方式丰富空间，如同广阔的音域优势，休憩区利用丰富的线条与材质组合建构空间深度，典雅的圆角直线，动感的曲线圆弧，设计师以不同的线条区隔空间，如小步舞曲般精细书写瑰丽与高雅。而连接自然与室内的过渡空间则采用奏鸣曲式的曲调，舒缓而悠扬。

设计与音乐的共通之处在于两者均通过解构与重塑的过程，不断将零散的元素打磨、细化、搭建，最终创作出完整的情感输出。在古典建筑布局中多以均衡对称的形式把体量高大的要素作为主体而置于轴线中央，其他空间以从属关系分置左右，空间序列呈现一种秩序的美感。

在装饰工艺上，多处使用石材原料削出双曲弧面，如原石雕塑般呈现体量感和艺术性。流利错落的曲线，细腻的石材纹理，铁艺以镂空方式勾勒出轻盈的轮廓，中和了石材的厚重与沉闷，内敛的光线组合出堆叠丰富的视觉层次。精湛的工艺、丰富的细节，以近乎极致的方式诠释奢华。

这里成为归家礼序的过渡，细品之下设计的细节如同音符般精致鲜明，提炼建筑立面线条融入大堂空间，让视觉语言随行延展至里。公共空间更多强调人与人、人与空间的联系，在这里打破边界与陌生。方形与圆形是原始几何形体，以原始形体作为空间造型元素，将对称、均衡、和谐、韵律发挥到极致。

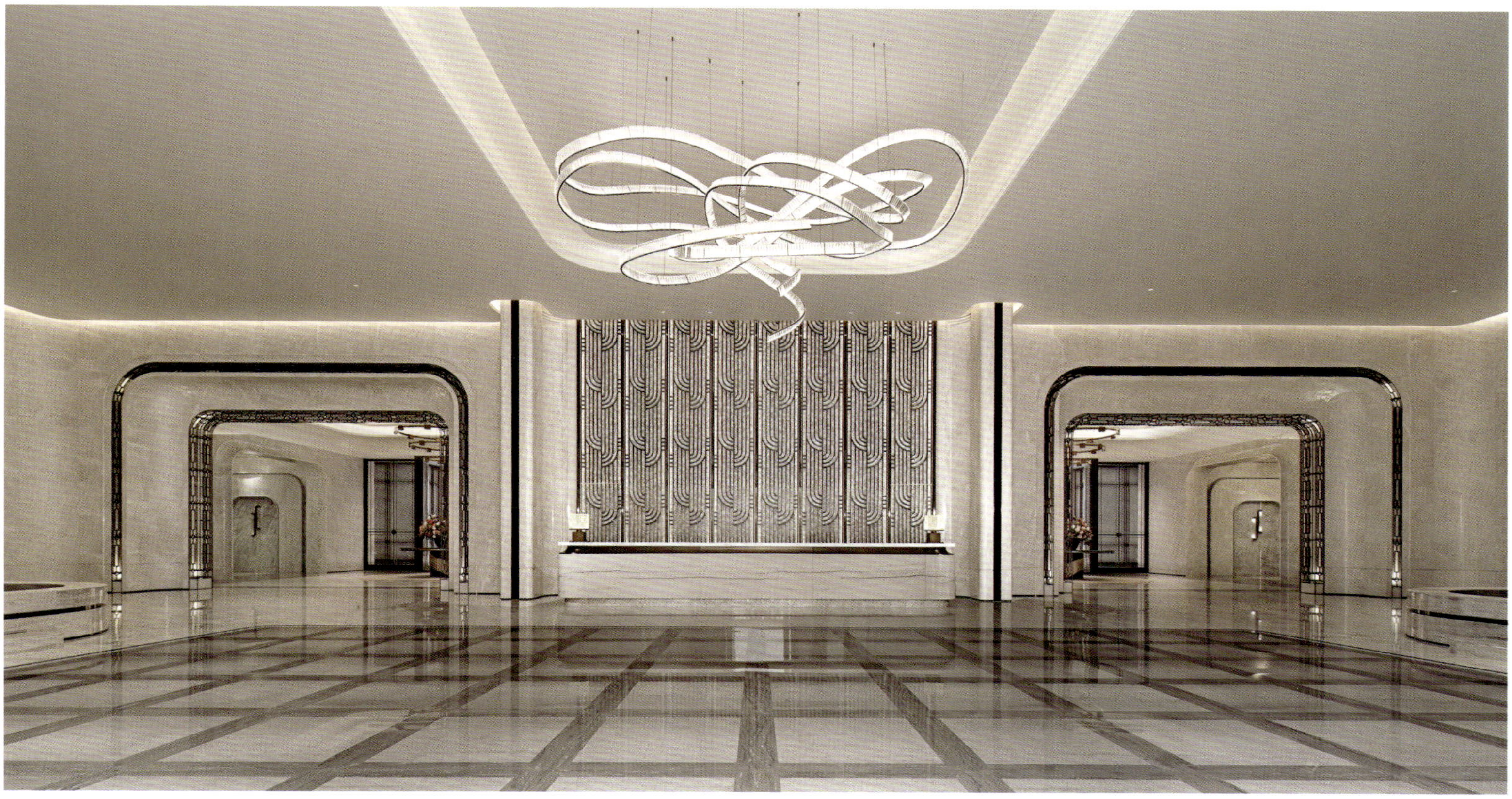

1 | 2 | 3

1. 大堂是建筑的显赫门庭
2. 高挑的空间
3. 组合堆叠出丰富的空间层次

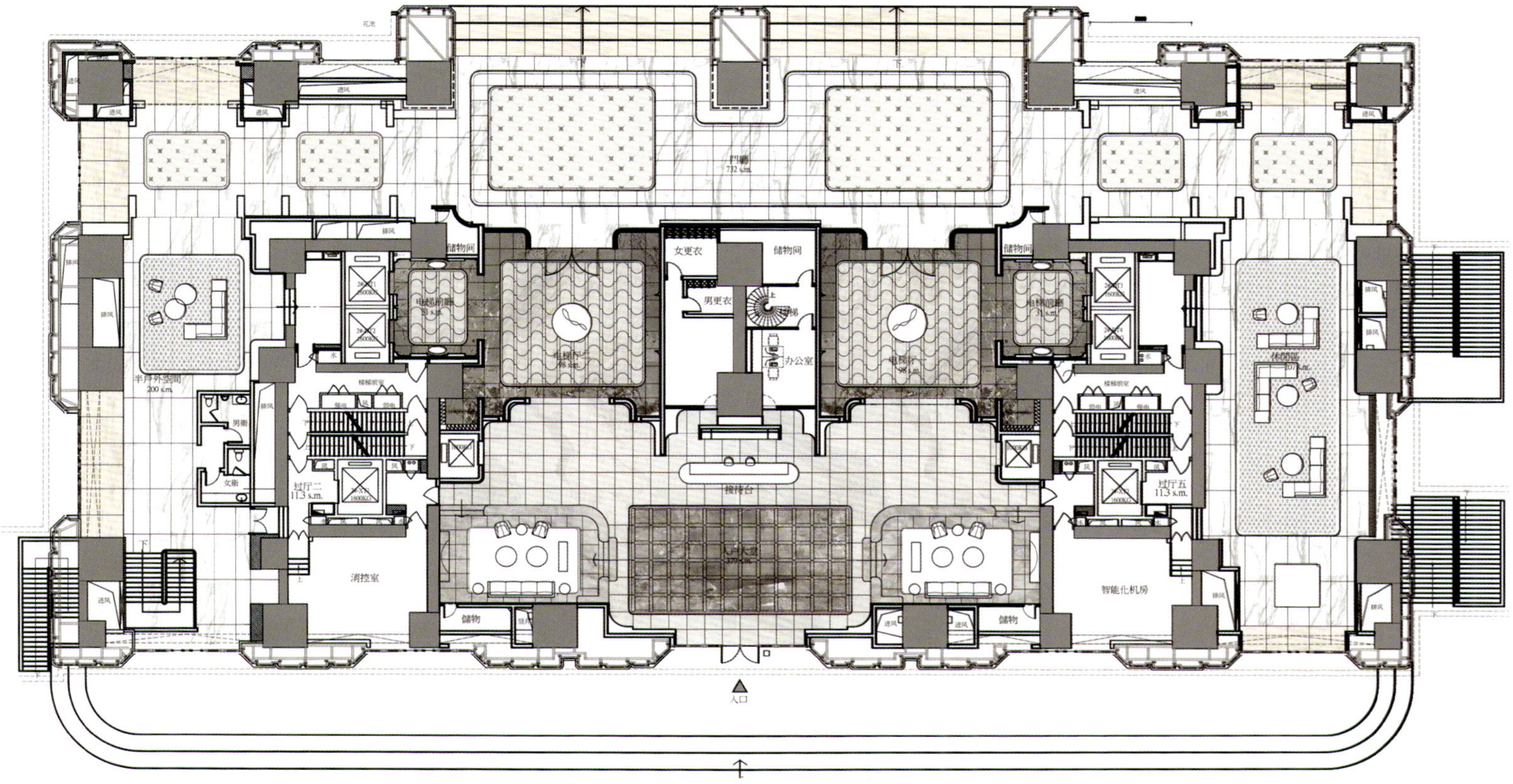

平面图

1 | 4
2 | 3 | 5

1. 道道拱门接受光的洗礼
2. 休息区以丰富线条建构空间深度
3. 电梯厅不同色系石材的组合
4. 灵动雕塑
5. 镂空铁艺勾勒出轻盈的线条

湖滨饭店

设计单位：哈尔滨唯美源装饰设计有限公司
设　　计：辛明雨
参与设计：张君秋、马玉滢、李金城、刘刚毅、王坤
面　　积：10100 平方米
主要材料：石材、木饰面、艺术漆、金属、墙布、玻璃、地板
坐落地点：黑龙江齐齐哈尔
完工时间：2024 年 1 月
摄　　影：王思文

安吉雷迪森维嘉酒店春天尚居店

设计单位：泛域设计（Fununit Design）
设　　计：朱啸尘
参与设计：柴尔焕、陈琳、吴雨昕、翁亮亮
投 资 方：安吉有欣酒店有限责任公司
面　　积：5270 平方米
主要材料：镜面不锈钢、落地玻璃
坐落地点：浙江安吉
完工时间：2023 年 10 月
摄　　影：奥观建筑视觉（AOGVISION）

黄山太平湖漫心府

设计单位：苏州黑十设计顾问有限公司
设　　计：徐晓华
参与设计：王红健、沈海东、宋美琴、刘宏伟
面　　积：10893 平方米
主要材料：肌理涂料、旧木地板、石材、艺术玻璃
坐落地点：安徽黄山
完工时间：2024 年 4 月
摄　　影：壹高

邯郸沐悦兰亭温泉酒店

设计单位：孙浩空间创意事务所
设　　计：孙浩
面　　积：11000 平方米
主要材料：蓝翡翠石材、灰姑娘石材、鱼肚白微晶石、金属覆膜板、木饰面、金属
坐落地点：河北邯郸
完工时间：2023 年 11 月
摄　　影：斑马视觉

谷奈酒店 · Goodnight

设计单位：未止工作室
设　　计：杨丹旭、王梓宁
面　　积：1280 平方米
主要材料：水磨石、莱姆石、艺术涂料
坐落地点：河南洛阳
完工时间：2024 年 6 月
摄　　影：立明

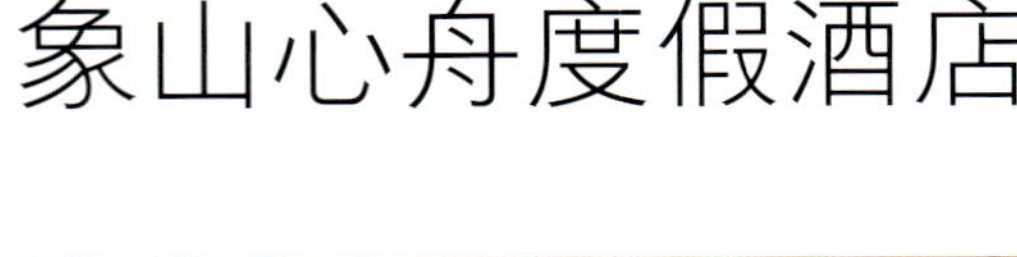

象山心舟度假酒店

设计单位：己合设计
设　　计：何乐鑫
参与设计：蔡格、鲁文兵
面　　积：7000 平方米
主要材料：玛瑙、原木、青龙玉、白色玉石
坐落地点：浙江宁波
完工时间：2024 年 3 月
摄　　影：樊晔亲、朴言

玄武庄温泉酒店

设计单位：深圳锋尚装饰设计工程有限公司
设　　计：蔡燕
参与设计：李向东
面　　积：9000 平方米
主要材料：艺术涂料、藤编
坐落地点：河南洛阳
完工时间：2024 年 5 月
摄　　影：王鑫炜

上饶龟峰花间岭碧水丹心精品度假酒店

设计单位：中国美术学院风景建筑设计研究总院有限公司
普济设计（杭州）有限公司
设　　计：郑学东、许静雅
参与设计：董正大、文友明、郑秋峰
面　　积：2486 平方米
主要材料：仿木纹铝板、肌理漆、安山岩、原木
坐落地点：江西上饶
完工时间：2024 年 9 月
摄　　影：上海都诺文化传播有限公司、许兰英

大同沐 · 清辰民宿

设计单位：李益中空间设计
设　　计：李益中
参与设计：刘弈言、骆大卫
面　　积：800 平方米
主要材料：木饰面、肌理漆
坐落地点：山西大同
完工时间：2024 年 4 月
摄　　影：初一

九月雅舍

设计单位：魔匠德克空间设计
设　　计：徐珊珊
参与设计：马若豪、张思婧
面　　积：90 平方米
主要材料：原木、艺术涂料
坐落地点：新疆特克斯
完工时间：2024 年 6 月
摄　　影：赵龙

西坡 · 横峰

设计单位：西坡设计
设　　计：施勇亮
面　　积：3100 平方米
主要材料：老木料、当地土陶瓦、三合土、水磨石、水泥漆、锯木纹地板
坐落地点：江西上饶
完工时间：2024 年 9 月
摄　　影：南西影像

湖南湘西 · 尔卓山谷叠云间民宿

设计单位：尌林建筑设计事务所
设　　计：陈林
参与设计：王嘉欣、陶丽莎、陈美婷、黄温怡、李洁琦、洪雨萌
面　　积：2000 平方米
主要材料：毛石砌块、玻璃砖、老石板、钢板、水磨石、微水泥、藤编
坐落地点：湖南湘西土家族苗族自治州古丈县
完工时间：2023 年 5 月
摄　　影：吴昂、丁诗颖

梵行养生会所

设计单位：寓尚设计
设　　计：任华军、陶栋
面　　积：建筑 1100 平方米，花园 2200 平方米
主要材料：大理石、实木、涂料
坐落地点：浙江宁波
摄　　影：金像视觉

花与民宿

设计单位：本位空间设计机构（杭州）
设　　计：周伟
参与设计：沈洁、雪花、昊楠、娟娟
面　　积：600 平方米
坐落地点：浙江杭州
摄　　影：瀚墨摄影 / 张家宁

山下

设计单位：杭州有斯装饰设计有限公司
设　　计：周鹏、叶文文
参与设计：李佳佳
面　　积：450 平方米
主要材料：木作、灯具、艺术漆
坐落地点：浙江杭州
完工时间：2023 年 12 月
摄　　影：川河摄影

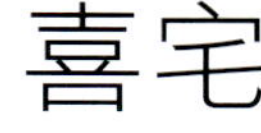

喜宅

设计单位：PXD 庞喜设计事务所
设　　计：庞喜、戴祖波
参与设计：薛涵、严冰冰、陈文海
面　　积：室内 300 平方米，庭院 500 平方米
主要材料：岩板、木饰面、不锈钢、艺术漆
坐落地点：浙江安吉
完工时间：2023 年 12 月
摄　　影：郑彦、许婧

水木世家

设计单位：安生建筑设计有限公司
设　　计：吴振宝
参与设计：陈钇达、陈建东
面　　积：1500 平方米
主要材料：艺术涂料、岩板、洞石、木饰面
坐落地点：四川隆昌
完工时间：2023 年 10 月
摄　　影：徐义稳

寻迹东方，任其自然

设计单位：OTL 本体建筑空间设计
设　　计：池陈平
参与设计：肖进宝
面　　积：2400 平方米
主要材料：岩板、皮革、不锈钢、亚克力、橡木
坐落地点：浙江杭州
完工时间：2023 年 12 月
摄　　影：瀚墨视觉 / 叶松

天津公园城叠墅 128 户型

设计单位：合创方黄（深圳）建筑师事务所集团有限公司
设　　计：方峻
参与设计：李嘉
面　　积：128 平方米
主要材料：大理石、木桌
坐落地点：天津
完工时间：2024 年 3 月
摄　　影：筑美文化

有空

设计单位：成都润舍纳图装饰设计有限公司
设　　计：李雪
参与设计：张登峰、王梦然、马明玥
面　　积：360 平方米
主要材料：艺术涂料、石材、手工砖、老木头
坐落地点：四川成都
完工时间：2024 年 7 月
摄　　影：边界摄影 · 边界人 / 邹毅

中海钱江湾 · 心居云邸

设计单位：容象空间设计（杭州）有限公司
设　　计：源木
参与设计：马海森、李加佳
面　　积：664 平方米
主要材料：岩板、混油木饰面、涂料、金属、墙纸、木地板
坐落地点：浙江杭州
完工时间：2023 年 10 月
摄　　影：瀚墨视觉

简美别墅，纯粹之境，素履以往

设计单位：尚层别墅装饰杭州分公司
设　　计：袁杰
参与设计：黄婷、邹博成、肖颖琨、曹林康、钱佳佳
面　　积：420 平方米
坐落地点：浙江杭州

郦湖美墅

设计单位：南京凹设计事务所
设　　计：姚俊
面　　积：400 平方米
主要材料：莱姆石、实木、乳胶漆
坐落地点：江苏南京
完工时间：2024 年 5 月
摄　　影：郑昊

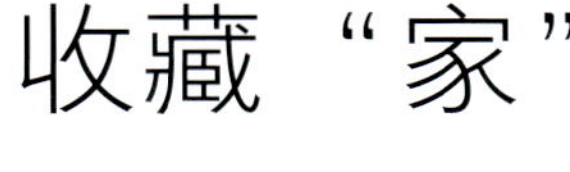

收藏“家”

设计单位：木梵空间设计
设　　计：高盈盈
面　　积：160 平方米
主要材料：乳胶漆、氟碳漆、免漆板、地砖
坐落地点：上海
完工时间：2023 年 9 月
摄　　影：王可

栖心

设计单位：南京南舍空间设计
设　　计：姜向东
参与设计：王孝超
面　　积：300 平方米
主要材料：木饰面，岩板
坐落地点：江苏南京
完工时间：2024 年 1 月
摄　　影：方立明

构成

设计单位：无一内建筑设计事务所
设　　计：吴恒
参与设计：金梦、任铭
面　　积：500 平方米
主要材料：磐多魔、艺术漆
坐落地点：安徽合肥
完工时间：2024 年 4 月
摄　　影：郑昊

设计单位：北岩设计
设　　计：李光政
参与设计：陈旭、杨叶帆
面　　积：350 平方米
主要材料：大理石、木饰面
坐落地点：天津
完工时间：2024 年 8 月
摄　　影：王海华

揽境

设计单位：理想猫建筑工作室
设　　计：熊瑛
参与设计：杨光亮
面　　积：446 平方米
主要材料：木饰面、玻璃
坐落地点：浙江杭州
完工时间：2024 年 2 月
摄　　影：张洋洋

植物盒子之家

沧鸣 · 斐墅

设计单位：WWS－吾舍雅居空间设计
设　　计：王思洋
面　　积：500 平方米
主要材料：大理石、工艺玻璃、金属、黑钢、实木
坐落地点：辽宁大连
完工时间：2024 年 6 月
摄　　影：小午

徽境 · 芳序

设计单位：BDSD 吾界设计
设　　计：林文科、孙征远
参与设计：邬锐康、何海权、潘美嘉、苏日贤、徐朝阳
面　　积：380 平方米
主要材料：艺术涂料、仿古砖、木地板
坐落地点：安徽淮北
完工时间：2024 年 7 月
摄　　影：瀚墨视觉 / 壹高

富春玫瑰园

设计单位：尚层别墅设计杭州分公司
设　　计：毛泰华
参与设计：李炎、余程凡
面　　积：500 平方米
主要材料：木饰面、艺术涂料、不锈钢金属
坐落地点：浙江杭州
完工时间：2024 年 1 月
摄　　影：瀚墨视觉

江景别墅

设计单位：上海吉尚设计
设　　计：丁林吉
参与设计：徐林义
面　　积：1000 平方米
主要材料：涂料、木饰面
坐落地点：浙江温州
完工时间：2023 年 6 月
摄　　影：瀚墨视觉

设计单位：温州简印空间设计
设　　计：倪成建、邹俊昕
面　　积：550 平方米
主要材料：锯齿木、橡木、洞石、砂岩、微水泥
坐落地点：云南昆明
完工时间：2024 年 3 月
摄　　影：瀚墨视觉

漫游自然意趣

设计单位：尚层装饰（北京）杭州分公司
设　　计：邓世鹏
面　　积：480 平方米
坐落地点：浙江杭州
完工时间：2024 年 3 月
摄　　影：瀚墨摄影 / 叶淼

海棠春晓

卷云舒

设计单位：南京形册空间设计事务所
设　　计：宣韩冬
参与设计：鲁尧、陈群
面　　积：1280 平方米
主要材料：大理石、木作、乳胶漆
坐落地点：江苏南京
完工时间：2023 年 11 月
摄　　影：Howie

高科荣境

设计单位：北岩内筑室内设计
设　　计：于园
参与设计：孙沙
面　　积：300 平方米
主要材料：地砖、乳胶漆、实木
坐落地点：江苏南京
完工时间：2023 年 4 月
摄　　影：黑曜石空间摄影

青岛麓山国际法颂独栋别墅

设计单位：青岛刘柯设计装饰有限公司
设　　计：刘柯
参与设计：庞毅赞、王雪洁
面　　积：1500 平方米
主要材料：透光奢石、线条
坐落地点：山东青岛
完工时间：2023 年 1 月
摄　　影：稻稻

让高级成为日常

设计单位：青创室内设计
设　　计：张泉
参与设计：陈煌、魏世健、薛明碧
面　　积：1000 平方米
主要材料：岩板、木作
坐落地点：浙江金华
摄　　影：瀚墨视觉 / 小四

山水何阔

设计单位：梵池设计
设　　计：王涛（松骐）、徐仁谦
参与设计：毛超、马强、陈迪、金白霞
面　　积：400 平方米
主要材料：奢石、岩板、皮革、金属、壁布
坐落地点：江苏南京
完工时间：2024 年 2 月
摄　　影：Ingallery 丛林

上海老洋房 摩登优雅之家

设计单位：同济大学设计创意学院
设　　计：汪昶行
参与设计：刘敏、李立文
面　　积：320 平方米
主要材料：拼花木地板、大理石、花岗岩、闽南红砖、墙纸、釉面砖
坐落地点：上海
完工时间：2024 年 3 月
摄　　影：黑弄

仁恒江湾世纪

设计单位：南京马蹄莲空间设计有限公司
设　　计：茅一倩
面　　积：170 平方米
坐落地点：江苏南京
完工时间：2024 年 3 月
摄　　影：Ingallery

几许

设计单位：行十设计
设　　计：张威
面　　积：160 平方米
主要材料：荔枝纹皮革
坐落地点：北京
完工时间：2024 年 1 月
摄　　影：立明

嘉里中心 · 都会栖居 AB 面

设计单位：容象空间设计（杭州）有限公司
设　　计：源木
参与设计：马海森、沈超悦
面　　积：220 平方米
主要材料：石材、岩板、雀眼木饰面、金属、瓷砖
坐落地点：浙江杭州
完工时间：2024 年 3 月
摄　　影：瀚墨视觉

千灯湖一号

设计单位：广州李友友室内设计有限公司
设　　计：李友友
参与设计：卢锐生、雷赣娇、陈泳珣、祝业杰
面　　积：300 平方米
主要材料：墙布、Fenix 板、石材、木地板
坐落地点：广东佛山
完工时间：2023 年 10 月
摄　　影：深圳江南、不二山人 SHANR

归心

设计单位：菲拉设计
设　　计：宋雄飞
参与设计：吴聪聪
面　　积：157 平方米
主要材料：文化石、艺术涂料、老原木、瓷砖
坐落地点：湖南新田
完工时间：2023 年 12 月
摄　　影：川河印象工作室

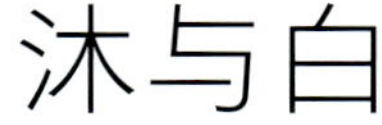

沐与白

设计单位：清羽设计
设　　计：李俊
参与设计：宋夏
面　　积：室内 200 平方米，花园 100 平方米
主要材料：木饰面、莱姆石、灰泥
坐落地点：四川成都
完工时间：2023 年 3 月
摄　　影：季光

汉峪海风 · 海德堡

设计单位：济南东莫空间设计公司
设　　计：南光民、左震
面　　积：206 平方米
坐落地点：山东济南
摄　　影：川河映像

融 · 自然居——将自然融入居住环境

设计单位：誉碹空间设计
设　　计：陈誉碹
面　　积：258 平方米
主要材料：实木、石材、植物、皮革、艺术漆
坐落地点：江苏无锡
完工时间：2024 年 6 月

满庭芳

设计单位：柏岛设计
设　　计：蒙瑞江
面　　积：380 平方米
主要材料：漆、岩板、硬包
坐落地点：山西大同
完工时间：2024 年 6 月
摄　　影：RICCI 空间摄影

顶阁

设计单位：冉古设计
设　　计：黄辉、周泉
参与设计：韦康、谢鹏
面　　积：600 平方米
主要材料：瓷砖、涂料、定制木作、石材
坐落地点：广东深圳
完工时间：2024 年 1 月
摄　　影：覃昭量

自由雅逸之光

设计单位：南京锦华装饰
设　　计：俞慧婷
参与设计：许静、柴亦凡
面　　积：230 平方米
主要材料：岩板、大理石、艺术漆、PU 石、墙布
坐落地点：江苏南京
完工时间：2024 年 3 月
摄　　影：黑曜石空间摄影

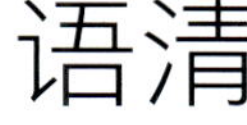

语清

设计单位：不作设计
设　　计：孔祥雪
面　　积：220 平方米
主要材料：不锈钢、藤编、微水泥、原木、玻璃、钢板
坐落地点：辽宁大连
摄　　影：春雨工作室

重构秩序

设计单位：杭州凯米空间设计有限公司
设　　计：金艳
面　　积：300 平方米
坐落地点：浙江杭州
完工时间：2024 年 4 月

设计单位：萌鲨（上海）设计咨询有限公司
设　　计：夏孔深
参与设计：涂健、汤璇、牛莹莹、张怡、杨恬
面　　积：485 平方米
主要材料：现浇水磨石、木地板、涂料
坐落地点：上海
完工时间：2024 年 5 月
摄　　影：李圣高子

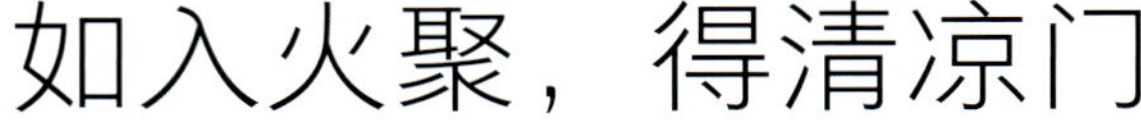

如入火聚，得清凉门

轻度假，慢生活

设计单位：武汉六添设计工程有限公司
设　　计：张天
参与设计：叶欣
面　　积：室内 200 平方米，庭院 300 平方米
主要材料：白橡木、艺术涂料、复古砖
坐落地点：湖北武汉
完工时间：2023 年 1 月

帝宝 · 家是你喜欢的样子

设计单位：一启设计
设　　计：汪洋
参与设计：桂玲玲、王立宇、张帆帆、孟佳云
面　　积：760 平方米
主要材料：岩板、地板
坐落地点：浙江宁波
摄　　影：RICCI 空间摄影

旷野之境

设计单位：上作空间
设　　计：鲁辉
参与设计：李智
面　　积：210 平方米
主要材料：石皮、木饰面、稻草漆
坐落地点：湖北武汉
完工时间：2023 年 2 月
摄　　影：Tt 独立摄影师

赤陶狂想曲

设计单位：维斯创建有限公司（PplusP Creations Limited）
设　　计：廖奕权
面　　积：110 平方米
主要材料：混凝土、艺术墙漆、特色玻璃、意大利赤陶手工砖、木皮
坐落地点：香港
摄　　影：Ken Wong 摄影

且慢

设计单位：木桃盒子设计
设　　计：周留成
参与设计：孟汉清
面　　积：100 平方米
主要材料：艺术涂料、仿古砖
坐落地点：海南海口
完工时间：2023 年 11 月
摄　　影：邱文铜

泉梦星河

设计单位：朗石设计
设　　计：石春瀑
面　　积：180 平方米
主要材料：大理石、木饰面、艺术漆
坐落地点：浙江温州
完工时间：2024 年 4 月
摄　　影：吴昌乐

棱 CUBES

设计单位：锵设计
设　　计：王锵力
参与设计：池浩然、韩俊浩
面　　积：112 平方米
主要材料：枫木、莱姆石、毛石、玻璃、不锈钢
坐落地点：浙江温州
完工时间：2023 年 10 月
摄　　影：张家宁

留白 · 纯净之境

设计单位：柒筑空间设计
设　　计：黄齐正、黄小影
参与设计：朱辉、吴莉
面　　积：190 平方米
坐落地点：浙江温州
摄　　影：PBSHADOW 铅影 / 李永茂

i 人 + i 猫独居快乐屋

设计单位：南京匠坊艺术设计有限公司
设　　计：张书源
面　　积：93 平方米
主要材料：海洋板、微水泥
坐落地点：2023 年 11 月
完工时间：江苏南京
摄　　影：焦点、杨杰

午后漫时光

设计单位：嘉拓内筑（南京）建筑装饰设计有限责任公司
设　　计：赵兵
面　　积：88 平方米
主要材料：古堡砖、灰泥、胡桃木
坐落地点：江苏南京
完工时间：2024 年 6 月
摄　　影：Howie

设计单位：南京薇慕空间设计
设　　计：陈晓薇
面　　积：130 平方米
主要材料：金属、石材、艺术漆
坐落地点：江苏南京
完工时间：2023 年 12 月
摄　　影：Howie

心之所在

设计单位：由见设计
设　　计：魏舒怡
参与设计：王力
面　　积：104 平方米
主要材料：磐多魔
坐落地点：江苏苏州
完工时间：2023 年 6 月
摄　　影：ACT 工作室

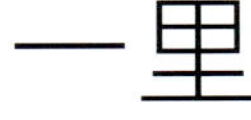

一里

设计单位：北京尚界装饰有限公司
设　　计：吕爱华
参与设计：姝玉、梓祺
面　　积：280 平方米
主要材料：艺术漆、岩板、复合地板、瓷砖、壁纸
坐落地点：北京
完工时间：2023 年 10 月
摄　　影：Boris

艺术围绕的自由之宅

设　　计：葛彩峰
面　　积：194 平方米
主要材料：艺术漆、柚木、白山岩
坐落地点：上海
完工时间：2023 年 7 月
摄　　影：朱沈锋

自然生长的家

设计单位：南京演意空间建筑设计有限公司
设　　计：王璠
面　　积：230 平方米
主要材料：涂料、石材、木作
坐落地点：江苏南京
摄　　影：王可

生于自然的精致主义

设计单位：东莞市壹无界室内设计有限公司
设　　计：胡志强
面　　积：800 平方米
坐落地点：广东东莞
完工时间：2023 年 1 月

Josh 自宅

万科翡翠滨江 · 温琴朝夕

设计单位：南京观享际 SKH 室内设计
设　　计：沈烤华、王亚平
参与设计：倪琴琴、冯丽丽
面　　积：230 平方米
主要材料：进口家具、木作、岩板、石材
坐落地点：江苏南京
完工时间：2024 年 6 月
摄　　影：丛林空间摄影

流秋

设计单位：时铭空间设计
设　　计：时铭
面　　积：215 平方米
坐落地点：江苏南京
完工时间：2024 年 8 月
摄　　影：黑曜石空间摄影

NADAN 集团

设计单位：杭州之恩设计有限公司
设　　计：沈恩密
参与设计：郭珍丽、朱凌昀、刁进尽
面　　积：2000 平方米
主要材料：石材、微水泥、木质、金属
坐落地点：浙江杭州
完工时间：2024 年 1 月
摄　　影：郑焰

研几设计工作室

设计单位：研几空间设计
设　　计：范宁
参与设计：任思佳
面　　积：200 平方米
主要材料：水洗石、微水泥、木地板、不锈钢
坐落地点：江苏宿迁
完工时间：2024 年 2 月
摄　　影：ACT 工作室

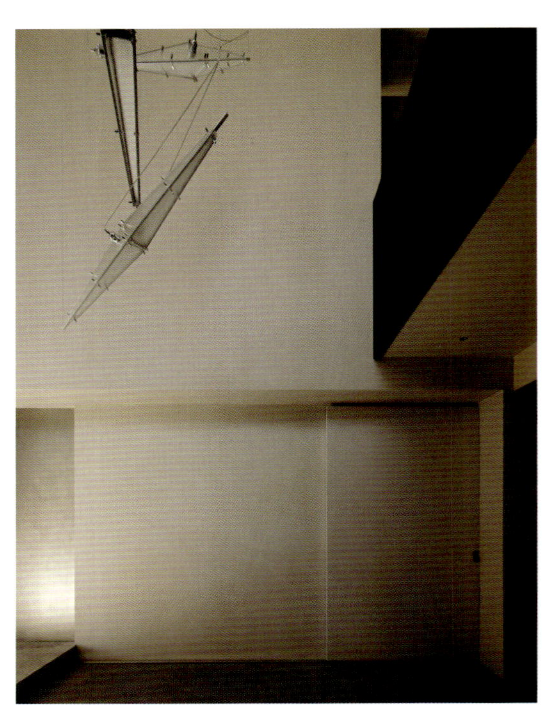

BOB DESIGN 办公室 + TF 家具展厅

设计单位：杭州陈飞波室内设计事务所
设　　计：陈飞波
参与设计：胡鑫、王钧利、苏子文
面　　积：500 平方米
主要材料：原木、大漆、质感漆、藤编、石材
坐落地点：浙江杭州
完工时间：2023 年 12 月
摄　　影：王鹏、陈飞波设计事务所

半舍办公室

设计单位：半舍空间设计
设　　计：李珅
坐落地点：山东济南

ESK SPACE

设计单位：杭州陈麒向空间设计有限公司
设　　计：陈麒向
面　　积：400 平方米
主要材料：不锈钢、镜面、木饰面、大理石
坐落地点：浙江杭州
完工时间：2023 年 4 月
摄　　影：瀚墨摄影 / 叶松

杭州愿景未来总部

设计单位：杭州一展室内设计有限公司
设　　计：肖懿展、程均清
参与设计：胡兵、付俊、李燕、徐佳影
面　　积：20000 平方米
主要材料：无机涂料、毛毡、木饰面、金属网、免漆板、海洋板
坐落地点：浙江杭州
完工时间：2024 年 7 月
摄　　影：瀚墨视觉

出尘影像工作室

设计单位：杭州开间装饰设计有限公司
设　　计：李丽
参与设计：吴焰
面　　积：503 平方米
主要材料：艺术漆
坐落地点：浙江丽水
完工时间：2023 年 11 月

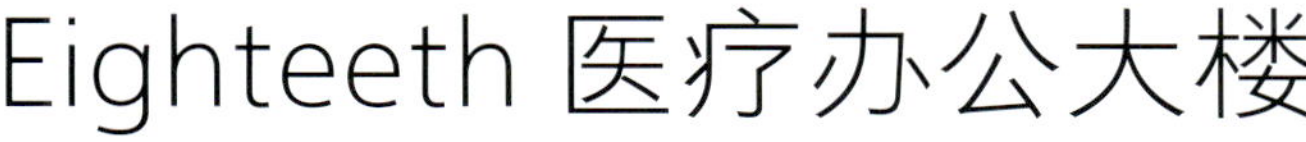

Eighteeth 医疗办公大楼

设计单位：尺度设计
设　　计：蒋国成
参与设计：陆叶
面　　积：10000 平方米
主要材料：木饰面、阳极氧化铝、玻璃、锈蚀铁板、天然大理石、艺术涂料
坐落地点：江苏常州
完工时间：2024 年 9 月
摄　　影：AK/ 杨森

尤德办公空间 · The Art Shadow

设计单位：尤德空间设计
设　　计：翁雅俊
面　　积：200 平方米
坐落地点：浙江湖州
完工时间：2024 年 3 月

MOOI TIMELESS 空间即是我们

设计单位：MOOI TIMELESS 建筑室内设计事务所
设　　计：刘亚楠、张伟
面　　积：260 平方米
主要材料：乳胶漆、木地板
坐落地点：河南郑州
完工时间：2023 年 9 月
摄　　影：立明

臻晨咨询办公室

设计单位：LONGTERM DESIGN 珑腾设计
设　　计：汪良珑、应海锋
面　　积：91 平方米
主要材料：定制榉木多层板、涂料、木地板、石材
坐落地点：浙江温州
完工时间：2023 年 5 月
摄　　影：匠臣 / 吴昌乐

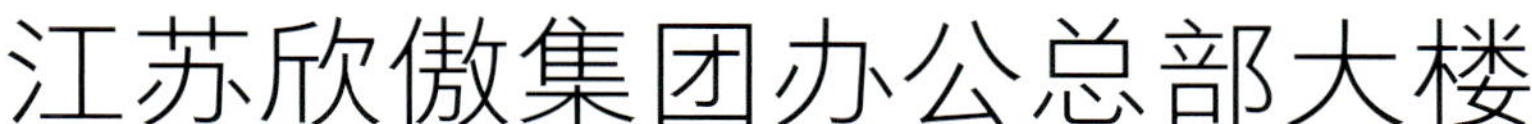

江苏欣傲集团办公总部大楼

设计单位：赢界建筑空间设计（南京）有限公司
设　　计：高钧铭
面　　积：3500 平方米
主要材料：石材、木饰面、金属、硬包
坐落地点：江苏南京
完工时间：2023 年 8 月
摄　　影：ingallery® 摄影

泰隆银行世纪城大楼科技部办公室

设计单位：大麦设计
设　　计：吕靖
参与设计：王立恒、张浩、皇甫浩欣、陈朝鹏、朱莲莲、叶子丰、余惠聪、周兆奎
坐落地点：浙江杭州
摄　　影：瀚墨摄影

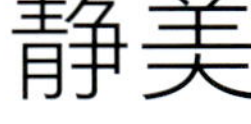

静美

设计单位：美格建筑装饰有限公司
设　　计：陈全、王斌
面　　积：799 平方米
主要材料：微水泥、塑胶地板、水磨石
坐落地点：福建厦门
完工时间：2023 年 6 月
摄　　影：李祥杭

设计单位：丽丽舍 & 几又形态空间设计事务所
设　　计：刘丽霞、杨朕
面　　积：135 平方米
主要材料：木饰面、金属、艺术漆、玻璃
坐落地点：江苏南京
完工时间：2023 年 11 月
摄　　影：黑曜石空间摄影

拙

设计单位：南京市理所设计工作室
设　　计：任浩然
参与设计：孔维弟
面　　积：300 平方米
主要材料：大理石、艺术漆
坐落地点：江苏南京
完工时间：2023 年 12 月
摄　　影：逆风笑

理所设计工作室

新发现湖滨 in77 店

设计单位：LDP 雷健设计制造
设　　计：雷健
参与设计：李博、徐舒超
面　　积：600 平方米
主要材料：钢板、竹编、镜面不锈钢
坐落地点：浙江杭州
完工时间：2023 年 10 月
摄　　影：祝立铭

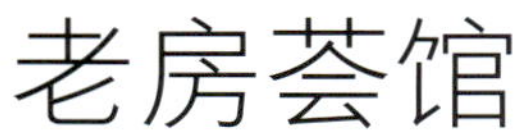

老房荟馆

设计单位：新秩序空间设计
设　　计：邬逸冬
参与设计：毕传旭
面　　积：595 平方米
主要材料：莱姆石、麻石、水磨石、胡桃木、大理石、黄铜板
坐落地点：浙江杭州
完工时间：2024 年 1 月
摄　　影：稳摄影

摸椿酒吧

设计单位：杭州和洛空间设计
设　　计：汪婉莹、鲁鉴涵
参与设计：白浩祥
面　　积：150 平方米
主要材料：实木、壁纸、金属
坐落地点：浙江杭州
完工时间：2024 年 5 月
摄　　影：瀚墨视觉

长江荟餐厅

设计单位：MDO 木君建筑设计
设　　计：徐仪君、Justin Bridgland
参与设计：高达、何露、董萌萌
面　　积：400 平方米
坐落地点：上海
完工时间：2023 年 12 月
摄　　影：偏方影像 / 石梓峰

设计单位：温州目后空间设计有限公司
设　　计：夏克进、方远远
参与设计：赵茜茜、杜定博
面　　积：室内 200 平方米，户外 170 平方米
主要材料：老榆木、风化木、乳胶漆、水泥自流平
坐落地点：浙江温州
完工时间：2023 年 11 月
摄　　影：李迪

橙黄橘绿 · 茶室酒空间

设计单位：禾本设计事务所 + 苏格 SG 空间设计事务所
设　　计：苏江、王海洋
参与设计：白鹭、宦星月
面　　积：600 平方米
主要材料：木、硬包、地板、艺术漆
坐落地点：江苏南京
完工时间：2024 年 3 月
摄　　影：黑曜石空间摄影

同锦记中餐厅

松树院子

设计单位：鼎合设计
设　　计：孔仲迅
参与设计：卫新新、王庆贺
面　　积：1550 平方米
主要材料：艺术涂料、木饰面、和纸、水泥、竹编、松枝
坐落地点：河南开封
完工时间：2023 年 10 月
摄　　影：别述摄影

箐院茶空间

设计单位：苏州谦研设计
设　　计：马兴元
参与设计：师俊霖、湛斌棚、黄小玲
面　　积：300 平方米
主要材料：大理石、杜邦纸、不锈钢、墙板、艺术涂料
坐落地点：广东佛山
完工时间：2023 年 5 月
摄　　影：箐院

广济潮牛

设计单位：易昂设计
设　　计：杨昂
面　　积：280 平方米
坐落地点：山东济南
摄　　影：张瑞华

唐山国茂府会所

设计单位：TC Design 创思国际设计集团
设　　计：杨林明、林伟冰
参与设计：贺乾玮、隆清鸿、杨洋
面　　积：3900 平方米
主要材料：石材、岩板、金属、艺术玻璃、千层镜、木饰面、透光石、艺术涂料
坐落地点：河北唐山
完工时间：2023 年 12 月
摄　　影：李永茂、丘劲锋

DIFI COFFEE

设计单位：陈麒向空间设计有限公司
设　　计：陈麒向
参与设计：林晨豪
面　　积：450 平方米
主要材料：大理石、铜板、水磨石、木饰面
坐落地点：浙江台州
完工时间：2023 年 5 月
摄　　影：瀚墨摄影

黄浦江边的风物食集

设计单位：平介设计、苏州大学
设　　计：杨楠、李宗键
参与设计：李筱葳、王蕴伟、肖湘东、张莹、吴江
面　　积：728 平方米
主要材料：黏土砖、混凝土、耐候钢
坐落地点：上海
完工时间：2024 年 8 月
摄　　影：Icy、王尚

FIREWORKS 菲花司

设计单位：南京道伟室内设计有限公司
设　　计：王道伟
参与设计：袁康、蒋文韬
面　　积：400 平方米
主要材料：雾面不锈钢、大理石、熔积岩
坐落地点：江苏南京
完工时间：2023 年 11 月
摄　　影：逆风笑

北玥 · 芳华

设计单位：浆果设计研究所
设　　计：周博
参与设计：杨奇、马迪、孙柱威、杜秋蓉、杨喆翔、李晨硕
面　　积：613 平方米
主要材料：艺术漆、玻璃、金属
坐落地点：河南郑州
完工时间：2023 年 12 月
摄　　影：图派视觉

禅山酒庄

设计单位：重庆市海纳装饰设计工程有限公司
设　　计：白荣果
参与设计：唐大春、曹清钦、龚明秀、李婷
面　　积：1200 平方米
主要材料：老榆木、莱姆石、夯土、棉麻布艺、本地藤编、老钢窗
坐落地点：重庆
完工时间：2023 年 12 月
摄　　影：蔡俊

庐州荟骆岗公园店

设计单位：合肥筑再建筑设计
设　　计：孙玮
参与设计：孙明、张哲
面　　积：1500 平方米
主要材料：文化砖、肌理漆
坐落地点：安徽合肥
完工时间：2023 年 10 月
摄　　影：任腾

辣富友大饭店

设计单位：厘线设计
设　　计：肖军鹏
参与设计：李欣如
面　　积：160 平方米
主要材料：手工窑变砖、艺术涂料、木饰面
坐落地点：上海
完工时间：2024 年 4 月
摄　　影：杨洋

瑞舍

设计单位：S5design 上瑞元筑设计
设　　计：范日桥
参与设计：徐小安、王晶
面　　积：300 平方米
主要材料：菠萝格实木板、伯爵灰石材、水墨丹青石材
坐落地点：江苏无锡
完工时间：2024 年 1 月
摄　　影：谭啸

桂满陇（南京黑金店）

设计单位：杭州壹方室内设计有限公司
设　　计：胡泽
参与设计：曾洪、刘思岑、顾亿宁、许文宗
面　　积：720 平方米
主要材料：不锈钢、木纹转印、大理石
坐落地点：江苏南京
完工时间：2024 年 1 月
摄　　影：徐义稳

觅隐茶空间

设计单位：十二相设计
设　　计：邓清
参与设计：周忠喜、王园、吴凯、施玉男、吴莹
面　　积：600 平方米
主要材料：夯土泥、老榆木、榻榻米、镜面不锈钢、黑色竹丝帘
坐落地点：江苏无锡
完工时间：2023 年 5 月
摄　　影：徐义稳、吴红权

杨太饭店

设计单位：左木设计
设　　计：杨杰
面　　积：800 平方米
主要材料：大理石、木饰面、硬包
坐落地点：浙江宁波
摄　　影：朴言

山脚下的夕榻餐厅
Citta Kitchen

设计单位：夕榻建筑设计
设　　计：欧阳峻
参与设计：胡木军、彭昊
面　　积：260 平方米
主要材料：质感涂料、石材、木材
坐落地点：广西崇左
完工时间：2024 年 9 月
摄　　影：张梓谦

跑马场三明治

设计单位：季意空间设计
设　　计：李佳
参与设计：彭秋霞、彭云鹏
面　　积：室内 96 平方米，外摆 60 平方米
主要材料：木饰面、金属板、艺术漆
坐落地点：四川成都
完工时间：2024 年 6 月
摄　　影：ICYWORKS

TUTUTU 全时段餐吧

设计单位：武汉外物文化设计有限公司
设　　计：汤璇、王丹
参与设计：朱紫文、裴思琪
面　　积：107 平方米
主要材料：防火板、水磨石、吸音板、玻璃、涂料
坐落地点：湖北武汉
完工时间：2023 年 7 月

设计单位：成都易禾上品室内装饰设计有限公司
设　　计：易平
参与设计：毛程杰
面　　积：140 平方米
主要材料：老木头、莱姆石、质感涂料
坐落地点：江苏宜兴
完工时间：2024 年 8 月
摄　　影：梁嘉健、刘凯

八十游茶

设计单位：千上设计
设　　计：蔡忠义
面　　积：180 平方米
坐落地点：浙江温州
完工时间：2023 年 3 月

有邻

设计单位：沈阳青坞设计机构
设　　计：伊振华、齐权
参与设计：张晓彤、李浩
面　　积：2000 平方米
坐落地点：辽宁沈阳
完工时间：2024 年 3 月
摄　　影：TOPIA 图派视觉

丽雅 · 臻炉

设计单位：郭莘空间设计（西安）有限公司
设　　计：郭莘
参与设计：李洋
面　　积：750 平方米
主要材料：艺术漆、乳胶漆、瓷砖、青古铜不锈钢、漆画
坐落地点：陕西西安
完工时间：2023 年 5 月

淮扬韵 · 一抹白墙上的蓝

云庐 · 甬潮阁

设计单位：杭州壹方室内设计有限公司
设　　计：胡泽
参与设计：练济群、蔡琪磊
面　　积：770 平方米
主要材料：实木隔断、不锈钢、大理石
坐落地点：上海
完工时间：2024 年 1 月
摄　　影：徐义稳

金路烟酒 & 伍十三度麓

设计单位：文艺复兴室内设计
设　　计：林恺
参与设计：承佳欢、张倩芸
面　　积：咖啡 142 平方米，户外 754 平方米
主要材料：红砖、铁板、艺术涂料
坐落地点：江苏江阴
完工时间：2023 年 10 月
摄　　影：杨森

HyperTanK

设计单位：树权（上海）设计咨询有限公司 JFR Studio
设　　计：徐岭啸
参与设计：刘忠保、王金龙、施文旭、李启鹏、高雪婷、段新胜
面　　积：4243 平方米
主要材料：GRG 造型、LED 屏幕、不锈钢、艺术漆、大理石、金属马赛克、金属板做旧、烤漆铝板、地砖
坐落地点：福建厦门
完工时间：2023 年 10 月
摄　　影：彦铭

上下茶空间

设计单位：同济大学设计创意学院
设　　计：汪昶行
参与设计：王坤阳、杨飞
面　　积：50 平方米
主要材料：定制手工釉面砖、水磨石、金属网、水墨大理石、定制玻璃、木饰面
坐落地点：上海
完工时间：2023 年 11 月
摄　　影：上下品牌

Tiger Club

设计单位：杭州谛森设计有限公司
设　　计：杜国樑
参与设计：沈斌、陶称心
面　　积：1343 平方米
主要材料：钢材、玻璃、轻质砖、石膏板、木饰面
坐落地点：山东青岛
完工时间：2024 年 5 月
摄　　影：一苇度

OPEN THE DOOR 艺术书店

设计单位：杭州卧野空间设计有限公司
设　　计：苏静
参与设计：赵恒诚、陈坚
面　　积：189 平方米
主要材料：木饰面、水洗石、柔光砖、乳胶漆
坐落地点：浙江杭州
完工时间：2023 年 4 月
摄　　影：苏静、吴青山

多维水世界，可触摸的未来

设计单位：十间设计
设　　计：杨莹、杨倩
面　　积：10000 平方米
主要材料：石材、不锈钢玻璃、艺术涂料
坐落地点：安徽天长
完工时间：2023 年 11 月
摄　　影：TOPIA 图派视觉

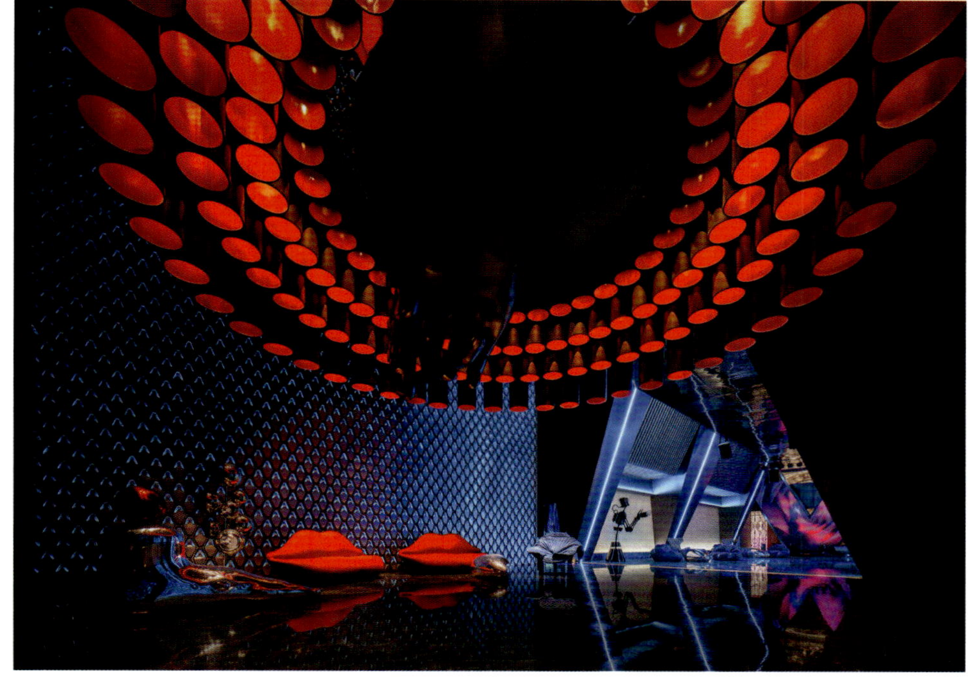

亦舍 SPA

设计单位：柏岛设计
设　　计：蒙瑞江
参与设计：李欣
面　　积：300 平方米
主要材料：漆、水磨石、木地板
坐落地点：山西太原
完工时间：2024 年 7 月
摄　　影：RICCI 空间摄影

胡同里的喜剧场

设计单位：厘线设计
设　　计：肖军鹏
面　　积：730 平方米
主要材料：铝板、吸音板、瓷砖、艺术涂料
坐落地点：北京
完工时间：2023 年 4 月
摄　　影：TraceImage

布缇兰

设计单位：壹席设计
设　　计：胡涛
参与设计：姚立、许锦舟、黄玮、王卓豪、姚凯璇
面　　积：320 平方米
主要材料：红洞石、深色木饰面
坐落地点：广东东莞
完工时间：2023 年 7 月
摄　　影：王可

淮海 755 商业空间

设计单位：更新设计
设　　计：周游
参与设计：廖金燕、胡翟羽、雷依邻、肖伊君、刘丰迪
面　　积：2227 平方米
主要材料：木板
坐落地点：上海
摄　　影：LLAP 建筑摄影

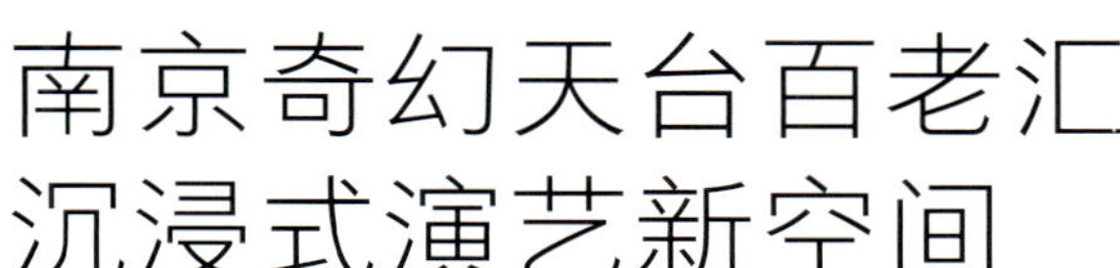

南京奇幻天台百老汇 沉浸式演艺新空间

设计单位：南京一朵云联合设计 C1OUD ASSOCIATE DESIGN
设　　计：施倩芸
参与设计：蒋涵镒
面　　积：1500 平方米
主要材料：地板砖、防火木饰面、墙布、艺术漆
坐落地点：江苏南京
完工时间：2024 年 4 月
摄　　影：云雀文化

四合云影·闽南古厝的在地性改造

设计单位：结禾设计机构
设　　计：蔡荣伟
参与设计：张杰铭、陈泉平
面　　积：330 平方米
主要材料：艺术质感漆、旧石板、碳烧木、黏土砖
坐落地点：福建晋江
完工时间：2023 年 11 月
摄　　影：陈荣坤

汉阳造兵工厂工业遗产改造·东通菜园艺术空间

设计单位：华中科技大学建规学院
设　　计：胡兴
参与设计：刘常明、严春阳、罗婷锴、谭文骏、曾琪、黄垚、唐子骥、张喆
面　　积：700 平方米
主要材料：金属漆、洁具、灯具
坐落地点：湖北武汉
完工时间：2024 年 10 月
摄　　影：赵奕龙

德清地理信息小镇国际展览中心（二期）

设计单位：浙江大学建筑设计研究院有限公司
设　　计：李静源、胡栩
参与设计：张慈、贾茹、陈裕雄、王冠粹、卢晓凌
面　　积：69150 平方米
主要材料：铝蜂窝板、环氧魔石、石材
坐落地点：浙江湖州
完工时间：2023 年 12 月

大水坑菜市场

设计单位：未末设计（深圳）有限公司
设　　计：胡游柳
参与设计：郑瀚、黄雅慧
面　　积：1100 平方米
主要材料：软膜、瓷砖、乳胶漆
坐落地点：广东深圳
完工时间：2023 年 1 月
摄　　影：乐在拍

设计单位：TC Design 创思设计集团
设　　计：刘培旺、肖炳强
参与设计：谭振飞、王晨飚、刁世海
面　　积：3840 平方米
主要材料：石材、砖、不锈钢、冰火板、烤漆板、玻璃、地毯
坐落地点：广东珠海
完工时间：2024 年 5 月
摄　　影：广州铅影文化有限公司

广东珠海横琴联合生命总部办公项目

设计单位：郑仕樑室内设计（上海）有限公司
设　　计：郑仕樑
面　　积：1279 平方米
主要材料：金属、大理石、木饰面
坐落地点：浙江杭州
完工时间：2024 年 1 月
摄　　影：陆彬

杭州溪映听庐会所

禅韵流光庭 · 德基一期 4F 盥洗室

设计单位：唯想国际
设　　计：李想
参与设计：范晨、吴锋、陈路方
面　　积：480 平方米
主要材料：大理石、玉沙玻璃、镜面不锈钢
坐落地点：江苏南京
完工时间：2024 年 1 月
摄　　影：SFAP

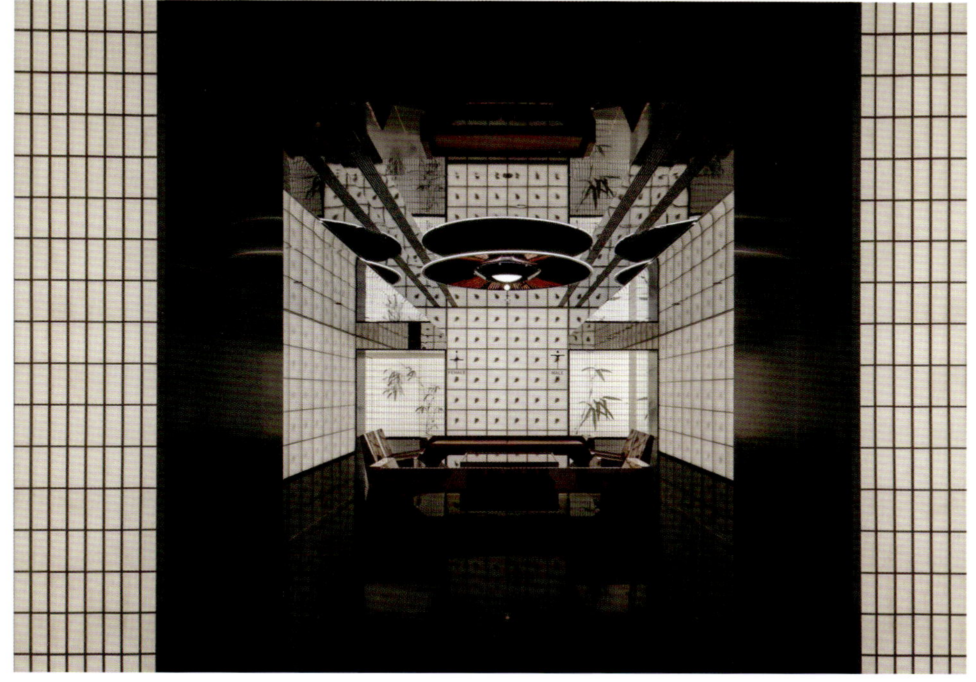

留坝老街红砖公厕

设计单位：尌林建筑设计事务所
设　　计：陈林
参与设计：时伟权、陈松、方晓灵
面　　积：110 平方米
主要材料：红砖、花旗松胶合木、玻璃砖、钢板、水磨石
坐落地点：陕西汉中
完工时间：2024 年 3 月
摄　　影：赵奕龙

安纳太平海艺术空间

设计单位：国振斌设计工作室
设　　计：国振斌
面　　积：1800 平方米
主要材料：涂料、石材、木
坐落地点：山东青岛
完工时间：2024 年 10 月
摄　　影：孙冠军、翟恒超

陈咏华收藏与创作艺术馆

设计单位：南京艾特斯艺术设计有限公司
设　　计：韩远洋
参与设计：章霞
面　　积：2100 平方米
主要材料：大理石、玻璃、艺术漆、不锈钢
坐落地点：江苏南通
完工时间：2023 年 4 月
摄　　影：凹凸镜摄影

上海茶禅会所

设计单位：山隐建筑室内装修设计有限公司
设　　计：何武贤
参与设计：吕嫦谋、宋旻谚
面　　积：2142 平方米
主要材料：铁件、石英石、木材、涂料
坐落地点：上海
完工时间：2023 年 11 月
摄　　影：RICCI 摄影

瓷村——私人博物馆

设计单位：几言设计研究室
设　　计：颜小剑
参与设计：肖露娅
面　　积：215 平方米
主要材料：耐候钢、水磨石、微水泥、亚克力、浅色花岗岩
坐落地点：江西景德镇
完工时间：2024 年 6 月
摄　　影：吕晓斌、姚宇凡

天空影城

设计单位：广西汉辉建筑设计有限公司
设　　计：韦汉辉
参与设计：邓欣璐
面　　积：4800 平方米
主要材料：聚酯纤维板、水磨石
坐落地点：广西南宁
完工时间：2024 年 2 月
摄　　影：三峰

起云湾浪花艺术馆

设计单位：玖柞珈亦空间设计
设　　计：朱磊、梅雪
面　　积：2658 平方米
主要材料：艺术漆、不锈钢、树脂水晶、玻璃、LED 屏幕
坐落地点：天津
完工时间：2023 年 11 月
摄　　影：RosonStudio

美国 Benjamin Moore 中国概念店

设计单位：杭州中书室内设计有限公司
设　　计：石伟达
参与设计：陈杰、李丹尧、周泽路
面　　积：360 平方米
主要材料：涂料
坐落地点：浙江杭州
完工时间：2023 年 12 月
摄　　影：张家宁、梁振兴

老凤祥杭州湖滨旗舰店

设计单位：DPD 递加设计
设　　计：林镇
参与设计：Gaby Teng
面　　积：415 平方米
主要材料：手工砖、岩板、墙纸、古铜不锈钢
坐落地点：浙江杭州
完工时间：2024 年 6 月
摄　　影：SFAP、DPD 杨之毅

LINGO 城西店

设计单位：杭州千生进装饰设计有限公司
设　　计：柳映舟
面　　积：80 平方米
主要材料：光轴、光轴连接件、微岩石、锯齿纹板
坐落地点：浙江杭州
完工时间：2024 年 8 月
摄　　影：柴翰云

铂妍雅

设计单位：成都澜也建筑设计事务所
设　　计：郑雅澜
参与设计：汪世龙、张晓明
面　　积：1100 平方米
主要材料：艺术涂料、地板、瓷砖
坐落地点：四川成都
摄　　影：形在摄影

云溪茶馆

设计单位：力为室内设计工作室
设　　计：胡勇杰
参与设计：周彦青
面　　积：400 平方米
主要材料：涂料、砖、清玻、木饰面
坐落地点：浙江湖州
完工时间：2024 年 7 月
摄　　影：长兴葵苊

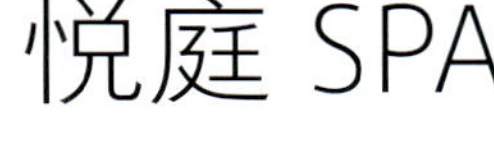

悦庭 SPA

设计单位：清联水木设计机构
设　　计：祝希哲
参与设计：刘成、祝贺、大为
面　　积：5500 平方米
主要材料：砂岩、木饰面、艺术涂料
坐落地点：江苏无锡
完工时间：2023 年 12 月
摄　　影：徐义稳

芮美集美妆集合店

设计单位：徐州外象设计
设　　计：王飞
参与设计：周德柱
面　　积：158 平方米
主要材料：阳光板、不锈钢、铝型材
坐落地点：河南永城
完工时间：2023 年 11 月
摄　　影：言修

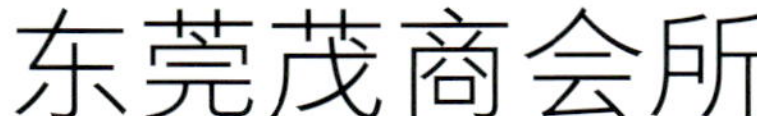

东莞茂商会所

设计单位：深圳东胤建筑设计公司
设　　计：胡荣
参与设计：范冰、雷席、黄玉婷
面　　积：1400 平方米
主要材料：木饰面、金属板
坐落地点：广东东莞
完工时间：2023 年 12 月
摄　　影：黄早慧

设计单位：韦杭室内设计（杭州）有限责任公司
设　　计：王韦航
参与设计：吴宇修、黄飘蕾、徐倩倩
面　　积：357 平方米
坐落地点：浙江嘉兴
完工时间：2023 年 6 月
摄　　影：WYAP 文耀影像

AGE LOCK 锁龄美肌

设　　计：谷海燕
面　　积：320 平方米
主要材料：地胶、渐变蓝色玻璃、乳胶漆
坐落地点：广西南宁
完工时间：2023 年 10 月

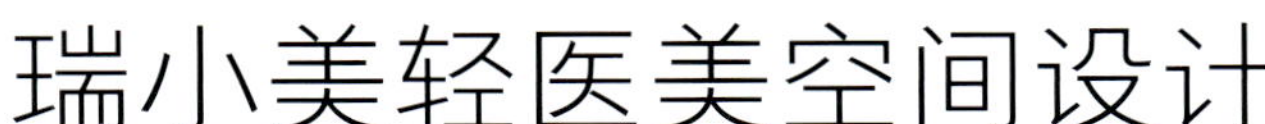

瑞小美轻医美空间设计

设计单位：不或设计
设　　计：倪董波
参与设计：冯突杰
面　　积：1000 平方米
主要材料：木作
坐落地点：山西太原
摄　　影：云眠摄影工作室

Anone 太原木作展厅

设计单位：佛山市墨象设计顾问
设　　计：梁宇曦
参与设计：何自献、汤铭婷、方圣丰、梁昕
面　　积：225 平方米
主要材料：灰泥、陶瓷、铁板
坐落地点：广东深圳
完工时间：2023 年 11 月
摄　　影：李天朗

西舞定制深圳展厅

gorenje 展厅

设计单位：安生建筑设计有限公司
设　　计：吴振宝
参与设计：陈钇达
面　　积：300 平方米
主要材料：艺术涂料、岩板、洞石、木饰面
坐落地点：浙江绍兴
完工时间：2023 年 4 月
摄　　影：徐义稳

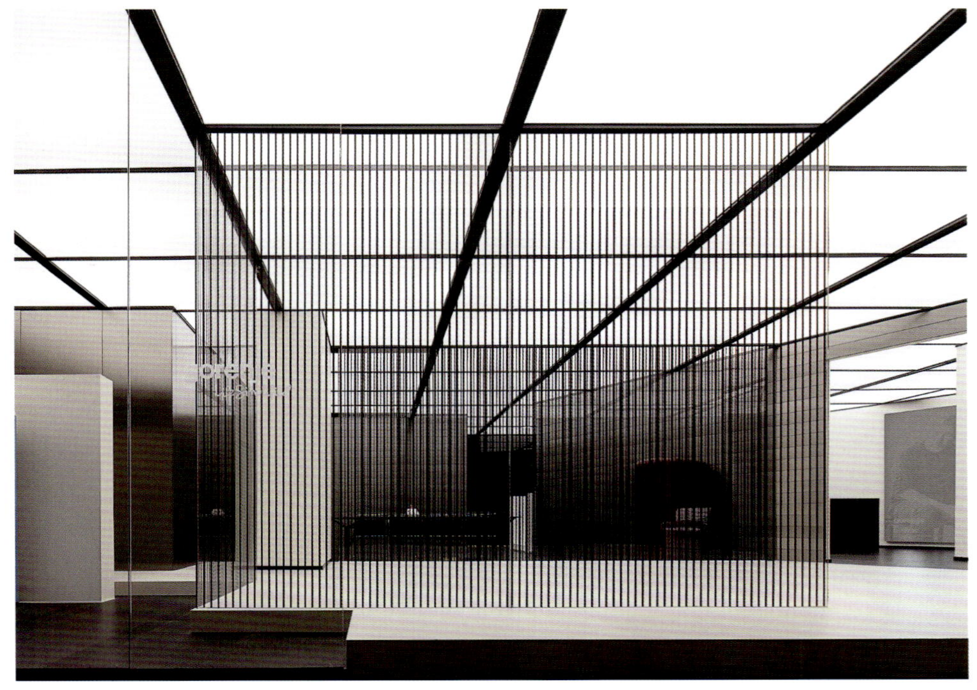

东钱湖能源科技创新园零碳建筑展厅

设计单位：宁波古木子月装饰设计有限公司
设　　计：李财赋
参与设计：林欣、卢佳颖
面　　积：474 平方米
主要材料：岩板、镜面不锈钢、玻璃、木饰面、地毯
坐落地点：浙江宁波
完工时间：2023 年 10 月
摄　　影：徐义稳

设计单位：NOTHING DESIGN
设　　计：刘畅
面　　积：120 平方米
主要材料：不锈钢、微水泥
坐落地点：北京
完工时间：2024 年 4 月
摄　　影：立明

黑灰色的微水泥展厅

设计单位：朗联设计
设　　计：秦岳明
参与设计：陈开贻、黄泳林、张京伦、林欢
面　　积：900 平方米
主要材料：水磨石、实木地板、肌理不锈钢、艺术砖、艺术涂料
坐落地点：湖北武汉
完工时间：2023 年 10 月
摄　　影：梵镜建筑空间摄影

武汉城建 · 中央云璟

里屋 life well

设计单位：香韵典故设计与集辰创意空间设计
设　　计：马子雯、曹瑜
参与设计：叶韬
面　　积：343 平方米
坐落地点：四川成都
完工时间：2023 年 10 月
摄　　影：李阳

自然东方，静谧有声

设计单位：DOK 道楷设计
设　　计：邓培国、杨鹤
面　　积：320 平方米
主要材料：天然洞石
坐落地点：上海
完工时间：2024 年 3 月
摄　　影：丛林

Blue and Blue 2024 萤火虫“博物馆”特别展

设计单位：HOWONE MAX STUDIO
设　　计：沈劲夫、薛燕妮
参与设计：吴梦祥、贾永安、李志飞、王鲁阳、吴楠
面　　积：601 平方米
主要材料：广东广州
坐落地点：轻钢龙骨、金属桁架、聚碳酸酯、复合防火板、镜面亚克力、复合材料
完工时间：2024 年 3 月
摄　　影：HOWONE MAX STUDIO、张洛、吴梦祥

兀的美术馆 × 兀物

设计单位：半舍空间设计
设　　计：李珅
面　　积：1000 平方米
坐落地点：山东济南
摄　　影：王晨光、陈禾落落

重塑 · 境语艺情

设计单位：谦禾空间设计事务所
设　　计：赵谦
面　　积：300 平方米
坐落地点：山东济南
摄　　影：隐像筑影

Maison Joseph 滨江旗舰店

设计单位：森上建筑
设　　计：章钧添、孙鸿斐
参与设计：顾子昕、王宝山
面　　积：2000 平方米
主要材料：铝板、手工砖、玻璃
坐落地点：浙江杭州
完工时间：2024 年 5 月
摄　　影：余烨

红苹果理想生活空间体验馆

设计单位：BDSD 吾界设计
设　　计：林文科、孙征远
参与设计：叶向真、苏日贤、何海权、潘美嘉、邬锐康
面　　积：1500 平方米
主要材料：艺术漆、木板
坐落地点：广东深圳
完工时间：2024 年 3 月
摄　　影：瀚墨视觉 / 叶松

融·合·共·生

设计单位：星皓设计
设　　计：蒋昊宇
参与设计：李童莉
面　　积：320 平方米
主要材料：微水泥、岩板、大理石
坐落地点：浙江永康
完工时间：2024 年 5 月
摄　　影：瀚墨视觉

墅博士电梯展厅

设计单位：横线设计
设　　计：冯炜骅
参与设计：赵笠
面　　积：400 平方米
主要材料：不锈钢、艺术漆、GRG
坐落地点：江苏南京
完工时间：2023 年 10 月
摄　　影：王海华

黑色地带 ALL BLACK

设计单位：屿叶空间美学 Island.Y
设　　计：叶姣
面　　积：500 平方米
主要材料：金属、清水混泥土、石皮
坐落地点：浙江安吉
完工时间：2024 年 1 月
摄　　影：逆风笑

JIANMO&WUSHE 艺术家居展厅

设计单位：深圳至简设计有限公司
设　　计：王鸿、张沙
面　　积：1600 平方米
主要材料：艺术漆、冷铁板
坐落地点：广东佛山
完工时间：2024 年 7 月
摄　　影：覃昭量

奥卓斯岩板宁波旗舰展厅

设计单位：境唐室内设计事务所
设　　计：唐森林
参与设计：刘婧、方杰
面　　积：350 平方米
主要材料：岩板
坐落地点：浙江宁波
摄　　影：WM 工作室

设计单位：壹席设计
设　　计：胡涛
参与设计：姚立、姚凯璇、罗梓浩
面　　积：180 平方米
主要材料：瓷砖、涂料
坐落地点：广东东莞
完工时间：2023 年 10 月
摄　　影：有山 | SUNWAY 山外

CB 纯本研作展厅

设计单位：杭州和洛空间设计
设　　计：白浩祥、汪婉莹、鲁鉴涵
参与设计：袁炜、鲁鉴涵
面　　积：137 平方米
主要材料：艺术涂料、金属、洞石
坐落地点：浙江杭州
完工时间：2023 年 12 月
摄　　影：瀚墨视觉

1 TROP FORT 杭州旗舰店

设计单位：郭莘空间设计（西安）有限公司
设　　计：郭莘
参与设计：朱宇航、李星宇
面　　积：330 平方米
主要材料：胡桃木、橡木、青条石、乳胶漆
坐落地点：陕西西安
完工时间：2023 年 1 月

长安旭日

设计单位：宁波关联空间设计咨询有限公司
设　　计：宋国锋
面　　积：1850 平方米
主要材料：定制混凝土、石材、灰泥
坐落地点：广东惠州
完工时间：2024 年 5 月
摄　　影：赵宏飞

共集家居展厅

IIC 超总壹号会所

设计单位：诗意空间设计
设　　计：袁洋、颜英奇
参与设计：黄方志、陈柯良、黄霸、张亚辉、徐晓燕
面　　积：1470 平方米
主要材料：黄铜、油彩、透光玉原石、大漆、互动屏装置
坐落地点：广东深圳
完工时间：2024 年 4 月
摄　　影：三像摄

宁波奉化和栖云境

设计单位：刘荣禄国际空间设计
设　　计：刘荣禄
参与设计：周逸莹、余美凤、梁金萍、徐烨磊、杨亦帆
面　　积：1600 平方米
坐落地点：浙江宁波
完工时间：2024 年 5 月
摄　　影：欧阳云

东城红豆 · 东望

设计单位：维几设计
设　　计：黄全
面　　积：3437 平方米
主要材料：木饰面、金属、雅白石材
坐落地点：江苏无锡
完工时间：2024 年 6 月
摄　　影：郑焰

中旅馥棠公馆售楼处

设计单位：深圳市万相无形设计有限公司
设　　计：肖正恒
面　　积：1000 平方米
主要材料：大理石
坐落地点：海南三亚
完工时间：2023 年 12 月
摄　　影：覃昭量

西安 · 曲江启夏里售楼处

设计单位：杭州广飞室内装饰设计事务所
设　　计：叶飞
参与设计：陈成西，左珏，杨捷，高陈媚
面　　积：320 平方米
主要材料：喜马拉雅灰、锯齿木、钢丝网、艺术玻璃
坐落地点：陕西西安
完工时间：2023 年 6 月
摄　　影：瀚墨视觉 / 叶松

南京建邺区 NO.2022G70 项目会所软装陈设工程

设计单位：南京永隆家居有限公司
设　　计：彭垚鑫
参与设计：叶美荣
面　　积：2520 平方米
主要材料：原木、玉石、皮革
坐落地点：江苏南京
完工时间：2023 年 10 月
摄　　影：逆风笑

设计单位：浙江光年空间设计有限公司
设　　计：黄建财
参与设计：黄建宁、吴忠诚
面　　积：93 平方米
主要材料：实木地板、艺术涂料、金属
坐落地点：浙江温州
完工时间：2023 年 12 月
摄　　影：张骏

身处秘境

设计单位：ENJOYDESIGN 燕语堂
设　　计：郭捷、孙雨
参与设计：周鑫、黄君
面　　积：310 平方米
主要材料：紫山水大理石
坐落地点：宁夏银川
完工时间：2023 年 11 月
摄　　影：enjoyphoto 工作室

宁夏中房云上阅海

中建壹品 天府公馆·如壹函馆

设计单位：空间进化（北京）建筑设计有限公司
设　　计：关天颀
参与设计：杜宁、孟梦、康金昕
面　　积：1100 平方米
主要材料：艺术漆、石材
坐落地点：四川成都
完工时间：2024 年 5 月
摄　　影：张晓明

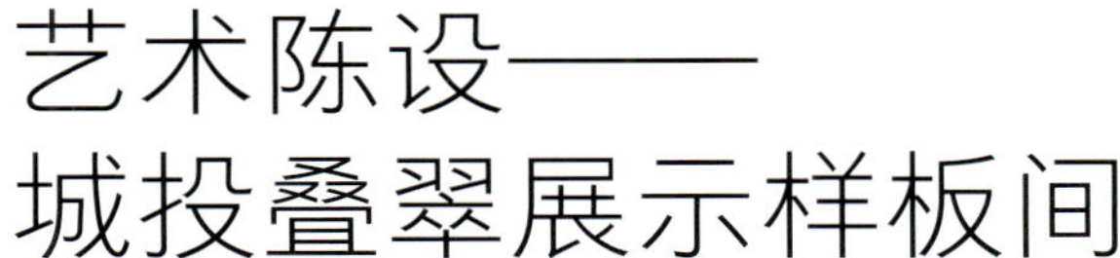

艺术陈设——城投叠翠展示样板间

设计单位：MOK 设计
设　　计：Sandy 李燕芳、CK 黄
参与设计：Jesse 孙少昶、陈晓彤
面　　积：750 平方米
主要材料：皮质、木材、金属铜、陶瓷、玻璃
坐落地点：贵州贵阳
完工时间：2024 年 7 月
摄　　影：雨滴摄影 / 大海

尚壹扬设计

SIGNYAN
尚壹扬设计

尚壹扬设计由谢柯和支鸿鑫于 2008 年创立于重庆，一直专注于建筑和室内空间设计，旨在分享和传播自然质朴的生活美学，寻求丰富与克制、秩序与复杂之间的平衡，创造基于场所和空间的交流，并反映客户愿景和意志的情感空间。

杨邦胜设计集团

YANG

杨邦胜设计集团由亚太著名酒店设计师杨邦胜先生创立于 1997 年，专注国际高端品牌酒店的室内设计，汇聚全球 500 余名设计精英，以非凡实力荣登美国《室内设计》杂志酒店设计公司百大排名全球第五位。

庞喜

庞喜，喜舍 / 喜研 Life 创始人、PXD 庞喜设计事务所创始人、DTA 龙顶艺术（广州）联合创始人。中国建筑学会室内设计分会理事、中国室内装饰协会陈设艺术专业委员会副主任。长期致力于东方文人墨客生活精粹保护、创办喜舍优雅慢生活方式平台。

吴晓波

吴晓波，紫禁殿设计创始人、紫禁汇品设计创始人。意大利佛罗伦萨大学深造、亚太酒店设计高级研修班成员、浙江大学酒店投资与哲学智慧班学员。海南湛江设计力量名誉会长、青设会海南分会创始理事、澳门国际设计联合会副秘书长。

重庆简璞装饰设计有限公司

简璞设计是一家深根于重庆与上海，年轻有趣、且不局限于某种业态的开放型创意设计机构。该公司一直秉承“自由实用主义”的创作设计理念，并将人与空间、器物间最真实的诉求关系作为设计思考的根基，以此创作出更加实用且有趣的空间与器物作品。

CCD 香港郑中设计事务所有限公司

CCD 由著名设计师郑忠先生创立，专业为国际品牌酒店提供室内设计及顾问服务，是国际顶级品牌酒店室内设计机构之一，美国《室内设计》杂志 2022 年的全球酒店室内设计排名第一。

禾易设计

禾易设计以室内设计见长，融合前期策划及全过程设计控制。由原 HKG 设计公司改制，以传承、融合、创新、精进为理念，创造精品作品。为社会奉献智慧，不断挑战和超越自我。

西坡设计

西坡设计是“自然系”风格的践行与表达者，专注于为度假酒店、民宿 & 宿集提供集规划、建筑、室内为一体的设计与顾问服务。通过与西坡集团的紧密结合，具有从建筑到室内环节的广泛设计经验以及酒店运营的专业知识，擅长为客户提供具有附加价值的一体化建议。

巢羽设计事务所

巢羽设计事务所由王星、梁飞联合创立，关注人的个体、建筑与环境的融合，在不同地域、文化和经济条件下寻找合理的解决策略。探索空间情绪、叙述空间故事，适度运用自然材料，深度挖掘本土文化，让建筑与空间产生更多可能。

上海赛维雅空间设计

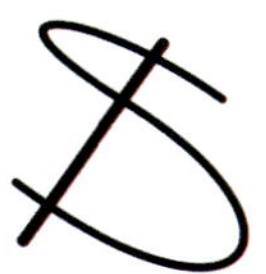

SYLVIA DESIGN STUDIO
赛 维 雅 空 间 设 计

作为一家具有国际前瞻性的多元一体化设计事务所，上海赛维雅空间设计致力于为不同领域的客户提供建筑、规划、景观、室内、装置、软装、灯光的设计服务，秉承“国际思维·创意美学”的设计理念，从建筑角度出发，分析研究空间逻辑，从而创造美学作品。

内建筑设计事务所

内建築 interior architecture studio

建筑内，界定了空间关系发生的边线。内建筑，建筑在内部空间的延伸，由内做始点，却又不局限于建筑内部。内建筑与建筑内，文字上的翻转更为准确地表达出建筑与室内设计的关系，以此为切入点展开新的设计视野建构计划。

八旬

八旬，八旬建筑工作室创始人，定居大理。通过探索本土材料、运用现代手法对白族传统建筑进行新的诠释。在设计中注重建筑和景观的关系、人与自然的关系、当代与传统的关系。

王守伟

王守伟，上海横竖装饰设计有限公司主理人，主导上海市青浦区美丽乡村建设工程，主导 2023 中国美丽休闲乡村和睦村示范项目。以领先的视野、专业的精神、负责的态度为设计理念，针对不同项目进行分析和定位，创造出不同的设计作品。

ZDD 筑地建筑设计事务所

ZDD 筑地建筑设计事务所善于发掘和梳理项目背后隐藏的独特因素，进行建筑空间形式所暗示的使用程序匹配度的多种尝试，为每一个项目添加前所未有的元素，开启新的可能性，完成的项目几乎看不到重复性的设计潮流。

大墨空间设计

大墨空间设计以人与自然为基点展开设计，强调人与环境之间的物理情感关系。提倡环保，思考空间与时间的相互作用，将时间跨度纳入设计的考量，探寻设计的存在意义。不以标新立异成就自身，坚持设计具有积极情感意义与实用并存的空间状态。

汉格设计

汉格设计是由设计师卓稣萍创立的纯设计机构，始终秉持匠意精神和创新思维，为业主创造情感共鸣的个性空间。善于发掘东方文化的在地性和西方文化的时尚性，赋予每个空间鲜明的个性和蓬勃的生命力。

崔树

崔树，新锐 80 后室内设计师，寸 Design 创始人，主张建筑与室内空间设计的一体化，作品从毫米到千米，跨越空间、视觉延伸到产品，以“创意无界萌生、设计跨界融合”的设计理念让团队在逻辑和技术、表达情感与美感方面得到充分的发挥。

张浩

张浩，张浩室内设计工作室创始人，以做少、做精、做专的设计为主要发展方向，提倡构造治愈系住宅。

深圳市盘石室内设计有限公司

深圳市盘石室内设计有限公司是一家极具商业价值的设计机构，是专职为房地产开发商和商业投资商提供室内及陈设设计服务的专业设计公司。以服务客户为核心，以市场导向为航标，秉承创新与发展，推动前沿概念与思想。

蔡成斌

蔡成斌，仓仲筑造联合创始人，CIID 中室学宁波室内建筑师中心副秘书长，宁波市建筑装饰行业协会设计分会理事。以“创造无限惊喜，构筑美好生活”为设计初衷，着重激发使用者与空间的互动和体验，筑造美学空间，传播品质生活。

眭书铭

眭书铭，S.D 空间设计创始人。S.D 空间设计由一支有激情的年轻团队组建而成，是一个成长和思考型的公司，提供前瞻性且合理的创意方案，强调文化、质量的完美融合。

细细设计咨询有限公司

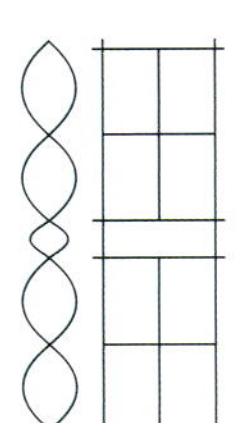

细细设计深知设计只为方法手段，不为最终目的；空间只是容器载体，不是最后结果；所有的努力在于体现生活的场域性。定义“场”为细细设计追求的目标，摒除世俗的空间样式。

刘爱欣

刘爱欣，杭州刘爱欣创意设计有限公司创始人，创“古及今”的设计理念，溯古及今，东韵西技。以当地非物质文化遗产为重点，深度挖掘地域传统文化脉络，用现代风骨展现文化精神，用创新力量重拾文化自信与本土价值。

展小宁

展小宁，苏州装饰设计行业协会副会长，坚信设计是一种理性的艺术表达，并在此理念框架内，探索建筑、空间、人与自然的关系。

孙建亚

孙建亚，上海亚邑室内设计有限公司创始人。推崇现代简约、典雅舒适的设计风格，善于对建筑、景观、室内做整体融合，追求工艺至臻品质，力求还原空间最本真的形态，创造出宜居舒适的生活环境。

合创方黄（深圳）建筑师事务所集团有限公司

香港方黃(設計)股份
Fongwong.hk - Est.1997
CERTIFIED ISO 9001 CERTIFIED

合创方黄（深圳）建筑师事务所集团有限公司由方峻先生于 1997 年在香港创建，相继在上海、深圳、广州、成都、长沙成立了分公司。专注以美创造价值，业务范畴包括住宅地产、商业地产、文旅地产、高端私宅等设计服务与管理。

今古凤凰设计机构

JG PHOENIX
今 古 凤 凰

今古凤凰设计机构坚持探索符合东方人文气息的空间，让人既感受到西方的理性思考，又有东方感性的顺应自然的空间体验。建筑、环境与人共同形成和谐的气场，用“无华”的材料，“无形”的表达，“无声”地映入心灵，让人与自然美学更多的留白与对话。

蒋友柏

蒋友柏，艺术家、跨界设计师、数字互动艺术内容策划人、台湾橙果设计创办人。虽非科班设计出身，但其凭借坚定的信念和丰富的东西方教育背景，在艺术和设计领域创造了诸多成就，始终致力于将中国传统文化与当代潮流艺术无缝衔接。

巫俊逸、张灿

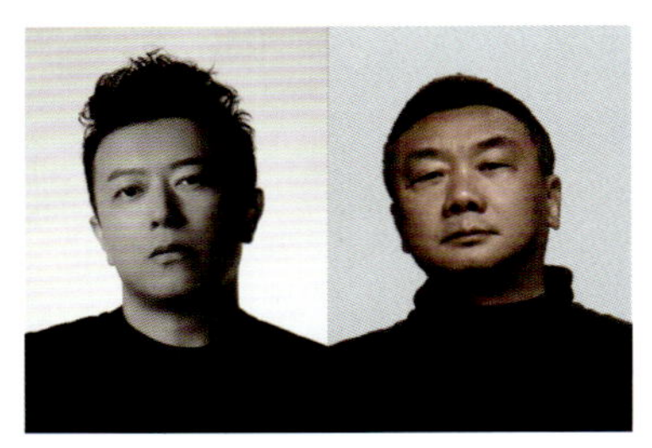

巫俊逸，东方卫视《梦想改造家》特邀设计师、CIDI 中国室内设计协会会员、IFI 国际室内设计师室内建筑师联盟会员、午逸宸建筑设计顾问有限公司创始人。

张灿，CSD.DESIGN 创始人、中国建筑学会室内设计分会理事、四川音乐学院成都美术学院客座教授、中国室内装饰协会陈设艺术专业委员会副主任、美国《室内设计》中文版荣誉主编。

温馨

温馨，新锐设计师、毕业于四川美术学院和中赫时尚学院。深圳室内设计协会理事、IPA 国际注册高级室内建筑师。尚层装饰（北京）有限公司深圳南山分公司、温馨设计工作室设计总监。

曹瑜

曹瑜，集辰创意空间设计与 CYAN 空间设计创始人。

余颢凌

余颢凌，四川尚舍家室内设计创始人、STUDIO.Y 室内设计事务所设计总监、中国室内装饰协会陈设艺术专业委员会副秘书长、成都市建筑装饰协会住宅设计委理事长、CIID 中室学第四学术专业委员会主任。

方磊

方磊，现代简约设计先行者，都市精英生活方式引导者，壹舍设计创始人。他认为设计师思维是感性与理性的结合，擅长用现代简约的美学精神展开空间多维描述，以克制与平衡的手法、表象和内在的矛盾统一来表现丰富而纯粹的设计本质。

张通

张通，桐话空间创始人、CEIDA 中欧国际设计联盟会员。他希望用设计探索人、空间与自然的关系，始终关注人的生活方式、空间的构建逻辑以及与自然共生的思想，让三者有机融合，分享和传播自然生活美学。

上海本墨设计

上海本墨设计由史宁和贺勤创立，始终坚持以人的需求为出发点，让空间服务生活，用空间作品去呈现和理解更多不同的生活方式。美好生活就是观察自然与生活之美，与空间里的阳光、空气、水面共舞，追求好看又好用。

壹境筑造

壹境筑造是一家年轻小众的设计公司，公司不局限于地域化，服务于审美一致的客户群体。工作室理念：站在设计的角度上，以壹为原点，延展无线可能性，以境为自我要求，纯粹专一，不忘初心。

容象空间

grandor 容象
高级空间 深度定制

容象空间专注于高端空间的装修定制服务，围绕设计作品的高完成度、客户服务的高满意度，打造了完整的深度定制生态产业链，为客户提供设计、施工、主材、软装四大核心定制服务，并延伸至建筑改造、庭院景观等服务内容。

拓新设计

T. TURING 拓新

拓新设计是由一群对设计充满热情的 80 后、90 后设计师组成的团队，擅长现代简约及轻工业混搭风。公司服务的对象或许是客户，或许是更广泛的消费者。对于不同的空间赋予它应有的色彩和气质，让每个空间都有自己的性格，给大家最真诚、最本质的一面。

云行空间建筑设计

uni-X ASSOCIATES

云行空间建筑设计通过建筑的思维方式去思考空间关系，在空间设计中探索和实践，赋予场所新的物质与精神的感受，是理想与感性的重叠发生，共同创造出独特的理想环境，为空间品质做出定义。

张奇峰

张奇峰，FEN+DESIGN 张奇峰创始人、T10+ 设计联盟联合发起人。做少、做精、做专，把更多的精力服务于少数客户，将品质生活融入设计中，坚持将每一个案例都做到完美落地。

张康

张康，广州塑境空间设计工程有限公司联合创始人，毕业于四川美术学院。他将“住宅设计一定是克制的”作为其设计理念，擅长设计风格为法式中古和侘寂美学。

墨菲空间设计

MURPHY

墨菲空间设计一直坚持从建筑学基本问题出发，研究私宅的诗意与智性，关注自然与文化背景下的材料结构、形态与构造，强调设计者健康的空间价值观和预见性思考。

刘荣禄

刘荣禄，跨界建筑与室内设计师、当代艺术家。他具备深厚的艺术底蕴，怀抱高度热情，并将其丰厚的艺术经历，结合个人对当代艺术文化的体悟，缔造出独特的设计语汇——时尚简约·先锋艺术。他致力于成为当代空间的颠覆者，引领未来空间设计美学。

那漠含风设计

NA-DECO
那 漠 含 风 设 计

那漠含风设计专注于精品私宅，在实践中逐渐形成洗练而浓烈的折衷主义风格。设计力求满足功能性的同时展现出更多的包容性，空间作为民族、音乐、绘画、建筑等多领域的美学提炼和交融之地，可以创造出均衡的视觉感受和空间秩序。

近境制作

近境制作秉承设计源自于对生活的热情，强调自然、清晰的原始设计，代表未来空间的发展方向。年轻、活力、亚洲，其所做过的最好的设计就是创造未来。

凡本空间设计事务所

凡本空间设计事务所成立于 2015 年，秉持平凡本真的设计理念，去做善意的设计。

何嘉健

何嘉健，路子曰室内设计工作室主理人，秉持建筑大师密斯·凡德罗“少即是多”的设计理念，不断深化践行着“空间的开放与自由”“空间流动性”理论，探索人与空间最和谐的相处方式，致力构筑一个开放、诗意、令人精神愉悦的居住空间。

反几建筑 FANAF

FANAF 反几

反几建筑位于南京总统府旁一栋民国建筑中，长期关注城市空间更新与乡村空间振兴项目，在旧建筑室内外改造方面具有独特的敏锐度和成熟的实践体系。反几一词，源自举一反几，意为创造更多可能性。

郑仕樑室内设计（上海）有限公司

郑仕樑室内设计（上海）有限公司由香港设计师郑仕樑先生创立，贯彻专业精神，实现铸造经典永恒的精品设计。设计理念植根于多元化，设计风格多样，致力于引领都市精英生活方式，融贯中西方文化元素，注重高质量的生活享受，打造独一无二的生活空间。

王晨

王晨，毕业于中国美术学院，熹维设计创始人。坚持将设计图纸落地到现实，创造具备独特文化内涵和美学价值的空间作品，同时又不失功能性和实用性。

郭侠邑

郭侠邑秉持设计传达空间叙事的诱导式结构，带出空间应有的叙事元素，在简约与实用的设计调性中，关注自然、节能、环保、共生的概念。延伸建筑的永续发展，融入生态环保工法，藉以达到“降低环境负荷、与环境兼容，且有利于居住者健康”的人文建筑目的。

岑立辉

岑立辉，JCOO 境库建筑主理人，关注快速发展的时代背景和设计趋势的改变，保持独立的审美价值体系。实践多样性的空间形式，拓展跨界建筑景观领域，尝试以不断创新的理念，在有限的时间和成本控制范围内呈现优秀的设计价值。

广州 301 设计研究所

广州 301 设计研究所运用全案设计思维统筹项目，拥有系统的项目落地经验和严格的管控体系，专注于人与环境关系的研究，把控最终实景呈现和交付。通过观念的革新，践行于新趋势、新形态的探索，以设计实现有个性、有温度、有更多可能性的空间。

周大仁

周大仁，他与 Akon 因为同样的理念和追求，于 2020 年成立了 ADDA 邸岸空间建筑设计事务所。团队极力探索项目的独特、实验及趣味性，致力于打造个性鲜明，不受风格派定义的金陵设计品牌。

泛域设计 Fununit Design

泛域设计致力为不同领域的客户提供建筑、室内、装置及产品的设计服务，设计团队通过实验性、叙述性、幽默性等手法为商业市场提供新的设计探索方向。

徐麟

徐麟，鲁迅美术学院专业教师、加拿大立方体设计事务所创始人、《美国室内设计杂志》设计师俱乐部主席、中国文化娱乐委员会委员。多年来他一直专注于娱乐空间设计。

大亦设计

大亦设计，专注于建筑及室内设计，并注重打造每个项目的独特视觉艺术效果。坚持以在地文化为出发点，尊重传统，同时以开放和探索的态度审视未来可能性，希望通过设计提升人与环境的互动体验。

刘道华建筑设计事务所

刘道华建筑设计事务所，生活美学空间的建构者，秉承“做有价值的设计”理念，将空间设计完整落地。整合美学、商业、文化、设计与空间之间的逻辑系统，擅长运用建筑空间思维，推动“解构形式”概念化的实践，创造出美学、实用、经济共生的作品。

韩磊

韩磊，HOOOLD 设计事务所创始人，一直专注商业空间设计本质，致力于快速搭建用户与品牌的桥梁。用建筑语言、商业思维、空间体验为品牌赋能，始终坚持把用户的思维和梦想转变为有生命力的场景。

周博

周博，浆果设计研究所创始人、鲁迅美术学院客座讲师。以城市美学方法论为基础，发掘城市文化、历史、特质和美学亮点，以城市为基础，美学为灵感，助力城市品牌自信。

敖瀚、唐云

敖瀚、唐云是瀚唐设计的创始人。他们想创造有辨识度的、属于中国的、可以与内在基因共鸣的美，专注于传统文化，用当下语境传递中式美学，让人们产生深度的审美认同和情感共鸣。以哲思为道，以空间为器，创造极致而具备人文关怀的空间美学。

吴媛媛

吴媛媛，南京拙木空间设计创始人，擅长以女性视角挖掘空间层次，通过富有表情的设计手法演绎空间的纯粹性，相信好的设计能够兼顾理性与情感的共鸣。

黄永才

黄永才，他从不定义自己是设计师，而更像是一个生活的观察者和空间的导演。在标准化和模仿成风的设计江湖，他先锋性、原创性的设计却能同时带来艺术般的感官刺激和巨大的商业成功。

李冬尽

李冬尽，尽境空间设计事务所创始人，毕业于沈阳建筑大学环境艺术设计系，辽宁职业经济管理学院建筑室内设计专业企业教师。

尼克设计事务所

尼克设计事务所，以独特的美学视角诠释高端设计，融合东方哲思与现代极简，巧妙运用自然光影与材质，打造出诗意般的空间氛围。秉承“空间即艺术”的理念，将精湛工艺与感性美学融为一体，创造出充满文化内涵与永恒价值的艺术作品。

王旌宇

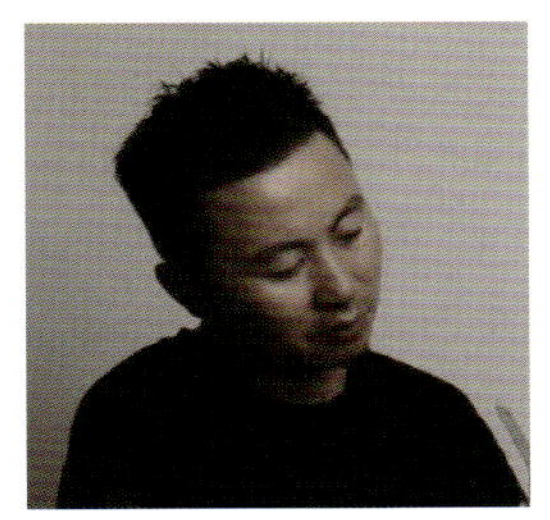

王旌宇，本样设计创始人，致力于塑造用建筑学语言来解释空间构成，在商业思维基础上进行打破与重组，从而达到艺术与经济，审美与功能之间平衡协调的理念。

李一

李一，李一设计师事务所创始人，宁波市建筑装饰行业协会设计分会副会长。专注于现代与东方美学语言的融合，以多维度思考实现对生活方式的表达，强调“设计不是用来征服人，而是需要感动人”的设计态度。

胡兴

胡兴，华中科技大学建筑学博士、美国康奈尔大学公派访学、英国邓迪大学建筑学硕士。

赵云海

赵云海，东南大学建筑学院客座授课专家、中国建筑装饰协会环艺分会副会长、设博会华鼎奖评委。COD 云海设计创始人、重构至无建筑设计总监、融策传媒艺术总监。

VALÈ INTERIORS

È
VALÈ
INTERIORS

VALÈ INTERIORS，一家来自米兰的室内设计工作室，拥有开阔的国际视野和丰富的专业经验。关注周围的每一寸空间，用意大利品质的极尽奢华和中国的“本源”“初”的理念将设计融入环境，制造最和谐的奢华，展示最自然的奢华。

宇合光年

FUN
CONN
宇合光年

宇合光年，专注于探索未来城市生态，真实链接空间与人的交互体验。以建筑和空间设计为核心，综合运用品牌、IP、视觉及产品等多种手法，在策略制定、平面设计、室内设计、城市更新、策展等领域探索实践，提供创新性的综合设计解决方案。

有划设

有划设®

有划设，始终秉持“有计划、有设想”的公司理念、规范的计划管控流程、无边界的概念设想，致力于为健康养生产业、医疗美业领域提供专业的品牌策略、投资评估、空间构建、艺术陈设、落地培训的系统性解决方案。公司成立了自己的陈设艺术品牌“之几美学”，倡导艺术生活化。

TOMO DESIGN 东木筑造

TOMO
PIONEER CREATIVE

东木筑造是集空间设计、软装设计、品牌设计为一体的专业创意设计公司。追求先锋品质是公司的核心标签，擅长当代、创意、先锋、品质的设计输出，同时以国际化设计语言实现空间与人的对话，激发使用者与空间的无限互动和体验。

寸匠熊猫建筑设计

PANDA
寸匠 | 熊猫

寸匠熊猫建筑设计由林嘉诚先生与蔡泫娜女士共同创立，致力于研究中国商业品牌的策略与未来发展定位，挖掘原本属于不同品牌的灵感与文化价值，并帮助商业项目所在地再次思考其品牌化过程中的定位，为客户创造价值。

杭州边界建筑设计有限公司

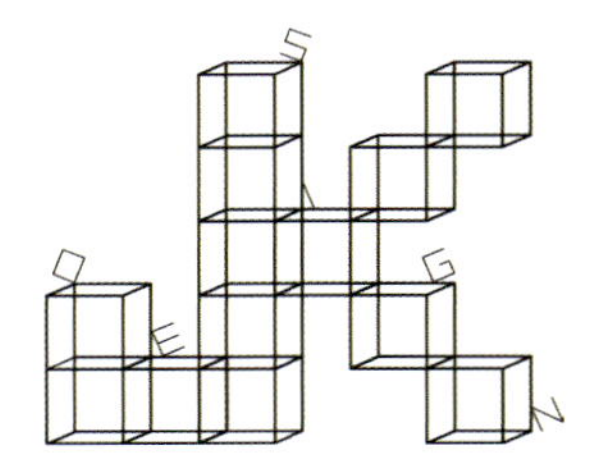

杭州边界建筑设计有限公司是一家研究型设计事务所、国际化的设计团队。公司的设计理念：以研究型设计为手段，致力于摆脱潮流与风格的束缚，探索建筑与空间本质。

陈枫

陈枫，石间设计设计总监。他尊重每一项委任，持续配合跟进直至项目落地成功，并提供后期的优化与提升。设计团队在设计的道路上坚持不断探索，并且拥有超强的创造能力。

杭州偲所设计

THINKING DESIGN
偲所设计

偲所设计以艺术为驱动力，以建筑大概念为出发点，将“建筑、室内、景观、陈设”全方位剖析打造，为客户提供整体的项目设计与管理服务。

浙江大学建筑设计研究院有限公司

浙江大学建筑设计研究院有限公司始建于1953年，是国家重点高校中最早成立的甲级设计研究院之一。公司坚持“营造和谐、放眼国际、产学研创、高精专强”的办院方针，现有50余个生产及管理部门，目前聘请中国工程院院士何镜堂先生和浙江大学求是特聘教授吴越先生担任艺术总监。

张·雷设计研究

azLa 张·雷设计研究

2021年，在张雷联合建筑事务所二十年发展基础上，张雷和雷晓华联合创立张·雷设计研究，进一步探索基本建筑、探寻文化密码，始终保持一流的学术水准和专业的设计品质。

广州共生形态设计

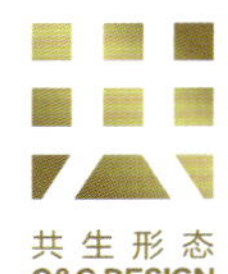

广州共生形态设计是一个正在成长和壮大中的设计团队，他们对“共生形态”这一词组的所有内涵感兴趣。当今发展中的中国鼓励社会性的设计实践，对于设计师来说拥有的机会不但是设计一件作品去影响和改变生活，更是致力于当代中国面貌的成形过程。

梅松鹤

梅松鹤，高级室内建筑师、香港室内设计师协会会员。著有《历代经典碑帖技法解析——唐欧阳询九成宫醴泉铭》《住宅美学二十讲——穿越历史的人居之美》。

深圳市水平线室内设计有限公司

水 平 线 设 计
HORIZONTAL DESIGN

深圳市水平线室内设计有限公司作为中国当代设计的代表之一，始终秉承创新精神，开拓深耕。团队通过对东方传统文化、艺术与哲学等方面的提取和运用，配合数字化分析工具和国际先锋的设计方法，致力于创造真正属于中国的现代巅峰设计。

深圳东胤建筑设计公司

深圳东胤建筑设计公司位于深圳，从高效、舒适、便利的人性出发，通过对材料工艺、空间结构、细节和品质的把控，为用户打造出标志性和永恒性的空间设计解决方案。

厦门一线空间

设计开始落笔于一条似有似无的线，顺着思维去探寻无限可能，落于笔尖的智慧幻化成艺术的空间，一条线蕴育万千可能。厦门一线空间热衷于艺术介入空间的设计探索，秉承跨界交叉的设计学科理念和学院派严谨求实的态度，定制空间艺术。

浩澜设计机构

浩澜设计机构由李浩澜先生创立，是一家研究型设计工作室。持续为不同行业的头部品牌提供前沿的室内、建筑、品牌的创意服务，致力于探索不同空间、文化、科学的跨界体验，具有敏锐的品牌洞察力及缜密高效的产品型思维。

朱赋猷

朱赋猷，毕业于上海工艺美术学院室内设计专业，上海市装饰装修行业协会和装饰设计专业委员会会员。上海伟麟装饰发展有限公司和香港伟麟室内设计有限公司创始人。

P A L Design Group

pal
PAL DESIGN GROUP

P A L 设计集团的设计风格简约精巧，着意把设计融入东方及西方的不同文化。他们以创新和独特的手法缔造出不同的和谐、舒适、不受时限的空间。务求优化环境，改善生活质量，保持历久常新的设计方针。

廖奕权

廖奕权，毕业于澳大利亚新南威尔士大学设计学院，于 2022 年入读澳大利亚皇家墨尔本科技大学建筑及都市设计博士班。香港室内设计协会副会长，创立维斯创建有限公司，并于 2017 年在深圳成立设计事务所，2023 年扩展至东京。

如恩设计研究室

neri&hu 如恩

如恩设计研究室由郭锡恩和胡如珊于 2006 年创立，从建筑到室内、整体规划、产品以及平面设计，以学科间性的理念来创造新的建筑范例，以此响应全球化时代的世界观。目前，如恩设计在上海、米兰、巴黎均设有办公室。

李想

李想，毕业于英国伯明翰城市大学建筑系，唯想建筑设计事务所创始人，后跨界深入室内设计领域，在商业地产、文化、零售、亲子、酒店等多元业态中缔造了众多标杆性作品。她以独特的艺术文化洞察，建构富于情绪张力的商业空间，为大众创造逃离现实的感官链接点，为服务的品牌注入差异化竞争力的设计创意。

梁志天设计集团有限公司

SLD

梁志天设计集团有限公司是香港首家提供纯设计服务的上市公司。“设计无界限”是集团的核心理念，他们相信设计拥有打破界限的力量，坚守以人为本的宗旨，透过不同领域的跨界合作与互动，不断地探索和思考设计的本义和使命，致力以无界的设计，创造出更多的可能性。

林彦

林彦，高级环境艺术设计师，毕业于广东工艺美术学院设计系环境艺术设计专业。好好设计创始人，秉承“好设计 + 好执行 = 好结果”的目标导向，定制最合适于“第一用者”的专属设计，是众多甲方项目的“流量引擎”与忠实的合作伙伴。

杭州观堂室内设计有限公司

杭州观堂室内设计有限公司提倡顺势而为的设计手法，从建筑与空间本身挖掘特性，采用“无痕设计”的方法对空间进行规划与改造，自然而朴实，处处体现深思与打动人的细节，打造出个性独特的空间，以品质服务于商业。

刘刚、权威

无隅空间＋未造美学 = 无隅制造。刘刚是无隅空间的创始人，他用创意和顶层设计理念服务于众多高质量客户群体。权威是未造美学软装设计事务所的创始人，专注为客户提供高质量的室内整体设计、产品研发及顶级定制服务，将艺术融入设计，用细节表达专业。

正方良行

正方良行 MASANORI DESIGNS

正方良行成立于 2017 年，是瑞坤国际旗下的子品牌，以徐庆良设计师为引领，专注于精品空间的缔造。不拘于特定的风格，围绕“建筑思维”在室内的展开为设计的核心手法。为商业项目定制独属的设计策略，助力设计转化商业价值。

李财赋

李财赋，古木子月空间设计事务所创始人、T10+ 设计联盟联合发起人、IEED 国际生态环境设计联盟（大中华区）常务理事、高级室内建筑师。

杭州陈飞波设计事务所

BOB CHEN. CN

陈飞波设计事务所由知名设计师陈飞波带领，跨领域进行设计与研究，经过多年在设计和艺术领域的探索，创建了资源整合新型模式，致力于中国传统美学精神和现代设计语言交融平台的搭建。用热情和创造力来驱动未来的商业，生活乃至于精神空间的呈现。

陶胜

陶胜，登胜空间设计创始人、中国建筑学会室内设计分会理事。他擅于叙事化空间整合，定义空间的专属性和故事性，认为室内设计不是简单的表面装饰，而是对空间、使用者、用料充分考量理解后的艺术再造。

陌野设计

陌野设计是一家探索型的设计工作室。从自然中来，归自然中去，与自然的融合会给设计赋予意境。思考环境、光线、空间的互动关系，从而赋予场域新的能量与情绪。陌野设计致力于将自然元素融入当代设计，打造有情感共鸣的品质空间。

于强室内建筑师事务所

YuQiang & Partners
于強室內建築師事務所

于强室内建筑师事务所创办于 1999 年，定位为室内建筑师事务所。成立 20 余载，他们组建了 200 人的工作团队，旨在成为优秀室内建筑师共同工作的设计平台，通过信息互动与交流带动设计观念的不断进步，始终保持设计的创新与活力。

谢英凯

谢英凯，汤物臣·肯文创意集团执行董事、中国建筑学会室内设计分会理事会副理事长、第一批中国建筑学会专家库专家、广州美术学院建筑艺术设计学院客座教授、“七 +5”公益设计组织联合创办人、广东省陈设艺术协会设计师分会会长。

深圳市春山秋水设计有限公司

春山秋川
NATURE TIMES ART

“春山秋水”四字蕴含着四季更迭万物循环的自然哲学，试图从时光流逝中寻求亘古不变的设计真理，从时间、空间、以及自然三个维度达成和谐统一。希望通过品牌传达出温润内敛的情感，以及熔铸于作品之中对于设计精益求精的追求。

郑小馆

郑小馆，深点设计主理人，毕业于广州美术学院建筑与环境艺术设计系。“深”，为之一个度，深思熟虑，深入探究，不断挖掘内在的维度。不拘泥和停留在外表的装饰，深入研究物与物之间、人与物之间的内关系，有鲜明有暧昧，产生无限变化。

俞挺

俞挺，生活家、建筑师、美食家、作家。Wutopia Lab 创始人、LeTalwork 论坛创始人、城市微空间复兴计划联合创始人、RIBA 英国皇家建筑师学会特许会员。

管芸芸

管芸芸，管芸芸建筑设计事务所创始人、注册高级室内建筑师、中国建筑学会室内设计分会省理事、无锡市室内设计师学会常务理事、江苏信息职业技术学院艺术设计学院特聘讲师兼特聘课程顾问。

吴召影

吴召影，杭州一影建筑设计创始人，毕业于中国美术学院建筑艺术设计学院，2017 年于普利兹策奖得主西班牙 RCR 事务所学习，同年于意大利米兰理工大学和布雷拉艺术学院研修。

OUTIN.DESIGN 正反设计

正反设计是由王琛先生和蒋沙君女士创立的多元化设计团队，探索的设计涵盖了建筑、室内、产品、软装与家具设计、装置与展览、艺术、策展等领域，提供从概念到落地的全方位合作服务，致力于实现作品创新和市场差异化。

黄柏榕

黄柏榕，深圳乔里设计创始人，关注事物的本质与内核，践行自然纯粹的空间主义，以具象的设计探索穿越时间与空间，抵达精神，实现共鸣。

上海无间建筑设计有限公司

上海无间建筑设计有限公司由著名设计师、策展人吴滨创立，隶属于 WS 世尊集团，与旗下 WS SPACE 无 集、WEIMO 未 墨、HAI SHANG 海上等设计与生活方式品牌共同探索当下生活方式与美学。公司始终以中国传统文化为土壤，致力于生活观念的启迪，以对未来的洞察与尝试，开创出独一无二的“摩登东方”设计语言。

维几设计

维几设计致力于为客户提供多元化、创新性的室内设计服务，倡导回归本质、传达美感的空间设计。在基于对历史与文化充分理解的基础上，塑造具有传承韵味与场所体验感的空间。

张力

张力，上海飞视装饰设计工程有限公司创始人，多年来深耕于地产室内设计，不断向产业链上下游延伸，研发精装产品体系。成立屋托邦研究中心，钻研地产逻辑下的豪宅设计，对房地产行业的现在和未来进行自主性开拓性探索。

LSD 室内设计

LSD 室内设计由葛亚曦创立，于深圳和上海双中心运营发展设计。他们始终认为设计因解决问题而生，坚持基于时代共相的研究，关注用户群体意识、行为及时代文化。从认知科学的角度去发展设计，为构建者及用户创造价值。

戴昆

戴昆，北京居其美业室内设计有限公司创始人、英国皇家特许注册建筑师、创基金理事。横跨建筑设计、室内设计及产品设计等相关领域，以独具的审美将其整合形成对当代生活方式的整体诠释。他开创性地将色彩理论研究与设计实践相结合，形成具有独特表现力的标志性设计风格。

世 界 观
Carenessland
持续招商中……
加盟热线：13305193150

主　编

陈卫新

编　委　**（排名不分先后）**

陈耀光　范日桥　何宗宪　刘道华　孟　也
蒲仪军　沈　雷　孙建亚　孙天文　吴　滨
谢　柯　谢英凯　徐　纺　叶　铮　张　力

图书在版编目（CIP）数据

2024 中国室内设计年鉴 / 陈卫新主编 . -- 沈阳 : 辽宁科学技术出版社 , 2025. 5. -- ISBN 978-7-5591-4169-9

Ⅰ . TU238.2-54

中国国家版本馆 CIP 数据核字第 2025HD4532 号

出版发行：辽宁科学技术出版社
（地址：沈阳市和平区十一纬路 25 号　邮编：110003）
印 刷 者：广东省博罗县园洲勤达印务有限公司
经 销 者：各地新华书店
幅面尺寸：230mm×300mm
印　　张：81.75
字　　数：800 千字
出版时间：2025 年 5 月第 1 版
印刷时间：2025 年 5 月第 1 次印刷
出 品 人：陈　刚
责任编辑：杜丙旭　袁　艺　于峰飞　赵祎琛
封面设计：关木子
版式设计：关木子
责任校对：李　红

书　　号：ISBN 978-7-5591-4169-9
定　　价：698.00 元

联系电话：024-23280070
邮购热线：024-23284502
E-mail：1076152536@qq.com
http：//www.lnkj.com.cn